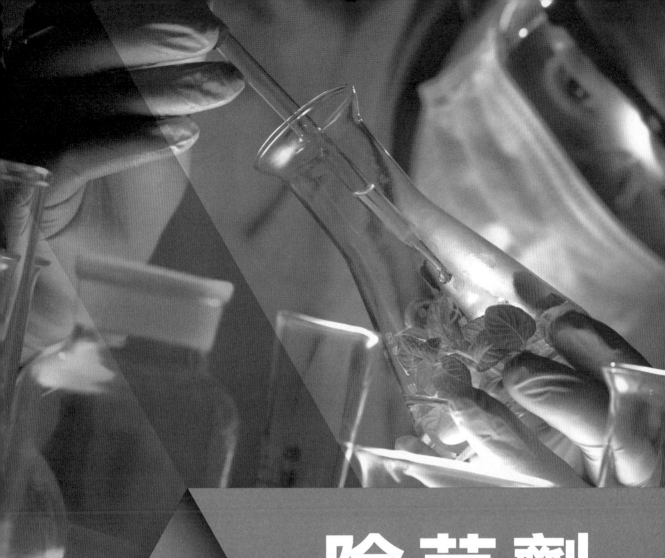

# 除草劑
## 生理學

# Herbicide
# Physiology

王慶裕 編著

五南圖書出版公司 印行

　　王慶裕教授先後在國立中興大學農藝學系完成學士、碩士及博士學位，期間並任教於省立關西農業職業學校，擔任農場經營科與補校製茶科專任教師；隨後再回中興大學農藝學系擔任助教，並於 1993 年取得博士學位；在興大的教學研究生涯中，從助教、講師、副教授，一路升等至教授，並兼任多年的農資學院農業試驗場場長，教學與行政經驗非常豐富，研究專長包括作物生產、作物生理、除草劑生理、雜草管理、除草劑、除草劑抗性生理、除草劑環境監測、茶作學、製茶學等領域。

　　有感於除草劑（herbicides）是臺灣自 1970 年代以來作物生產上極為重要之農用藥劑，其使用量甚至高居三大農藥（pesticides）之首，超過殺蟲劑（insecticides）與殺菌劑（fungicides），全球農藥使用上亦呈現類似狀況，因此作物生產者對於除草劑需要有基本認知，為提供初學者入門指南，王教授在 2019 年 6 月出版《除草劑概論》一書，廣獲好評。近年來隨著全球環境保護意識的抬頭，農藥減量並推展有機農業已成為全球農業發展的新趨勢，行政院農委會也在 2019 年 5 月通過「有機農業促進法」，積極協助臺灣農業轉型；中興大學以農立校，百年深耕，擁有國內第一個有機生態校園，農業生物科技的學術研究成果亮眼，產學合作績效執國內牛耳。

　　王教授擔任農資學院農業試驗場場長一職，身體力行推動有機農作物栽種有成，將教學生涯中對除草劑的研究成果相關資料彙編成《除草劑生理學》出版，目的是要讓進入農學領域的初學者在修讀《除草劑概論》之後，能更進一步從生理、生化、與分子生物學觀點，認識除草劑之作用機制，及雜草產生除草劑抗性之原因，進而利用除草劑抗性基因於作物生產。本書除可作為高等教育農學領域進階

教材外，也見證了王教授求學生涯的努力和付出，期許成爲臺灣農業發展的葵花寶
典。

國立中興大學校長 薛富盛

　　人類糧食生產歷史的綠色革命中，二次大戰後除了半矮性品種的成功育種外，草、蟲、病害的有效管理也是作物栽培技術的另一大革命。其中「除草劑」的研發成功，有效降低了雜草與經濟作物在田間的營養與資源競爭，顯著地提升了產量與品質。目前除草藥劑的商業產值仍占有全球農業化學企業的重要地位。

　　在作物生理學、生物化學、分子生物學等的協力迅速發展下，研發出了形式多元、作用精準、且對環境壓力低的各式除草劑，適用於多種經濟作物的生產、甚至於環境管理。另一方面，生物技術中的基因轉殖技術結合了以遺傳學、分子生物學、及植物生化與生理學等，殖育出所謂的抗除草劑基因轉殖作物（GMO），已大面積的應用於作物的商業生產，卻也衍生出相當的社會關懷議題。

　　上述的作物學相關科技發展都植基於一門重要的領域──除草劑生理學，隨著生物科技的快速發展，目前的除草劑生理學已經融合了基本的作物生理與生化、遺傳、分子生物、基因工程等領域，屬一跨領域的學門。惟環顧目前臺灣的教研領域，尚缺乏一本將此領域整合完整的書籍。王慶裕教授有心於傳承此領域的學術知識，基於其超過 20 年的教學研究與實務經驗，細心規劃與回顧相關文獻，精心撰寫了此本《除草劑生理學》著作。其內容涵蓋了各種除草劑的基礎化學、生化及作用生理機制，更包含了具環境友善功能的生物型製劑，論述清晰完整，非常值得此領域的學生、教師、研究人員、甚至於產業推廣人員研讀參考。

國立臺灣大學 生物資源暨農學院院長

農藝學系特聘教授 盧虎生

2020 年 4 月 15 日

農業藥劑在農業生產上相較於其他植物保護資材仍具有穩定且顯著的效果，其中除草劑與人們的生活密不可分，對於人類的食衣住行各方面都扮演重要的角色。除草劑是臺灣自 1970 年代以來在作物生產上極為重要之農業藥劑，其使用量居三大農藥之首，超過殺蟲劑與殺菌劑，因此從事作物生產者對於除草劑需要有基本的認識，要如何有效安全的除草就要先了解除草劑。化學除草劑因過去長期且連續性的使用，使雜草族群衍生出抗性或耐性生物型雜草，倘若要避免抗性雜草產生，需要先從除草劑生理學之角度深入了解除草劑對於目標雜草之作用機制與作用模式。

臺灣過去近半世紀以來，有關作物生產技術之研究發展已經奠定深厚基礎，早期之作物生產管理上較偏重化學農藥之使用，以節省人力成本並有效管理病害、蟲害與草害，但隨著環保意識與食安觀念興起，農藥之施用必須更加謹慎與節制。就全球作物生產而言，尤其已開發國家在大面積生產作物方面，大型農企業配合採用除草劑抗性基因轉殖作物時，持續使用除草劑成為不可避免之宿命，因此如何在安全、有效、經濟及環保等條件下應用，亟需要有專書探討除草劑。

本專書「除草劑生理學」為本院農藝學系王慶裕教授在除草劑累積三十多年教學、研究與推廣之經典大作，共計十八章，內容簡約詳核、循序漸進，介紹除草劑作用、到達目標位置、植物細胞如何吸收除草劑、除草劑之轉運與代謝，並介紹各種作用機制之除草劑等。此外，亦簡介天然存在可作為除草劑之成分。此書能讓後學及農產品相關生產者觀往知來，並了解除草劑作用機制，進而應用於臺灣農產品栽培，除了提供高優質且安全的農產品給臺灣民眾，也可提高外銷農產品品質及價格，增加臺灣農業產值。

王慶裕教授在作物生理、除草劑抗性生理、雜草管理、除草劑環境監測、除草劑殘留分析及外來植物風險評估等領域均有傑出研究成果，更設立雜草及除草劑研究室網站，為教學研究及田間應用提供國內外除草劑相關參考資料與學術研討訊

息。王教授將畢生所學融會貫通，繼去年出版《除草劑概論》與今（2020）年本書《除草劑生理學》，後續將出版《除草劑抗性生理學》，以一系列除草劑專書從生理、生化與分子生物學觀點，讓讀者認識除草劑、除草劑作用機制、雜草產生除草劑抗性之原因等。

　　在本書即將付梓之時，很高興為王教授寫序，除感謝王教授於 2018 年 8 月我獲選為農業暨自然資源學院新任院長時，慨然同意重出江湖，接掌本院農業試驗場場長。一年多來，夙夜匪懈，除了使全國大專院校唯一領有農委會農糧署「基因轉殖植物田間試驗場隔離田」十年合格證明的本院農業試驗場順利換證，亦使農業試驗場業務蒸蒸日上。本人深信，在王教授豐富專業知識編輯而成的《除草劑生理學》必將成為經典作之一，讓臺灣農業向前邁進。

國立中興大學農業暨自然資源學院院長

詹富智　謹識

2020 年 3 月 30 日

# 自　序

　　本書內容主要收集彙整各種與除草劑生理學（herbicide physiology）相關之資料、包括作者個人自 1998 年以來在《雜草管理學》、《除草劑概論》、《除草劑生理學》與《除草劑抗性生理學》等教學過程中所蒐集之教材，以及作者過去多年在除草劑生理學方面之研究成果，經綜合整理後編入本書。本書內容編撰所涉及之專有名詞，爲清楚使用臺灣本國之學術用語，乃參照我國國家教育研究院（http://terms.naer.edu.tw/）公告之譯名，並列出原文供參考及製作索引（index）。部分研究院未公告出現之譯名，則根據本國農藝學、雜草管理學、與除草劑領域慣用之用語稱之。

　　本書作者於 1976 年經大學聯考進入國立中興大學農藝學系就讀以來，轉眼之間已逾 40 寒暑，作者曾先後於 2017 年 8 月、2018 年 2 月、2018 年 9 月及 2019 年 6 月分別完成出版發行《作物生產概論》、《茶作學》、《製茶學》與《除草劑概論》四本書，雖然作者才疏學淺，卻也不揣淺陋，嘗試進一步將研究生涯全力以赴之除草劑研究相關資料彙編成《除草劑生理學》以供有興趣者參考，若有缺失錯誤尚請諸方前輩先進不吝指正，以期再版時補正。

　　作者於興大農藝研究所碩士班畢業後，於 1986 年 2 月進入省立關西農業職業學校任教，擔任農場經營科與補校製茶科專任教師。任教一年後，在指導老師朱德民教授推薦下，獲澳洲 Adelaide 大學提供獎學金，原擬出國進修博士學位而報准離開農校，但其後因健康因素而無法成行。此後，幾經轉折終於 1988.02 應朱教授要求，回中興大學母系擔任助教，並於 1993 年 6 月取得博士學位。雖然博士學位修讀期間從師學習逆境生理學（physiology of environmental stress），然而畢業之後考慮配合己身之興趣、兼顧理論與應用之研究，以及嘗試考驗自我獨立創業之能力，因而選擇「除草劑」相關領域作爲研究發展之目標。

　　創業之初，以初生之犢獨立申請研究計畫極爲不易，故初期奮力於《科學農

業》及《中華民國雜草學會會刊》等期刊上發表論述（review）與翻譯文章，除了充實除草劑領域之基礎知識外，亦收自我宣傳之效。數年之後，深知不易進入當時農委會農藝領域之研究圈申請計畫，故初次嘗試進入農化領域逕向農委會資材組提出農藥研究相關計畫申請，猶記當年以忐忑不安的心情直赴臺北農委會進行 PPT 口頭報告及接受審查，幸蒙時任藥毒所所長李國欽博士主持之計畫審查會通過研究申請案，此後即長期執行農委會資材組之研究計畫，得以在除草劑領域進行探索。於累積數年研究成果之後，也進而嘗試向國科會（今改制為科技部）申請研究計畫，幸賴匿名之審查委員們多年來的支持，使除草劑生理相關研究得以順利獲得經費支援，願於此表達由衷感謝之意。

於興大教學研究生涯，從助教、講師、副教授至教授各級升等過程中，興大農學院（現易名為農資院）為提高院內教師研究水準，其升等標準逐年更動，甚至每學期更動，猶記當年以助教職獲得博士學位一年後僅能升等為講師，再經三年之後，必須以非關博士論文內容之 SCI 研究報告以及數量足夠之其他參考論文，才得以升等為副教授。所幸前有恩師朱德民教授指導基礎研究，後有昆蟲系孫志寧教授指導英文論文寫作，方得以在大學職場中存活下來。以未出國留學之基礎，能順利完成各級升等，必須感謝生命中之兩位恩師。

猶記當年，原本擬發表於美國雜草學會（WSSA）期刊之研究報告曾寄送「李國鼎文教基金會」付費修稿，但因修稿者不具自然科學領域背景，造成表達與預期有些落差，之後憶及博士班期間曾修讀孫老師開設之「英文論文寫作」課程，故轉而求教孫老師；此後，蒙老師厚愛，得以讓所有擬發表之研究成果均在老師費心指導與耐心修正下獲得期刊接受發表。這似乎也印驗 1978 年本校植化館一位水電技工老師傅之命相預言，說明命中注定有貴人相助。

作者於 1993 年獲得博士學位後，即開始規畫安排後續之「雜草管理」與「除草劑」相關課程，1994 年升等為講師之後，當時之系主任及系務會議大老並不支持年輕老師開設新課，幾經數年持續力爭，終於 1998 年完成開課，此後開始展開專業課程之教學工作。之後陸續於大學部開設選修課程「雜草與防治」、「雜草管理學」與「除草劑概論」，並於研究所安排「除草劑生理學」、「除草劑抗性生理學」與「除草劑與抗性作物」等課程。轉眼之間，即將結束教學生涯，撰寫本書也

留下諸多回憶，除了感謝兩位恩師、也感謝門下弟子投注於除草劑研究工作之努力。回顧過往，擔任大學教職一直是先父引以爲傲的期望，行走至此或許也算是略盡人子之力吧！撰寫本書期間，於 2019 年 8 月 26 日夜間 7 時正值在農資院農業試驗場進行農場實習課程時，突接獲母逝噩耗。家母生前因中風損及語言中樞神經，故無法以台語或國語表達，每次我告知研究教學相關成果表現及出書時，總報我以喜悅笑容，並勉強以其幼年熟悉之日語說「太好了（Yokada）」，此時此刻也願以此書獻給母親作爲紀念。

國立中興大學農藝學系教授
兼農資院農業試驗場場長

王慶裕

初稿完成於 2020 年 03 月 31 日

# CONTENTS · 目錄

Chap **17** 除草劑與除草劑、增效劑及安全劑之相互作用（Herbicide interactions with herbicides, synergists, and safeners） 315

Chap **18** 天然存在可作為除草劑之成分（Naturally occurring chemicals as herbicides） 349

# CHAPTER 1

## 緒言
Introduction

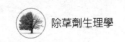

　　「除草劑生理學（Herbicide physiology）」是臺灣國內各農學相關大學於學習「雜草管理學」、「農藥學」與「除草劑」課程時，所涉及之一門重要課程，由於除草劑（herbicides）是臺灣國內自 1970 年代以來作物生產上極為重要之農用藥劑，其使用量居三大農藥（pesticides）之首，超過殺蟲劑（insecticides）與殺菌劑（fungicides），全球農藥使用上亦呈現相同狀況，因此作物生產者對於除草劑需要有基本認知。此外，國外研究報告指出，過去因長期而連續性使用特定之化學除草劑，也衍生出雜草族群出現抗性（resistant，或耐性 tolerant）生物型（biotypes）之問題，想要避免抗性雜草產生，也需要從除草劑生理學之角度了解除草劑之作用機制（action mechanism）、與抗性機制（resistance mechanism）。

　　興大農藝系自 1998 年之後由本書作者於大學部陸續開設選修課程「雜草與防治」、「雜草管理學」與「除草劑概論」，並於研究所安排「除草劑生理學」、「除草劑抗性生理學」與「除草劑與抗性作物」課程，主要是讓進入農學領域之初學者在修讀「雜草管理學」與「除草劑概論」之後，能更進一步從生理、生化與分子生物學觀點，認識除草劑之作用機制、雜草產生除草劑抗性之原因，以及進而利用除草劑抗性基因於作物生產。後續將會出版《除草劑抗性生理學》，做進一步深入說明。

　　本書《除草劑生理學》之內容先簡介除草劑作用（herbicide action），於除草劑施用後除草劑如何到達目標位置（target site）、葉面、根部、分離組織及細胞如何吸收除草劑，以及除草劑進入植物體後之轉運（translocation）與代謝（metabolism）。此外，除草劑依照其作用機制（action mechanism）可分為：抑制光合作用電子傳遞之除草劑、影響光合作用之其他除草劑、引發氧毒害之除草劑、微管干擾劑、抑制脂質合成之除草劑、核酸與蛋白質合成抑制劑、胺基酸合成抑制劑、生長素型除草劑，及其他作用位置之除草劑。本書亦介紹除草劑與除草劑、協力劑及安全劑之相互作用；而生物性除草劑所涉及之天然存在成分亦加以介紹。

# CHAPTER 2

## 除草劑作用簡介
## Brief introduction to herbicide action

## 2.1　除草劑的作用（Action of herbicides）

　　除草劑作用可以描述為除草劑與植物的生理和生物化學間之相互作用。然而，在開始研究除草劑作用時，可以發現其作用非單一相互作用（single interaction），而是植物體內各種層次的多種相互作用（multiple interaction）。

　　在多數情況，但並非所有情況下，研究者可以識別植物體內的單一「目標位置（target site）」或「作用位置（site of action）」；此係與除草劑結合或以某種其他方式干擾植物生長反應的位置（通常是具有酵素活性之蛋白），最終導致植物死亡。然而，若僅僅根據目標位置的相互作用來考慮除草劑之作用常會產生誤導。例如嘉磷塞（glyphosate）除草劑，其主要作用機制是抑制 5- 烯醇丙酮酸莽草酸 -3-磷酸鹽合成酶（5-enolpyruvylshikimate 3-phosphate synthase; E.C. 2.5.1.19; EPSPS）活性，導致抑制芳香族胺基酸（aromatic amino acids）合成，但也會影響其他生理反應。有些除草劑目前已經確定其主要作用的目標位置（target site），但仍有一些除草劑尚未確認出其主要作用位置。

　　整體而言，一般認為除草劑作用包括兩個階段：第一階段涉及除草劑移動到目標部位，而第二階段則涉及目標位置與除草劑的相互作用所產生的代謝結果。第一階段始於除草劑施用於植物，可直接施用於葉部、或經過土壤施用於根部。之後除草劑自葉部與根部其中任何一個（或同時由兩個）器官進入植物體內。

　　進入植物後，很快地經過一系列步驟，使除草劑到達其作用位置。這些過程包括除草劑進入細胞、在相對短的距離上擴散（diffusion）（即細胞間之移動）、長距離轉運〔經過韌皮部（phloem）或木質部（xylem）〕、除草劑的代謝轉變（活化 activation、或去活化 deactivation）、及進入細胞內胞器（subcellular organelles）。除草劑在目標位置的相互作用則可視為第二階段之始，其後是一系列導致植物死亡的毒害結果（圖 2.1）。

　　本書的架構內容主要反映這一系列事件，從除草劑進入植物開始（第 3-5 章），根據韌皮部和木質部的轉運（第 6 章）、除草劑代謝（第 7 章）、和除草劑與植物中各種目標位置的相互作用，來檢視除草劑的作用行為（第 8, 9, 11-16 章）。這些相互作用可以視為所述之除草劑作用機制。

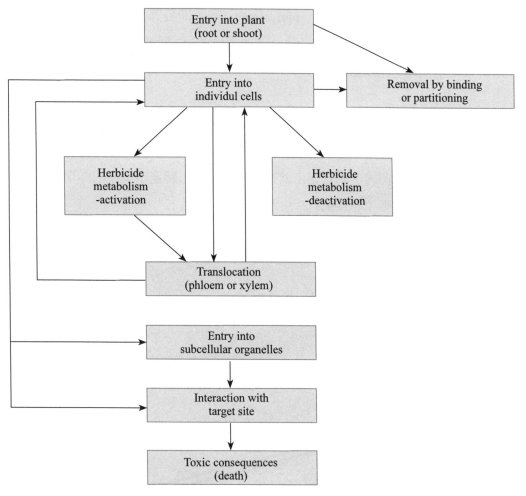

圖 2.1　除草劑進入植物體後發生之一連串事件，最後引起植物死亡。

（資料來源：An introduction to herbicide action）

在「作用機制（mechanism of action）」章節中採用的說明方法，是根據植物中已知除草劑作用的不同目標位置分別說明。例如，抑制光合作用電子傳遞是第 7 章的重點；在該章中，列出了干擾該過程的許多不同結構群的除草劑，以及這些類群在作用上有何不同。

在研究上，研究者不可能對所有結構群（structural groups）之除草劑給予相同程度的看待，因為有些除草劑群組，特別是一些個別的除草劑，已經獲致比其他除草劑更多的研究報告。例如全球用量最多之非選擇性除草劑巴拉刈（paraquat）、

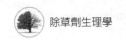
嘉磷塞（glyphosate）、與固殺草（glufosinate）等，即發表有相當多的研究文獻討論。本書重點不在於抑制劑（inhibitors）的化學性質，而是在除草劑引起的抑制作用所導致之生理和生化後果。

## 2.2　除草劑如何殺死植物（How herbicides kill plants）

除草劑進入植物體後，就會經由植物的輸導組織，轉運至藥劑的作用位置、干擾植物的重要生理反應，導致植物產生致死現象（圖 2.2）。

圖 2.2　玉米幼苗經不同劑量之除草劑噴施後發生之藥害，通常可依照傷害程度分為不同
　　　　等級，以作為判斷藥害指標（injury index）。例如等級 0 代表未受藥害影響之正
　　　　常植株，而等級 5 代表因藥害而完全死亡之植株（也有以 10 或 100 代表完全死亡
　　　　之植株，但等級太多實際調查時較難判斷）。（作者拍攝）

當考慮除草劑在植物體內的不同作用位置時，大部分討論多涉及除草劑與這些位置的相互作用，包括從除草劑結合到受體蛋白（receptor proteins）的細節、到定量測定生合成過程的抑制作用。然而，這種除草劑與特定目標位置相互作用的知識並未說明植物死亡的原因。

除草劑噴施後引起植物死亡的原因是除草劑分子作用在目標位置的結果，除草劑噴施後植物死亡機制，主要包括除草劑分子與目標位置（或目標蛋白）結合，抑制目標酵素蛋白之活性，達到以阻止必要產物之生成，引發代謝異常及有毒物質生成。此外，除草劑分子與目標蛋白結合後，也可能搶走電子、阻斷電子傳遞、並形成具強氧化力之除草劑分子。例如光合作用電子傳遞鏈因除草劑草脫淨作用而被搶走電子，不但阻斷 ATP 及 NADPH 等高能磷酸化合物生成，使暗反應缺乏所需能源，而搶走電子之除草劑分子也成為強氧化劑，造成膜系之過氧化反應（peroxidation）、產生活化氧族（reactive oxygen species; ROSs）、引發氧毒害反應。

除草劑之作用機制中，胺基酸生合成抑制劑（inhibitors of amino acid biosynthesis）因抑制胺基酸生合成，而減少特定胺基酸含量，但此反應很難將其與植物死亡產生聯想。胺基酸會經過蛋白質降解（degradation）不斷循環，並且在除草劑處理後的一段時間內其消耗可能不明顯。此外，在一些組織或胞器中胺基酸可能明顯耗盡，但在整株植物的基礎（whole-plant basis）上卻檢測不到胺基酸缺乏。

據推測，抑制胺基酸生合成最終將導致特定蛋白質缺乏，並且失去一些必需的蛋白功能，進而引起植物死亡。然而，要確定是何種蛋白質喪失導致植物死亡是極其困難的事。此除草劑所改變的可能不是一種特定的蛋白質，而是改變彼此相互依賴的蛋白質及（或）其合成的網路。

除草劑造成植物死亡的另一個可能原因是由於除草劑抑制生合成途徑，而導致毒性前驅物（precursors）或中間物質（intermediates）累積。通常，反應途徑中特定產物累積可以作為證據證明生合成途徑後端步驟受到除草劑抑制。如果是這種情況，可以檢查前驅物的生物活性（biological activity），以確定其對於植物毒性（phytotoxicity）的貢獻。

通常鑑定反應前驅物需要詳細了解其所涉及的生化途徑、及其調節作用。抑制生合成途徑中的一個步驟，可能導致在相同途徑中中間性前驅物、或其他中間物質的累積。例如，除草劑抑制乙醯乳酸合成酶（acetolactate synthase）活性（第 14 章）會導致在組織中累積 α-酮丁酸（α-ketobutyrate），而此產物在高濃度下具有毒性。

在某些情況下，植物生合成途徑反應前驅物可以轉變為其他產物；或者，在

除草劑抑制植物生合成途徑之後，因終產物消耗可導致該途徑失調。由於目前對於許多植物生化和生理過程的詳細情況缺乏了解，也限制了吾人對於除草劑作用的了解。

目前為止，研究者對於許多植物生合成途徑之特性並未加以了解與描述，並且也尚未完全了解以全株植物（whole-plant）為基礎之生理學；後者也說明了植物生理學（plant physiology）與作物生理學（crop physiology）之落差。植物生理學研究方面仍有許多需要探索與釐清，例如內源性（endogenous）植物生長調節物質（又稱為激素；荷爾蒙；hormones）的作用機制尚未得到充分的解釋。有趣的是，近年來在研究植物生理和生化過程中，以除草劑和除草劑抗性突變體（herbicide-resistant mutants）（圖 2.3）作為研究工具變得越來越重要。總之，對於許多除草劑作用位置而言，尚無法詳細了解植物死亡的原因。

圖 2.3　興大雜草與除草劑研究室利用當時農業試驗所作物組王強生研究員提供之 $NaN_3$ 誘變之水稻突變庫進行除草劑抗性篩選，篩選出對於本達隆（bentazon）具有抗性之水稻突變株。（照片由作者提供）

## 2.3　除草劑作用之時間進程（Time course of herbicide action）

　　當在田間條件下施用除草劑時，可以觀察到在可見藥害出現之前的遲滯時間（time lag），從小於 1 小時到 1 週或更長。除草劑引起之植物毒性，其最快速的可見徵狀是乾燥（desiccation）（例如，聯吡啶類除草劑；bipyridilium herbicides）、和上偏生長（或下垂生長；epinasty）（例如，生長素型除草劑）。然而，沒有藥害之可見徵狀並不表示植物體內沒有除草劑進行作用，很可能是一個過程雖然被抑制，但恢復之後未見其對植物有任何可見的影響。

　　通常葉部施用之除草劑，其吸收發生在數小時至數天的範圍內；而施用於土壤的除草劑則需要較多時間吸收。後者由於進入植物的速度緩慢，其轉運、和所有後續步驟之發生可能需要較長的時間。因此，在目標位置累積除草劑濃度達到致死程度，可能需要相當長的時間，尤其是除草劑進入植物體的位置遠離作用位置時。

　　通常除草劑在幾秒鐘內即可從外界水溶液進入細胞，並且進入次細胞胞器（subcellular organelles）的速度同樣快速。一般將敏感組織暴露於除草劑後，很短的時間內即可測出一些生化和生理效應。例如，將分離的原生質體（protoplasts）、或葉綠體（chloroplast）暴露於光合作用抑制型除草劑後，很快就可以檢測到葉綠素螢光（chlorophyll fluorescence）快速上升，表示其電子傳遞鏈已經受到干擾。

　　從上述討論中，可以獲得結論，即圖 2.1 中的第一步驟通常是除草劑作用中會限制速率的步驟，而除草劑分子與其目標位置之間的相互作用則相對較快。

## 2.4　除草劑的選擇性（Herbicide selectivity）

　　除草劑選擇性（herbicide selectivity）意味著不同的植物物種（plant species）對特定除草劑的反應不同。換言之，除草劑施用下造成一個物種死亡，但另一個物種可以倖存下來，此種除草劑即具有選擇性。除草劑可利用其專一性（或特定性），用以防除混合植物（或雜草）族群中之特定植物（或雜草），而不至於傷害

到族群中的其他植物（或作物）。因為不同植物物種之生理生化特性不同，其細胞內物質之生合成與代謝路徑反應亦有差異，所以才會產生除草劑施用下有些植物會死亡，但有些植物不受影響繼續存活。

　　除草劑選擇性之範圍可能很小，僅剛好足以提供可接受的雜草控制、而不會對非目標作物造成傷害。選擇性範圍太小並不是一個非常理想的情況，因為除草劑活性只要有輕微改變（例如在不同的環境條件下），可能導致雜草控制不良和／或作物藥害損傷。另一方面，選擇性的範圍可能非常寬，例如一些 s- 三氮阱系（s-triazine）、和硫醯尿素類（sulfonylureas）抗性雜草生物型的案例。

　　選擇性之產生通常是基於以下一種（或多種）因素，包括：1. 除草劑的差別性截留（differential interception）；2. 除草劑差別性吸收（absorption）；3. 除草劑代謝速率（rates）或途徑（pathways）的差異；4. 除草劑目標蛋白（target proteins）的敏感度差異；5. 耐受除草劑毒性作用的差異能力（表 2.1）。然而，在除草劑選擇性的研究中很少同時考慮所有因素。

　　參考表 2.1 時，應注意的是，其中所列出的選擇性機制係依照除草作用過程中出現前後的順序列出，而不是依照重要性順序排列。就目前所知的案例，除草劑代謝是最重要的選擇性機制。其次重要的是感性和抗性植物物種目標位置的差異；此案例包括抗三氮阱系類之雜草（第 8 章）、抗二硝基苯胺的 *Eleusine indica*（第 15 章）、和抗硫醯尿素類除草劑之雜草（第 14 章）。至於其餘機制，雖然在某些特殊情況下很重要，但作為選擇性機制則不太重要。

表 2.1　影響除草劑選擇性之機制。括弧內之數字表示這些不同機制之相對重要性。

| 影響選擇性之過程 | 機制 |
| --- | --- |
| 除草劑之截收（interception）、吸收（absorption）（3） | 葉片角度（leaf angle）、葉面積（leaf area）差異；葉表面特性（角質層組成 cuticle composition、或表皮毛 hairs）；或生根類型（rooting pattern）差異。 |
| 土壤中除草劑之淋洗（leaching）（3） | 與土壤中根系分佈有關的位置選擇性（positional selectivity related to root distribution in soil）。 |
| 除草劑代謝（metabolism）（1） | 存在的代謝酵素（presence of metabolizing enzymes）。 |

| 影響選擇性之過程 | 機制 |
|---|---|
| 除草劑在目標位置之相互作用（interaction）（2） | 不同之蛋白構造（different protein structure）。 |
| 植物耐受毒性效應之能力（ability to tolerate toxic effects）（3） | 存在解毒酵素系統（presence of detoxifying enzyme system）、利用儲存物以克服必需物質短缺（stored reserves to overcome shortages）。 |

（資料來源：An introduction to herbicide action）

## 2.5　測試除草劑活性及作用機制（Testing for herbicide activity and mechanism of action）

　　農藥化學公司於篩選新的和有用的除草劑時，其常用的篩選方法通常是以單子葉、和雙子葉植物作為互補性測試物種。在研究除草劑之作用機制方面，可參考已知作用機制之除草劑藥劑反應，在整個植株（whole-plant）層次上找出易辨別的可見作用（visible action），此可提供作為新化合物研判其可能作用機制的第一個指標。

　　生長調節劑型（growth regulator-type）除草劑可以抑制植物生長、或刺激莖部伸長成莖捲曲（偏上生長、或下垂生長，epinasty；或是偏下生長，hyponasty），以及產生其他類似生長素（auxin-like）之效應（第 15 章）。

　　若是發現植物組織的生長有非常嚴重抑制現象、及大量的花青素累積，則可能代表植物遭受乙醯乳酸合成酶抑制型除草劑（acetolactate synthase-inhibiting herbicides）傷害（第 14 章、17 章）。若僅在光照下（但也可能在黑暗中）發生的褪綠和／或植物毒性效應（chlorotic and/or phytotoxic effects），則可能是與光合作用有關的幾種除草劑作用模式。

　　通常由氯乙醯胺（chloroacetamides）誘導的禾草類植物（例如玉米）幼苗的生長抑制和葉扭曲（twisting），可以代表與該類除草劑具有類似的作用機制。由細胞壁變薄引起的組織（特別是根尖）腫脹、以及細胞腫脹（swelling）和增大（enlargement），可能是干擾微管系統（microtubular system）的除草劑所致（第

11 章）。

　　雖然不能從形態學（morphological）和細胞學的（cytological）研究中確切地釐清除草劑作用的生理和／或生化機制，但是密切觀察除草劑對於植物全株效應、及在適當環境條件下出現的損傷，可以在生理和生化調查方面提供一些有價值的訊息。

　　研究者反覆嘗試時建議採用簡單而快速的測試系統，而不需要以全株測試方式，以取代耗時且浪費溫室空間的新化合物常規篩選。由於抑制不同過程所需的除草劑濃度差異範圍很廣，因此測試上不可能僅以一次試驗去篩選所有除草劑。如果測試除草劑過程中沒有溫室設施時，則適合採用快速簡單的測試系統。簡單、敏感、和特定的測試系統應用於研究除草劑作用機制方面相當重要。表 2.2 列出了此類研究中一些較常用的測試系統。

表 2.2　對於偵測除草劑活性、與研究除草劑作用模式（herbicide modes of action）有用之測試系統。

| Test material | Parameter(s) measured | Herbicides detected | Reference |
|---|---|---|---|
| *Algae:* | | | |
| *Anabaena variabilis* | Cell count, cell size | Photosynthesis inhibitors, diquat, paraquat | 1 |
| *Chlamydomonas reinhardtii* | chlorophyll, $O_2$- evolution, turbidity | Respiratory uncouplers, peroxidizing | 2, 3, 4<br>1, 5, 6, 7, 8 |
| *Chlorella vulgaris* | | herbicides, | 9 |
| *Haematococcus* sp. | | chlorosis-including | 9 |
| *Hormidium* sp. | | herbicides, growth | 9 |
| *Scenedesmus obliquus* | | inhibitor herbicides | 10 |
| *Dunaliella bioculata* | | | 1 |
| *Chlorococcum* sp. | | | |
| *Cell suspension cultures:* | | | |
| *Heterotrophic:* | | | |
| Soybean | Fresh weight, | | 11 |
| Wheat | conductivity, ion | Growth inhibitor | 11 |
| Tomato | leakage, fluorescein | herbicides (often | 12 |

| Test material | Parameter(s) measured | Herbicides detected | Reference |
|---|---|---|---|
| Potato | leakage, radiotracer | with low | 13 |
| *Cirsium arvense* | incorporation | sensitivity) | 14 |
| Tobacco | | | 15, 17, 18 |
| *Autotrophic:* | | | |
| Tobacco | $O_2$-evolution, uptake | Most herbicides with | 15, 16 |
| | and metabolism | few exceptions | |
| *Isolated mesophyll cells:* | | | |
| *Phaseolus vulgaris* | Radiotracer | Photosynthesis | 19, 20 |
| Soybean | incorporation | inhibitors, diquat, | 21, 22 |
| | | paraquat, fluridone, | 23 |
| Cotton | | other herbicides | |
| | | above 10 $\mu M$ | |
| *Other:* | | | |
| *Leaf pieces:* | | | |
| Watermelon | Sinking leaf disk | Photosynthesis | 24, 25 |
| *Lolium multiflorum* | Starch formation | inhibitors | 26 |
| Cucumber cotyledons | Electrolyte leakage. | Photooxidative | 27, 28 |
| | MDA, ethane, etc. | herbicides | |
| Oat | Nitrite formation | | 29, 30 |
| *Sonapis alba* | | | 31 |
| *Protoplasts, tissues:* | | | |
| Corn | Conductivity, uptake | Effects generally only | 32 |
| *Allium cepa* | and metabolism, | above 100 $\mu M$ | 33 |
| | membrane rupture, | | |
| *Lemna minor* | electron | | 31, 35 |
| | microscopy, amino | | |
| Oat | acid leakage | | |
| *Pollen tubes:* | | | |
| Tobacco | Turbidity | Diclobenil, organic | 37 |
| | | solvents, | |
| | | environmental | |
| *Stems:* | | chemicals | |

| Test material | Parameter(s) measured | Herbicides detected | Reference |
|---|---|---|---|
| Soybean Oat | Rooting in light and dark | Most herbicides with very few exceptions | 4 |

（資料來源：An introduction to herbicide action）

首先，測試系統應該在除草劑微摩爾（μM）濃度範圍內（或更低濃度）具有敏感度，並且應該具有特定性（或專一性）；亦即，測試系統對於非除草類之類似物應該無效。

對於研究高等植物細胞而言，單細胞藻類（algae）是很好的模式生物；例如經常使用萊茵衣藻（*Chlamydomonas reinhardtii*）和小球藻（*Chlorella vulgaris*）材料。原則上，可以在藻類細胞、或細胞萃取物中偵測出所有的代謝活動。於表 2.1 中包含的參數可以容易且快速地測量，此通常用於比較除草劑、或環境化學品的作用。

以單細胞藻類做為測試系統，可以方便利用 Coulter 計數器測量細胞數目、與細胞大小，這種方法允許研究人員在非同期生長之藻類培養（asynchronously growing algal culture）系統中跟蹤個別（單獨）細胞的生長與分裂。利用單細胞藻類的另一個優點是可藉由離心（centrifugation）和再懸浮（resuspension）藻類細胞、以除去添加之除草劑。

利用藻類細胞的缺點則是有幾類除草劑，例如生長素（auxins）型除草劑（第 15 章）、以及芳基丙酸（arylpropanoic acids）和硫代胺基甲酸酯（或稱胺基甲酸鹽，thiocarbamates）除草劑（第 12 章），其在單細胞藻類系統中均不會表現抑制作用。其原因可能是藻類細胞中的目標位置不敏感、沒有除草劑目標位置、或者需要有組織結構來表達其最終活性。

藻類培養系統的一個特點是，能在長時間培養過程中從含水分之介質累積親脂性化合物（lipophilic compounds），但在高等植物細胞懸浮培養中則少有這些問題。然而，僅有光自營性（photoautotrophic）植物之細胞懸浮培養可提供良好且敏感的除草作用測試系統。異營性（heterotrophic）細胞懸浮培養對於除草劑不太敏感、或者根本不敏感，而光混合性（photomixotrophic）細胞懸浮培養則落在這兩

組之間。

　　細胞懸浮培養的缺點可能是需要設備，而且在引入新的化學品時需要維持無菌操作狀況，不過這些問題均可克服。除草劑研究利用植物細胞培養的優點，包括其可用性高、具同質特性、以及無吸收（uptake）與轉運（translocation）因素參與的問題。因此，細胞培養已廣泛用於除草劑代謝研究中。然而，必須牢記的是，細胞培養研究中缺乏組織和器官形成，其研究結果與完整植株相比，可能導致嚴重的代謝差異。

　　使用新鮮分離的葉肉細胞爲材料，也可能與細胞培養有類似的爭論。葉肉細胞經過纖維素和果膠分解酵素（cellulytic and pectolytic enzymes）處理後，可成爲一種具吸引力的研究材料。然而，用分離的葉肉細胞能進行試驗的持續時間有限，因爲這些葉肉細胞不會生長。因此，目前已知利用分離細胞研究的除草劑，傾向於是干擾光合作用的化合物、或是在一些其他作用部位具有快速植物毒性的化合物。

　　通常檢測和測量光合抑制型除草劑作用的方法，除了複雜的物理和生化方法外，還可以使用幾種簡單的篩選方法；例如，葉圓片（leaf discs）在含有除草劑的緩衝液中搖動時，可測量澱粉的減少量、亞硝酸鹽大量增加、或簡單地測量葉圓片下沉變化。這些方法的優點是不需要複雜、或昂貴的設備，來檢測和量化光合作用抑制作用。

　　檢測除草作用較常見的的方法是在水或低強度緩衝液（low-strength buffer）的水浴溶液（bathing solution）中，偵測膜系傷害後因電解質滲漏（leakage of electrolytes）而導致的導電度（conductivity）增加，這些電解質包括如鉀離子、或胺基酸。檢測膜系傷害時，也可藉由分析來自細胞、或脂質體（liposomes）滲漏之螢光素（fluorescein）或鉻酸鹽（chromate）方式。然而，許多膜系傷害徵狀僅在除草劑濃度高於 100 μM 時才會發生，且其傷害可能導因於研究過程中使用之化學物質對膜功能產生的非特定效應所致。

　　前述列出的幾種測試系統（表 2.2）也可用於環境監測，對於藻類生長和花粉管生長尤其如此，兩者都對某些化學品、或有機溶劑非常敏感，但它們也非常地具有選擇性；意即，其僅能檢測到數量非常有限的除草劑。

　　燕麥（oat）和大豆，分別代表單子葉和雙子葉植物群，利用其莖部切段進行

生根（rooting）測試，可針對大部分已知之除草劑進行檢測（具高敏感度）、及分類。這些測試係利用器官（根）再生反應，該過程包括了高等植物中的大多數重要代謝、和調節步驟，此可作爲許多除草敏感度的測試基礎。

除草劑作用的其他研究，例如吸收和轉運，更常用全植物系統、或更大片段的切離組織。於本書第4、5、和6章即描述用於研究這些過程的一些專門技術。

## 2.6 除草劑的結構與活性（Structures and activities of herbicides）

除草劑分子的生物活性（biological activity）反映了其滲透進入植物組織、抗解毒（或轉化爲有毒產物）、以及干擾植物中特定生理或生化過程的能力。除草劑穿透滲入植物之過程包括通過表皮（角質層，cuticle）之擴散，然後通過細胞壁、原生質膜（plasmalemma）的移動（圖2.4），以及在某些情況下也經過細胞內胞器膜（organelle membranes）的移動。除草劑穿透進入表皮，而表皮層則包含上表皮蠟質（epicuticular wax）、表皮蠟質（cuticular wax）、幾丁質（cutin）、果膠纖維（pectin fibers）、細胞壁（cell wall）、及表皮栓（cuticular peg）等。除草劑必需能穿透細胞的物理性結構，先進入細胞壁再進入細胞質。

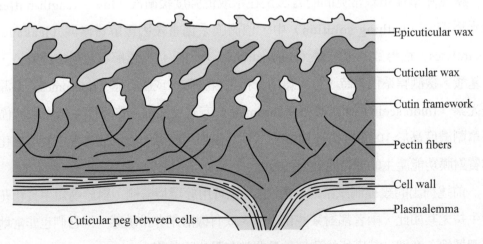

圖2.4　植物表皮之橫切面構造。

對於一些除草劑，長途轉運的能力也很重要。無論目標位置位於何處、以及何種組織最敏感，基本上必須有足夠的「活性」分子（active molecules）到達目標位置、並干擾其作用，才能表現出除草劑活性。

關於除草劑，我們可以考慮上述各項說明並提出以下問題：

是否可以根據除草劑分子之理化結構特性預測其行為？如果可以，是否可以設計新型分子，使其具有最佳的能力以到達目標位置並干擾其功能能？

鑑於常規除草劑篩選程序所需成本高、且成功率低，近年來研究者利用結構—活性關係（structure-activity relationships; SAR）、和定量結構—活性關係（quantitative structure-activity relationships; QSAR）的興趣也急劇增加。實際上，SAR 旨在聯結分子的生物活性、與分子某些確定的物理化學性質彼此間之關係。

建立 SAR 時有兩個常見的參數，相對容易測量，即 log P（1- 辛醇 / 水分配係數；1-octanol / water partition coefficient 的對數）（log Kow）和 pKa 或 pKb 值，即酸或鹼的解離常數（50% 分子解離時的 pH 值）。這些參數分別有其重要性，如 log P 影響膜系轉運（第 4 章）、log P 和 pKa 影響除草劑在韌皮部之移動性（mobility）（第 6 章）、以及 log P 影響光系統 II 電子轉移抑制劑的活性（第 8 章）均在本書中討論。然而，在更詳細的分析中，尚包括用於描述除草劑分子中各種取代基（substituents）特徵的其他參數。這些包括：

π - 描述取代基對疏水性（hydrophobicity）的影響

σ - 即 Hammet 常數，用以描述取代基的電子特性

Es - 空間參數

後者參數較難以經由實驗確定，但可以從參考資料獲得。

欲使除草劑分子結構最佳化之常用方法，包括確定同源系列化合物的生物活性（通常是確定其 $ED_{50}$ 或 $I_{50}$，即抑制生長、或特定過程達 50% 所需的劑量或濃度）。然後才能確定在除草劑分子中的各個位置處的各種取代基，其優點或缺點（表 2.3）。然後對這些數據進行迴歸分析（regression analysis），其中根據上述參數以數學描述生物活性。例如，方程式 $pl_{50} = -a\pi^2 + b\pi + \rho\sigma + \delta Es + c$ 將 $I_{50}$ 與 π, σ,

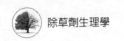

及 Es（其他參數是敏感度常數、或迴歸係數）相聯結。以這種方式，可以通過上述方程式中的替換，以及經驗，來測試改變特定物理化學參數的效果。試驗可獲得實際觀察到、及預測的 $I_{50}$ 值（表 2.3）。

表 2.3　根據一系列 *N*-(1-methyl-1-phenylethyl) phenylacetamides 在 *Scirpus juncoides* 與 *Echinochloa crus-galli* 植體內表現之活性，建立之結構─活性數據。

$$X \overset{}{\underset{}{\bigcirc}} CH_2{-}CONH{-}\overset{CH_3}{\underset{CH_3}{C}} \overset{}{\underset{}{\bigcirc}} Y$$

| X | Y | $pI_{50}$ | | | |
|---|---|---|---|---|---|
| | | S. juncoides | | E. crus-galli | |
| | | Obsd. | Calcd. | Obsd. | Calcd. |
| H | H | 5.70 | 5.39 | 4.95 | 4.81 |
| 2-Me | H | 5.43 | 5.72 | 5.15 | 5.16 |
| 2-*i*-Pr | H | 5.29 | 5.76 | 4.67 | 5.07 |
| 2-F | H | 5.78 | 5.49 | 5.39 | 4.93 |
| 2-Cl | H | 5.76 | 5.77 | 5.28 | 5.20 |
| 2-OMe | H | 5.45 | 5.37 | 5.05 | 4.80 |
| 2-NO$_2$ | H | 5.15 | 5.13 | 4.28 | 4.54 |
| H | 2-Me | 5.55 | 5.72 | 5.03 | 5.16 |
| H | 2-Cl | 5.60 | 5.77 | 5.01 | 5.20 |
| H | 3-Me | 5.74 | 5.71 | 5.13 | 5.15 |
| H | 3-F | 6.52 | 6.42 | 5.45 | 5.47 |
| H | 3-Cl | 6.66 | 6.58 | 5.74 | 5.67 |
| H | 3-Br | 6.42 | 6.61 | 5.42 | 5.70 |
| H | 4-Me | 6.03 | 5.71 | 5.43 | 5.15 |

　　當然，方程式越好，當新的取代基結合到分子結構中時，預測生物活性就越準確。最近，引入了其他 QSAR 統計方法，結構─活性關係已被用於檢查各種除草劑結構的生物活性。在其他相關領域，(Q)SAR 也已用於研究殺蟲劑、殺菌劑、天然毒素、和環境污染物的生物活性。

在研究如何利用 QSAR 方法使生物活性達到最適的方法上，其嚴重之限制乃是所有數據均來自單一系統（例如，來自植物生物檢定（bioassay）、或體外檢定（in vitro assay），例如測定 Hill 反應），並沒有考慮試驗系統之間的差異性。

基於體外檢定數據所預測的生物活性，並未考慮到除草劑傳送至目標位置的條件需求，且除草劑進入組織需具備的最佳性質可能與其抑制生物活性所需的性質完全不同。此外，體外測定也無法顯示供試除草劑發生代謝解毒可能性的跡象。因此，生化檢定僅能提供除草劑結構最佳化的部分答案；此仍然需要植株全株檢定，以決定商業開發上最有用的化合物。

另一方面，SAR 研究涉及檢查除草劑與其目標位置之間的分子相互作用（molecular interaction）。然而，除了光系統 II 中的除草劑結合位置外，局部解剖學（topology）上的精確細節、和除草劑結合位置的電子特性仍屬未知。

當了解光系統 II 中除草劑結合位置的特性之後，才可以預測各種化合物與光合作用電子傳遞之間的相互作用。只有在更詳細地描述了這些作用位置時，才能對除草劑與其他目標位置的相互作用有所理解。

研究上，在不清楚結合位置（binding site）的情況下，SAR 也可用於檢查除草劑分子與反應基質（substrates）或中間物（intermediates）之間的關係。經動力學分析（kinetic analysis）表明除草劑與這些產物中之一具有相互作用的情況下〔即可能包括競爭性（competitive），非競爭性（noncompetitive）、或不競爭性（uncompetitive）抑制作用〕，則可能推斷出除草劑結構、與反應基質或中間物之關係。

# CHAPTER 3

## 除草劑到達目標位置
### Reaching the target

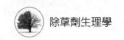

在本章中，「目標（target）」一詞用於指整個植物，與術語「目標位置（target site）」（在第二章、和本書後面的章節中討論）完全不同，後者係指除草劑的分子作用位置（molecular site of action）。除草劑到達目標位置的第一步是被植物截取（interception），無論是經由葉部（foliage）、還是從土壤到根部、或經由地上部（shoot）的基部。雖然向植物施用除草劑是物理過程、而不是生理過程，但此為除草劑發生作用的重要第一步。

在常規除草劑施用中，係將除草劑溶解、或懸浮在載體溶液中，該載體溶液在液壓下直接噴灑在土壤、或植物（或兩者）上。此外，也可以使用替代的施用方法，包括繩索芯（rope-wick）、或滾筒（roller）施加器，其可將濃度較高的除草劑溶液直接施加到葉片上，以及各種新的液滴產生裝置〔例如，旋轉盤（spinning discs）、和靜電噴霧器（electrostatic sprayers）〕。本章將簡要討論由常規應用設備產生的噴霧液滴的行為和命運。

## 3.1 葉部的截取和滯留（Interception and retention on leaves）

在壓力下被迫通過窄噴嘴的液體，係以「薄片（sheet）」的形式出現，之後快速霧化、形成離散的液滴（discrete droplets）。在典型的農業噴霧中，所產生的液滴直徑範圍從大約 50 μm 到 400 μm，其尺寸範圍決定於黏度（viscosity）、表面張力、壓力、和孔口直徑（orifice diameter）。當離開噴嘴孔後（10-50 μs 內），這些液滴很快就會減慢到終端速度，並在重力作用下下降。如果氣流夠強，且液滴夠小，則可水平移動，甚至向上移動。這些小液滴是液滴飄散（droplet drift）的來源。

噴霧液滴的移動軌跡主要受其質量、和植冠（canopy）層上方和內部空氣流動的影響。較大的液滴傾向於在重力影響下往下降落，並且幾乎不受空氣運動的影響。因此，除草劑液滴可能會撞擊在靠近植冠頂部的葉片上，特別是如果這些葉片呈現水平的狀況。另一方面，小液滴更可能受到植冠上方和內部空氣流動的影響。因此，較小的水滴比較大的水滴更容易穿透到密集的植冠中，並且更可能被垂直表面（如莖部，及直立的葉片）、和下部葉片上的細毛所保留。

　　垂直落下的小液滴可被葉片或其他植物部位截取、或是落在土壤上。當液滴落在葉片表面上時，會發生兩件事：即液滴可保留在葉片上、或是可能反彈而重新轉向到植物的另一部分、或土壤。

　　液滴是否彈跳或保留在葉子表面上，決定於液滴的動能、表面張力、以及葉片表面的性質。在其他條件相同的情況下，具有較高表面張力的液滴較可能從葉片表面反彈。當液滴撞擊葉片時，它們會橫向扭曲，並且液滴在落下時所具有的能量可能消散或保留，此需要根據液滴的表面張力和葉片表面的性質。如果液滴的表面張力非常高，則液滴傾向與表面接觸後反彈，形成球體，並從表面反彈。相反地，表面張力低的液滴則不太可能以這種方式反彈，其保留在葉片上的可能性更大。

　　文獻中有幾篇關於增加葉片保留液滴的報告，提出當噴霧溶液中含有表面（介面；或界面）活性劑（surfactant）時，其所得到的結果不同（表 3.1）。

表 3.1　添加表面（介面）活性劑（surfactant）對於小麥與大麥葉片保留 chlormequat 除草劑之效果。

| Growth stage | SURFACTANT concentration (%) | Spary retention (% of applied dose) | |
| --- | --- | --- | --- |
| | | Wheat | Barley |
| | 0.03 | 45 | 31 |
| Immature | 0.1 | 73 | 33 |
| | 0.3 | 79 | 62 |
| | 0.03 | 33 | 19 |
| Mature | 0.1 | 51 | 22 |
| | 0.3 | 71 | 41 |

　　實際上，當液滴直徑小於 100 μm，其不太可能從葉片表面反彈。另一方面，大液滴則很可能在撞擊葉片時反彈。在一項研究中顯示，對於直徑 100 μm 的液滴，大麥和野燕麥（Avena fatua）葉片保留的噴霧液滴最多，而對於直徑 200 至 600 μm 的液滴，則保留得相當少。凡是能促進噴霧液滴和葉片表面接觸的葉表特性均有助於增強除草劑的保留。

　　不規則葉片表面保留液滴通常比光滑表面保留更多，而在有毛（hairs）或毛狀體（trichomes）覆蓋的表面上保留更大。例如葉片表面保留除草劑 MCPA，會受到葉毛有無的影響（圖 3.1）。

圖 3.1　掃描式電子顯微鏡下，毛蕊花（*Eremocarpus setigerus*）葉片保留除草劑 MCPA鈉鹽之狀況。利用二次電子影像疊加於陰極螢光（cathodoluminescence）影像，可顯示顏色較淡的滯留物是除草劑，箭號指出除草劑已經穿過葉毛，而到達上表皮表面。刻度表示 200 μm。

　　由毛蕊花（*Eremocarpus setigerus*）葉片上緻密星狀毛截取的噴霧液滴經撞擊破裂後，一些液滴碎片即穿透到葉片表面，其他液滴則留在葉毛上。葉表面特性可能是造成不同植物物種葉片、或不同年齡葉片，其在保留液滴方面產生差異的原因。由於風化（weathering）作用影響葉片表面形態，較老葉片通常可以保留較多

藥滴；然而，由於老葉在植冠中處於下部位置，相對地其所能截取之液滴較上方年輕的葉片少。

表 3.2 中的數據說明了兩種具有不同表面特性的物種，其保留噴霧液滴（以不同速度施加）的差異。

表 3.2 除草劑液滴以不同速度噴施後，大麥及蘿蔔葉片保留噴施液滴之能力差異。所有噴施溶液均含有界面活性劑。

| Drop speed (m s$^{-1}$) | Spray deposit (μL cm$^{-2}$) | |
| --- | --- | --- |
| | Barley | Radish |
| 1.50 | 0.54 | 0.84 |
| 1.85 | 0.58 | 1.02 |
| 2.45 | 0.23 | 0.91 |
| 3.30 | 0.14 | 1.30 |
| 4.45 | 0.27 | 2.49 |

相對於大麥，蘿蔔由於具有粗糙的葉片表面，可保留更多的噴霧液滴。在某些情況下，噴霧保留的差異性可能有助於除草劑對於不同物種的選擇性；然而，藉由添加界面活性劑可減少此種選擇性幅度，而增加液滴保留在植物表面。研究者提出，利用高速液滴、及其對不同植物種類所產生的噴霧保留差異，可使先前不存在或程度不足之選擇性獲得改善。

與溼潤表面相比，液滴較容易保留在乾燥的葉片表面；除非液滴之表面張力非常低，否則噴霧液滴不可能直接與葉片表面上的水滴接觸。由於在液滴與水滴兩種液體之間保持有空氣膜（air film），且下方表面可以產生物理位移，因此增加了噴霧液滴從葉片表面反彈的可能性。因此，葉片表面上的雨水、或露珠的存在，可能導致除草劑保留率降低；然而，尚有其他因素，例如在高溼度條件下所增強的除草劑吸收，可能會超過在這些條件下對除草劑保留率降低的影響。

自葉片表面回彈的液滴經常破碎成幾個較小的液滴，然後根據上述過程分配在不同位置上。小液滴可能降落在葉片、莖部、或其他植物表面，或是降落到土壤中、或經由液滴飄散離開目標區域。由於小液滴的體積和動量（momentum）可能

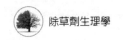

低於原始液滴的體積和動量，因此小液滴更有可能保留在其所接觸的下一個表面上。

通常保留在葉片表面的除草劑沉積物（deposits）可被吸收進入葉片中，除非它們經由葉片磨損、或降雨淋洗除去。然而究竟除草劑吸收需要多少時間？一般係以除草劑施用時間點開始算起，迄第一次顯著降雨，但不會降低除草劑效力（efficacy）的時間間隔。但這可能不是一個正確的解釋；例如噴霧液滴落在葉片表面後快速乾燥、且降雨之後並未減少除草活性，此可能表示葉表存在的除草劑不溶性殘留物可能仍持續進行吸收過程，而非表示吸收過程已經完成。

液滴大小除了影響其在液滴沉積（deposition）和飄散（drift）中的作用之外，液滴大小還會影響所施用除草劑的生物效能（biological efficacy）。然而，關於這個主題的文獻常令人困惑，甚至在某些情況下說法相互矛盾。

在某些報告中有證據顯示，小液滴的生物活性增強，而在其他報告中則是大液滴的生物活性增強。例如，根據研究報告顯示，最佳的液滴直徑範圍為 100 μm 至 400-500 μm。對於報告結果差異的最可能的解釋是，液滴最佳大小可能隨著植物種類、除草劑、和液滴中的除草劑濃度而變化。

為了解釋研究觀察結果，影響除草劑整體毒性（toxicity）之因素，必須考量局部毒性在減少除草劑轉運中的角色、以及沉積在植物不同部位的除草劑對整體毒性的相對貢獻。

## 3.2　除草劑飄散（Herbicide drift）

除草劑飄散（drift）可以以兩種方式中的任何一種發生：即經由離散噴霧液滴（discrete spray droplets）的橫向移動、或者是經由蒸氣飄散（vapor drift）。影響除草劑飄散的一些重要因素如下（圖 3.2）：

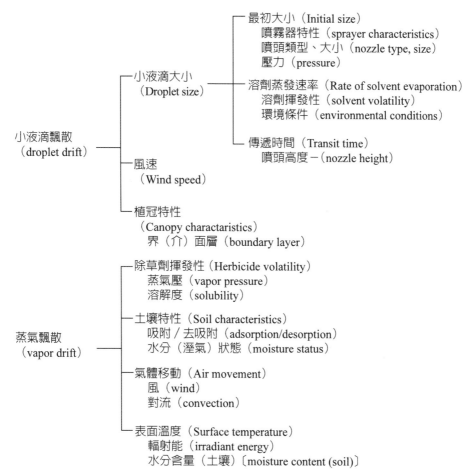

圖 3.2　影響除草劑飄散的一些重要因素，包括小液滴飄散（droplet drift）及蒸氣飄散（vapor drift）。

　　基於上述這些因素（圖 3.2）之間許多可能相互作用的複雜性，除了最簡單的情況（例如，大風中的小液滴、或非常易揮發的除草劑）外，很難準確地預測飄散行為。此外，目標植物對於截取除草劑常不均勻，導致目標區域內某些部位未出現除草劑活性。

　　噴霧液滴達到其最終速度後，其下落速度與其直徑的平方成正比，而蒸發量（evaporation）則與其直徑倒數成正比。研究指出，直徑為 100 μm 的液滴在大約 3-5 秒內下降 1 m。同一液滴蒸發所需的時間也是 3-5 秒，此意味著這種直徑大小的液滴非常容易飄散。當然，飄散現象也會隨環境因素而變化，例如氣溫和相對溼度。

通過各種方式可以避免或減少液滴飄散，包括降低噴霧吊桿（spray boom）、降低噴霧壓力、以及使用增稠劑（thickeners）以減少液滴蒸發。然而，所有這些方法通常導致噴霧更不均勻，這可能對雜草控制具有不利的影響。此外，可調整噴霧器以改變噴嘴下方的空氣流動，主要是為了減少渦流氣流（turbulent air flow），有助於減少液滴飄散。

蒸氣飄散則是除草劑分子揮發（volatilization）的結果，無論揮發是來自降落中的液滴、還是來自除草劑在植物或土壤表面沉積之後。除草劑揮發、或是從溶液中轉移到氣相（gaseous phase），是由除草劑蒸氣壓決定。一般而言，當除草劑蒸氣壓大於 $10^{-2}$ Pa 其可能會發生揮發損失。此外，非常低的水溶性也可以促進低蒸氣壓化合物的揮發。

施用於葉面的揮發性除草劑（例如酯型 2,4-D），通常在施用後其損失立即升高，但吸收進入植物組織之後，其損失即迅速降低。另一方面，來自土壤的除草劑損失可在施用後持續較長時間。在潮溼的土壤條件下，土壤中的除草劑揮發程度較大；因為在潮溼的土壤中，土壤膠體上有較多的吸附位置（adsorption sites）被水分子占據（圖 3.3）。此導致有更多的除草劑分子存在於土壤溶液（soil solution）中，並且可經由揮發作用從土壤中逸失。因此，在除草劑施用後數日、甚至數週內，降雨或結露均可導致除草劑從土壤中揮發。

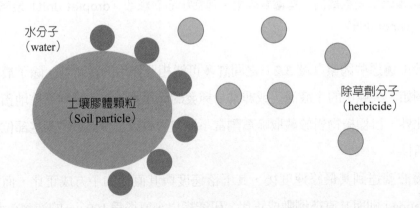

圖 3.3　土壤膠體上有較多的吸附位置（adsorption sites）被水分子占據後，將導致有更多的除草劑分子存在於土壤溶液（soil solution）中，並且可經由揮發作用從土壤中逸失。

對於三氟林（trifluralin；一種揮發性的土壤施用型除草劑）而言，也有類似上述的結果。來自溼潤土壤中未摻入（未併入；unincorporated）土壤膠體之除草劑，其累積損失可高達施用劑量的 90%，但若除草劑已經併入膠體顆粒則可顯著降低損失。

## 3.3　土壤中除草劑的可利用性（Herbicide availability in soil）

降落在土壤表面的除草劑可能會受到各種物理和化學反應過程的影響，使植物無法吸收利用（圖 3.4）。

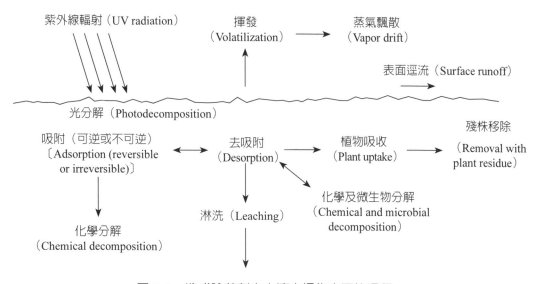

圖 3.4　造成除草劑自土壤中損失之可能過程。

**1. 除草劑吸附（adsorption）**

除草劑吸附（adsorption）於土壤組成分（有機質、黏質礦物表面、氧化物等）有部分是屬於可逆性過程，此過程可調控植物吸收除草劑。除草劑在土壤中的吸附是土壤和除草劑分子的化學性質所致，通常是由除草劑和土壤顆粒表面之間的弱靜電相互作用（weak electrostatic interaction）（氫鍵、或凡得瓦爾力；van der Waals force）所產生。

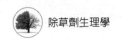 

　　除草劑分子和吸附在土壤膠體顆粒上的水分子之間也可能發生氫鍵。此外，在土壤膠體粒子上的帶電基團、其與永久帶電荷之除草劑、或是在帶電荷狀態下之弱酸或弱鹼性除草劑之間，也可能發生離子鍵結（ionic bonding）。

　　土壤中除草劑的吸附可用 Freundlich 方程式描述：

$$x = KC^n$$

其中 x ＝除草劑吸附量（μg/g 土壤），C ＝除草劑在溶液中的平衡濃度（μg/ml），而 K、n ＝特定土壤的常數。

　　量測除草劑吸附方面，可以計算除草劑之分配係數（distribution coefficient）Kd，以提供除草劑在吸附劑（adsorbent）（例如黏土、有機質）、和溶劑（通常是水）之間的相對分布量。Kd ＝ x / C。

　　除草劑吸附在特定土壤中的數量主要取決於土壤礦物質和有機成分的性質、除草劑的性質、以及土壤水分狀況。土壤和除草劑之間的相互作用受 pH 的強烈影響，此反映了 pH 對土壤顆粒表面、和除草劑（弱酸和弱鹼性除草劑）性質的影響。土壤水分對於植物利用除草劑的影響如圖 3.5 所示。

　　雖然吸附 - 去吸附（adsorption-desorption）現象大大地決定了除草劑在土壤溶液（soil solution）中的含量，但這並不一定與其生物活性有很好的相關性。例如，在吸附能力較低的土壤中，大部分除草劑仍存在於土壤水分較低的土壤溶液中（此時除草劑濃度相對提高）；然而，質流（mass flow）、擴散（diffusion）、和植物吸收和轉運若受到限制，都會降低高濃度除草劑所造成的植物毒害。

　　在吸附性較強的土壤中，隨著土壤水分的降低，除草劑吸附量增加，此反映了在一些吸附位置上存在著水和除草劑之間的競爭關係。除了吸附 - 去吸附現象外，土壤中除草劑的可利用性受許多因素的影響，這些因素影響土壤中存在除草劑的量、及除草劑是否能被植物吸收（圖 3.4）。

　　關於土壤中除草劑可用性的大部分研究，其目的之一是希望能建構預測模式以估算除草劑隨時間的殘留變化。除草劑在經過重複施用後，其在土壤中的累積量可藉由以下公式計算：

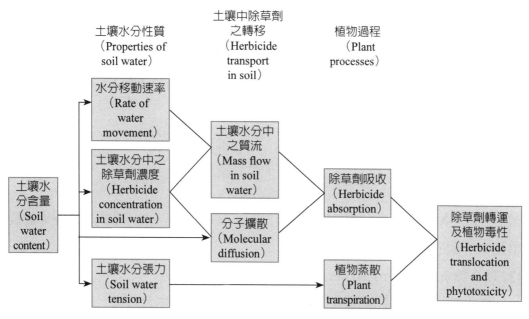

圖 3.5　土壤水分對於植物利用除草劑的影響。

$$R = AP(1 - P^n) / (1 - P)$$

其中 R = n 年結束時的殘留量；A = 每年施用的除草劑劑量；P = 施藥一年後剩餘劑量所占比例。

　　然而，由於大多數土壤的異質性（heterogeneity）、氣候變化、以及其他各種變數，故研究者難以獲得能廣泛適用於預測除草劑命運（流向，fate）、或持久性的模式。有關土壤中除草劑持久性的更詳細預測模式，涉及轉換率（turnover rates）、土壤水分、溫度等，可在已發表的文獻中找到相關資料。

**2. 除草劑分解（herbicide decomposition）**

　　化學分解（chemical decomposition）、和微生物分解（microbial decomposition）二者是導致土壤中除草劑損失的主要過程。

**(1) 化學分解（chemical decomposition）**

　　通常在除草劑進入土壤後立即開始進行化學分解，此種分解與土壤 pH 值有關。研究上常用一級反應動力學（first-order reaction kinetics）於描述化學分解，為特定的除草劑 - 土壤組合提供半衰期數值。方程式是：

$$dC/dt = kC$$

其中 C ＝ 時間 t 後的除草劑濃度，k 是一級速率常數，可以求解 k。由此，土壤中除草劑的半衰期可以確定為：

$$t_{1/2} = 0.693 \,/\, k$$

然而，由於各種原因，試驗數據通常無法符合一級動力學，較高級數的反應才能提供化學分解更好的描述。

(2) 微生物分解（microbial decomposition）

　　微生物分解決定於土壤微生物狀態、土壤溫度、和水分含量。此外，土壤中的除草劑使用經歷也會影響除草劑的微生物分解速率。對於某些除草劑，能夠參與降解反應的微生物種類很多；例如，有超過 20 種微生物可以降解 2,4-D。在先前未曾暴露於特定除草劑的土壤中進行第一次微生物分解時，通常在除草劑快速降解之前會先出現「遲滯期（lag phase）」（圖 3.6A）。「遲滯期」可解釋為微生物族群（microflora）適應環境與反應基質（substrate）所需的時間，適應之後才可以發揮降解除草劑的功能。

　　另一方面，在先前已經施用特定除草劑的土壤中，遲滯期可以縮短，此反映了微生物族群對於該基質的適應性（圖 3.6B）。此情況使得除草劑能迅速降解、避免殘留問題。然而，除草劑的加速降解也會對其生物活性產生負面影響，此會導致除草劑無法提供足夠時間以控制雜草。

　　上述這種因重複施用而增強的降解反應，可以出現在重複施用相同除草劑、或隨後施用屬於相同化學群組的除草劑。

　　存在於水中的除草劑可以藉由淋洗（leaching）方式從垂直方向移去或藉由擴散（diffusion）方式由側向移去、或是經由地表逕流（runoff）帶走。除草劑的淋洗是因為水流經土壤（此決定於降水量與強度）、和除草劑在土壤溶液（soil solution）與土壤基質（matrix）之間的分配（配置；partition）（吸附 - 去吸附；

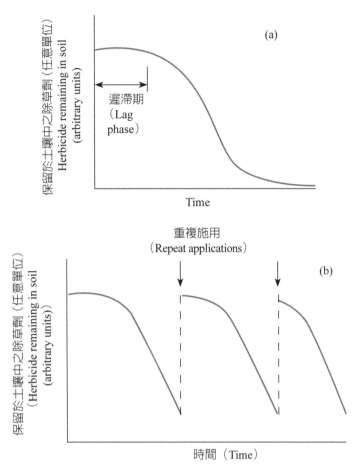

圖 3.6 除草劑進行微生物分解之時序圖（time-course plots）。在先前未曾暴露於特定除草劑的土壤中進行第一次微生物分解時，通常在除草劑快速降解之前會先出現「遲滯期（lag phase）」(a)。若除草劑重複施用，則顯示土壤微生物之適應力及其快速分解能力 (b)。

adsorption- desorption）所致。

　　通常，與土壤基質（soil matrix）吸附力弱的除草劑，其較吸附力強的除草劑更容易被淋洗出來。必須牢記的是，如果蒸發散（evapotranspiration）超過降水，則除草劑的向下移動可以逆轉，此勢必造成土壤水分和除草劑的淨向上移動。因此，作物剛開始可能正常生長，但在季節後期則受到因土壤水分向上移動所夾帶的除草劑影響。

　　除草劑逕流（runoff）決定於土壤表面除草劑的有效性（availability）、和地表

水分的移動（涉及降水強度、土壤表面粗糙度、及坡度）。逕流中的除草劑可能存在於移動中之土壤溶液、或吸附在同時移動的土壤顆粒上。

光分解（photodecomposition；或稱光解；photolysis），可能是造成對 UV 輻射（波長 > 285 nm）敏感的除草劑損失的重要因素。例如施用於土壤的 UV 敏感性除草劑（如三氟林，trifluralin），其需要在施用後立即併入土壤中，以使光分解最小化、並使生物活性最大化。

一些葉面施用的除草劑（例如 sethoxydim）也受到光分解控制。在這種情況下要減少除草劑損失的唯一實用方法似乎是改變配方（formulation），使除草劑分子儘可能快速地進入葉部組織。

除草劑損失的最終來源即揮發（volatilization，圖 3.4），先前已討論過此與除草劑飄散有關。易揮發的除草劑包括；硫代胺基甲酸酯（thiocarbamates）、三氟林（trifluralin）、和一些其他二硝基苯胺類（dinitroanilines），以及苯氧基烷酸（phenoxyalkanoic acids）的短鏈酯類。

# CHAPTER   4

## 葉面吸收除草劑
### Foliar absorption of herbicides

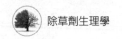 

　　植物經由葉面吸收除草劑之過程，係指除草劑分子從植物葉片的外表面（outer surface）經過角質層（表皮；cuticle）、進入下方的組織。此過程僅限於在非共質體路徑（apoplast pathway / apoplasm）之移動。

　　除草劑分子進入葉部之過程，取決於角質層的化學和物理性質、除草劑及其伴隨配方成分之性質、以及葉部發育與進行吸收時的環境條件。通常控制除草劑吸收的規則很少，並且每種「除草劑 / 植物物種 / 配方 / 環境」組合，都有其獨特的吸收特性。

# 4.1　植物表皮（Plant cuticle）

　　陸地植物（terrestial plants）所有地上部分都被角質層覆蓋，此種相對較薄（0.12 至 13.5 μm 厚度）的膜，其主要功能是防止植物喪失水分，以便植物可以在限水條件下進行生理過程。此外，角質層可作為有效屏障，以阻止異生物質（外來異物；異源物；xenobiotics）、和微生物進入植物中。

　　角質層（cuticle；又稱為表皮）（通常稱為角質層膜，cuticular membrane；CM），係由不溶性角質骨架、和可溶性蠟（soluble waxes）組成（圖 4.1）。

　　這裡所謂的「可溶性」指可溶於非極性溶劑（例如氯仿，chloroform）的蠟，並且可以藉由將葉片浸入此種溶劑中，很容易地除去蠟質。另角質框架則是單個或交錯聯結的羥基羧酸（hydroxycarboxylic acids）的組合，其從表皮細胞壁的外表面一直延伸到 CM 中。產生交錯聯結之原因係因烷基（alkyl）鏈上的羧基團（–COOH）、和二次羥基（–OH）、或環氧化物（epoxide）基團之間的酯化（esterification）作用所致。

　　一些 CM 也含有軟木質（木栓質；軟木脂；suberin），軟木質係由類角質脂肪族聚合物（cutin-like aliphatic polymers）、和芳香族部分的一種組合，可能是由莽草酸鹽（shikimate）所衍生的。角質和軟木質屬於部分親水（hydrophilic），並含有一些可電離的基團。

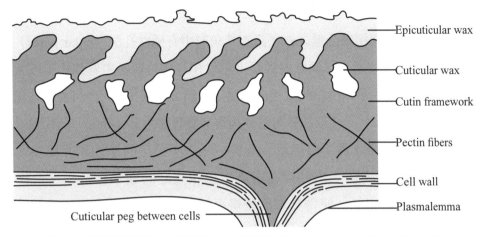

圖 4.1　植物表皮橫切面圖解。（引用之文獻請參考 Devine et. al., 1993，Physiology of herbicide action. PTR Prentice Hall, Englewood Cliffs, New Jersey 07632. Chap.3.）

　　可溶性的表皮脂質分散在整個 CM 中，但朝向 CM 外表面脂質分布較占優勢。可溶性脂質可分為兩類，其一是混入 CM 中與角質結合（角質層蠟質；cuticular waxes），以及形成 CM 外表面（表皮蠟質；上表皮蠟質；epicuticular waxes）。

　　角質層蠟質主要是一些垂直於葉片表面方向的中等長度脂肪酸（intermediate-length fatty acids）和長鏈烴（碳氫化合物；hydrocarbons）所組成；而上表皮蠟質（epicuticular waxes）則由各種長鏈脂族烴與醇（alcohol）、酮（ketone）、醛（aldehyde）、乙酸酯（acetate）、酮醇（ketol）、β- 二酮醇（diketol）、和酯（ester）取代基所組成。

　　上表皮蠟質可以以各種物理形式沉積；在一些物種中其形成相對較平坦的層狀構造，而在另一些物種中則以板狀（plates）或晶體（crystals）的形式擠出，其尺寸和形狀變化範圍很廣。這些晶體使葉片在掃描電子顯微照片中出現可見的特徵形貌。

　　整個 CM 的化學成分分布狀況使得角質層不屬於均質層（homogeneous layer）；其外表面高度親脂（lipophilic），而隨著接近 CM 的內表面，環境變得越來越親水（hydrophilic）（圖 4.1）。文獻中關於角質層存在著親水和親脂性通道的一些猜測，並且有研究者提出除草劑根據其理化特性，可優先通過這些通道往內移

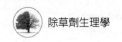

動。

　　研究者從柑橘屬植物分離之 CM 證實其角質中有極性孔洞（polar pores），此與羧基聚集有關；經過光學顯微鏡觀察，可以在一些角質層中看到相對較大的通道，但這些通道對除草劑吸收的意義尚未確定。無論如何，CM 內可能存在極性梯度（polarity gradients），這取決於可溶性角質層脂質和角質（cutin）的相對量。

　　CM 被研究者描述為「海綿狀」基質，係由不連續的極性和非極性區域所組成。在 CM 的內表面，由於存在與細胞壁相連結的碳水化合物聚合物（主要是果膠、和纖維素），使得其環境變得更加極性。這些聚合物通常稱為纖絲（fibrillae），係從細胞壁延伸到 CM 中角質化更加嚴重的區域（圖 4.1）。

　　極性和非極性區域之間不太可能存在明顯突然的梯度，而是逐漸變化，此取決於纖絲延伸到 CM 的程度。此外，有證據顯示在 CM 的這個區域中存在著一些多胜肽（polypeptides）。CMs 可當作聚電解質（高分子電解質、多元電解質，polyelectrolyte），其等電點約為 3.0，含有三個不同的可解離基團，其 pH 值分別在 3-6、6-9、和 9-12。前兩個可解離基團對應於羧酸基團，第三個則對應於酚羥基（phenolic hydroxyl groups）。

　　等電點（isoelectric point）反映了酸性和鹼性官能基之間的平衡；前者歸因於聚半乳醣醛酸（polygalacturonic acid）的酸性功能、角質基質上的游離羧酸基團、和酸性胺基酸，而後者則與鹼性胺基酸有關。因此，CM 扮演之角色如同三度空間離子交換基質（three-dimensional ion exchange matrix），其在較高 pH 值下具有較高的離子交換能力。通常在生理 pH 值下，CM 帶負電荷，大部分交換位置被 $Ca^{2+}$ 占據。

## 4.2　研究除草劑葉面吸收的技術（Techniques for studying foliar absorption of herbicides）

　　研究除草劑葉面吸收要選用何種技術，取決於試驗目的、流程的簡易性、和特定儀器。由於研究葉面吸收時測量哪些項目決定於所採用的試驗流程，綜觀各家研究，因所使用的流程多變，故通常不可能比較來自不同試驗研究的數據。

　　研究葉面吸收除草劑時，通常是將離散液滴（discrete droplets）中放射性標記的除草劑（radiolabeled herbicide）點施到葉片上，然後於處理後不同的時間間隔取樣，經過洗滌程序將殘留於葉表之放射性除草劑洗出測定放射活性，以間接測量推算自葉片進入組織的除草劑吸收量。

　　在解釋這些試驗結果時需要格外謹慎，因為洗滌葉片外表除草劑殘留所用之不同溶劑，其極性（polarity）大小不同、造成其溶解除草劑沉積物（deposits）的能力不同。研究過程中可能需要非極性溶劑來溶解特定的除草劑殘留物，但有可能同時從葉片 CM 中萃取出一些原本已經吸收進入 CM 層之除草劑，導致低估除草劑吸收量。相反地，相同的極性溶劑可能不能完全溶解極性除草劑沉積物，此可能導致高估吸收量。實際上，的確很難確認特定的葉面洗滌程序僅僅是去除表面沉積的除草劑，而不是除去已滲透吸收進入 CM 的除草劑。

　　上表皮蠟質（epicuticular wax）和角質層蠟質（cuticular wax）阻礙除草劑滲透葉面的重要性，可以經由比較在含蠟質和脫蠟質表皮中的除草劑滲透量來評估。

　　通常分離「上表皮蠟質」之作法是於葉片表面塗加一層含有醋酸纖維素（cellulose acetate）的溶劑形成薄膜，並在溶劑蒸發乾涸後剝離「醋酸纖維素／上表皮蠟質膜」。雖然此技術似乎是一種有效的方法，但其可能因有機溶劑丙酮的作用、而直接對葉片組織造成一些損害、或者在丙酮揮發時產生之冷卻效果間接造成一些損害。或者，上表皮蠟質也可以經由輕微磨損而破壞。

　　「角質層蠟質」之分離方式，常用非極性溶劑如氯仿（chloroform）、或甲醇，處理 CM 以除去角質層蠟質。此種非極性溶劑處理方式容易造成完整植株葉片 CM 下方組織之傷害，所以此技術較常用於已經分離之 CMs。

　　當進一步要將植物表皮（cuticle）與下方組織分離時，可將葉圓片（leaf discs）與纖維素酶（cellulase）和果膠酶（pectinase）一起培養。果膠酶通常含有數種降解酵素，包括果膠酯酶（pectin esterase）、果膠反式消去酶（pectin transeliminase）、和聚半乳糖醛酸苷酶（polygalacturonase）。

　　另外，也可以使用酸消化（acid digestion）、或相關處理來除去 CM；其中一些程序也會去除 CM 下方的表皮細胞（epidermal cells）。在進行分離角質層（表皮；cuticles）的化學分析中需要注意，因為這些材料很容易從培養基中吸收親脂性

化合物。

### 生物檢定法（bioassay）

　　基於除草劑對葉部組織特定而快速的生理作用，研究者也可利用生物檢定法（bioassay）測量除草劑對葉片的滲透。例如，葉綠素螢光（chlorophyll fluorescence）的變化可用於監測光合作用光系統（photosystem）抑制劑是否進入葉部葉綠體中。此外，也可以測量其他生理事件，包括乙烯釋放（ethylene evolution）、和電解質滲漏（electrolyte leakage）等。

　　這些生物檢定技術可能特別適合應用在除草劑吸收非常迅速的狀況，例如在有機矽表面活性劑（organo-silicone surfactants）存在下。但這些方法的缺點是無法提供除草劑侵入（penetration）的定量估計，除非能建立關於除草劑吸收、與待測量的生理參數相關的標準曲線。

　　國立中興大學農藝系雜草與除草劑研究室於進行除草劑偵測研究時，曾建立生物檢定法，偵測植物體內累積之生化指標 2-aminobutyric acid（2-aba），以反映出植物所接觸之硫醯尿素類（sulfonylureas）除草劑藥劑劑量（請參考王慶裕，2019。除草劑概論，第九章、化學除草劑之檢測分析）。

　　植物葉片吸收除草劑的研究中，相對較新的發展是使用掃描式電子顯微鏡、結合一系列二次檢測方法，來檢查除草劑沉積物的物理性質。所使用的二次檢測方法包括：陰極發光（冷光；cathodo-luminescence）、X射線螢光（X-ray fluorescence）、和能量分散（能散；能量色散）X射線（energy-dispersive X-ray）微量分析等。

## 4.3　表皮對除草劑吸收的效應（Cuticular effects on herbicide absorption）

**1. 理論思考（theoretical considerations）**

　　除草劑通過 CM 的移動可分為三部分，包括：

(1) 除草劑從葉片表面分配（配置；partitioning）到 CM 中。

(2) 除草劑擴散穿過 CM。

(3) 除草劑分配進入 CM 內面的水性介質（質外體；apoplasm）中。

除草劑經由被動擴散方式進入角質層，此意味著過程中未涉及代謝能量消耗。通過 CM 的擴散可以用下列方程式描述：

$$J = (k^B \times T \times K)(Co - Ci) / (6\pi r \times n \times dX \times l)$$

方程式中 J = 穿過膜的通量（flux），$k^B$ = 玻爾茲曼（Boltzmann）常數，T = 絕對溫度，K = 分配係數（或稱配置係數；partition coefficient），r = 溶質分子的半徑，n = 溶劑的黏度（viscosity），l = 曲折因子（tortuosity factor），Co 和 Ci 分別為除草劑在 CM 的外部和內部的濃度。

遺憾的是，沒有足夠的數據可用於詳細討論所有這些因素，大多數已發表的報告只是涉及 CM 的厚度和組成、以及除草劑的物理化學性質。

除草劑移動經過 CM 的驅動力是內表面和外表面之間的濃度梯度（concentration gradient）。CM 的滲透性（permeability），通常根據滲透係數 P 來表示，可以定義如下：

$$P = (\delta n / \delta t) * (1 / Co - Ci)$$

方程式中 Co 和 Ci 分別是 CM 外部和內部的除草劑濃度，$\delta n/\delta t$ = 除草劑的擴散速率（mol/cm/sec）。因此，滲透性可以透過將通量除以跨 CM 的除草劑濃度梯度來確定。

## 2. 除草劑分配進入角質層（herbicide partitioning into the cuticle）

除草劑在 CM 內外兩個表面的分配係數，對於除草劑滲透相當重要。以最簡化的模式而言，上述兩個單獨的分配係數，一個涉及噴霧液滴、或沉積物從 CM 外表面處，分配（配置）到 CM 中；另一個則是除草劑從 CM 內表面處分配至 CM 下方組織。此種說法是假設 CM 的組成很均勻，但實際上此無法準確反映大多數 CM 的特性。

　　若以一個更符合現實的模式而言，當除草劑從高度親脂性的上表皮蠟質（highly lipophilic epicuticular wax）轉移到更具親水性的內表面（more hydrophilic inner surface）時，可能涉及一系列的分配係數（圖 4.2）。

　　分配係數不僅在除草劑通過 CM 時發生改變，而且也隨著植物種類（species）、和角質層的水合程度（degree of hydration）而變化。此外，弱酸性除草劑的分配係數也與施用溶液的 pH 值有關。

　　在「理想的」膜系運輸模式中，通量（流量，flux）是與溶質接觸面積成比例關係。然而，除草劑沉積面積大小與除草劑穿越 CM 二者間，並不一定呈現正相關關係。

　　除草劑沉積物的目視檢查常顯示其並不均勻（uneven），在除草劑相同液滴處理下，可能造成一些區域出現重度沉積，而另一些區域則很少有沉積。因此，極難測量沉積物真實的接觸面積。

　　可以預期的是，除草劑分配到 CM 之過程中，會受到除草劑和上表皮蠟質的理化性質強烈影響。例如在較低的 pH 值下，會增加弱酸性除草劑（如 2.4-D、2.4.5-T、和 NAA）的吸收，表示非離解狀態的物質可優先進入 CM。

　　在等電點以上（約 pH 3.0）時，CM 攜帶負電荷，並且離子化形式的弱酸性除草劑易遭受 Donnan 排斥（Donnan exclusion[1]）。然而，由於 CM 的異質性、及存在極性通道，可能提供給甚至已解離的分子進入的途徑。

　　研究者在測量十種不同植物物種的葉片吸收 10 種異生物質（外源化合物；xenobiotics）時，發現異生物質之吸收與其分配係數或溶解度之間的相關性非常小。其他報告則證實，通過 CMs 的異生物質其滲透，與其溶解度或分配係數之間缺乏明確的關係。

　　根據研究結果顯示上表皮蠟質在調節除草劑進入 CM 中的角色難以量化。利用部分或完全脫蠟（dewaxing）的 CMs 材料試驗，結果顯示脫蠟對於所有物種、和

---

[1] 吉布斯—唐南效應（Gibbs-Donnan effect），又稱膜平衡、唐南平衡、唐南效應，係指因部分帶電荷粒子無法通過半透膜而產生的不均勻電荷，導致膜兩側粒子濃度不同的現象。（資料來源：維基百科，吉布斯—唐南效應）

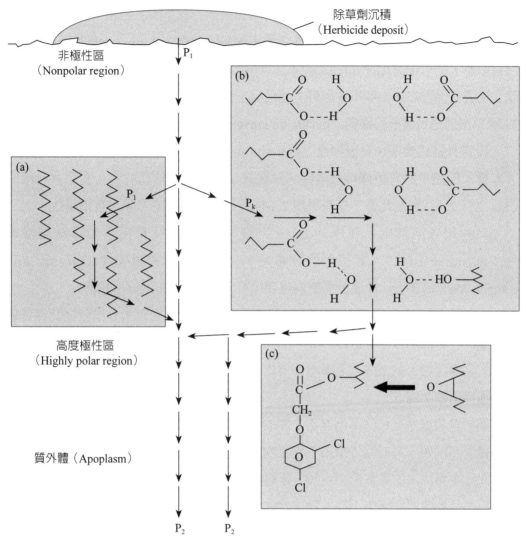

圖4.2　除草劑配置進入角質層膜（cuticular membrane; CM）、擴散經過 CM 及釋出進入質外體（非原生質體；apoplasm）之圖解模式。a. 除草劑配置進入親脂性區域；b. 穿越經過角質基質中的極性孔洞（polar pores）；c. 共價結合至角質聚合體（cutin polymers）中。Pn 表示除草劑擴散進入 CM 不同區域之配置係數。注意圖中不同路徑並不會互相排斥。（引用之文獻請參考 Devine et. al., 1993，Physiology of herbicide action. PTR Prentice Hall, Englewood Cliffs, New Jersey 07632. Chap.3.）

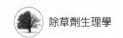 

除草劑，均沒有一致的影響，針對每種「植物物種／除草劑」組合，其影響結果不一。例如，野生燕麥葉片經表面刷洗之後，對於除草劑 diclofop-methyl 進入葉部並沒有影響，卻可顯著加速 difenzoquat 進入。而利用醋酸纖維素（cellulose acetate）除去上表皮蠟質之後，並不會影響上述任何一種供試除草劑進入葉部。

**3. 除草劑通過角質層的移動**（herbicide movement through the cuticle）

研究者雖然預期角質層厚度（cuticle thickness）可能會對除草劑穿透產生重大影響，但幾乎沒有證據可以證明。試驗以 7 種植物物種為材料，利用其分離的 CMs 進行 2,4-D 移動比較，結果發現 2,4-D 移動與 CM 厚度之間沒有相關性。

有些報告則指出，較厚的 CMs 比較薄的 CMs 具有更大的除草劑滲透性（permeability）。其可能的解釋是，角質層結構和組成（structure and composition）的差異比厚度差異更為重要，特別是在比較不同的物種時。

在對於 10 種植物物種的調查中，研究發現角質層厚度與水分擴散之間存在著反比關係。雖然水分移動數據可能無法用以完全評估所有除草劑（特別是非極性除草劑）之滲透性，但上述結果顯示，角質層厚度和滲透性之間的關係並不像一般預測的那樣清晰明確。

關於角質層厚度和除草劑滲透之間的關係，可能需要建立在同一植物物種的葉片基礎上。例如，研究報告指出，異生物質進入相同物種較年輕葉片的滲透率，高於進入年老葉片，由此案例中可知，年輕葉片的 CM 比年老葉片的 CM 更薄。然而在作出結論時也需要謹慎小心。除了 CM 厚度的差異之外，其化學組成也會隨著個體發育而改變，這使得角質層厚度重要性的評估受到混淆。

另一個複雜因素是，任何單一葉面上的 CM 厚度並不均勻。利用電子顯微鏡檢查附著（完整）或分離的 CMs，顯示在垂周（anticlinal）細胞壁之間存在著向下突出的角質層「栓（pegs）」（圖 4.1）。通常在覆蓋垂周細胞壁的凹陷處可觀察到除草劑沉積物。因此，除草劑到最近細胞的最短路徑可能不是垂直向下（葉片在水平位置的情況下），而是與垂直方向形成一定角度。

關於除草劑或溶質分子半徑大小對於其穿透 CM 的影響，現有資料很少。雖然在一些 CM 中已經鑑定和測量出孔隙（pores），但這些孔隙參與除草劑通過 CM 移動的角色仍有待證明。根據研究報告指出，比估計之孔隙大小（0.45 nm）更大

的分子，也能夠穿透植物角質層。當極性分子發生水合（水化，hydration）反應時，分子半徑可能因而改變使得分子穿透 CM 的問題變得複雜；此外，由於在經過 CM 內部時，除草劑的分子形式可能發生改變（例如，去酯化；deesterification），而導致問題更加複雜。

現有證據似乎顯示，在限制除草劑通過 CM 的移動中，可溶性的角質層（表皮）脂質（cuticular lipids）扮演主要角色。當分離的 CM 材料去除所有可溶性角質層脂質時，對水分滲透性（通透性，permeability）有顯著影響，可增加達 500 倍。類似地，去除可溶性蠟質也會增加除草劑的滲透。例如，以 8 種不同植物物種的分離角質層為材料，發現當從中去除可溶性脂質時，2,4-D 的滲入增加了 2.2 至 26 倍。

然而，所除去的蠟質量與其所導致的除草劑滲透增加，兩者之間並沒有明顯的相關性。例如以榕屬植物（*Ficus elastica*）分離的表皮為材料，試驗中將表皮脂質萃取去除後，可使五氯苯酚（pentachlorophenol）及 4- 硝基苯酚（4-nitrophenol）兩種化合物經過 CM 的移動增加 5,000 倍以上；但使 2,4-D 的滲透性增加了近 10,000 倍，此說明了可溶性脂質限制除草劑滲透的程度。

值得注意的是，在不同條件下生長的植物，且分別使用多種方法從 CM 中萃取角質層脂質所獲得的研究資料（表 4.1），似乎不宜作相互比較。

**4. 除草劑滯留於角質層中（retention of herbicides in the cuticle）**

除草劑可以滯留在 CM 中的原因，主要是除草劑的高親脂性（lipophilicity），導致其分配進入 CM 中富含脂質的部分、或結合在 CM 內部。例如，在蠶豆的分離表皮中保留的 MCPB[2] 多於 MCPA，主因前者的油 / 水分配係數較高。

使用分離的角質層進行之研究，由於 CM 內表面的化學變化以及 CM 下方的不同環境，研究者可能無法準確地了解除草劑在活體內（in vivo）經過表皮之移動。然而，使用氯磺隆（chlorsulfuron）和二氯吡啶酸（clopyralid）之試驗也獲得

---

[2] MCPA (2-methyl-4-chlorophenoxyacetic acid) 屬於選擇性除草劑，為廣泛使用之 phenoxy 類型除草劑；而 MCPB (2,4-MCPB, 4-(4-chloro-o- tolyloxy) butyric acid (IUPAC) 或 4-(4-chloro-2-methylphenoxy) butanoic acid (CAS) 則屬於苯氧基丁酸除草劑（phenoxybutyric herbicide）。

表 4.1　角質層脂質對於異生物質（xenobiotics）穿透角質層膜（cuticular membranes; CM）之影響。數據是根據各種物種之 CM 取下後，分別去蠟（P(d)）與不去蠟（P(i)）之後，測量異生物質穿過 CM 之穿透率。（引用之文獻請參考 Devine et. al., 1993，Physiology of herbicide action. PTR Prentice Hall, Englewood Cliffs, New Jersey 07632. Chap.3.）

| Xenobiotic | $P(d) / P(i)$ | Reference |
| --- | --- | --- |
| 2,4-D | 9.5 | 41 |
| | 2.5-120 | 42 |
| | 2.2-25.8 | 33 |
| | 29-9,192 | 39 |
| 2,4-DB | 3 | 22 |
| N-isopropyl-α-chloroacetamide | 4 | 43 |
| NAAA | 12 | 41 |
| | 23-178 | 44 |
| | 170-700 | 45 |
| Substituted phenoxyacetic and benzoic acids | 8.6-22.9 | 46 |
| Pentatachlorophenol | 5,300 | 20 |

與上述類似的結果，意即前者具有較高的親脂性，故保留較多藥劑於表皮。

　　以甘藍菜完整葉片為材料之研究中，發現在 CM 保留之 2,4-D 丁氧基乙醇酯（butoxyethanol ester）多於其酸形式（acid form）。該除草劑兩種形式從已經去除表皮（epidermis）之處移動進入葉部之能力均相同，此表示兩種形式進入 CM 的能力不同。因此推測，當除草劑進入植物體時，似乎 CM 亦可充當除草劑的臨時貯存場所。

　　研究指出，2,4-D 和其他弱有機酸於吸附到 CM 之後，可以藉由與聚合物基質（polymer matrix）中的環氧（epoxy）基團形成共價結合；此種鍵結屬於緩慢、線性（linear），且具有時間依賴性（time-dependent）的過程。利用 HCl 處理 CM 可改變環氧基團，而抑制這種共價結合，但不會改變 CM 的吸附特性。根據熱力學指示，僅有在角質本身被化學性或酵素性降解時，這些鍵結的殘基才會釋放出來。

## 5. 除草劑輸送至質外體（herbicide delivery to the apoplasm）

除草劑從 CM 的內表面分配（配置）到質外體（apoplasm）、或表皮細胞（epidermal cells）之過程則更難檢查，因為在分離 CMs 時幾乎會改變「CM- 質外體」界面的擴散性質、以及 CM 構造。

最初 Ci = 0，其有利於除草劑進入質外體。然而，當除草劑逐漸在質外體中累積時，則除草劑濃度梯度可能有利於除草劑滯留於 CM 中。目前為止，幾乎沒有試驗可以證實除草劑的葉面滲透受到 CM 內表面除草劑離開速率的限制。

當考慮質外體和表皮細胞的體積相對於 CM 大出很多，除草劑除非親脂性非常大者外，其分配到質外體的過程不大可能成為限制步驟。然而，除草劑施用後因乾燥〔例如，經由巴拉刈（paraquat）誘導〕快速引發之生理損害，可能限制隨後除草劑從 CM 進入質外體的移動。

## 6. 除草劑的氣孔滲透（stomatal infiltration of herbicides）

氣孔與除草劑吸收（absorption）的相關性一直是備受爭議的話題。氣孔在開啟狀況下，可以提供除草劑快速進入葉部組織的途徑，而不需要經過 CM。然而，氣孔腔內壁襯有薄的角質層，因此除草劑即便進入氣孔也不一定代表其直接進入細胞中。

除草劑經由氣孔進入植體的有利論據，包括：除草劑經葉片下表面（abaxial surfaces）進入的量，比經上表面（adaxial surfaces）進入者更大，推測此與多數陸生植物葉片之下表面氣孔數目較多有關。由於葉片上方和下方的環境不同、以及發育差異，葉片上下表面上之角質層特性通常全然不同。

除草劑經氣孔滲入的關鍵是噴霧液滴的表面張力（surface tension）。除草劑為了進入氣孔內腔，需要低於 30 mN/m [3] 的表面張力。不幸的是，很少有農業噴霧液滴之表面張力在此範圍內，大多數接近 30-35 mN/m。

事實上，噴施藥滴時只有非常小的噴霧液滴會碰撞這些葉片表面，並且在任何噴施作業中，液滴部分可能都非常小。此外，氣孔覆蓋葉面面積僅約占 0.1% 至 0.5%，必須要有極好的覆蓋率才能使除草劑液滴與氣孔充分接觸，但這似乎不太

---

【3】表面張力單位 1 mN/m = 1 dyn/cm，N 指 Newton 牛頓，為力學單位。

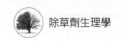 

可能，特別是在少量施用的情況下。然而，也可以有例外，例如除草劑中添加石蠟油（paraffinic oils）的案例，此油表面張力低、易滲入組織中。最後，常見除草劑是在炎熱、乾燥的戶外環境中施用，此狀況下其噴霧液滴非常快速地乾燥、且氣孔幾乎呈現關閉，這都不利於葉部經由氣孔吸收除草劑。

然而，有一些特殊情況，確實發生除草劑經由氣孔滲透。這些狀況與特定的除草劑配方（formulations）有關，雖然信息不完全，但推測可能與降低藥劑表面張力有關。Gudin et. al. 研究指出，以含有低黏度油分之除草劑處理葉片，結果很快速地抑制光合作用，研究者將其歸因於除草劑經由氣孔進入；目前已知石蠟油可大大增強除草劑液滴的擴散（擴展；spreading）。

與上述類似，在有機矽表面活性劑（organosilicone surfactant）存在下，嘉磷塞（glyphosate）非常快速地進入多年生黑麥草（ryegrass; *Lolium perenne* L.）葉片，此歸因於經由氣孔之滲透。此含有表面活性劑之除草劑溶液，其表面張力為 20.7 mN/m，遠低於經由氣孔進入所需的溶液表面張力限制。

然而，似乎這種除草劑經由氣孔進入的案例屬於例外，在多數除草劑配方的作用下，除草劑經由氣孔進入似乎扮演無足輕重的角色。

## 4.4 配方對除草劑吸收的影響（Formulation effects on herbicide absorption）

實際使用除草劑時，從不會僅單獨使用其有效成分（active ingredient；a.i.）、或以純溶液（pure solution）方式使用，而是會與多種成分（ingredients）組合使用、以提高除草劑的功效。這些成分包括表面活性劑（surfactant）、和「油 - 表面活性劑濃縮物」（oil-surfactant concentrates），主要用於增強葉面潤溼和除草劑滲透；此外，也利用許多生物惰性材料，可提高配方的穩定性和耐雨牢度（fastness）。

另外也使用一系列無機鹽、磷酸酯類（phosphate esters）、和螯合劑（chelating agents）來增強除草劑活性；然而，在許多情況下，缺乏關於這些化合物對除草劑吸收影響的數據，並且沒有明確解釋這些物質如何增強除草劑活性。

**1. 表面活性劑對除草劑吸收的影響（surfactant effects on herbicide absorption）**

　　表面活性劑（surfactant）是異質的有機分子（heterogeneous organic molecules），用於促進除草劑噴霧液滴和葉片表面之間的接觸。雖然表面活性劑分子具有親水和親脂兩部分的共同特性，但其結構和物理性質變化很大，使表面活性劑本身能沿著「液滴 - 角質層」界面方位定向。

　　儘管所有表面活性劑的一般功能均相同，但基於其物理和化學性質差異、以及其與除草劑和其它配方成分的相容性差異，導致表面活性劑在增強除草劑活性中的作用會隨著不同案例而異（case-specific）。

　　例如，有報告顯示有些表面活性劑可增強特定除草劑之活性，有些則不影響，甚至有些表面活性劑會降低除草劑活性（儘管前兩種結果最常見）。然而，研究者對於這一研究領域中遇到的許多複雜的相互作用，並沒有很好的解釋。

　　表面活性劑最明顯的影響是針對液滴表面張力、葉片潤溼和接觸角度（圖4.3）。接觸角度係決定於葉面化學和粗糙程度。藉由促進噴霧液滴和葉片表面之間的接觸，有助於液滴擴散（spread），並在角質層上覆蓋出更大區域。當接觸角度減小，也會使得液滴移動更加困難。

　　基於上述說明雖然可以預期表面活性劑對除草劑滲透的影響，但試驗證據提出影響過程尚涉及其他因素。在測試各種表面活性劑的研究中，發現藥滴接觸角度和嘉磷塞毒性（glyphosate toxicity）之間並沒有關係。該試驗雖然未分析嘉磷塞實際吸收量，但研究者相信吸收量應該與毒性表現有密切關係。

　　通常表面活性劑在最佳濃度下，其液滴之表面張力和接觸角度可以達到最小，此時表面活性劑濃度常為 0.1 至 0.5%（v/v）（圖 4.4）。然而，此濃度範圍不一定與表現除草劑活性（herbicide activity）的最佳表面活性劑濃度一致；在 1 至 5% 的較高濃度範圍內，通常可提供除草劑最大的活性。

　　表面活性劑還能做什麼？（What else do surfactants do?）

(1) 由於其物理化學性質，表面活性劑可以部分溶解葉表面上的角質層蠟質，以促進除草劑滲透到 CM 中。

(2) 表面活性劑分子不一定僅保留在葉片表面上，亦可分配到 CM 中、並進入下方的組織。

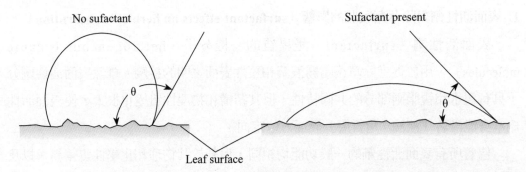

圖 4.3　表面活性劑對於葉片表面潤溼、和接觸角度之影響。在很低的表面張力下，接觸
　　　　角度幾乎很難精確測量。必須注意的是，在藥滴與葉片表面之間減少接觸角度與增
　　　　加接觸面積，並不一定會增加除草劑吸收進入葉部。（引用之文獻請參考 Devine
　　　　et. al., 1993, Physiology of herbicide action. PTR Prentice Hall, Englewood Cliffs,
　　　　New Jersey 07632. Chap.3.）

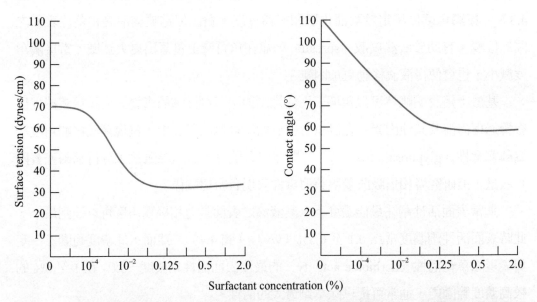

圖 4.4　表面活性劑濃度對於液滴表面張力（左）、及接觸角度（右）之影響。數值為三
　　　　種表面活性劑之平均值。（引用之文獻請參考 Devine et. al., 1993, Physiology
　　　　of herbicide action. PTR Prentice Hall, Englewood Cliffs, New Jersey 07632.
　　　　Chap.3.）

(3) 表面活性劑配置入 CM 時，其可能影響 CM 的化學或物理性質，並且當除草劑通過 CM 擴散時，其對除草劑的路徑也產生一些影響。

(4) 表面活性劑本身對植物細胞具有毒性，可能有助於除草劑處理後植株整體毒性之表現。

(5) 在某些情況下，表面活性劑可以促進除草劑的吸收，但卻會減少除草劑自處理過的葉片中轉運出去（見第 6 章）。

(6) 表面活性劑的最終可能影響是噴霧液滴乾涸時所形成的沉積物之特性。

**2. 沉積物形態對除草劑吸收的影響（influence of form of deposit on herbicide absorption）**

當噴霧液滴到達葉片表面時，當下除草劑濃度相對較低，但隨著溶劑（solvent）蒸發而濃度急速增加。Hamilton et al. 指出，噴施除草劑 flamprop-methyl 之後直到噴霧液滴幾乎乾涸時，藥劑才會開始吸收進入 CM 中。據推測，當除草劑仍處於施用溶液中時，因其濃度太低而無法促進葉片大量吸收。除草劑進入 CM 的最佳濃度，是在除草劑溶液（solution）中所有原始溶劑幾乎都已蒸發，並且溶液中除草劑的濃度達到最大時。

吸收過程中，葉片表面的除草劑濃度太低時不能促進藥劑大量擴散到 CM 中；而另一方面，當達到飽和並且除草劑開始從溶液中沉澱出來時，會逐漸留下固體或準固體（quasi-solid）的沉積物。但該沉積物中的除草劑能否吸收進入葉片並不一定。

除草劑在施用後，液滴通常很快地乾涸，但有一些結合水（bound water）可能存在除草劑沉積物內部或下方。此種結合水後續可以促進除草劑滲透到 CM 中（圖 4.5）。

葉片表面乾涸的除草劑可以結晶（crystalline）、或無定形（非晶質的）形式（amorphous form）呈現，這取決於存在的其他成分、及沉積物形成過程的環境條件。由於結晶形成屬於放熱（exothermic）過程，這意味著如果除草劑已經在葉片表面形成結晶，則後續需要能量（以及溶劑）才能使除草劑從晶格（crystal lattice）返回到溶液中。雖然除草劑結晶之後仍有可能再度被溶出吸收（例如，再潤溼），但如能防止晶體形成相信有助於保持除草劑可被葉片吸收。

Hess 及其同事使用除草寧（propanil）試驗，發現不同的配方乾涸後形成完全

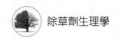

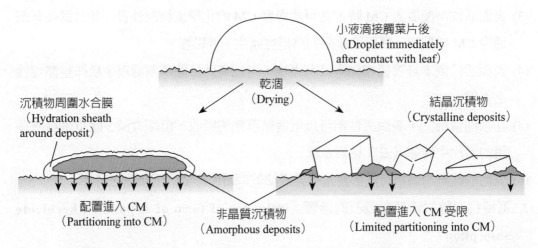

圖 4.5　除草劑之噴霧小液滴於葉表乾涸後，其進入表皮（角質層）之過程圖解，此說明
　　　　沉積物形態差異也會影響除草劑吸收。（引用之文獻請參考 Devine et. al., 1993,
　　　　Physiology of herbicide action. PTR Prentice Hall, Englewood Cliffs, New Jersey
　　　　07632. Chap.3.）

不同的沉積物，包括從無定形到高度結晶。而在乾涸時能形成無定形沉積物的配
方，其對稗草有更大的控制效果。除草劑 flamprop 不同配方造成的活性差異，也與
其乾涸時形成的沉積物性質有關；此歸因於葉面可吸收較多來自於無定形沉積物中
的除草劑，而來自結晶沉積物的除草劑則較少被吸收。關於配方對嘉磷塞吸收的影
響研究，也顯示出類似的結果。

　　然而，吸收和沉積形式之間的關係並不完全如前所述：例如嘉磷塞
（glyphosate）研究中，葉片從異丙胺（isopropylamine）配方中吸收的嘉磷塞多於
從酸配方中吸收的量，但事實上兩種配方形成的沉積物是相同的。此外，硫酸銨
（ammonium sulfate）可增強嘉磷塞的吸收，但嘉磷塞和硫酸銨形成的沉積物反而
呈現高度結晶。

　　在除草劑沉積物中保留水分方面，配方組成分（formulation components）可能
扮演著重要角色。一些表面活性劑由於其親水性（hydrophilicity）而可作為保溼劑
（humectant），這可能有助於其對除草劑的吸收發揮功能。

　　在高相對溼度下，幾乎總會增強除草劑之吸收，此現象似乎是合理的，部分原
因是除草劑沉積物中、或其周圍能持續保有水分。在一項研究中提出，2- 脫氧 - 葡

萄糖（2-deoxy-glucose）的吸收，與所使用表面活性劑的吸溼性（hygroscopicity）呈現正相關。

但在一種極端條件下，即更高的相對溼度、和配方中存在保溼劑，實際上卻減少豆（bean）葉片吸收除草劑 amitrole。換句話說，當環境中水分過多、而將除草劑保存在葉表面上的稀釋溶液（dilute solution）中時，反而不利於除草劑吸收。

儘管沉積物特性對除草劑吸收和功效的影響相關報告很少，但根據證據可知除草劑沉積物的物理特性可能在除草劑吸收中扮演重要角色。

## 4.5 環境對除草劑吸收的影響（Environmental effects on herbicide absorption）

由田間試驗觀察結果顯示，除草劑作用效果並不一致，此與當時之環境條件有關。為了解釋環境對於除草劑作用的影響，所進行的多數研究均涉及除草劑吸收、和轉運的檢測，其研究對象主要是處於受控設施環境中生長的植物。此種試驗允許單獨操縱一個參數（例如：氣溫），而其他參數保持恆定。

經由不同環境條件下進行的一系列試驗，可以評估各種環境因子對除草劑滲透的影響；此外，可以在除草劑施用之前、施用期間、或施用之後改變所選定的環境因子，以利了解環境效應的可能機制。然而，許多此類試驗的相關性受到質疑，因為幾乎不可能將此類控制環境下之試驗結果外推延伸解釋田間現場狀況。

雖然文獻中有許多是關於氣溫、相對溼度（RH）、土壤溼氣（moisture）含量、和輻射強度（irradiance level）對除草劑吸收影響的報告，但關於吸收如何受環境影響的機制所知有限。

環境因子對於除草劑滲透到葉片中的影響，可歸因於其對噴霧液滴、和所形成的沉積物的影響，或是對植物的影響。後者包括對 CM 的厚度、組成、和物理結構的影響，以及對水分潛勢（water potential）、和葉片組織生理狀態的影響。環境因子對於角質層的影響屬於發育方面之影響，並且發生於施用除草劑之前；而其對於植物水分潛勢的影響則非常迅速，幾乎是在環境壓力施加後立即發生。

由於角質層主要功能是防止植物失水，一般認為在高度缺水條件下發育形成

的角質層對於水分和極性溶質較不具滲透性,多數證據亦支持此種說法。在不同RH、或土壤水分含量下生長的植物,其吸收除草劑的多數報告證實,當大氣或土壤中的水分含量高時,除草劑吸收量較大。

豌豆(*Pisam sativum*)葉片研究顯示,環境因子影響葉片角質層中蠟質含量、與萘乙酸(NAA)通透性(表4.2)。

表4.2　環境參數(如氣溫、相對溼度(RH)、輻射量(irradiance)、及土壤水分含量(SMC)對於豌豆(*Pisum sativum*)葉片上表皮(adaxial)與下表皮(abaxial)角質層中蠟質含量、與 NAA 通透性之影響。(引用之文獻請參考 Devine et. al., 1993,Physiology of herbicide action. PTR Prentice Hall, Englewood Cliffs, New Jersey 07632. Chap.3.)

| Temp. (C) | RH (%) | Irradiance $(J \cdot m^{-2}s^{-1})$ | SMC (%) | Wax content | | Penetration | |
|---|---|---|---|---|---|---|---|
| | | | | Adaxial | Abaxial | Adaxial | Abaxial |
| | | | | $(\mu g \cdot cm^{-2})$ | | $(nmol \cdot cm^{-2})$ | |
| 21 | 87 | 40 | 100 | 7 | 9 | 6.4 | 4.1 |
| | | | 40 | 10 | 16 | 3.3 | 2.1 |
| 21 | 70 | 80 | 100 | 10 | 11 | 2.2 | 1.7 |
| | | | 40 | 17 | 33 | 0.6 | 0.3 |
| 30 | 55 | 80 | 100 | 15 | 19 | 1.8 | 1.1 |
| | | | 40 | 21 | 27 | 1.1 | 0.5 |

高 RH 有利於除草劑吸收的可能機制,包括如前所述,在高 RH 條件下所形成的沉積物可以保留更多的水分,此可將除草劑維持在有利於吸收的形式。或者,在高 RH 條件下,CM 中的親水孔洞(hydrophilic pores)可膨脹,而促進除草劑分子進入,並經過 CM 移動。而第三種可能性,雖然支持之試驗證據很少,認為在高RH 情況下促使氣孔開啟,因而增加除草劑經由氣孔滲透入葉部組織之機會。

在高 RH 條件下雖然液滴乾涸得更加緩慢,但這並不一定意味著高 RH 增強除草劑的吸收是因為葉表面上液滴存在的時間延長所致。

如前所述對於 flamprop-methyl 而言,直到液滴近乎乾涸除草劑才開始滲入CM,而其他除草劑也是如此。沉積物再潤溼後可增加吸收,可能反映了沉積物再

水化（rehydration）、而非將乾燥沉積物轉化為眞溶液（true solution）[4]。

氣溫對除草劑吸收的影響似乎不如 RH 那麼一致。儘管許多報告表示較高溫度可增加葉面吸收除草劑，但有些報告則指出溫度沒有影響，甚至有其他報告表示較高溫度反而減少吸收除草劑。這種「植物物種—除草劑—環境（species-herbicide-environment）」相互作用，使得研究者難以預測氣溫對除草劑吸收的影響，或如何解釋這些影響。

高溫增加除草劑吸收的原因被認爲是 CM 滲透性增加所致，但卻少有證據支持。CM 是具部分脂質的膜（a partially lipid membrane），並且像典型的脂質膜一樣，可以經歷溫度依賴性（temperature dependent）的相位轉變（phase transitions），其中溫度會改變角質基質和可溶性脂質的方向定位（orientation）。

這種相位轉變可以改變 CM 的水分滲透性（通透性，permeability），也可能影響除草劑滲透（穿透，penetration）。欲確定一般作物和雜草物種的 CM 是否會因爲田間常遇到的溫度波動而顯著改變，則需要進一步研究。

目前，研究者要準確預測或解釋除草劑經過角質層的移動，主要受限於對角質層物理和化學特性缺乏足夠了解，其中一個原因就是葉片表皮的巨大異質性（heterogeneity）。此外，雖然研究者可以充分描述除草劑噴霧藥劑的化學成分，但這些噴霧藥劑的各種成分在葉片表面上的行爲卻知之甚少。無論如何，一些除草劑確實可穿透角質層，並且可以吸收進入到植物細胞中。

---

[4] 所謂真溶液（true solution）係指由兩種或以上不同物質（或成分）所形成的均質（homogeneous）分散之單相系統（one phase system），真溶液之溶質（solute）粒子為分子或離子，其粒徑小於 1 nm，例如：糖水。

# CHAPTER 5

# 根部、分離組織及細胞吸收除草劑

## Herbicide absorption by roots, isolated tissues, and plant cells

　　本章內容涵蓋完整植物中根系吸收除草劑過程的一般描述，以及進一步討論除草劑進入植物細胞的機制。從現有的證據來看，結合除草劑的根系吸收、與分離組織和植物細胞吸收的基本原理，似乎可知無論組織類型如何，除草劑通過自由空間（free space）的擴散和通過細胞壁與原生質膜的移動涉及相同的機制。由於多數吸收機制之信息均來自切除組織、或分離細胞的研究，因此有關完整植物中的根部吸收機制研究仍有待加強。

# 5.1　土壤中除草劑之吸收（Herbicides absorption in the soil）

　　植物從土壤中吸收除草劑的路徑，可以經由植體與除草劑溶液接觸的任何組織部位，無論是根部、種子、還是地上部（shoot）基部組織。大多數研究相關資料主要涉及根部吸收，但這些資料可能同樣適用於植物位於土壤中之其他部位的吸收。因此，本章大部分討論集中於根系吸收，並簡要評述處於土壤中之地上部、和種子吸收的相關性。

**1. 根部吸收（root absorption）**

　　除草劑由植物根部進入的途徑與由葉部進入的途徑完全不同，根部組織缺乏葉部組織的角質層（cuticle），雖然較老的根部組織有被覆著木栓化層（suberized layer）。根部內皮（endodermis）則內襯一層木栓化層〔稱為卡氏帶；Casparian strip〕，可有效地將表皮和皮層（cortex）的水連續流（aqueous continuum）與中柱（stele）內維管組織之水連續流分開。此外，土壤中有些除草劑持續保留在土壤溶液中，因此植物根部可以持續吸收（假設有足夠的土壤水分含量）；而施用於葉部的除草劑被葉部吸收利用的時間相當短暫（見第 3、4 章）。

　　在根部吸收試驗研究上，為了避免典型礦物土壤中的除草劑與土壤組成分之間相互作用（interaction），使得根部吸收除草劑之研究複雜化，關於除草劑由根部吸收的研究多在營養液培養狀況下進行，例如使用水耕（hydroponics）、或營養液和惰性載體介質（例如粗矽砂；coarse silica sand）的組合。

　　研究者必須注意，雖然上述這些試驗系統允許除草劑均勻分佈於根部區域中，

並且使各試驗單位之間所獲致之結果更均勻一致，但實際上此種試驗條件下之植株生長、和除草劑可用性，大大不同於自然條件下所獲得之結果。有關根部吸收機制幾乎肯定保持不變，但時間過程可能會發生很大變化。

根部吸收除草劑可以沿著根部整個長度發生，但是大多數證據表示其在頂端部分（apical portion）的吸收達最大。在此區之卡氏帶發育最不發達，大部分水和離子係經由此區進入根部。由於除草劑進入根部是因為土壤中水分質流（mass flow）、及除草劑沿濃度梯度（concentration gradients）擴散所致，因此根尖部位構成了除草劑進入根部的主要部位。

多年來，一些研究探討卡氏帶在限制根部組織吸收異生物質方面的角色。研究顯示殺菌劑 MBC（2- 苯並咪唑胺基甲酸甲酯；methyl 2-benzimidazole carbamate）可以很容易地滲透到完整的洋蔥根部維管組織，當下亦未見源生於周鞘之支根（二次根）突破內皮層、造成破口，因此推測外來物質經過內皮層（endodermis）時並未因為卡氏帶而中斷。

隨後在除草劑和各種其他化合物的相關研究中證實，卡氏帶不會對多數農藥（pesticides）的進入構成重大障礙。雖然植體內可能存在著除草劑直接進入維管組織（但不進入內皮層）的途徑，亦即內皮層因為源自周鞘之支根往外突破內皮層、或因機械損傷而破壞內皮層，而讓外來物質可以由皮層直接進入中柱；但除草劑更有可能直接進入內皮層細胞，再往中柱擴散。Strang & Rogers 表示，對於大多數根部吸收的除草劑而言，當達有龍（diuron）進入棉花根部木質部（xylem）時，內皮層並非重要屏障。

在另一項研究中顯示，棉花因移植而受傷的根部，其吸收更多的三氟林（trifluralin），根部表皮受傷可能促進三氟拉進入皮層；而在未受傷的棉花根部，除草劑則受到表皮較多的限制，大部分藥劑均結合在根部表面。

植物根系吸收除草劑的典型特徵通常是最初很快速地進入，持續5至30分鐘，然後是較長時間的緩慢進入（圖5.1）。初始階段通常不涉及代謝過程，並且反映根部組織的滲透（permeation）作用。相反地，後一階段通常與代謝活動有關；這兩個階段分別涉及的機制將在後續章節中詳細討論。

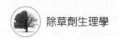
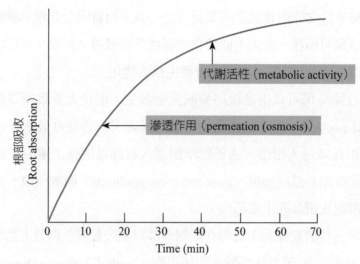

圖 5.1 　植物根部吸收除草劑之典型時序（time course）。

　　根部吸收數據常用的術語是根部濃度因子（root concentration factor; RCF），
計算如下：

RCF =（根部組織內之除草劑濃度；herbicide conc. in the root tissue）
　　／（根部組織外面溶液中之除草劑濃度；herbicide conc. in the bathing
solution）

如果 RCF = 1.0，表示組織中的除草劑濃度等於外部溶液中的除草劑濃度。若 RCF
值＜ 1.0，表示除草劑無法完全滲透進入組織，而 RCF 值＞ 1.0，則表示除草劑累積
在組織中。有關除草劑在植體內之累積量超過外部溶液，其機制將於 5.3 節討論。

　　通常，除草劑之初始吸收率和 RCF 二者，與親脂性（lipophilicity; log Kow、
或辛醇（octanol）／水分配係數）呈現正相關（圖 5.2）。

　　極性化合物進入根部細胞的速度較慢，最初侷限在自由空間活動，導致 RCF
為 0.6-1.0。另一方面，親脂性化合物則能快速進入根部細胞，並且可以在組織中
富含脂質的區域中積累。對於弱酸性如 2,4-D 和相關除草劑，RCF 乃隨 pH 降低而
增加（圖 5.3）。

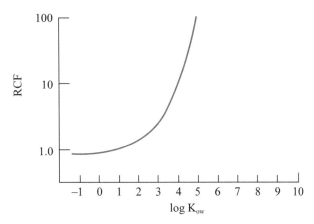

圖 5.2　中性除草劑之親脂性對於除草劑根部濃度因子（root concentration factor; RCF）之影響。

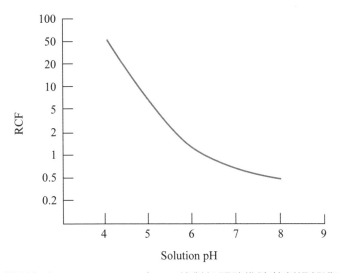

圖 5.3　組織外部溶液（bathing solution）pH 值對於弱酸性除草劑根部濃度因子（RCF）之影響。

　　關於蒸散作用（transpiration）對根部吸收除草劑的影響，存在著相互矛盾的研究報告，在一些研究中，未見到蒸散作用與除草劑吸收速率之間的關係。然而，其他研究表示除草劑吸收速率會隨著蒸散作用的增加而增加。

　　Briggs et. al. 發現根部的除草劑吸收量，與木質部中除草劑的轉運量兩者之間沒有關係。基於上述結果，似乎根部吸收除草劑，相對地與水分進入、和通過植物

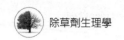

的移動無關,而是與控制除草劑分子分配到根部組織中的理化因素更有關係。

正如預料,RCF 與土壤中化合物的吸附係數(adsorption coefficient)呈現負相關,此表示當土壤顆粒表面吸附量增加時,將限制植物對於除草劑的吸收。

顯然地,大多數除草劑必須溶於土壤溶液中以移動到達根部表面,並進入組織。而揮發性除草劑則屬例外,其可以氣態形式通過土壤擴散到根表面。然而,根部表面通常呈現水合狀態(hydrated),並且在進入組織之前,除草劑很可能先溶解在根部周圍的水鞘(water sheath)中;但在非常乾燥的土壤中,除草劑可以直接以氣態形式進入。

**2. 土壤中植體其他組織之吸收(absorption by other tissues in soil)**

雖然施用於土壤的除草劑常被認為是經由植物根部吸收,但實際上土壤中的種子、和地上部(shoot)均可顯著地吸收除草劑。研究者將除草劑選擇性地分別放置在植株地上部、種子、或根部區域(由一層薄薄的活性碳分開),結果證實種子、或地上部吸收除草劑後均會對植物產生顯著毒性(phytotoxicity)。在土壤中生長的地上部組織雖然外表覆蓋薄薄的一層角質層,但由於土壤中的潮溼環境,故不太可能像暴露於大氣的葉部角質層一樣有效地阻擋除草劑。

放置在土壤中不同區域的除草劑,其相對有效性可能與植物幼苗中不同組織部位對除草劑的敏感性有關。因此,如果土壤中的某些地上部組織比其他組織更敏感,則除草劑放置在這些地上部組織附近時,可能導致最大的植物毒性。

在某些情況下顯示,利用抑制根部生長的除草劑(例如三氟林;trifluralin)處理可減少土壤中第二種除草劑的吸收。雖然這可能意味著第二種除草劑主要是經由根部吸收,但此種狀況也可能反映了第一種除草劑處理對植物的所造成之植物毒性。

## 5.2 除草劑吸收進入植物細胞中(Herbicide absorption into plant cells)

由於大多數除草劑目標位置(target sites)位於細胞質、細胞核或葉綠體中,因此幾乎所有除草劑都必須先進入植物細胞才能產生植物毒性。在此層次上,除草

劑的吸收涉及穿過細胞壁和細胞膜（或質膜）。在這方面，無論組織或細胞的來源如何，來自不同組織的細胞之間似乎很少或沒有差異，並且所涉及的過程幾乎相同。

1. **研究除草劑吸收進入植物細胞中的方法**（**methods of studying herbicide absorption into plant cells**）

研究上常使用切離組織（excised tissues）、或分離的細胞或原生質體（isolated cells or protoplasts）研究植物細胞對於除草劑的吸收。試驗方法係將植物體小塊組織浸入含有除草劑的緩衝溶液中，以構成簡單的試驗系統，此系統易於操控各種因素或變數（例如，pH、除草劑濃度等）。

植體組織的選擇似乎並不是很重要，如葉部、莖部、根部、和塊莖（tuber）組織，都可用於此類試驗。試驗報告顯示，在豆類植體中根部和葉部組織對於除草劑 amitrole 的收吸量相等。類似地，苦蕎（*Fagopyrum tataricum*）之葉部、莖部和根部組織對於除草劑的吸收性質相似，但吸收率差異則與組織的滲透難易有關。研究方法中，根部和塊莖組織具有提供除草劑更快速進入組織的優點，通常係因其表面沒有角質層〔塊莖圓片（tuber discs）係直接以打孔器穿刺塊莖取內部核心部分，並且去除外表面部分〕；而葉圓片（leaf discs）和莖切段（stem sections）部分亦可有效利用，這些材料均提供了乾淨清潔之切邊（cut edges）讓溶質進入組織。

在準備好供試組織之後，通常將其加入含有緩衝溶液〔用以維持細胞滲透壓（osmolarity）〕的小容器中，然後加入除草劑。之後可在不同的時間間隔，直接取樣分析測定組織中之除草劑吸收量；或者更常見地，藉由定期取走少量浸泡溶液（bathing solution）、並測量其中因組織吸收而減少的除草劑量，以間接換算出組織吸收量。

分析除草劑吸收量時，於組織吸收除草劑一段時間後，也可使用新鮮不含除草劑的緩衝液替換含有除草劑的緩衝液，並監測自組織流回新鮮緩衝液中之除草劑，用以測量組織中除草劑的保留情況。此種方式可以在單次轉移後連續進行、或者重複轉移到新鮮緩衝液中，此可檢查出以不同速率分別從組織中自由空間（free space）、細胞質、及液泡（vacuole）流出的除草劑，其能吸收保留多少量（池或庫，pools），以及評估除草劑在組織內的間隔化（compartmentalization）狀況。然

而，這些結果可能會因為弱結合性除草劑的緩慢釋放、或是除草劑及其代謝物經過組織流出的差異性而混淆。

　　使用分離的植物細胞或原生質體（protoplasts）亦可進行類似前述的試驗，先將除草劑添加到小瓶或試管中的細胞或原生質體懸浮液中，經過一段時間之後即可測量除草劑吸收量。由於在這些試驗系統中除草劑吸收非常快速，因此通常藉由通過油層（oil layer）的高速離心方式、或是以快速離心方式，使細胞終止除草劑吸收過程，並將細胞與其所處溶液（bathing solution）分離。

　　原生質體的使用可以消除細胞壁對除草劑吸收進入組織的可能影響，但因為新鮮的原生質體在製備後會迅速開始再生出新的細胞壁，因此必須在新鮮的原生質體製備、分離後，立即使用於除草劑吸收試驗中。

**2. 除草劑通過細胞壁的移動（movement through the cell wall）**

　　細胞壁是纖維素微纖維（cellulose microfibrils）高度有次序地排列組成，提供細胞和整個植物機械強度。纖維素是細胞壁的主要成分，其他成分尚包括果膠〔pectins；游離和酯化的半乳醛醛酸（galacturonic acid）聚合物〕、木聚醣（xylans）、阿拉伯糖（arabans）、木質素（lignin）、木栓質（suberin）、酚酸（phenolic acids）、和一些蛋白質。因此，細胞壁可視為是圍繞細胞的極性和相對多孔的介質。除了其結構上的角色外，細胞壁還涉及水和礦物質吸收、抗病性、以及某些原生質外（extra-protoplastic）之酵素活性。

　　一般而言，除草劑進入細胞時細胞壁似乎沒有抵抗能力。然而，有些報告指出除草劑可與細胞壁組成分結合。例如除草劑 2,6- 二氯苯甲腈（2,6-dichloro-benzonitrile）是纖維素生合成的特定抑制劑，其能與棉纖維素纖維中的蛋白質結合；據推測，此種結合可減少除草劑進入細胞內部。此外，研究提出在巴拉刈耐性之加拿大蓬（*Conyza canadensis*）生物型案例中，巴拉刈會與細胞壁成分結合，而阻止其到達葉綠體中的類囊體膜（thylakoid membranes）引起植物毒性。

　　此外，尚有報告說明三氟林（trifluralin）會吸附到細胞壁的組成分上，但除草劑結合的組成分為何尚未鑑定，也未確定此種結合與除草活性的關係。

　　由於已知三氟林是有絲分裂抑制劑（mitotic inhibitor），因此其與細胞壁組成分結合似乎不太可能有助於其作用機制。然而，對於某些三氟林耐性植物物

種而言，如果三氟林能與細胞壁組成分結合、限制除草劑進入細胞質中與微管（microtubules）接觸，則可能有助於提高某些植物物種的除草劑耐受性。

**3. 除草劑經過原生質膜之移動（movement through the plasmalemma）**

原生質膜（plasmalemma）是活細胞和外部環境之間的主要屏障，是屬於高度親脂性的脂質雙層膜，其結構和性質異於細胞壁。

有關細胞膜的最佳代表性說法可能是由 Singer 所提出之「流體鑲嵌膜模式（fluid mosaic membrane model）」。在典型的細胞膜中，兩層磷脂質（phospholipids）彼此相對，碳氫化合物（hydrocarbon）之「尾部」指向內部，而其親水性之「頭部」則指向外部。其中與脂質膜相連結的蛋白質乃位於膜系內表面、外表面或跨越膜系。

在細胞質內，通常維持一種生理環境，使正常細胞功能所必需的生化過程得以發生。許多內部調節功能可歸因於這些膜鍵結蛋白（membrane-bound proteins），例如 ATP 合成酶（ATPases）、載體蛋白（carrier proteins）、泵（pump）蛋白和通道（channel）蛋白的作用。

這些蛋白除了調節細胞內的 pH 值和電荷外，亦參與許多內源性溶質（內生溶質，endogenous solutes）在原生質膜、液泡膜、葉綠體和其他細胞內膜系（subcellular membranes）上的轉移。

除草劑可以藉由簡單的擴散作用、或通過載體蛋白「主動（active）」轉運而穿過原生質膜。現有證據表示，前一種機制對於大多數除草劑的轉移而言更為重要。

**4. 除草劑經膜轉移機制（mechanisms of membrane transport of herbicides）**

以分離細胞為材料的早期研究中，Collander 分析多種外源有機化合物對於黑輪藻屬（*Nitella*）植物原生質體的滲透性（permeability），發現其與化合物的醚／水分配係數（ether/water partition coefficient）之間存在高度正相關〔與辛醇／水（octanol/water）分配係數相當，或圖 5.2 中的 log Kow〕。換言之，親脂性分子比親水性分子能更快地滲透細胞。雖然 Collander 在其研究中沒有涉及任何除草劑，但其他研究結果表示除草劑經膜轉移有類似於外源有機化合物的關係。

膜系吸收中性、親脂性化合物（neutral, lipophilic compounds）之難易，主要取

決於後者分配到細胞膜系的能力，此與溶液 pH 無關。草脫淨（atrazine）可以非常快速地滲透進入玉米分離的原生質體，並且不論是活的或死的大麥根部，其吸收草脫淨同樣地快速。由於在吸收中性、親脂性化合物的過程中不需要依賴能量，此說明了藉由簡單之擴散作用通過原生質膜，其可能之機制如圖 5.4 所示。

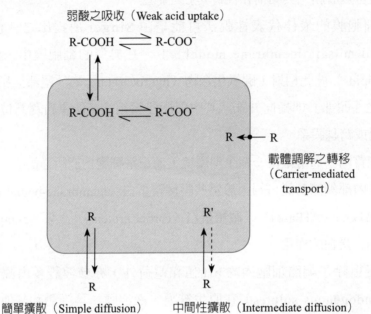

弱酸之吸收（Weak acid uptake）

R-COOH ⇌ R-COO⁻

R-COOH ⇌ R-COO⁻

R ← R
載體調解之轉移
（Carrier-mediated transport）

R        R'

R        R

簡單擴散（Simple diffusion）        中間性擴散（Intermediate diffusion）

圖 5.4 　除草劑吸收進入植物細胞之可能機制。中性、親脂性化合物可藉由簡單之擴散作用（simple diffusion）通過原生質膜。

與中性分子相反，弱酸（weak acids）的吸收則與溶液 pH 值有密切相關，在較低的溶液 pH 值下，因足夠之 H⁺ 與 COO⁻ 結合，使弱酸性化合物不帶電荷，易於進入細胞膜內，故細胞吸收較多；研究顯示 pH 依賴性吸收（pH-dependent uptake）的弱酸性除草劑（表 5.1），其典型的吸收與 pH 關係如圖 5.5 所示。

表 5.1　在植物組織內顯示 pH 依賴性吸收與累積（pH-dependent uptake and accumulation）的弱酸性除草劑。

| Herbicide | Plant tissue | Reference |
| --- | --- | --- |
| 2,4-D | Potato tuber discs | 27 |
|  | Crown gall cells | 42 |
|  | Isolated corn protoplasts | 32 |
| MCPA | *Cyclamen persicum* petioles | 43 |
| Picloram | Potato tuber discs | 44 |
|  | Detached *Psidium cattleianum* leaves | 45 |
| Clopyralid | Pea root tips | 28 |
| Chlorsulfron | Pea root tips | 2/ |
| Metsulfuron-methyl | Corn roots | 46 |
| Imazaquin | Soybean leaf discs | 47 |
| Imazapyr | Soybean leaf discs | 47 |
| Bentazon | *Abutilon theophrasti* cells | 48 |

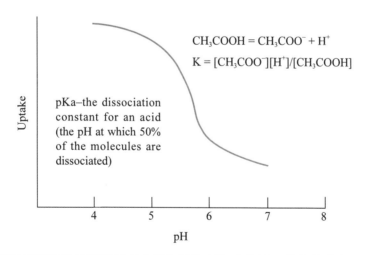

$$CH_3COOH = CH_3COO^- + H^+$$
$$K = [CH_3COO^-][H^+]/[CH_3COOH]$$

pKa–the dissociation constant for an acid (the pH at which 50% of the molecules are dissociated)

圖 5.5　pH 值對於弱酸性除草劑被吸收進入植物細胞之影響。曲線位置左移或右移決定於除草劑之 pKa 值。

　　弱酸性除草劑可以以離解（陰離子）形式、或未離解（中性）形式存在；解離與未解離的分子比例則決定於溶液 pH 值和弱酸本身的 pKa 值。此與 Henderson-Hasselbach 方程式有關：

$$pH = pK_a + \log\,[[A^-]/[HA]]$$

其中 [A⁻] 和 [HA] 分別是解離和未解離物的濃度。在低 pH 值下，更多的弱酸性除草劑分子將處於未解離的形式；由於未離解分子的膜滲透性通常遠大於其離解離子的膜滲透性，因此在低 pH 值下增強了弱酸性除草劑跨膜的移動。

基於各種證據，研究報告提出認為除草劑吸收是屬於主動（active）、或是需要能量的過程。這些證據包括吸收反應之 $Q_{10}$ 大於 2、疊氮化物（azide）或其他代謝抑制劑會抑制吸收、或是除草劑在較高濃度下其吸收會達到飽和。根據這些證據，一些研究者得出結論，認為除草劑吸收是經由載體調解（carrier-mediated）。然而在大多數情況下，此一結論，乃是基於假設「能量需求與需要能量之除草劑轉運蛋白（energy-requiring transporter）有直接相關」，但此立論基礎證據不足，因此有可能是錯誤的結論。

然而，對於原生質膜 ATP 合成酶產生能量，則需要配合（耦合；coupled to）質子擠出（proton extrusion），而質子擠出可將細胞質之 pH 值維持在所需水平。任何干擾正常細胞新陳代謝，不論是藉由非偶合劑（uncouplers）、或離子載體（ionophores）[1] 等作用，均會影響質膜內外的 pH 梯度，並影響細胞吸收弱酸性除草劑。

通常植物體之內源性（內生；endogenous）載體蛋白（carrier protein）不太可能參與除草劑轉運，其證據是大多數這些載體蛋白表現出高度的基質特異性（專一性；specificity），並且對於與除草劑構造相關之分子，其無法支援轉運或是無法充分轉運。

針對前面的陳述，即「載體對於除草劑吸收進入細胞而言，並不重要」，亦有少數例外。

---

[1] 離子載體（ionophores）係指人工合成、或微生物分泌之抗生物質，其可改變原生質膜的通透性（permeability），屬於小的忌水性分子（或稱疏水性分子，hydrophobic molecule），可分為移動性載體（mobile carrier）及通道形成者（channel former）。

　　動力學研究證據表示除草劑 2,4-D 之吸收可達到飽和狀態，即其吸收係具有濃度依賴性（concentration-dependent），此意味著有載體蛋白參與此種除草劑向植物細胞的轉運。由於目前已知 IAA 與 2,4-D 這兩種分子競爭細胞中 IAA 結合蛋白的結合位置（見第 14 章），因此假設 2,4-D 經由 IAA 載體轉運應該是合乎邏輯的。

　　另有證據表示，嘉磷塞（glyphosate）可以在植物和細菌細胞的磷酸鹽載體（phosphate carrier）上運輸。上述這些結果並未表明載體參與調解除草劑轉運的程度，但這兩種除草劑很可能也經由簡單的擴散作用進入細胞。

　　儘管有上述證據，但擴散可能是這些除草劑的主要轉運機制。

## 5.3 除草劑累積及滯留於細胞中（Herbicide accumulation and retention in cells）

　　當植物組織或細胞接觸中性親脂性（neutral, lipophilic）除草劑時，除草劑可迅速滲透進入組織，使得組織內部和外部的除草劑濃度相等。在此之後，更多的除草劑可能陸續進入組織或細胞，顯然當下是處於抗濃度梯度的狀況，故導致細胞中之除草劑有輕微積累現象。

　　在親脂性分子的案例中，其累積通常歸因於這些除草劑分配至組織中的脂質部分之程度。弱酸性除草劑雖然也表現出類似的行為，但累積的程度可能高出許多，其內部濃度可超過外部溶液（bathing solution）中的濃度 10 倍以上。

　　弱酸分子在細胞質中累積的機制與中性分子不同。通常，質外體（apoplast）空間的 pH 值約為 5.5，而細胞質空間的 pH 值則接近 7.5。由於在較高 pH 值下弱酸分子的解離（dissociation）會增加，因此在細胞質中弱酸分子將傾向於離子化、釋出質子，而離子化形式不太可能自由擴散通過質膜移出，僅能保留在細胞質中（圖 5.4）。弱酸分子在細胞質的累積可經由下列方程式預估：

$$\frac{[HA]_i + [A^-]_i}{[HA]_o + [A^-]_o}$$

$$= \frac{(1 + 10^{pHi-pKa})[P_{HA}/P_A + \{(FE/RT)/(1-e^{-FE/RT})\} \cdot 10^{pHo-pKa}]}{(1 + 10^{pHo-pKa})[P_{HA}/P_A + \{(FE/RT)/(1-e^{-FE/RT})\} \cdot 10^{pHo-pKa} \cdot e^{-FE/RT}]}$$

其中 [HA] 和 [A] 是未解離和解離的分子濃度,下標「o」和「i」分別指細胞膜的外部和內部,$P_{HA}$ 和 $P_{A^-}$ 是未解離和解離分子的滲透性。F 是法拉第常數(Faraday constant),E 是膜上的電荷,T 是溫度(°K),R 則是通用氣體常數。

對於大多數弱酸而言,未離解分子的滲透性比相對應陰離子的滲透性大 $10^4$ 倍。因此陰離子會在細胞質中顯著累積,結果促使化合物聚集在作用部位附近,而有效地增加化合物的效力。

除草劑在植物細胞中的累積包括幾種機制,其中除草劑與組織之結合(binding)反應可有效地從可溶性積儲(池或庫,pool)中取走除草劑,而增加組織中除草劑濃度。目前顯示有許多除草劑會表現出非特定結合反應(nonspecific binding),此與其作用機制無關。通常這種結合是屬於可逆性,並且可以藉由將組織重新轉移到新鮮(不含除草劑)溶液中,讓除草劑從組織中移出。

促進除草劑在組織中明顯累積的另一種機制則是除草劑經由代謝轉化為更具極性的產物。於表 5.2 中顯示經由一些常見的代謝轉化所引起的理化性質變化,例如糖(苷)化作用(glycosylation)大幅降低分子的 log Kow,基本上降低了分子的膜滲透性。

表 5.2　一些常見的代謝轉化所引起的分子理化性質(pK$_a$, log K$_{ow}$)變化。注意表中數值為近似值,此數值決定於芳香基(aromatic)與烷基(alkyl)部分之電子特性。

| Original formula | Product | $\triangle$ log K$_{ow}$ | $\triangle$ pK$_a$ |
|---|---|---|---|
| ArCH$_3$ | ArCH$_2$OH | −1.8 | neutral → neutral |
| ArCH$_2$OH | ArCOOH | +0.8 | neutral → 4 |
| ArCOOH | ArCOO-glucoside | −2.3 | 4 → neutral |
| ArOH | ArO-glucoside | −2.3 | 10 → neutral |
| RCOOCH$_3$ | RCOOH | −0.5 | neutral → 4 |
| RCONH$_2$ | RCOOH | +1.0 | neutral → 4 |
| RCl | RSCH$_2$CH(NH$_2$)COOH | −4.0 | neutral → zwitterion |

最後,表現不同於嘉磷塞(glyphosate)、或 amitrole 等弱酸的一些極性分子,這些分子僅能非常緩慢地進入細胞質中,且其吸收不受 pH 的影響,也不會在組織中累積。然而,一旦進入植物組織後,其流出也非常緩慢。

# CHAPTER 6

## 除草劑之轉運
### Herbicide translocation

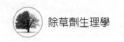

除草劑作用（herbicide action）包括除草劑分子從植物的進入點（entry point）到作用位置（action site）的運動。

在某些情況下，除草劑作用位置與進入點之間僅有一或兩層細胞層之遙，例如，在聯吡啶類（bipyridiliums）除草劑的案例中，除草劑會在進入的第一個含葉綠素之細胞中表現除草活性，而不需要長途轉運。然而，對於其他除草劑而言，長距離轉運對於除草劑活性表現相當重要。

除草劑長距離轉移最重要且明顯的情況是施用於多年生雜草的萌後型除草劑（postemergence herbicides; POST），其中除草劑需要從地上部轉運到根部（或根莖）；而施用於土壤的光合作用抑制劑，必須從根部運輸至葉部以表現除草劑活性。此外，較短距離的運輸也很重要，例如從葉部到頂端分生組織（apical meristems）、或從成熟葉到幼葉。

除草劑在植體內短距離轉運涉及細胞至細胞之間，經過原生質絲（plasmodesmata；細胞之間直接的細胞質連接管道）、或在自由空間（free space）中的擴散。可能因研究上的難度太高，幾乎沒有關於除草劑短距離運動的數據；此外，也可能是因為短距離運動不太可能對葉部、或根部組織中的除草劑分布構成重大障礙。

親脂性分子有可能分配到原生質膜中，並以類似於類囊體膜（thylakoid membrane）中質體醌（plastoquinone）的方式在膜內進行短距離擴散，而有更多的親水性分子則在細胞內外含水較多的介質中移動。無論如何，似乎細胞壁和質膜都不是除草劑運動的重要障礙。

另一方面，除草劑在植體內之長途轉運已有廣泛研究，並且有關植物和除草劑因素對於除草劑長距離轉運的影響也有較多資料。於本書中，將簡要考慮韌皮部和木質部中內源性溶質的運動，然後再從理化與生理層面檢查會影響轉運的除草劑特性。

研究者討論除草劑在韌皮部和木質部轉運時，常將此視為兩個單獨的主題，並且過去除草劑被廣泛地分類為「韌皮部移動（phloem-mobile）」、「木質部移動（xylem-mobile）」、「側向移動（ambimobile）」（ambi- 表示周圍、兩側、雙向之意）、或「固定不動（immobile）」。然而，這種分類方式屬於任意而為，並不

一定真正反映出除草劑的轉運特性。有些除草劑在韌皮部的移動量比在木質部多，反之亦然，但事實上所有除草劑都有能力在兩種轉運系統中移動。

# 6.1 研究除草劑轉運的方法（Methods of studying herbicide translocation）

在研究除草劑轉運上，使用放射性標記的（幾乎總是 $^{14}$C）除草劑最為方便。通常，係將少量同位素標記的除草劑施加於安置根部的營養液中、或者直接施用於一個或多個單獨的葉片上。然後在除草劑施用後不同的時間間隔，將植株取樣切段成不同的部分，並確定各部分所含的放射性活性以監測除草劑轉運變化。

使用 $^{14}$C 標記的除草劑可以大幅度取代使用非放射性標記除草劑，因後者涉及更繁瑣的萃取（extraction）、淨化（cleanup）、和分離程序，同時前者也允許單位時間內可以處理更多樣品。然而，此方法仍然必須鑑定在不同植物部分中所測量的放射性產物，因為同位素方法無法區分最初所施用的除草劑和可能形成的任何除草劑代謝物。如果發現在遠離施用部位所回收之同位素產物不是最初施用之同位素除草劑，則需要進一步確定是否在除草劑最初進入的組織中、或者是在回收材料的部位發生代謝轉化。

於計劃和進行除草劑轉運試驗時，必需考慮其他重要因素，包括施用除草劑的方式、和施用的劑量。於少量水耕（hydroponic）營養液中提供植物根部放射性除草劑，是短時間內讓根部吸收大量除草劑的便利方法，但此種試驗條件下可能無法準確反映「自然」條件下根部的除草劑吸收情況。

生長於水耕條件下之植物，其水分狀況不同於生長在土壤中的植物；並且在上述兩個系統之間，除草劑於木質部之轉運有很大差異。此外，在此種試驗系統中，通常整個植株根部均暴露於除草劑中，而實際生長於土壤之植物其根系僅有一小部分可以接觸到土壤中之除草劑。

通常在測試葉面施用型除草劑（foliage-applied herbicides）之轉運時，乃是將少量（例如 5 或 10 μL）除草劑溶液施用（點施、或塗抹）於單葉上，之後於不同時間間隔監測除草劑的分布，以了解除草劑之轉運情形。此種試驗常用以解釋田間

所觀察到的現象，例如不同植物物種表現的敏感度差異、以及環境對除草劑作用的明顯影響。然而，此類試驗常使用不同的除草劑配方、不同的施用技術、以及不同條件下生長的植物，因此將此試驗所得結果推斷至田間似乎有問題。

使用空白的商業配方（commercial formulation blank）（即自商業配方成分中扣除活性成分）、和合適的噴霧霧化器（spray atomizer），有助於讓除草劑施用過程與田間施用過程一致。在某些情況下，局部施用放射性標記的除草劑時，會伴隨著先行施用商業配方的除草劑使植物整體覆蓋除草劑；此種處理方式更能模擬「真正的」除草劑施用狀況，因為唯有如此潛在的生理效應才能在整個植株中表現，而不是僅侷限在放射性標記除草劑施用的位置表現。

除草劑施用的劑量也很重要，因為若劑量太高引起植株局部毒性（localized toxicity）後，也會影響除草劑後續轉運。除草劑的施用劑量應等於正常慣行處理植株時的類似劑量，此意味著對於具有高比活性（high specific activity）的放射性標記除草劑，使用前應先稀釋避免其比活性太高，但經稀釋後會降低其有效成分之濃度，故應添加一些未標記的除草劑，以便將除草劑總濃度提高到適當的水準。

反之，對於具有低比活性的放射性標記除草劑，因不宜再稀釋以免放射活性不足，故必須注意確保施用的除草劑有效成分劑量會不會過高，亦即劑量（以 μg cm$^{-2}$ 計）不會顯著大於正常慣行施用的劑量。當使用具有高活性的除草劑（例如硫醯尿素類，其僅需約 20-40 g a.i. /ha 劑量即足以發揮藥效）時，此考慮尤為重要。

---

 延伸閱讀

如何利用放射性同位素之除草劑進行除草劑吸收、轉運、與代謝分析？

資料來源：Wang, C. S., W. T. Lin, Y. J. Chiang, and C. Y. Wang*. 2017. Metabolism of fluazifop-P-butyl in resistant goosegrass (*Eleusine indica* (L.) Gaertn.) in Taiwan. Weed Sci. 65:228-238.

當試驗研究利用放射性同位素標定之除草劑時，其基本資料包括同位素核種、標定位置、化合物分子式名稱、製造生產公司、放射比活性等基本資料；例如本研究是在分析伏寄普之吸收、轉運、代謝時，即採用 phenyl-[U-$^{14}$C] fluazifop-P-butyl，此為先正達公司產品（Syngenta Crop Protection, Basel, Switzerland），經過 $^{14}$C 同位素標定後，其比活性（specific activity）為 5,469 MBq mg$^{-1}$，可用 0.1 mM 非同位素之 fluazifop-

P-butyl 稀釋，以配製出 [$^{14}$C]fluazifop- P-butyl 溶液，其放射活性（radioactivity）為 3,094 Bq μl$^{-1}$。通常在進行同位素除草劑處理時，植株先行噴施推薦劑量之商品除草劑（不含同位素），之後俟噴霧藥滴將乾時再塗抹同位素除草劑。案例中於葉片上表面 0.5 cm$^2$ 範圍內點施塗抹 1 μl [$^{14}$C]fluazifop-P-butyl 溶液（Wang et. al., 2017）。
基本上同位素除草劑之使用乃為研究除草劑之吸收、轉運、與代謝變化，因此先考慮所施加之同位素除草劑溶液其放射活性能否偵測出來，包括配合使用自動放射顯影術（autoradiography）、液態閃爍計數器（liquid sintilation counter; LSC）等；其次，再計算同位素除草劑中除草劑有效成分之濃度（劑量）是否足夠，若是不足則以非同位素除草劑調整以提高濃度。

　　儘管使用上述技術的試驗可以提供大量有用信息，但可能遺漏一些除草劑轉運的細微之處。例如，可能檢測不到遠離施用部位的少量局部擴散。自動放射顯影術雖然不是理想的定量技術，但可以提供關於植物組織中除草劑定位（localization）的更多信息。此技術容易顯現除草劑之分布模式（distribution patterns），並且對於除草劑在不同組織中的定位，也可以獲得更多的信息（圖 6.1）。

　　更進一步地，微自動放射顯影術（microautoradiography）可以提供細胞、或亞（次）細胞（subcellular）層次的除草劑定位圖。用同位素標記的 picloram 處理的植物組織即可利用微自動放射顯影圖了解除草劑之分布（圖 6.2）。研究者應該記住，該技術僅能提供 $^{14}$C（或放射性同位素）定位的信息，必須藉由其他方法以確

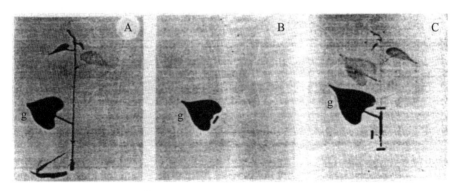

圖 6.1　自動放射顯影術顯示 $^{14}$C-glyphosate 在紫花牽牛（*Ipomoea purpurea*）植體內之流向。A 顯示於 g 位置處理同位素；B 是同樣於 g 位置處理同位素，但葉柄經過蒸氣環剝（steam-girdled）；C 則是在處理葉位以上及以下之莖部進行蒸氣環剝。（注意所見之同位素流向，有可能部分為含 $^{14}$C 之代謝物）

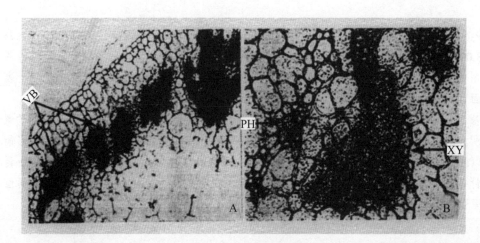

圖 6.2　大豆於根部吸收 $^{14}$C-picloram 之後，其莖部切段所呈現之微自動放射顯影術（microautoradiography）分析。VB 表示維管束（vascular bundle）、PH 表示韌皮部（phloem）、XY 表示木質部（xylem）。

定含有 $^{14}$C 之材料（即母體除草劑（parent herbicide）、或代謝物）究竟為何物。

　　研究除草劑轉運時，特別是在葉面吸收後，因為除草劑進入葉部之吸收差異、或是保留在角質層之差異，常使得問題更加複雜化而混淆轉運研究之結果。為了避免此問題，Bromilow 及其同事們使用微量注射器將少量的除草劑直接注入蓖麻（*Ricinus communis*）植株的空心葉柄（圖 6.3，A 位置），將除草劑溶液放置在維管束附近，使除草劑相對容易進入韌皮部、和木質部輸導組織。之後藉由插入莖部的毛細管收集韌皮部滲出物（exudate），用以監測存在葉柄處（已排除吸收因素）之除草劑往葉柄下方莖部不同位置之轉運。研究中分析來自莖部上部（B）和下部（C）分泌物的除草劑相對濃度，可用以量度除草劑滲漏出韌皮部的量。

　　最後，除草劑轉運試驗也可以使用切離的植物組織（通常是葉片），將除草劑施用於葉片，並監測除草劑來自切葉基部、或葉柄的滲出量。此方式可提供一個相當簡單的試驗系統，可檢查轉運而沒有植物其餘部位干擾的複雜效應。

　　使用切離組織的問題之一是由於篩板孔處（sieve plate pores）會形成胼胝質（callose），容易堵塞切割端的韌皮部組織；若是在放置葉基的營養液中加入螯合劑（chelating agent）（例如乙二胺四乙酸；ethylenediaminetetraacetic acid; EDTA），則可克服此問題。然而，EDTA 本身可能會引起一些植物毒性，並且不

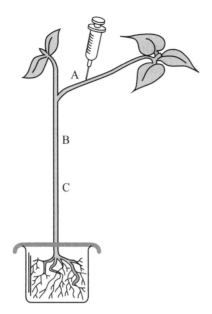

圖 6.3　以蓖麻（*Ricinus communis*）為材料，研究除草劑、及其他有機化合物在韌皮部之移動性。圖中將除草劑直接注入中空葉柄（A 位置），之後在 B 與 C 位置收集韌皮部汁液（phloem sap），並分析其中除草劑濃度。

同的植物物種似乎在促進滲出，且無植物毒性副作用方面，所需的 EDTA 濃度並不不同；因此，必須確定每個物種所需要 EDTA 的適當濃度。

　　在某些情況下，研究除草劑在韌皮部、或木質部的運動，可以經由植物不同部位的蒸汽環剝（steam girdling）加以區分，通常環剝位置是處理葉片的莖部或葉柄。由於環剝動作會殺死活組織（韌皮部），所以通過環帶（girdle）的轉運只能發生在木質部。環剝處理對嘉磷塞轉運的影響見圖 6.1。

## 6.2　在韌皮部與木質部之轉運（Translocation in the phloem and xylem）

　　為了討論除草劑之長途運輸，植物可分為兩部分，包括：(1) 共質體系（symplasm; symplast pathway），或稱活細胞的連續體（continuum of living cells）；及 (2) 非共質體系（apoplasm; apoplast pathway），或稱無生命細胞（木質

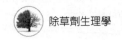

部），以及自由空間。

**1. 韌皮部轉運（phloem translocation）**

　　根據在「供源（source）」和「積儲（sink）」組織之間建立的滲透壓梯度，溶質（主要是糖類，還有胺基酸、無機離子、和其他化合物）得以在韌皮部中轉運。

　　韌皮部組織的主要組成是篩管細胞（sieve elements），通常為狹長細胞，在兩端具有開放的孔，溶質可以無阻礙地通過該孔；而伴細胞（companion cells）則參與將糖類裝載（loading）和卸載（unloading）到篩管細胞中（圖 6.4）。此外，特化的薄壁細胞（parenchyma cells）所扮演的角色是溶質在進入韌皮部之前，先充當有機溶質的儲存組織。儘管篩管細胞是高度修飾的細胞，看起來非常「開放」，但這些細胞確實含有具功能性之細胞質，並表現出一些代謝活性，此對於維持正常功能至關重要。

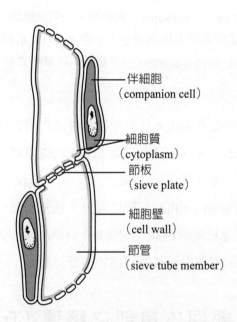

伴細胞
（companion cell）

細胞質
（cytoplasm）

節板
（sieve plate）

細胞壁
（cell wall）

節管
（sieve tube member）

圖 6.4　植體內韌皮部組織的主要組成是篩管細胞（sieve elements），通常為狹長細胞，在兩端具有篩板（sieve plate）及開放的篩孔，溶質可以無阻礙地通過該孔；而伴細胞（companion cells）則參與將糖類裝載（loading）和卸載（unloading）到篩管細胞中。

　　韌皮部中的溶質流動方向取決於其相對於碳水化合物供源或積儲的位置。如前

所述，供源組織是其中可產生過量碳水化合物的部位，並且一些過量的碳水化合物可轉運至積儲組織，之後用於生長、代謝、或儲存。

典型的供源組織包括成熟葉部、成熟增厚的根部、根莖和塊莖。積儲組織則包括幼葉（亦即，在其可產生足夠碳水化合物，以滿足其生長和呼吸需要的階段之前）、花序、以及發育中之種子、果實、根部、及根莖（rhizomes）等。

大多數植物組織所扮演之供源或積儲角色乃是呈現動態變化，根據其發育階段和其他植物部位的生理狀態，組織角色會在供源與積儲之間轉變。典型的供源至積儲之流動方向如圖 6.5 所示。

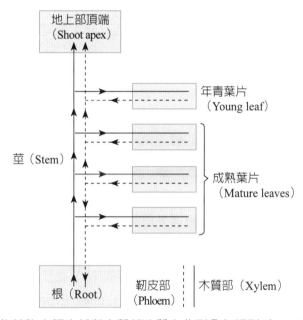

圖 6.5　簡單一年生植物中韌皮部與木質部溶質之典型分布類型（distribution patterns）。韌皮部中溶質之轉運方向是由碳水化合物供源往積儲方向移動，而且在光合旺盛組織附近轉運最大。木質部轉運則在地上部基部最大，且經過地上部往上轉運時逐漸減少。

韌皮部轉運機制之研究迄今已經超過半個世紀，雖然大部分過程均已了解清楚，但仍有一些尚未獲得充分解釋。

植物體內之醣類通常是以蔗糖（sucrose）形式運送，此物係在葉肉細胞中合成，之後再沿著兩條路徑之一移往韌皮部的輸導細胞（conducting elements）。第

一種途徑包括外流進入非共質體系，然後裝載至篩管細胞、或伴細胞中。研究報告顯示，蔗糖在韌皮部的裝載是由鍵結於質膜上的載體蛋白（carrier protein）所調節，此蛋白對於蔗糖有高度專一性。然而，在一些物種中，存在著蔗糖進入韌皮部的替代途徑，蔗糖可以經過葉肉細胞和韌皮部之間的原生質絲連接（plasmodesmal connections），而直接裝載到韌皮部。研究發現，即使在這些連續的連接中，也還有一些選擇性（未知的）機制允許蔗糖通過，但會阻止許多其他溶質到達韌皮部。

無論蔗糖進入韌皮部的機制如何，普遍認為是根據 Munch 最初提出的滲透壓流動假說（osmotic pressure flow hypothesis）所進行之長距離流動。蔗糖通過主動裝載過程、或通過從葉肉細胞直接轉移，而濃縮集中在韌皮部輸導細胞中；由於該濃縮溶液的高滲透潛勢（osmotic potential）而引起水分同時流入，結果膨壓壓力迫使溶液流向低膨壓壓力的組織，即積儲（sink）組織，其中儲存之蔗糖可用於合成、能量代謝或儲存。

## 2. 除草劑在韌皮部的轉運（herbicide translocation in the phloem）

研究通常認為韌皮部中除草劑的轉運係屬於「被動（passive）」運動，其運動方向與韌皮部中溶質流動方向相同。然而，對於除草劑分子到達韌皮部所採取的路徑並不清楚。

對於蔗糖裝載進入韌皮部前，需要先自葉肉細胞流出的植物物種而言，可以想像除草劑分子可以從自由空間進入韌皮部，而不須進入葉部細胞的細胞質。然而，主要在韌皮部中轉運的除草劑可以在其他細胞中累積，並且這些除草劑可能會進入葉部的表皮或葉肉細胞。除草劑分子也可以從這些細胞中再度流出，並且可以循環進出葉部細胞，直到進入韌皮部篩管細胞、並從葉部帶走（圖 6.6）。

從葉肉細胞向韌皮部的轉移過程中存在質外體系步驟，此可能影響韌皮部和木質部之間的除草劑交換。目前已知位於篩管細胞（或伴細胞）質膜上的蔗糖載體可確保蔗糖進入韌皮部，但除草劑並無此種載體。因此，除草劑進入韌皮部可能是一個較為隨機的事件。

關於葉肉細胞和韌皮部之間直接的原生質絲連接（plasmodesmal connections），其與除草劑轉運之相關性信息闕如；除草劑分子是否可以通過這些連接，及其到達韌皮部的路線為何仍有待釐清。

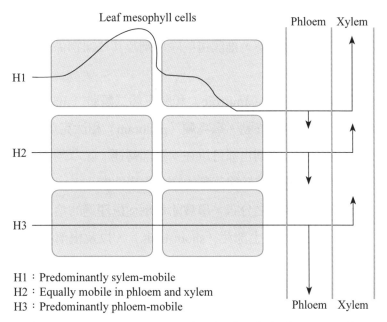

圖 6.6　除草劑在植物細胞間之移動，及其進入韌皮部與木質部過程。第一條路徑（H1）以木質部移動為主；第二條路徑（H2）中，除草劑於韌皮部與木質部之移動相等；而第三條路徑（H3），除草劑主要在韌皮部中移動。

　　觀察葉面施用後除草劑在植株中的分布可得出結論，即有些除草劑是屬於「韌皮部移動（phloem-mobile）」；亦即，其運動似乎與同化物質（assimilate）的運動相似。然而，僅在極少數情況下，研究者會針對相同條件下、同一物種中的除草劑和同化物質轉運進行詳細比較，並且這些研究結果總顯示出除草劑和同化物質的分布存在一些差異。例如，嘉磷塞（glyphosate）通常被描述為韌皮部移動型，但若仔細檢查可發現其有少量但顯著地在非共質體系移動（即出現在木質部中）。

　　在年輕小麥植株中，2,4-D 的運動似乎密切地依循同化物質的運動方式，但在較老的植株中，兩者則有不同的分布模式。在其他植物物種中，使用 2,4-D 和 2,4,5-T、MCPA、得拉本（dalapon）、和嘉磷塞（glyphosate）的研究結果顯示，除草劑和同化物質轉運之間存在密切、但不完全的相關性。

　　儘管上述所有除草劑都可以在韌皮部中轉運，但研究發現似乎有少量除草劑從韌皮部中排出、進入木質部，並隨著木質部的水流分布。研究指出葉片中之嘉磷塞經韌皮部轉運出葉片後，會經由木質部通過環剝帶。從自動放射顯影圖（圖 6.1C）

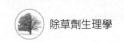

可見，在 $^{14}C$ 除草劑處理葉位之上方莖部，雖然已經經過蒸氣環剝，但仍有同位素可到達環剝位置上方之年輕幼葉，推測這些除草劑及其代謝物係經由木質部管道通過環剝帶。

　　類似地，研究顯示殺草強（amitrole）和順丁烯二醯肼（maleic hydrazide）兩者在韌皮部和木質部都很容易移動。畢克爛（picloram）和汰克草（dicamba）則主要在韌皮部轉運，但兩種除草劑也都可以在木質部轉運。除草劑能否在韌皮部和木質部之間進行交換，主要是決定於除草劑的物理化學性質。

　　典型基於供源─積儲關係之分布，導致除草劑從處理過的葉片轉移到幼葉和分蘗（tillers）、發育中的根和地上部芽（shoot buds）、以及根部和根莖（地下莖；rhizome）尖端。一些已轉運到根部的除草劑可以滲出到培養基中，這種分布模式受到植物年齡、處理葉片位置、除草劑施用於葉片的位置、以及植物生長條件的影響。

　　植物體內除草劑的分布模式（distribution pattern）異於同化物質的分布模式，如果除草劑的分布方式與同化物質相同，將會有一些組織累積較多的量，而其他組織則很少、或根本沒有除草劑；結果前者會被殺死，而後者則會避開除草劑的作用，導致除草劑控制藥效不完全。

　　例如，嘉磷塞（glyphosate）與西殺草（sethoxydim）施用於鵝觀草（*Agropyron repens*、*Elymiis repens* 或 *Elytrigia repens*），結果發現除草劑在根莖系統中的分布並不均勻，導致接近根莖頂端的芽死亡，但接近處理植株地上部（shoot）基部的芽則能存活。雖然除草劑分布模式類似同化物質，但有些除草劑會滲漏到其他組織中，並且在木質部中交換和重新分布，此可能導致除草劑更均勻的分布和更完全的控制效果。

## 3. 木質部轉運（xylem translocation）

　　木質部是高等植物中主要的水分輸導組織，通常與維管組織中的韌皮部有密切關係。然而，木質部細胞（或稱木質部元素，xylem elements）不含具功能之細胞質，並且被視為是自由空間的特化部分。

　　木質部細胞之功能如同開放的管道，用於提供水分、無機離子，胺基酸、和其它溶質，從高水分潛勢之組織（例如根部）移動到較低水分潛勢之組織（例如葉

部）（圖 6.5）。因此，與韌皮部組織顯著不同，在整個組織存活期間，木質部中溶質的流動方向保持不變，而韌皮部中溶質的流動方向則隨個體發育而變化。

如上所述，木質部中的溶質流動取決於植體內的水分潛勢梯度（water potential gradients）。一般而言，土壤溶液中的水分潛勢最高，從土壤到根部、莖部、及葉部的過程中逐漸減少，大氣中水分潛勢最低。因此，水分運動的驅動力是土壤和空氣之間的水分潛勢落差，並且由於這種潛勢落差，使得水分得以進入並通過植物體。

凡是影響木質部水分運輸速率的環境因素，如土壤水分狀況、和相對溼度等，均可影響木質部中水分移動速率，進而影響溶質（包括除草劑）的運動。然而，植物不能當作是一個完全開放的系統，根部將水分從土壤中吸出送到大氣中。其葉部的水分流失（蒸散作用；transpiration）主要是通過氣孔，但在缺水狀況下氣孔會關閉以維持植物的水分狀態，並防止組織脫水。因此，土壤和空氣之間的高度水分潛勢落差尚不至於導致木質部中溶質的高速轉運、或是有大量除草劑從根部轉運至地上部。然而，在某些情況下，確實發現除草劑在木質部的轉運與植物蒸散的總水量有好的相關性。

## 4. 除草劑在木質部的轉運（herbicide translocation in the xylem）

除草劑進入根部組織的過程，包括除草劑分子從根部外表面開始，先經過皮層（cortex）和內皮層（endodermis），擴散到維管組織所處的中柱（stele）中。除了無法通過卡氏帶（Casparian strip）（內皮層周圍的木栓化層）之外，除草劑可以在自由空間、或是經由根部細胞內部移動。

由於除草劑經過內皮層自由空間的擴散會受到卡氏帶阻止，所以除草劑必須先進入內皮層細胞的細胞質，以便後續再進入維管組織。因此，一些早期的研究所提，即「因為某些除草劑被排除在活組織之外，故推測除草劑主要是在木質部中移動」，被證明是沒有根據的。

的確，在光合抑制型除草劑中大多數（即便不是全部）的藥劑〔例如，三氮呯系類（triazines）及取代性尿素類（substituted ureas）〕，必須先進入葉部組織中的細胞質（和葉綠體）以發揮其植物毒性。相關證據顯示，對於除草劑之移動與作用而言，其進入細胞（entry into cells）這一步驟並非限制因素。

一般而言，除草劑在木質部中的分布常反映出水分流經植株的運動方式。除草劑會累積在代謝旺盛的葉片中（即指在同化物質運輸方面，所謂之供源葉片、和積儲葉片）。在葉片內，除草劑傾向於在葉尖部位和沿著葉緣積聚，這些部位均為葉片中大部分水流的「終點」。

## 6.3　除草劑轉運的物理化學（Physicochemical aspects of herbicide translocation）

除草劑轉運的功能讓已經進入輸導系統細胞中的除草劑分子能「保留」足夠長的時間，使得除草劑分子可以從進入組織的位置移動到植株中其他組織。這種保留的前提是植株能將除草劑保持在可資利用之蓄積庫（available pool）中，而非與組織結合、或進行間隔化（compartmentalization），將除草劑隔離於細胞內特定空間。有證據顯示，在韌皮部中移動的除草劑其行為即如上述，因這些除草劑能夠進入韌皮部，並且在長距離轉運時保留在篩管細胞中。除草劑會在木質部轉運則是發生於當除草劑未保留在原生質體系（symplasm），而自外流進入自由空間（free space），尤其是進入木質部時（圖 6.6）。

除草劑進入植物細胞的理化原理，通常也同樣適用於除草劑進入、保留、和累積於韌皮部之過程。由於原生質膜對於吸收物質的低滲透性，使得弱酸性除草劑和具有中等滲透性的除草劑得以保留。因此，有高比例的除草劑分子可以保留在韌皮部中轉運。應該注意的是，這些除草劑分子並不是選擇性地保留在韌皮部中，事實上這些除草劑均可保留在所有活細胞的細胞質中。然而，由於除草劑在韌皮部細胞中的保留也導致其可進行轉運。至於未保留在植物細胞中的除草劑，則更可能在木質部中轉運。

因為除草劑的理化性質不同，其保留在篩管細胞中的程度也不同。親脂性分子（lipophilic molecules）與較具極性的分子比較，其可更快速地進入韌皮部細胞，但也更有可能在進入後不久即從韌皮部外流。相反地，其他分子可能更緩慢地穿透韌皮部細胞，但也可能會在韌皮部中保留和轉移。這些吸收和外流的對比模式解釋了中性、親脂性除草劑（例如，大多數取代性尿素類除草劑）在韌皮部表現

之低移動率（或稱移動率，mobility），以及弱酸性除草劑（例如，二氯吡啶酸；
clopyralid）、和可形成兩性離子的除草劑（例如嘉磷塞），所表現相對高的韌皮部
移動率。

除草劑在植體內之移動行為研究顯示，韌皮部移動之需求條件與木質部移動之
需求條件有部分相同。然而，本主題仍分為兩部分討論，首先是韌皮部轉運，其次
是木質部轉運。從這兩個主題的討論可反映出，多數研究是聚焦於除草劑韌皮部轉
運相關物理化學研究。然而，重要的是要記住，韌皮部的移動性和木質部的移動性
彼此並不相互排斥，並且有許多化合物可同時在兩個系統中轉運。

## 1. 韌皮部轉運（phloem translocation）

除草劑分子之理化參數（physicochemical parameters）對於除草劑轉運之影響，
其大部分知識均來自結構上相關之一系列分子的移動性研究。例如表 6.1 中所顯
示，其中考慮了一系列 naphthoxyalkanoic acids 在韌皮部的轉運。儘管該系列代表
了 $pK_a$ 和 log $K_{ow}$ 的相當有限的組合，但結果清楚地表明理化參數可影響除草劑在
韌皮部的移動性。

表 6.1　一系列取代性 naphthoxyalkanoic acids 在韌皮部之相對移動性。移動性係以 $^3$H–
蔗糖為對照之比較值。其中 log $K_{ow}$ 是 1-octanol/water 比值之對數值。

$$O - (CH_2)_n - COOH$$

| $n$ | $pK_a$ | log $K_{ow}$ | Relative phloem mobility |
|:---:|:---:|:---:|:---:|
| 1 | 3.2 | 2.6 | 7.8 |
| 2 | 4.0 | 3.0 | 5.6 |
| 3 | 4.4 | 3.5 | 2.6 |
| 4 | 4.6 | 4.0 | 0.3 |
| 5 | 4.7 | 4.5 | <0.1 |

研究者將一系列取代的苯氧基乙酸（substituted phenoxyacetic acids）在韌皮部
之轉運針對 log $K_{ow}$ 作出關係圖。在這個系列中，韌皮部轉運之最佳 log $K_{ow}$ 數值略

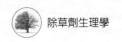

大於 2；若低於此值，根據推測，細胞吸收除草劑受到限制，而當數值高於此值則除草劑自韌皮部外流會增加，故造成韌皮部積儲中之除草劑濃度下降（圖 6.7）。

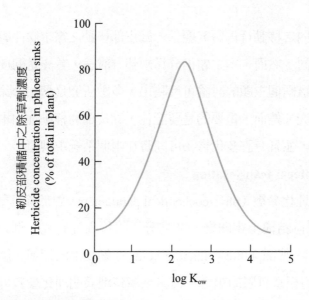

圖 6.7　一系列取代的苯氧基乙酸（substituted phenoxyacetic acids）除草劑分子，其 log $K_{ow}$ 對於韌皮部轉運行為之影響。

　　當除草劑進入韌皮部中並開始移動時，任何時候除草劑都可能從韌皮部滲漏進入木質部、或周圍組織，此決定於篩管細胞膜所吸收物質的滲透性、韌皮部中的流速、和植株大小（意即轉運系統的長度）。利用理化特性不同的各種有機化學物質進行研究，可開發出模式以預測韌皮部轉運之最適滲透率（P，方程式 1）、或是預測韌皮部中除草劑濃度相對於葉片質外體系的除草劑濃度（Cf，方程式 2）。

$$P = \frac{rV}{2l} \times \ln\left(1 - \frac{1}{0.9L}\right) \quad \boxed{方程式 1}$$

L：植株轉運系統之長度（length）。

r：篩管細胞半徑（radius）。

V：平均轉運速率（velocity）。

l：沿著除草劑裝載（loading）之供源（source）組織長度。

　　第二個模式預測對象則除了非酸性除草劑之外，包括弱酸性除草劑的滲透性，其可預測韌皮部中任何有機化學物質的累積。方程式如下：

$$Cf = \{([H^+]_i + pK_a) / ([H^+]_o + pK_a)\} \times [(a)([H^+]_o P_{AH} + P_{A-}pK_a) / [H^+]_i(P_{AH} + b)$$
$$+ pK_a(P_{A-} + b)] \times exp\{-c([H^+]_i P_{AH} + P_{A-}pK_a) / [H^+]_i + pK_a)\} \quad \boxed{方程式 2}$$

　　此方程式建立起韌皮部移動率（phloem mobility, Cf）與諸相關因素之關係，包括質膜內外（$[H^+]_i$, $[H^+]_o$）之間的 pH 值差異、除草劑未解離與解離形式通過質膜之滲透性（$P_{HA} \cdot P_{A-}$）、$pK_a$（針對弱酸性除草劑案例）、以及用以描述除草劑施用區之篩管半徑、韌皮部汁液流速和植株大小（a，b 和 c）的一系列植株參數。

　　再次可看出韌皮部中的流速、和轉運系統的長度，是決定韌皮部移動率的重要參數。此意味著「理想的」韌皮部移動性除草劑不僅考慮除草劑本身理化特性，而且還要考慮植株大小及其生理狀態。

　　後一種模式反映了一個事實，即弱酸解離作用（weak acid dissociation）和中級（中等）滲透性（intermediate permeability），這兩種機制使除草劑分子得以在韌皮部流動。韌皮部之移動率可以被視為韌皮部輸導細胞中解離、和非離解弱酸形式（或相對應形式的非弱酸性除草劑）的親脂性（lipophilicities）彼此之間的平衡。根據該模式以及 Bromilow 及其同事的研究，說明除草劑在韌皮部中之轉運並沒有最佳的 $pK_a$ 或 log $K_{ow}$ 數值，而應該說最佳 $pK_a$ 值取決於除草劑的 log $K_{ow}$，反之亦然。

　　log $K_{ow}$、$pK_a$、和韌皮部移動率之間的關係可以繪製為三維反應曲面（response surface），可顯示韌皮部移動率的最佳 log $K_{ow}$ 和 $pK_a$ 範圍。此類模型的簡化版本顯示在圖 6.8。

　　弱酸能否累積於韌皮部中取決於弱酸解離的和非解離部分的滲透率。理想上，對於除草劑分子能夠高度保留、及在韌皮部移動而言，所期望的 $P_{AH} / P_{A-}$ 比率約需 $10^4$。如果採用更親脂性的弱酸，例如芳基丙酸（arylpropanoic acids）的成員，則無法達成。例如，flamprop 的低韌皮部移動率係歸因於低的 $P_{AH} / P_{A-}$ 比率。這也可以解釋相關除草劑的低韌皮部流動性，例如雙氯芬酸（diclofop）。

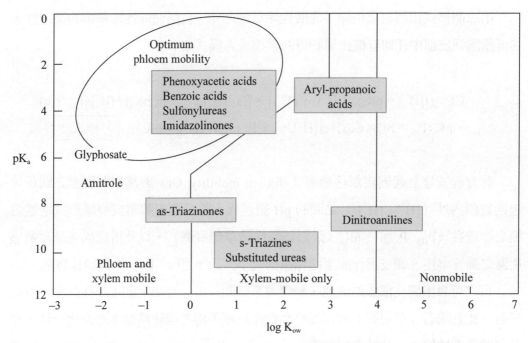

**圖 6.8** 有機化合物在韌皮部與木質部之移動率（mobility）受到一些理化參數之影響。根據 Bromilow et. al. 所提出之模式，各群除草劑分別陳列其上。

離開供源組織而存在韌皮部中的除草劑，可以在轉運途徑的任何位置從韌皮部外流。在韌皮部中僅略微保留的除草劑，很可能在進入韌皮部後很快地便離開韌皮部，而那些強烈保留的除草劑則可能會在離開韌皮部、並進入相鄰組織（可能包括木質部）之前，移動更長的距離。

除草劑自韌皮部流出或洩漏不應被視為缺點。實際上，此為韌皮部移動性的重要組成部分。如果除草劑進入植株後即被完全保留，則很少有除草劑可到達韌皮部；其大部分將會進入植株、並保留在葉部和維管束之間的表皮、或葉肉細胞中。

因此，除草劑在韌皮部中移動的能力可以被認為是兩種相反力量之間的妥協，一是保留在細胞中的力量，而另一則是讓除草劑保持可資利用的力量。除草劑不可能完全只在韌皮部移動；任何具有韌皮部移動最佳特性的除草劑，也能夠從韌皮部外流，並移動進入木質部中。

在某些情況下，除草劑可以循環、或是經過植體多次重新轉移。例如，正如所預期，dicamba 可在苦蕎麥（又名韃靼蕎麥，*Fagopyrum tataricum*）韌皮部中轉運，

但有部分則外流並再轉運至木質部，導致除草劑累積在未成熟的葉片中。然而，隨後，當葉片成熟時，除草劑可以再從這些葉片往外輸出。植株中除草劑的這種循環取決於殘留且可資利用於轉運之除草劑。

## 2. 木質部轉運（xylem translocation）

除草劑經過根部吸收後，其在木質部的轉運已經用蒸散流濃度因子（transpiration stream concentration factor; TSCF）表示，定義如下：

$$TSCF = \frac{除草劑在木質部汁液中的濃度（concentration\ in\ xylem\ sap）}{除草劑在吸收溶液中的濃度（concentration\ in\ uptake\ solution）}$$

使用各種非離子化有機化合物的試驗結果顯示，木質部中累積除草劑的最佳 log Kow（即當 TSCF 達到最大值時）約爲 1.8（圖 6.9）。經導出的關係具有高斯曲線（Gaussian curve）的形式，其方程式如下：

$$TSCF = 0.748\ exp - \left[\frac{(\log K_{ow} - 1.78)^2}{2.44}\right]$$

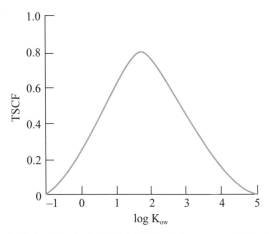

圖 6.9　大麥中有機化合物在木質部之轉運（以 TSCF 表示）受到 log Kow 影響。

## 3. 韌皮部移動型除草劑的設計（design of phloem mobile herbicides）

基於除草劑在韌皮部移動的理化特性，設計除草劑分子時，應該可以透過將

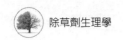 

特定的官能基（functional groups）（例如羧酸）結合到候選的除草劑分子中，以設計出適合在韌皮部移動的分子。然而，韌皮部的移動性只是除草劑活性的一個條件，而非篩選計劃中不可缺少的一個必要條件，其中更重要的是要考慮生物活性（biological activity）和選擇性。此外，賦予除草劑在韌皮部移動的相關特性，往往也會限制其活性；例如，極性弱酸在韌皮部中可能非常容易移動，但受限於葉面吸收效果；此或許可藉由將酸轉化爲酯以增強吸收，之後，生物活性則取決於將酯水解成游離酸。

　　第二種方法是修飾已知具有除草活性的分子，使其更具韌皮移動性。例如，於親脂性除草劑分子中加入羧基（carboxyl groups），可以改變其轉運特性（圖6.10）；不幸的是，這也導致其除草劑活性喪失。於除草劑分子中加入酸性功能顯著地降低了親脂性，也使得這些光合電子傳遞抑制劑到達類囊體膜（thylakoid membranes）中作用位置的能力下降。

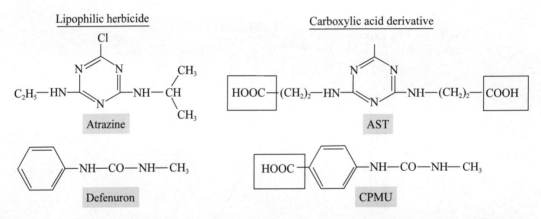

圖 6.10　主要在木質部移動之親脂性除草劑草脫淨（atrazine）與 defenuron，經過羧基化（carboxylation）產生較具親水性、且在韌皮部移動之衍生物。

　　上述觀察結果顯示，韌皮部的流動性並非是所有除草劑需要的理想特性。實際上，很明顯地，作爲光系統 II 電子傳遞抑制劑，其所要求的高度韌皮部移動率、和高除草活性，兩者是相互排斥的。鑑於大部分商業除草劑作用之目標位置（例如存在膜系之目標蛋白、或是葉綠體與質體內之胺基酸與脂質合成酵素蛋白等）所處之親脂性環境，可以假設韌皮部的流動性並不是除草劑篩選計劃的優先考慮事項。

　　研究者提出將糖分子（葡萄糖、或蔗糖）附加到除草劑分子上，可能賦予其更高程度的韌皮部移動率，但沒有證據支持這一點，且其結果似乎可能與預期相反。

　　首先，此種結合反應顯著地改變了除草劑的理化性質，將影響其在植物細胞中的吸收、和保留之特性，而減少韌皮部轉運。其次，在質膜上鑑定出的糖載體（sugar carrier）對蔗糖顯示出非常高的特定性（專一性），甚至無法轉運與蔗醣有密切相關的類似物。因此，不太可能將「蔗糖—除草劑」共軛結合物（sucrose-herbicide conjugates）裝載到韌皮部中。第三，不能保證在轉運之前或之後「糖—除草劑」共軛結合物可裂解以釋放出具有活性的除草劑分子。

## 4. 除草劑代謝和轉運（herbicide mtabolism and herbicide translocation）

　　迄今為止，研究者對於除草劑轉運的討論，均假設除草劑分子在吸收、和轉運過程中沒有化學變化。然而，除草劑代謝是影響其活性和選擇性的重要部分，此代謝部分將於下一章進行詳細討論。

　　除草劑經代謝後總是改變分子的 $pK_a$ 值和／或 $\log K_{ow}$ 值（表 6.2），並且改變分子行為。例如，2,4-D 異辛基酯（isooctyl ester）是中性的親脂性分子，除非藉由結合（binding）或分配（partitioning）至脂質中，否則預期不會在植物細胞中累積。一旦經過轉化成游離酸形式（即 2,4-D），將出現典型的弱酸行為，而透過離子陷阱機制（ion-trap mechanism）累積。這種形式在韌皮部中可以移動。然而，進一步的代謝轉化，例如形成葡萄糖酯（glucose ester）、或環糖基化（ring-glycosylation），可能使 $\log K_{ow}$ 降低至少百倍，導致分子失去除草劑活性、且無法在韌皮部移動。

表 6.2　經過代謝轉變之後改變分子之理化特性。注意資料中之數值為近似值，其決定於芳香基部分（aromatic moiety）及烷基部分（alkyl moiety）之電子特性。

| Original formula | Product | $\triangle \log K_{ow}$ | $\triangle pK_a$ |
|---|---|---|---|
| $ArCH_3$ | $ArCH_2OH$ | −1.8 | neutral → neutral |
| $ArCH_2OH$ | $ArCOOH$ | +0.8 | neutral → 4 |
| $ArCOOH$ | ArCOO-glucoside | −2.3 | 4 → neutral |
| $ArOH$ | ArO-glucoside | −2.3 | 10 → neutral |
| $RCOOCH_3$ | $RCOOH$ | −0.5 | neutral → 4 |

| Original formula | Product | Δ log $K_{ow}$ | Δ $pK_a$ |
|---|---|---|---|
| RCONH₂ | RCOOH | +1.0 | neutral → 4 |
| RCl | RSCH₂CH(NH₂)COOH | −4.0 | neutral → zwitterion |

如果除草劑分子經過代謝轉化充分改變其性質，則可影響除草劑在木質部的轉運。例如除草劑 metribuzin 通常很容易在木質部中轉運，但試驗結果提出，於耐性馬鈴薯和大豆栽培種中，metribuzin 從根部到地上部的轉運減少，此與耐性栽培種之極性共軛結合物形成速率高於感性栽培種有關。據推測，極性共軛結合物於根部細胞中形成之後，即強烈地保留在根部細胞中，並且相對較少有 metribuzin 經由木質部向頂端地（acropetally）轉運到葉部。

## 6.4 除草劑對韌皮部運輸的影響（Herbicide effects on phloem transport）

除草劑對於供源、積儲、或韌皮部通路組織的任何生理作用，都可能減少同化物質（assimilates）在韌皮部的轉運，從而減少除草劑在韌皮部的轉運。

由於除草劑在韌皮部的轉運係依賴葉部產生可轉運的醣類，因此除草劑對於任何會限制同化物質碳素代謝的效應，可能也會影響除草劑轉運。此外，其他對於膜完整性（membrane integrity）、同化物質裝載（assimilate loading）、長距離運輸、和積除組織的代謝活性等其他效應，也可能影響除草劑轉運。表 6.3 列出了可能限制其轉運的除草劑的生理效應。

### 1. 對膜完整性的影響（effects on membrane integrity）

許多除草劑會影響質膜、或亞細胞膜（subcellular membranes）的結構或功能。這些是除草劑對脂質代謝、或與膜系緊密連接的代謝過程（例如芳基丙酸（arylpropanoic acid）除草劑）的直接作用；或是間接作用，如脂質過氧化作用（例如聯吡啶類除草劑）。例如，巴拉刈（paraquat）導致所有膜系非常快速地變質，因此，在轉運系統被破壞之前有可能發生非常小的轉運行為。然而，如果在黑暗中施用巴拉刈，則可能發生一些（有限的）韌皮部轉運。若能防止脂質過氧化、使植

表 6.3　除草劑或其配方成分對於除草劑轉運可能自我限制之效應。注意這些生理效應與減少同化物質或除草劑轉運之間的連結，尚未建立。

| Herbicide | Effect | Reference |
|---|---|---|
| Glyphosate | Altered carbon metabolism in source and sink tissue | 53-55 |
| | Reduced stomatal conductance | 56 |
| Chlorsulfuron | Prevention of sucrose entry into phloem | 57, 58 |
| Paraquat | Membrane disruption | 59 |
| Difenzoquat | Membrane integrity (?) | 60 |
| Diclofop | Membrane depolarization | 61 |
| Picloram | Swelling of phloem parenchyma | 62 |
| Mecoprop, picloram | Reduced carbon fixation (indirect?) | 63, 64 |
| Surfactants | Membrane integrity | 65, 66 |

物能夠保持足夠時間轉運，將使得一些除草劑從進入部位輸出葉部。

　　對細胞膜具有同等效果的其他試劑則是界面活性劑（surfactants）。界面活性劑可以穿透葉部組織，並且破壞細胞膜。因此，在文獻中出現有關界面活性劑對除草劑轉運的有害影響報告並不令人驚訝。

　　對細胞膜的微妙的影響也可能影響除草劑穿過這些膜系的運輸過程。儘管雙氯芬酸（diclofop）在植物中的主要生理／生化作用似乎是針對乙醯輔酶 A 羧化酵素（acetyl Co-enzyme A carboxylase; ACCase），但是在除草劑濃度升高下，該除草劑還消耗了某些植物物種中跨膜的產電潛勢（electrogenic potential）。這種對膜系電荷和 pH 梯度的影響可能影響膜系的一些轉運特性。

2. 對碳素固定和蔗糖生產和裝載的影響（**effects on carbon fixation and sucrose production and loading**）

　　許多阻斷植物光合作用的除草劑，常見其影響光合作用光系統之電子傳遞。然而，此類除草劑在韌皮部轉運、和發揮抑制光合電子傳遞活性所需的理化條件，傾向於相互排斥，前者需要相對低的親脂性，但後者則需要相對高的親脂性。

　　通常認為嘉磷塞（glyphosate）可在植物韌皮部中高度移動。然而，除了從韌皮部到木質部有少量轉移外，嘉磷塞在韌皮部的轉運還受到供源組織中碳素代謝間

接的限制。

　　Geiger 及其同事證明，嘉磷塞藉由其對二磷酸核酮糖（ribulose bisphosphate；RuBP）含量和澱粉生合成的影響，而影響碳素固定（圖 6.11）。嘉磷塞經由間接抑制 EPSP 合成酶，而改變 RuBP 含量；而莽草酸途徑（shikimate pathway）失調則導致產生過量的莽草酸 -3- 磷酸（shikimate-3-phosphate）。最初，來自澱粉的糖可維持同化物質供應轉運之用，但最終澱粉也會枯竭。因此，嘉磷塞對於韌皮部轉運的這種間接作用可能在施藥後一天（或可能更長時間）才可被檢測出來。

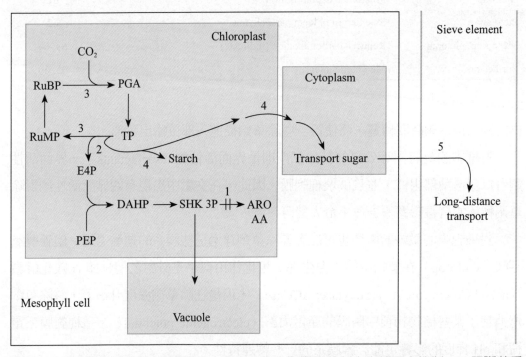

圖 6.11　嘉磷塞透過其對供源葉片中碳素代謝之影響而限制自身轉運之機制。1. 阻斷芳香族胺基酸合成；2. 碳素轉流至莽草酸 -3- 磷酸；3. 減少可資用於卡爾文循環之碳素庫（pool）；4. 減少澱粉合成、及三碳醣往外送至細胞質；5. 減少同化物質在韌皮部之轉運。

　　硫醯尿素類除草劑（例如氯磺隆，chlorsulfuron），通過其對韌皮部轉運的影響，也會限制其自身的轉運。藥劑處理後的葉片，其光合作用和碳素代謝的初始步驟不會直接受到影響，但是除草劑施用後不久，蔗糖和澱粉會在葉片中累積。若供

應植物纈胺酸（valine）、白胺酸（leucine）和異白胺酸（isoleucine）（其合成被氯磺隆抑制的胺基酸），則可以克服這種效應。似乎將糖類輸送到韌皮部中的一些步驟對該除草劑敏感，並且除草劑以此種方式可有效地限制其自身的轉運。

**3. 對維管組織的影響（effects on vascular tissues）**

沿著除草劑轉運途徑可能發生限制除草劑轉運的進一步生理效應。有些除草劑，特別是具有類似生長素活性（auxin-like activity）的除草劑，會引起感性植物物種之莖部或葉柄組織腫脹。其原因可能是除草劑從韌皮部滲漏到周圍維管薄壁組織（parenchyma）中，並導致韌皮部和木質部的物理性壓縮限制（physical constriction）和中斷轉運。雖然這可能導致一些植物的死亡，但也可以防止除草劑致毒劑量到達多年生植物的根部。

**4. 對積儲組織的影響（effects on sink tissues）**

除了上述嘉磷塞對供源組織的影響外，Geiger 及其同事還記錄了嘉磷塞經由影響積儲組織，而改變同化物質轉運的證據。此種效應早在供源葉片的碳素輸出減少之前即已觀察到，研究者姑且歸因於在嘉磷塞作用下，積儲組織中蛋白質合成受到抑制，間接降低蔗糖利用率，而減少同化物質流向積儲組織。嘉磷塞和其他韌皮部移動性除草劑對於積儲組織代謝活動的其他影響，也可能限制同化物質和除草劑進入積儲組織。

## 6.5 除草劑韌皮部轉運最大化的方法（Approaches to maximizing herbicide translocation in phloem）

增加植物中除草劑轉運的可能方法之一，是使用添加劑以改變植株內的供源 - 積儲關係、以及除草劑施用的適當時間能配合最大光合作用時間和 / 或同化物質轉運。

**1. 使用添加劑刺激韌皮部轉運（use of additives to stimulate phloem translocation）**

研究者曾嘗試藉由與除草劑同時、或之前一段時間施用第二種化學物質，以刺激除草劑轉運（特別是在韌皮部中之轉運）。其基本原理是，如果這些化學物質可以刺激同化物質轉運，則除草劑轉運也將增加。儘管同時施用更為方便，但預先處

理使用「刺激」試劑將可確保後續在施用除草劑時已經提高同化物質轉運。

　　用於刺激除草劑轉運的化學藥劑列表如表 6.4 所示。該清單包括天然存在的、和化學合成的植物生長調節劑。在該研究領域中遇到的問題之一是外源施加的物質可能改變同化物質的分布類型，但轉運的總量則維持不變。換言之，增加除草劑轉運到植株一個部位時，可能同時也促進其轉運到另一個部位作為代價。

表 6.4　用以刺激除草劑在韌皮部轉運之化學藥劑。

| Chemical agent | Herbicide | Reference |
| --- | --- | --- |
| Chlorflurenol | Dicamba | 68 |
| 6-Benzyl-aminopurine | Glyphosate | 69 |
| Gibberellic acid | 2, 4, 5-T | 70 |
| Abscisic acid | 2, 4, 5-T | 71 |
| Ethephon | Dicamba | 72 |

## 2. 環境因子（environmental factors）

　　如前所述，同化物質轉運是供源組織中碳水化合物合成、及其在積儲組織中利用的綜合結果。假設供源組織是光合作用旺盛的葉片，則長距離運輸的同化物質其供應取決於葉片的光合作用速率。因此，有利於高光合速率的條件也有利於高同化物質轉運速率。這對於除草劑轉運而言具有明顯的意義，並且研究者已經廣泛研究環境參數對除草劑轉運的影響。本書將從植物生理學的角度簡要地考慮基本原理，而非試圖總結所提及的研究結果。

　　文獻中已充分證明除草劑轉運受到環境控制。例如氣體溫度、相對溼度、輻射強度、和土壤溼度等環境因素，都顯示出其影響除草劑轉運，儘管總是無法將環境因素對除草劑轉運的直接影響與經由增加除草劑吸收調控轉運的間接影響分開。然而，與環境條件相關的除草劑施用時機（timing），對於除草劑發揮最大效能相當重要。

　　植物在不同環境條件下維持高光合作用的能力，是植物適應（adaptation）（遺傳因素）、和馴化（acclimation）（可塑性或對於環境變化的反應能力）的綜合結

果。因此，對於不同的植物物種，碳素固定、以及許多其他生理過程存在不同的最佳溫度。根據植物發育的狀況，物種內也可能存在著最佳溫度的差異。光合作用對於不同溫度的反應可能反映出更明顯的生化特徵（例如，C3 對 C4 型植物）、或是更微細的差異（例如，脂質組成、和膜的流動性）。同樣地，對於其他環境變數（如輻射強度和土壤水分含量）的反應差異，也反映出某些生理或生物化學屬性上的物種差異。

在沒有詳細回顧環境生理學的情況下，很明顯地可見不同的物種對於環境分別有不同的反應。因此，同化物質轉運、或除草劑轉運並無所謂的「最佳溫度」；在特定條件下，植物中發生的除草劑轉運量僅僅是反映出該植物在這些特定條件下，維持韌皮部、或木質部轉運的能力。例如，溫帶物種匍匐冰草（*Agropyron repens*）能夠在低溫下保持相對較高的光合作用速率，並且在這些條件下葉面施用的除草劑可以非常自由地在韌皮部轉運。然而在適應亞熱帶、或熱帶環境的物種中，則不會出現與此溫帶植物相同的結果。

最後，必須了解到，韌皮部中較高的同化物質轉運速率、或木質部中的水分轉運，不一定會導致有較多的除草劑轉運，或較多的除草劑活性。雖然轉運速率可能不同，但除草劑控制效果最終取決於到達不同組織部位的除草劑總量。

通常在其他因素相同的情況下，在「不利」條件下生長的植物，植株內目標部位可能需要更長時間才能達到關鍵的除草劑濃度，但如果在延長的時間之後可達到該臨界濃度，則可能產生相同的控制效果。因此，初始轉運速率差異不一定會導致不同的控制程度。

# CHAPTER 7

## 除草劑之代謝
### Herbicide metabolism

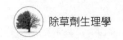 

　　植物中除草劑的代謝（metabolism）是雜草和作物對於除草劑產生選擇性（selectivity）最重要的機制之一。通常，作物或耐性雜草可以快速地使除草劑解毒，以避免組織中累積除草劑至植物致毒程度。更確切地說，除草劑分子經過共軛結合（conjugation）、解毒（detoxification）、沉積（deposition）等反應，將其從細胞內活性除草劑庫（active herbicide pool）中除去的速度，快於除草劑從植株外部進入的速度。或者，在感性植株中「前除草劑（pro-herbicide）」〔或稱前驅物（precursor）、或 protrac〕分子可以更快速地分解產生毒性（例如經由水解（hydrolysis））。

　　除草劑耐性或抗性的其他重要機制，尚包括：吸收、轉運、和/或作用部位的差異。然而，應該注意的是，物種之間的除草劑轉運差異通常反映了這些物種中除草劑代謝的差異。

　　植物中的除草劑代謝已被廣泛研究，主要有兩個原因：

(1) 了解雜草和作物之間，以及不同作物品種之間的選擇性機制。

(2) 滿足除草劑登記的要求。

　　在本書的植物生理學背景下，值得注意的是那些可將具有除草劑活性之化合物予以代謝解毒的轉化（conversions）反應。植物中除草劑的代謝通常存在不同除草劑分子結構、和結構基團的轉化、降解（degradation）、及共軛結合（conjugation）反應。

　　如上所述，本書討論的重點是除草劑選擇性的生理學或生物化學基礎，除草劑選擇性則是導因於主要的解毒反應（primary detoxification reaction(s)），使特定植物物種（species）或栽培種/生物型（cultivars/biotypes）產生耐性（tolerance）。耐性在此意味著逐漸耐受（a gradual tolerance），其耐性大小取決於解毒/代謝酵素的活性。相反地，「抗性（resistance）」則表現程度更加明顯，通常是由不敏感的目標位置/結合蛋白所引起的。例如抗三嗪雜草（triazine-resistant weeds）中的突變體 $D_1$ 蛋白（第 8.4 節）、和對芳基丙酸（aryl-propanoic acids）具有抗性的雙子葉植物中的乙醯輔酶 A 羧化酵素（acetyl-CoA carboxylase; ACCase）（第 12.2 節）。在這些情況下，植物對各自的除草劑即具有抗性。

　　上述定義（即藉由解毒機制產生耐性、及藉由作用位置的差異產生抗性）反映

了實際情況，即由作用位置改變引起之抗性，其程度大於由解毒酵素活性升高所引起的逐漸耐性。

在除草劑領域中，對於術語「抗性（resistance）」和「耐性（tolerance）」的描述，即分別代表植物對於除草劑不敏感的程度大小。然而，除非已知抗性及耐性機制，可能無法區別「低度抗性（low-level resistance）」（或「交叉抗性」）（因作用位置的結合專一性喪失一部分所致）、和「高度耐性（high-level tolerance）」（因除草劑解毒速率極高所致）。根據這一定義，特定植物在「高度耐性」條件下，可以比在「低度抗性」條件下耐受更高程度的除草劑壓力。此案例說明了當前使用術語「耐性」和「抗性」存在的模糊空間。在殺菌劑和殺蟲劑領域，已經放棄「耐性」一詞。然而，作物耐性的問題僅限於除草劑。

研究者總結了植物中除草劑的代謝行為。除草劑在植物組織中的解毒可大致分為三個階段，即轉化（conversion）、共軛結合（conjugation）、和沉積（deposition）（圖 7.1）。這種粗略的劃分僅供參考；個別的化合物代謝行為可能不同，因為 (a) 並非所有化合物都需要參與全部三個階段；(b) 化合物母結構（parent

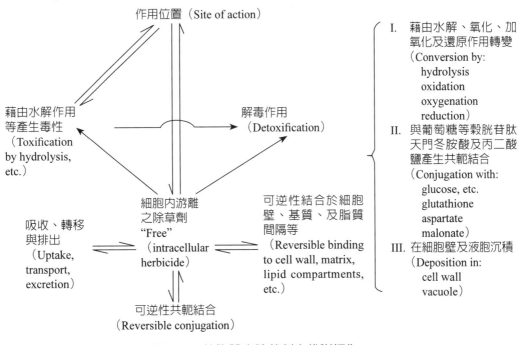

圖 7.1　植物體內除草劑之代謝行為。

structure）可能是不具活性的前除草劑（proherbicide），必須先轉化為具活性之除草劑；或是 (c) 化合物經可逆性共軛結合（conjugation）和 / 或結合（binding）或分配（partition）到脂質中，可以進一步減少細胞內「游離的」除草劑庫（pool）。

原除草劑（pro-herbicides）的生物活化作用（bioactivation）具有引入新型安全選擇性除草劑的潛力。生物活化反應包括幾種類型的代謝轉化，例如：氧化〔oxidations；脂肪酸 β- 氧化反應、EPTC 磺化氧化（sulfoxidation）、甲磺醯胺（metflurazon）的 N- 脫烷基反應（dealkylation）〕、還原〔reductions；聯吡啶類除草劑〕、水解〔hydrolyses；苯氧基丙酸酯；吡啶酯）、和可逆性共軛結合（生長素、芳基 - 丙酸葡糖苷（aryl-propanoic acid glucosides）〕。

原除草劑於施藥時可以更容易地滲透到植物中（例如酯型），並且其在植物中之移動不同於具有除草活性之分子結構（例如酸型相對於酯型）。然而，在體外（in vitro）研究中，因為通常在無細胞（cell-free）之測試系統中不會發生生物活化反應，因此前除草劑可能不具有生物活性。

## 7.1 除草劑分子之轉化（Conversion of herbicide molecules）

一些除草劑可以直接進行共軛結合反應，例如經由氯取代基（chlorine substituent）的親核性置換（nucleophilic displacement），或是在游離羧基上形成醯胺鍵。然而，許多除草劑在其結構分子中沒有取代基，故無法與細胞內成分反應形成共軛結合物。因此，這些除草劑必須先轉化為其代謝物，此代謝物則可作為共軛結合酵素之反應基質，這些可能發生的轉化包括水解、氧化、和還原反應。

### 1. 水解反應（hydrolysis）

如果除草劑是羧酸酯（carboxylic acid ester）、磷酸酯（phosphate ester）、或醯胺（amide），則可以預期會發生水解反應。因此，水解酶可以分類為酯酶（esterases）、磷酸酶（phosphatases）、或醯胺酶（amidases）。例如，已知酯酶可分裂並藉此活化 ACCase 抑制劑的芳基 - 丙酸酯（aryl-propanoic acid esters）。研究者已經在體外（in vitro）研究了兩種酯酶，包括針對氯苯丙酸甲酯（chlorfenprop-methyl）和苯甲醯丙酸乙酯（benzoylprop-ethyl）兩種酯類。這些酯酶作用後可產生具有除草劑活性之分子，並可控制某些植物的耐性表現。然而，在耐性和感性植物、及其組織中「氯苯丙酸甲酯酯酶」都具有高度活性，因此不能用以解釋所觀察到的耐性。

另一方面，在野燕麥（感性）植株中「苯甲醯丙基乙酯酯酶（benzoylprop-ethyl esterase）」的活性比在小麥（耐性）植株中高得多。雖然尚未測試這些酯酶對於反應基質的專一性，然而，在多數情況下，在植物和動物中可以水解外來（異生）化合物（xenobiotic compounds）的羧基酯酶（carboxyl esterases）、磷酸酶（phosphatases）、和醯胺酶（amidases），對於反應基質之專一性均低。這些酵素針對氯苯丙基甲基（chlorfenprop-methyl）之 Km 為 2 mM，而針對苯甲醯基丙基（benzoylprop-ethyl）之 Km 則為 3.8 μM。

藉由酯酶活性生物活化前除草劑（pro-herbicide）的另一個案例是吡啶酸鹽（pyridate），其水解產物 6-chloro-3-phenyl-pyridazine-4-ol（CPP）係光合作用電子傳遞的抑制劑（圖 7.2）。

該方案表示經由共軛結合反應 [ 即 CPP 的 O- 和 N- 糖基化（glycosylation）、和 N- 糖苷（N-glycoside）與穀胱苷肽（glutathione）共軛結合 ] 進一步代謝 CPP。羧基酯酶還負責氯嘧磺隆（chlorimuron-ethyl）和類似硫醯尿素酯（sulfonylurea ester）分子的去酯化。在此種情況下，酯酶的產物具有除草劑活性。

在玉米根部經過 benzoxazinone（2,4-dihydroxy-3-keto-7-methoxy-1,4-benzoxazine）可催化非酵素性水解反應，使草脫淨（atrazine）轉化為不具除草劑活性之產物 2- 羥基 - 草脫淨（2-hydroxy-atrazine）。此反應機制是氯的親核性置換（nucleophilic displacement），類似與穀胱苷肽共軛結合，但在這種情況下，Cl⁻ 被 OH⁻ 置換（經由 benzoxazinone 催化）。

藉由醯胺酶作用可將除草寧（propanil）水解成丙酸（propionic acid）、和 3,4-二氯苯胺（3,4-dichloroaniline）。在許多植物物種中發現，此種酵素似乎到處存在；在土壤細菌中也有發現。在水稻萃取物中的醯胺酶活性特別高，此與水稻植株能耐受除草寧呈現高度相關。

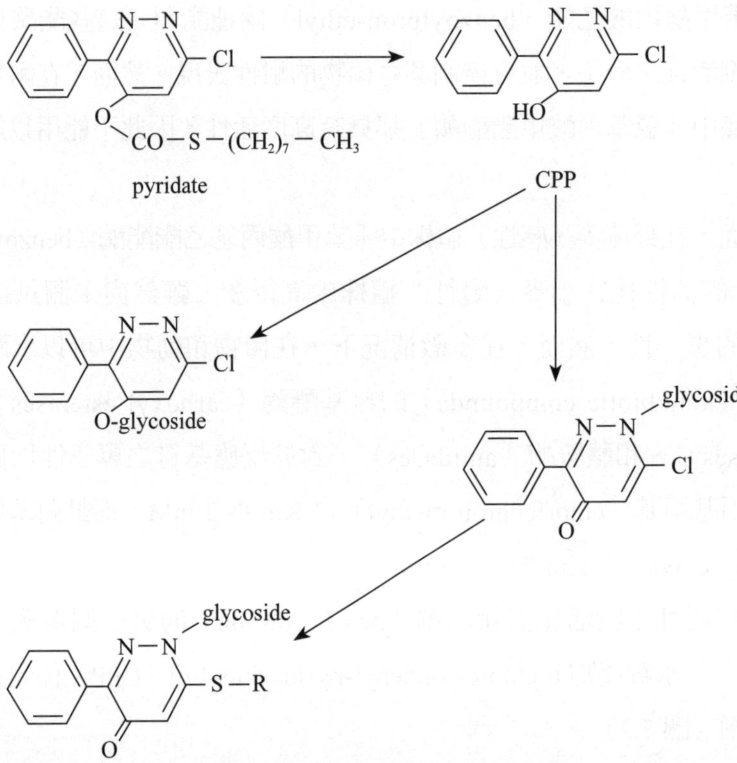

圖 7.2 前除草劑（pro-herbicide）吡啶酸鹽（pyridate），其水解產物 6-chloro-3-phenyl-pyridazine-4-ol（CPP）係光合作用電子傳遞的抑制劑，可經共軛結合反應而失去生物活性。

來自紅稻（red rice）的「芳基醯基醯胺酶（aryl acylamidase）」經純化 4.8 倍後，其 Km 值為 170 μM，最適 pH 值 7.4-7.8；此酵素可被 SH- 試劑和重金屬抑制外，醯胺酶還會被許多用於殺蟲和殺菌的含磷和含胺基甲酸鹽化合物抑制，因而造成水稻植株施用除草劑與其他農藥混合使用時，出現協同的相互作用（synergistic interactions）。在除草劑 mefenacet 案例中存在類似的情況，其可被醯胺酶水解。此醯胺酶同樣地會被硫代磷酸鹽殺菌劑（thiophosphate fungicide）ediphenfos 抑制，並且在稗草（*Echinochlou crus-galli*）中出現協同相互作用。

極少數除草劑含有磷酸鹽基團（phosphate group）。磷酸鹽鍵結通常是屬於磷酸酯（phosphonate）類型（例如，存在 fosamine、固殺草、和嘉磷塞中），但也會發生磷酸酯（phosphate ester）、硫酯（thioester）、和醯胺鍵結（amide bonding）（例如，在 amiprophos-methyl、anilophos、butamiphos 和 piperophos 中）。目前尚

未研究可能分裂磷酸酯，硫酯和醯胺的水解反應、和各種相關酵素。

　　植物藉由引入來自不相關物種的解毒基因，以獲得除草劑抗性的兩個案例說明如下。研究指出來自土壤細菌 *Klebsiellu owenue* 的特定溴苯腈水解酶（bromoxynil nitrilase）編碼基因已被選殖、並轉移到菸草植物中。此基因係在光調節的核酮糖 - 二磷酸羧化酶（ribulose-bisphosphate carboxylase）小亞單位之啟動子控制下表達。該酵素將溴苯腈水解成酸形式（3,5- 二溴 -4- 羥基苯甲酸），從而賦予轉殖基因菸草植物對於溴苯腈之耐受性。第二個例子則是摻入編碼固殺草乙醯基化（acetylation of glufosinate）的基因。

## 2. 氧化、加氧、和羥基化（oxidation, oxygenation, and hydroxylation）

　　羥基化（hydroxylations）是植物中最常見的除草劑代謝轉化，藉由羥基化和隨後形成糖苷（glycoside）的解毒過程，對於小麥和其他禾穀類作物之除草劑選擇性機制尤其重要。除草劑分子經過第一次羥基化、或氧化去甲基化（oxidative demethylation）可能不一定會導致其結構失去活性（例如，chlortoluron 和 metoxuron），但隨後進一步的羥基化和共軛結合最終將使除草劑解毒。但在 metflurazon 的特殊案例中，其經過 *N*- 去甲基化產生 norflurazon 反而導致除草劑出現生物活性。

　　催化羥化反應的酵素是屬於單加氧酶（monooxygenase）類型〔以前稱之為混合功能加氧酶（oxygenases）〕。已知其能將來自氧分子的一個氧原子引入基質分子中，同時利用 NADPH 將第二個氧原子還原成水分子。

　　研究者已在體外（in vitro）研究了幾種單加氧酶，從比較體內代謝研究中可知，任何一種植物組織中均可存在各種單加氧酶，分別對於不同個體、與不同反應基質有其專一性。關於除草劑，可以區分出第一次及第二次 *N*- 去甲基化（*N*-demethylation）、*O*- 去甲基化（*O*-demethylation）、環 - 甲基羥基化（ring-methyl hydroxylation）、脂肪族鏈羥基化、和苯環（phenyl-ring）羥基化等，而這些反應則由不同的單加氧酶催化。

　　連續進行 *N*- 去甲基化的案例則是 chlortoluron 和相關的 *N*- 甲基化苯基尿素（phenylureas）的加氧化；此外，chlortoluron 可以在環甲基位置加氧化，如下圖左側所示（圖 7.3）。

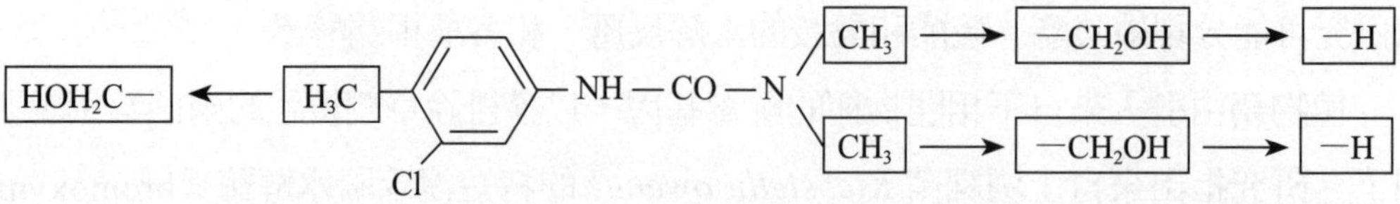

圖 7.3　Chlortoluron 和相關的 *N*- 甲基化苯基尿素（phenylureas）的加氧化。

　　一些研究觀察結果支持「不同的單加氧酶同功異構酶（isoenzymes）可能導致不同的羥基化反應」，這些證據包括：(1) 在較老的組織培養中，chlortoluron 的 *N*- 去甲基化、與 4- 甲基苯基羥基化的比例增加；(2) 不同的羥基化反應受到單加氧酶抑制劑胺基苯並三唑（I-aminobenzotriazole; ABT）不同程度的影響；和 (3) 不同的植物和組織顯示出不同的羥基化範圍（spectra）。

　　在菊芋（*Helianthus tuberosus*）微粒體（microsomes）中，利用胺基吡啉（aminopyrine）（選擇作爲不具植物毒性之異生物模式基質）進行的體外 *N*- 去甲基化的研究說明，一氧化碳（CO）和單加氧酶抑制劑（例如 ABT）會抑制去甲基化反應，並且需要 NADPH 作爲還原劑。試驗發現，於休眠塊莖中的單加氧酶酵素活性非常低，但藉由苯巴比妥（phenobarbital）和氯貝特（clofibrate）預處理可以提高其活性。此種誘導現象常見於單加氧酶，這也是二氯甲烷（dichlormid）、萘二甲酸酐（naphthalic anhydride）、和其他安全劑（safeners），對於氯磺隆（chlorsulfuron）（圖 7.4）發揮保護作用（safening action）的基礎。

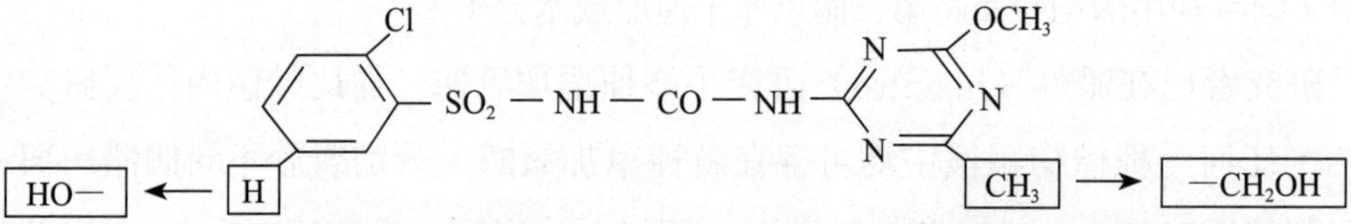

圖 7.4　氯磺隆（chlorsulfuron）分子結構。

　　在氯磺隆研究中可觀察到環甲基（ring-methyl）羥基化和苯環（phenyl-ring）羥基化；而在胡蘿蔔、棉花葉片、和細胞懸浮培養中，均可觀察到 cisanilide（圖 7.5）之吡咯烷環（pyrrolidine ring）羥基化、與苯環羥基化反應。

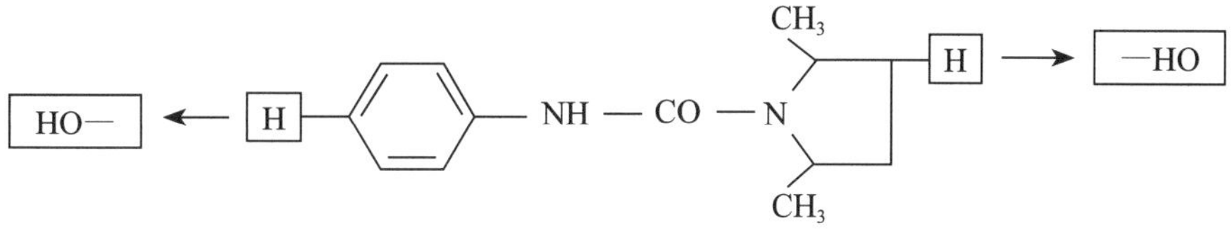

圖 7.5　Ccisanilide 分子結構。

　　在水稻中本達隆（bentazon）代謝的第一步是在苯環（phenyl-ring）第 6 個位置發生羥基化，然後與葡萄糖共軛結合形成 β-D- 葡萄糖苷（β-D-glucoside）（圖7.6）。在苯氧基乙酸（phenoxyacetic acid）生長素型除草劑中會發生廣泛的苯環羥基化反應。在類似情況下，鹵素（氯）原子進行分子內轉移到相鄰位置之一，而且先前被鹵素占據的位置發生羥基化反應。此種類型的分子內重排被稱爲「NIH- 轉移（NIH-shift）」反應。另一種除草劑雙氯芬酸（diclofop）（例如，在小麥中），其引發解毒途徑的是苯環羥基化反應；然而，此種除草劑尚未報導發生 NIH- 轉移反應。

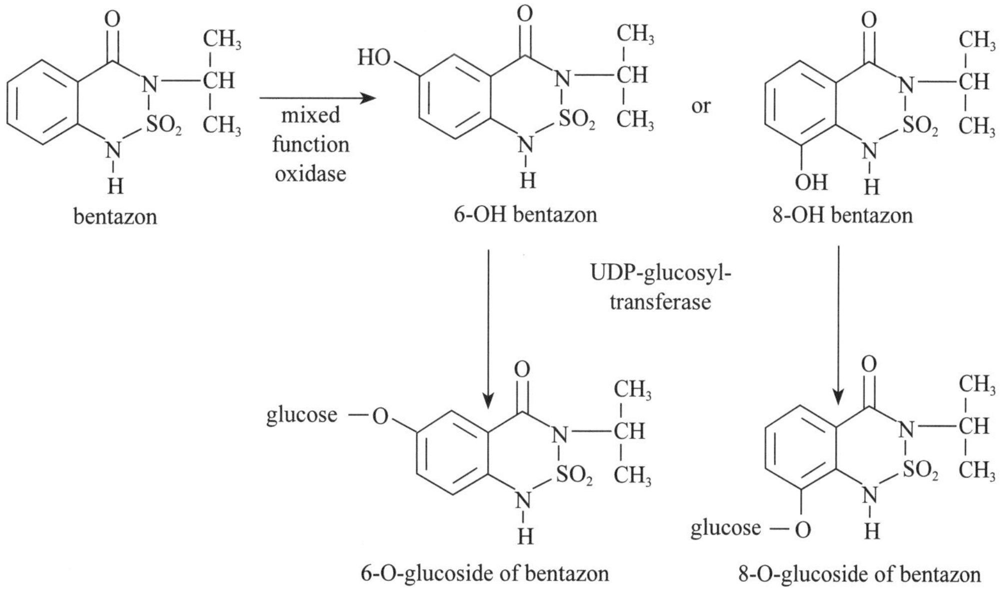

圖 7.6　植物體內本達隆羥基化（hydroxylation）及形成葡萄糖共軛結合（conjugation）反應。（資料來源：Donald Penner, 1994. Herbicide Action and Metabolism. Book: Turf Weeds and Their Control, Published by: American Society of Agronomy, Crop Science Society of America.）

除草劑代謝反應中亦發現兩步驟之 *O-* 去甲基化（*O*-demethylation），例如在小麥、胡蘿蔔、和歐洲防風草（parsnip）中的除草劑 metoxuron；在這些物種中，*O-* 甲基化的速率與植物耐受 metoxuron（圖 7.7）的能力有關。

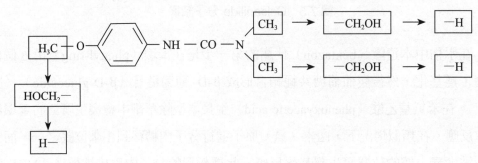

圖 7.7　Metoxuron 分子結構。

EPTC（圖 7.8）在植物中的代謝則是經由硫醇橋硫的加氧化作用（氧合；oxygenation）所引發的。

$$O = C \underset{S - CH_2 - CH_3}{\overset{N(CH_2 - CH_2 - CH_3)_2}{}}$$

$$-S-$$
$$\|$$
$$O$$

圖 7.8　EPTC 分子結構。

所得到的 EPTC- 亞碸（sulfoxide）可以與穀胱苷肽（glutathione）共軛結合，或者可以進一步氧化成 EPTC- 碸（sulfone）。

## 3. 還原（Reduction）

在植物中除草劑很少發生還原代謝反應；但有證據顯示在耐性作物植株和一些雜草中，triazinone 類除草劑 metamitron 和 metribuzin（圖 7.9）發生還原性脫胺作用。在分離的葉部過氧化體（peroxisome）之活體外（in vitro）分析，可以測量出

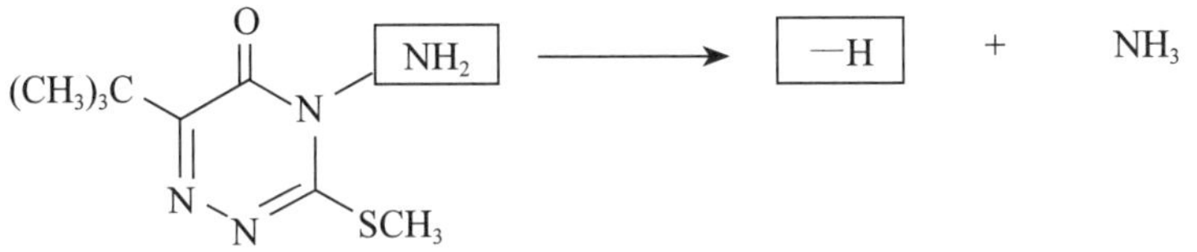

圖 7.9　Metribuzin 分子結構。

除草劑之脫胺反應，並產生脫胺基（deaminated）除草劑和氨（ammonia）。

　　除草劑以及其脫胺基的代謝物是否與糖、和／或高穀胱苷肽（homoglutathione）結合，則取決於特定的作物種類。然而，迄今為止尚有許多共軛結合物未充分了解其特性。研究指出，metribuzin 之協力劑吡啶甲酸丁基醯胺（picolinic acid tert-butylamide）可藉由抑制 metribuzin 在活體內脫胺作用，而增加 metribuzin 效果。

# 7.2　共軛結合（Conjugation）

　　植物中除草劑的末端代謝物通常是共軛結合物（conjugates）。除草劑可以形成許多不同的共軛結合物，其中主要是與糖、胺基酸、胜肽、和木質素結構單元結合，其形成的化學鍵類型可以是酯類（esters）、醚類（ethers）、硫醚類（thio ethers）、糖苷（glycoside）（半縮醛；semiacetalic）、或醯胺（amide）。

　　通常僅有一部分共軛結合物是屬於「可溶」，並且可以用水或其他溶劑從組織中萃取出來。而大部分除草劑可能形成「不可溶」部分，不能經由標準萃取程序萃取。不可溶部分含有除草劑、和／或其轉化產物，而與不可溶之基質分子，如木質素、半纖維素、或蛋白質化學結合。而且，吸附至細胞壁組成分的能力可能非常強。

**1. 與穀胱苷肽共軛結合（conjugation with glutathione）**

　　在許多植物組織中除草劑與穀胱苷肽結合是非常重要的解毒機制，尤其在玉米中特別突出。穀胱苷肽共軛結合對於硫代胺基甲酸酯（或稱硫代胺基甲酸鹽；thiocarbamate）和氯乙醯胺（chloroacetamide）除草劑的安全機制、以及對於草脫淨（atrazine）與三地芬（tridiphane）的協同作用（或稱增效作用；synergism）機

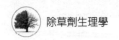

制也具有重要意義。

　　穀胱苷肽共軛結合的化學機制是除草劑分子中的親核性置換（nucleophilic displacement）反應（圖 7.10）。於反應中穀胱苷肽陰離子 GS‾ 可作為親核劑（nucleophile）；而氯（chlorine）、對硝基苯酚（p-nitrophenol）、或烷基亞碸（alkyl-sulphoxide）可能成為除草劑分子中離去的基團。例如丙草胺（propachlor；圖 7.11）中的氯、和氟二烯（fluorodifen；圖 7.12）中的對硝基苯酚（p-nitrophenol；圖 7.13）。親核劑具有鹽基性、富含電子，且具有非共用電子對，能尋找原子核共用其電子。

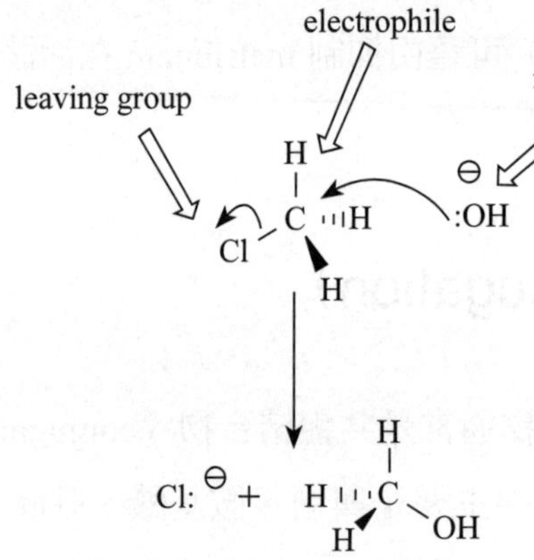

圖 7.10　親核性置換（nucleophilic displacement）反應（資料來源：General Features of Nucleophilic Substitution, Last updated Jun 3, 2019；https://chem.libretexts. org/Bookshelves/Organic_Chemistry/Map%3A_Organic_Chemistry_(Smith)/ Chapter_07%3A_Alkyl_Halides_and_Nucleophilic_Substitution/7.06_General_ Features_of_Nucleophilic_Substitution）

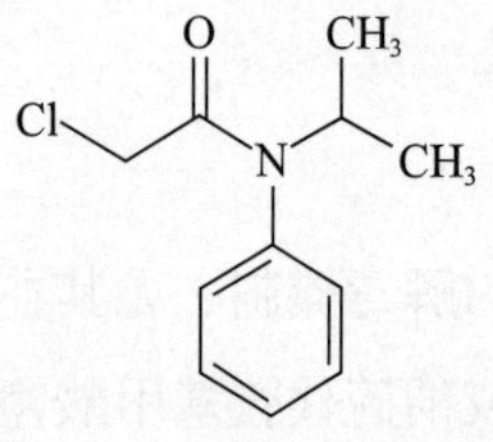

圖 7.11　丙草胺 propachlor 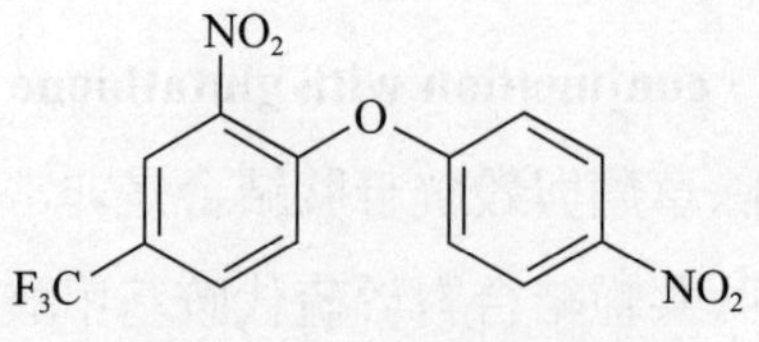　　圖 7.12　氟二烯 fluorodifen 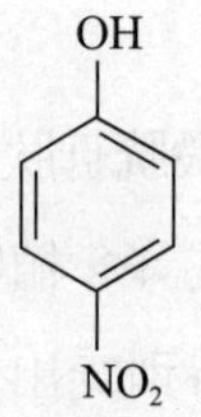　　圖 7.13　對硝基苯酚 p-nitrophenol

研究過程發現：(a) 在某些情況下，特別是在大豆中，高穀胱苷肽（homoglutathione），而非穀胱苷肽，被轉移到除草劑中；和 (b)（高）穀胱苷肽結合物〔(homo) glutathione conjugate〕經常藉由胜肽水解（peptide hydrolysis）、硫氧合（sulfur oxygenation）、和 N- 或 O- 丙二醯化（N- or O-malonylation），在組織中進一步代謝。

在大豆植體內也會經由下列方式形成高穀胱苷肽共軛結合物，包括：氯嘧磺隆（chlorimuron-methyl）分子中的氯置換、在亞喜芬（acifluorfen）中的 3- 羧基 -4-硝基苯酚（3-carboxy-4-nitrophenol）置換、以及藉由 $S(O)$- 甲基取代（$S(O)$-methyl displacement）將 metribuzin 分子中之橋硫（bridge sulfur）氧化為亞碸。

除草劑與穀胱苷肽的結合反應係由多少具有些專一性的穀胱苷肽轉移酶（glutathione-S-transferases; GST）所催化。植體內除了組成型（constitutive）和誘導型（inducible）單加氧酶家族之外，似乎在許多植物組織中也存在組成型和誘導型之 GST 同功酶（isoenzymes）家族。這些酵素可構成植物防禦系統，以抗天然存在的異生物質（xenobiotics），並且也可抗來自植物自身分解產生之代謝廢物。

研究發現來自玉米的「GST 同功酶 III」在活體外可代謝拉草（alachlor），其 Km 值為 8.9 mM。根據 Michaelis constants 和酶活性，與完整植物表現出的耐性相比，研究者強烈地建議此 GST 酵素活性為耐性的主要機制。類似地，有來自豌豆的 GST 可將穀胱苷肽轉移至 fluorodifen，其 Km 值為 12 μM。有關玉米 GST 同功酶參與除草劑解毒之研究也已有相關論述。

**2. 與糖類共軛結合（conjugation with sugars）**

β-D- 吡喃葡萄糖苷（β-D-glucopyranoside）是植物所形成的常見糖苷（glycoside）結合物之一，於文獻中已有紀錄描述 N- 糖苷（N-glycosides）、O- 糖苷（O-glycosides）、和葡萄糖酯（glucose esters）。

除了葡萄糖之外，其他糖類也可以形成糖苷鏈結，或者可添加到已經形成的糖苷中，使糖的部分隨時間而增長。N- 葡萄糖苷（glucoside）形成的案例是 metribuzin- β-D-（N- 葡萄糖苷），其隨後即被丙醯化成為 metribuzin-6-0- 丙二醯基 -β-D-（N- 葡萄糖苷）。

研究已經從番茄植物中部分純化了糖基化酵素（glycosylating enzyme），並

且已經發現其可利用 UDP- 葡萄糖作爲葡萄糖供體。因此，此酵素可以稱之爲「UDP- 葡萄糖：芳胺 N- 葡萄糖基轉移酶」（UDP-glucose: arylamine N-glucosyl transferase）。

通常除草劑分子在經由單加氧化作用將羥基（hydroxyl groups）引入之後，即隨之形成 O- 葡萄糖苷，此爲常見之反應。研究者利用感性野燕麥中的芳基 - 丙酸除草劑，如雙氯芬酸（diclofop）爲例（圖 7.14），描述了葡萄糖酯的形成。目前爲止，雙氯芬酸葡萄糖酯的確切結構尚不清楚，但發現在（耐性）小麥植物中雙氯芬酸可芳基羥基化（aryl-hydroxylated），且隨後被 O- 糖基化（O-glucosylated）。

$$Cl-\underset{Cl}{\bigcirc}-O-\bigcirc-O-\underset{CH_3}{CH}-CO-O-\text{glucose}$$

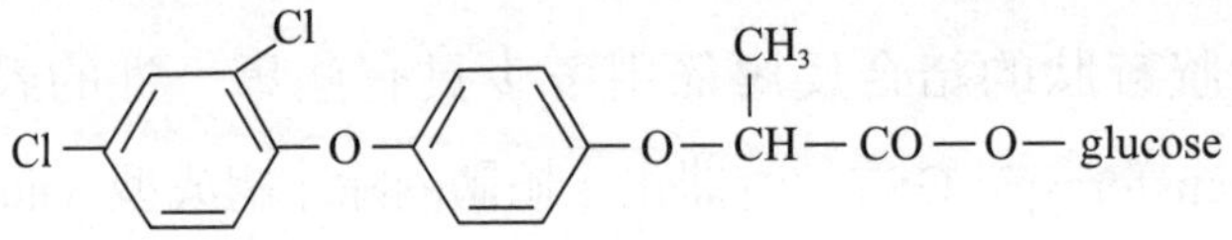

**圖 7.14** 在（耐性）小麥植物中雙氯芬酸（diclofop）可芳基羥基化（aryl-hydroxylated），且隨後被 O- 糖基化（O-glucosylated）。

研究指出野燕麥對於除草劑的敏感性反映了酯型共軛結合物的可逆性質，因此結合物並不代表永久性解毒產物。然而，若通過環羥基化（ring hydroxylation）和 O- 糖基化的不可逆解毒過程，則賦予小麥耐性。

### 3. 與胺基酸共軛結合（conjugation with amino acids）

天然生長素吲哚乙酸（indoleacetic acid; IAA）和生長素型除草劑（auxin-type herbicides），分別形成之 N- 天〔門〕冬胺醯基（N-aspartyl）與 N- 麩胺醯基（N-glutamyl）共軛結合物（圖 7.15）是屬於「緩釋」形式，此酯型鍵結具有可逆特性。於本章前述之除草劑與穀胱苷肽、或高穀胱苷肽共軛結合物，當然也可以認爲是如同胺基酸共軛結合物，但其結合類型、和酵素性生合成機制（親核性置換），與此處所考慮的羧酸醯胺（carboxylic acid amide）形成非常不同。

在一些案例中，經由胜肽鍵水解可進一步分解穀胱苷肽和高穀胱苷肽結合物，並產生半胱胺酸結合物（cysteine conjugate），其最終會被丙醯化（malonylated）。

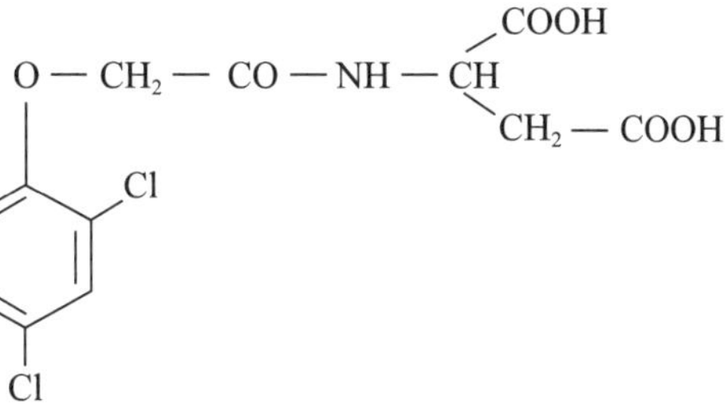

圖 7.15　冬胺醯基（*N*-aspartyl）與 2,4-D 形成之共軛結合物，屬於緩釋性除草劑。

在 chlorfenprop 案例，小麥中僅出現半胱胺酸共軛結合物（圖 7.16），而未見穀胱苷肽結合物，因此，半胱胺酸共軛結合反應也可能進行親核反應，類似於穀胱苷肽共軛結合反應。

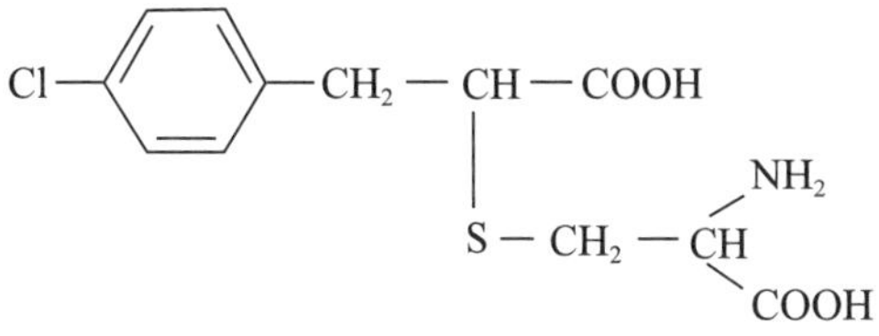

圖 7.16　在小麥案例中僅出現 chlorfenprop 與半胱胺酸之共軛結合物。

## 4. 共軛結合反應概要（conjugation reactions: a synopsis）

在許多案例中，上述在植物中形成之初始共軛結合物會經由許多不同的代謝轉化、和共軛結合反應，進一步代謝。早期和後期產生之代謝物均可經歷加氧化、水解（也可能恢復除草劑活性）、和進一步的共軛結合反應。案例中 metribuzin 之共軛結合物，其中糖基部分會隨著結合物在植物蒸散流向上移動過程中而逐漸增大。在此階段除了單醣和雙醣之外，還併入對茚三酮（寧海準）有反應之化合物（ninhydrin-reactive conjugation components）、和脂質，而產生複雜的共軛結合物。

據研究結果，metribuzin 結合物含有糖類組成分葡萄糖（glucose）、半乳糖（galactose）、甘露糖（mannose）、阿拉伯糖（arabinose）、和鼠李糖（rhamnose），胺基酸則有丙胺酸（alanine）、白胺酸（leucine）、麩胺酸（glutamate）、α- 胺基丁酸（α-aminobutyrate）、苯丙胺酸（phenylalanine）、天冬醯胺（asparagine）、和脯胺酸（proline），以及一些未鑑定的脂質。通常認為這

些複雜的代謝物、或共軛結合物，最終會沉積在細胞壁基質、和／或液泡中。研究顯示生長素型除草劑的胺基酸結合物沉積目的地是細胞壁，而葡萄糖苷主要是往液泡沉積。

利用「前除草劑」吡啶酸鹽（pyridate）為例（圖7.2），可以說明在植體內可能發生複雜的代謝和共軛結合類型。在玉米和落花生植株中，吡啶酸鹽在經過初始水解後即產生具有除草活性的結構CPP，之後則發生 *O*- 糖基化（緩慢）、和 *N*- 糖基化（快速）反應。

在 *N*- 糖苷分子中，氯原子經由穀胱苷肽、或半胱胺酸的親核性置換後會離開CPP分子。雖然在玉米中可觀察到經由氯原子置換而快速地形成共軛結合物，但在落花生中則未觀察到。然而，因為 *N*- 糖基化和 *O*- 糖基化均能有效地將光合抑制劑CPP加以解毒，故此兩種作物都具有除草劑耐性。

本章已經多次提到過除草劑共軛結合物的丙二醯化（malonylation），包括 *N*-丙二醯化（氟代烯烴 - 半胱胺酸結合物；fluorodifen-cysteine conjugate）、和 *O*- 丙二醯化（metribuzin-*N*- 葡糖苷、和 2,4-D-*O*- 葡糖苷）。

研究者提出，從半胱胺酸結合物到丙二醯基硫代乳酸結合物（malonyl thiolactic acid conjugate），均是「胺基轉移（transamination）—還原（reduction）—丙二醯化（malonylation）」一系列反應之結果，此丙二醯化需要丙二醯輔酶 A（malonyl-CoA）參與反應。*N*- 丙二醯化的另一個例子是經由環外胺基（exocyclic amino group）形成 metribuzin 的 *N*- 丙二醯基結合物。Lamoureux 和 Rusness 研究指出：「似乎丙二醯化反應是植物用來間隔化（compartmentalize）、和／或終止代謝的反應」。植物是否「利用」此作為終止步驟是值得商榷的；然而，丙二醯化通常是除草劑代謝途徑的最後一步。

研究所使用的 FABS（快速原子轟擊質譜法；fast atom bombardment mass spectroscopy）方法，大大地促進了植物中除草劑結合物的特性描述和結構測定。毫無疑問地，使用此種技術對於了解更複雜的除草劑結合物之形成可做出巨大貢獻。然而，與共軛結合物結構闡明的巨大改善形成對比的是，負責這些共軛結合物生合成酵素的機制、和輔因子需求，仍然有很大程度處於未知狀態。

## 7.3 終端共軛物的形成和沉積（Terminal conjugate formation and deposition）

　　除草劑的代謝途徑可以大大地決定末端代謝物和共軛結合物的最終目的地。如前所述，糖苷主要沉積在液泡中、而胺基酸結合物主要則排出到細胞壁中。例如，生長素型除草劑 2,4-D 按以下順序代謝、和沉積：

> 2,4-D → 2,5-Cl-4-OH-D → 2,5-Cl-4-β-D-glucosyl-D → 2,5-Cl-4-(6-O-malonyl-β-D-glucosyl)-D

　　除草劑在植體內之解毒和共軛結合途徑可能不是完全不可逆的，但是如果有的話，糖苷配基（aglycone）除草劑、或除草劑轉化產物，其重新進入細胞質活性除草劑庫（pool）中則非常緩慢地發生。最終，除草劑或其他異生物質經由轉化、結合、和沉積的協同代謝過程，會從細胞質中活性除草劑庫中除去（圖 7.1）。

　　代謝過程中這種「合作」的另一個例子是五氯酚（pentachlorophenol; PCP）* 除草劑在細胞壁中的沉積（圖 7.17）。在此案例中，異生物質經化學整合到細胞壁的木質素組分中，並形成「不溶性（insoluble）」殘基。當然，術語「不溶性」在某種程度上取決於溶劑的類型、和在植物材料萃取之前可能採用之化學或酵素水解預處理。對於果膠、木質素、半纖維素、和蛋白質部分的特定萃取程序，顯示所有這些細胞壁組成分都可以與除草劑和其他異生物質結合。

 補充資料

（資料來源 http://terms.naer.edu.tw/detail/1316256/ 環境科學大辭典）

五氯酚（pentachlorophenol; PCP）除草劑，分子式 $C_6HCl_5O$。1841 年由 Erdman 合成，1936 年 Monsanto 公司發現具殺菌作用，1940 年 Chabrolin 發現具除草作用後，美國即用為除草劑。於 1945-49 年用於果園及林地除草，PCP 不易溶於水，製成 PCP- 鈉鹽後含 1 個水分子，成易溶於水之白色結晶固體，微溶於乙醇，不溶於其他溶劑中。水溶液呈鹼性，對人畜毒性相當高，急性口服半數致死量 $LD_{50}$：白鼠 78 mg/kg、小

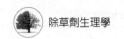

白鼠 32 mg/kg；經皮膚滲透 LD$_{50}$：小白鼠 154 mg/kg；魚類毒性甚高，LC$_{50}$ 為 0.1-0.23 ppm。

此類除草劑屬於非荷爾蒙之接觸型非選擇性除草劑，莖葉於處理後在接觸部位破壞細胞，失去水分而呈強力速效除草作用，對種子發芽有強烈毒性，故土壤處理後雜草種子不能發芽，發芽後的幼株亦會枯死。此除草劑在土壤中與金屬鹽類結合，吸著性高，土壤乾燥下效果低。本劑在植物體內及土壤中不移動，並可自根部吸收，有機質多及溼度高之旱田分解快，受紫外線徐徐分解失去活性，並受微生物作用而分解，在土壤中有效期間約二週，因其具酚臭對黏膜刺激性強，並有催淚作用，應小心使用。本除草劑又因其魚毒性甚高，養魚地區應禁止使用，剩餘藥液不可流入池沼。本劑對水田一年生或多年生任何雜草皆有強力除草作用，並具殺除浮萍、水草、水藻的效果，但貓毛草及旱地多年生雜草則無效。適用於水田、旱田、洋蔥、大豆、甘藷、麥、馬鈴薯等作物田間雜草。

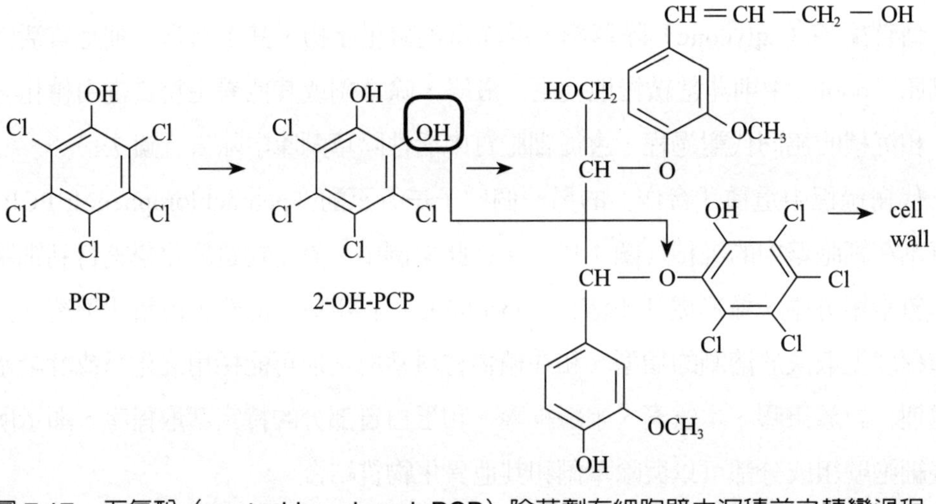

圖 7.17　五氯酚（pentachlorophenol; PCP）除草劑在細胞壁中沉積前之轉變過程。

# CHAPTER 8

# 抑制光合作用電子傳遞之除草劑
## Herbicidal inhibition of photosynthetic electron transport

在除草劑發展史上，光合作用電子傳遞的抑制劑構成了一類非常重要的除草劑，與許多生長素型除草劑苯氧基乙酸（phenoxyacetic acids）一起，均是最早開發的有機化學除草劑（1950 年代初期）。這些除草劑在發現其除草活性之後數年，即偵測出其抑制光合作用之活性。這些化合物可結合至光系統 II 反應中心 D-1 蛋白上原本質體醌（plastoquinone）的結合位置後，因搶走電子而抑制光系統 II 的電子傳遞系統。

抑制光合作用電子流動會導致受阻的光合色素系統發生過度的輻射激發（radiative excitation）反應，其後果包括出現最大的螢光發射（fluorescence emission）、能量溢出到氧氣和附近其他分子、光氧化、以及最終在胞器、細胞、和組織層次上的植物毒性。

## 8.1 抑制光合作用電子傳遞之除草劑（Herbicides that inhibit photosynthetic electron transport）

### 1. 抑制光反應系統 II 型

在有機化學除草劑開發早期，光系統 II 的抑制劑形成了最大的一群；在 1970 年左右，它們占商業上可取得的除草劑約 50%，而目前此比例已下降，反映出新型具有其他作用方式之除草劑的重要性日益增加。然而，研究者仍在發現和開發新的光系統 II 抑制型除草劑，此可從已知光系統 II 抑制劑之分子結構中進行篩選（圖 8.1），於圖 8.1 列出重要亞群的代表，例如，s- 三氮呯系類（s-triazines）的草脫淨（atrazine）、simazine、prometryn、terbutryn 等；取代性尿素類（substituted ureas）的 busoxinone、達有龍（diuron）、isoproturon、chlorotoluron、linuron、及 monisuron；以及尿嘧啶類（uracils）的 lenacil、terbacil 等（參見表 8.1）。尚包括 Anilides 類（propanil、pentanochlor）；Phenylcarbamates 類（phenmedipham）、及其他類（如 bentazon）等。在 triazines 系列除草劑中使用最普遍者，則是草脫淨。此除草劑最早發現於 1950 年代，其後便成為甘蔗、玉米、及高粱等旱田防治雜草之重要除草劑。

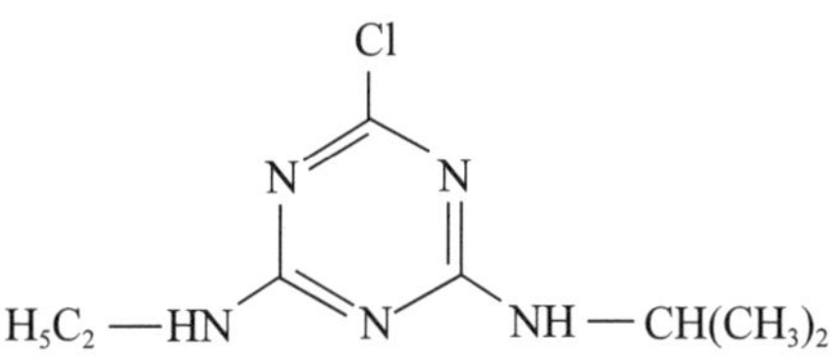

Atrazine

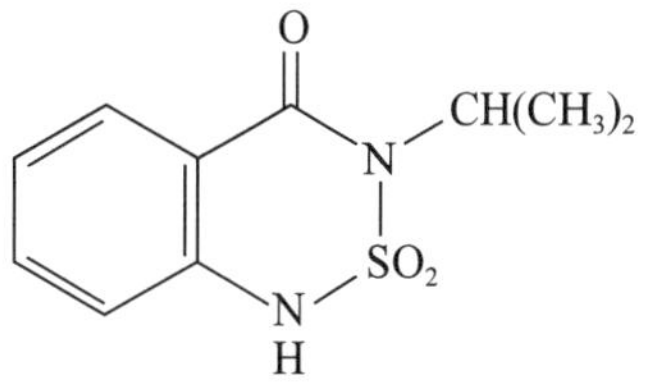

Bentazon

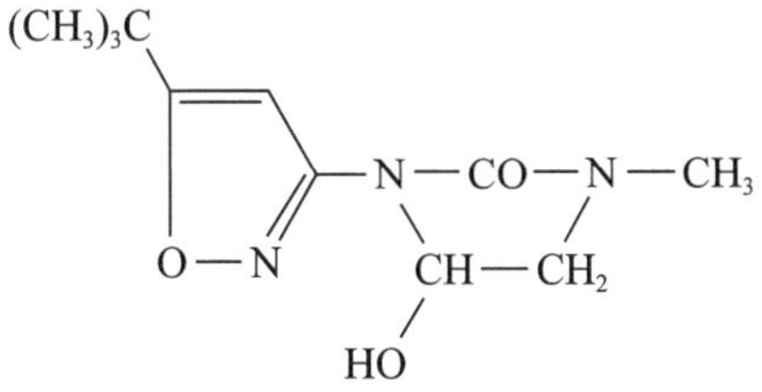

Busoxinone

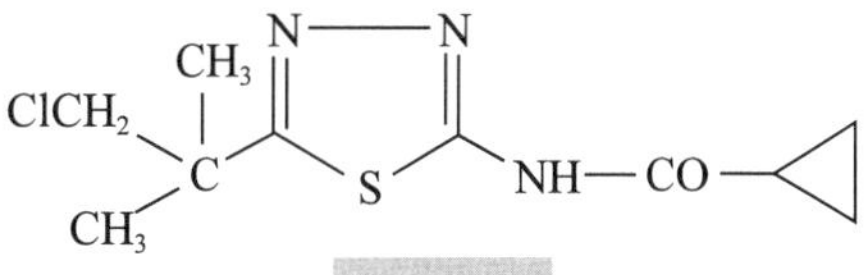

Cyprazole

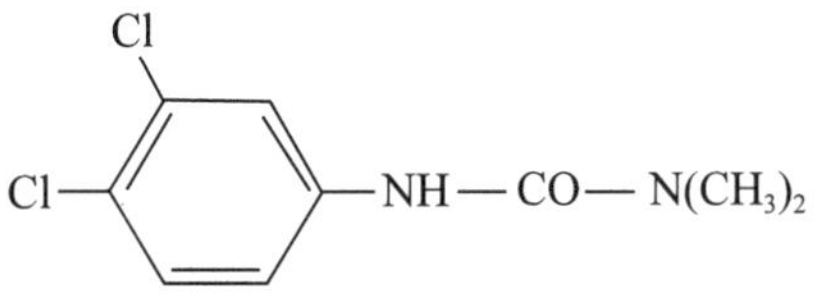

Diuron

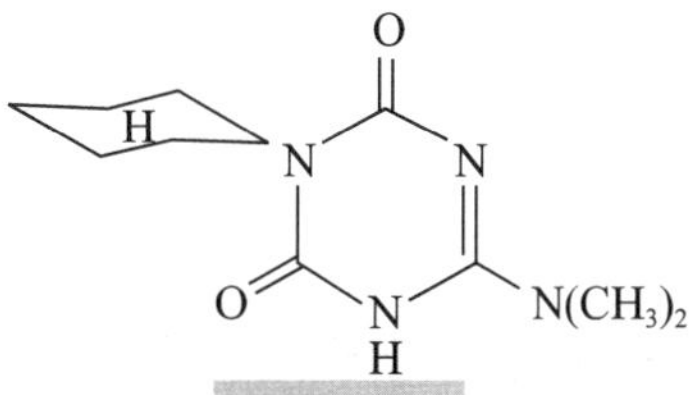

Hexazinone

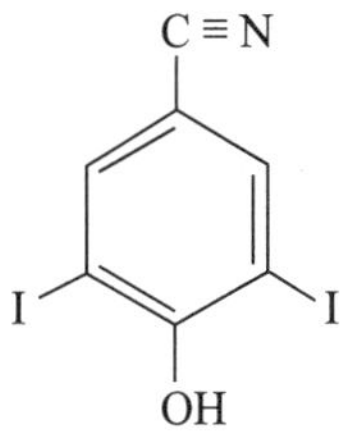

Ioxynil

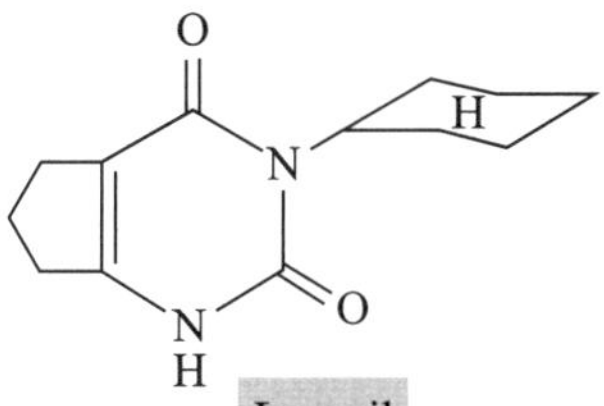

Lenacil

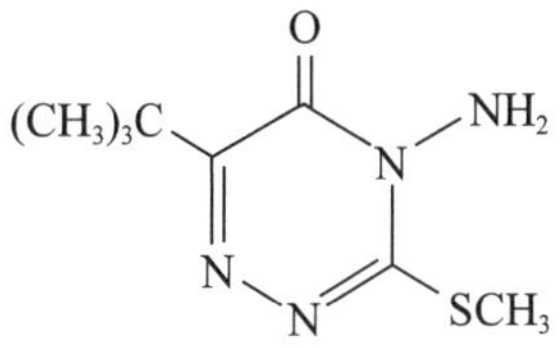

Metribuzin

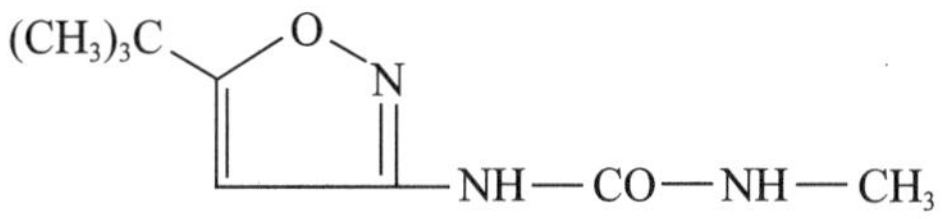

Monisuron

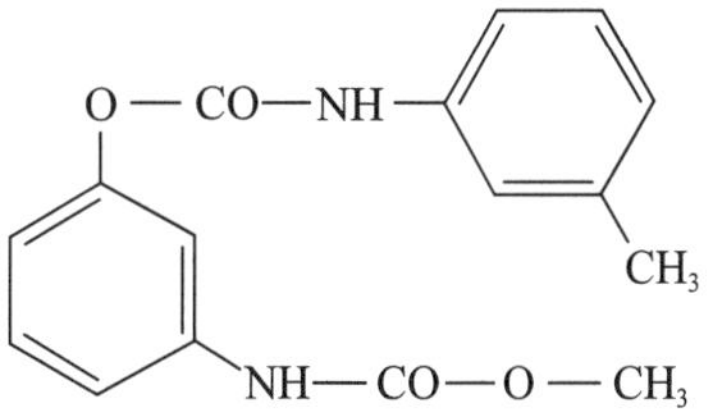

Phenmedipham

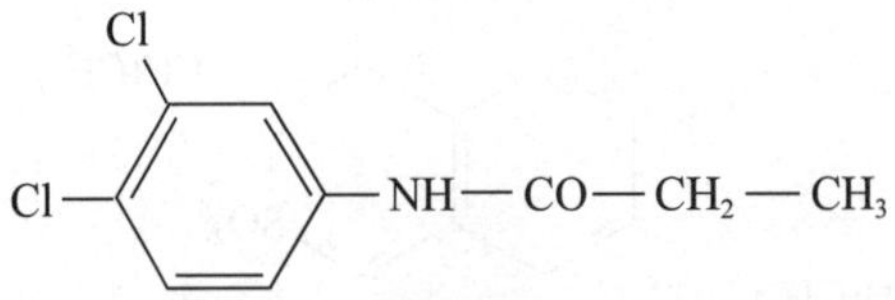

Propanil

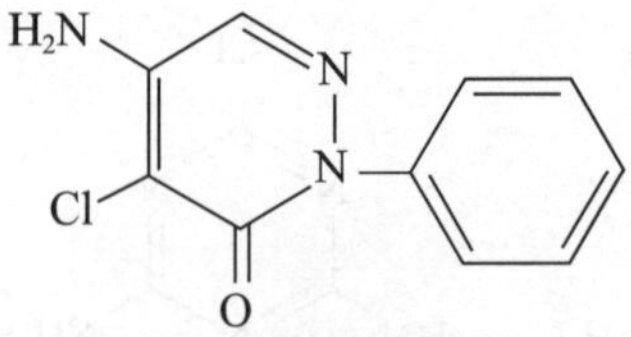

Pyrazon

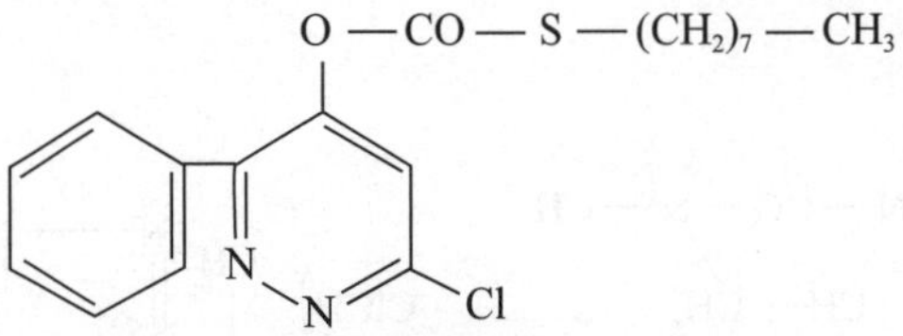

Pyridate

圖 8.1　抑制光合作用電子傳遞型除草劑之選擇。這些案例分別代表表 8.1 所列出之化學亞群（chemical subgroups）。

表 8.1　總計 117 個光合作用光系統 II 電子傳遞抑制劑依其構造分類之群組。

| Structural group | Examples | Number of compounds |
|---|---|---|
| Substituted ureas | Busoxinone, diuron, monisuron | 43 |
| *s*-Triazines | Atrazine | 29 |
| *as*-Triazinones | Metribuzin | 5 |
| *s*-Triazinediones | Hexazinone | 2 |
| Anilides | Propanil (compare cyprazole) | 7 |
| Uracils | Lenacil | 4 |
| Biscarbamates | Phenmedipham | 4 |
| Unclassified heterocycles | Bentazon, pyrazon, pyridate | 9 |
| Benzimidazoles | Fluromidine | 3 |
| Hydroxybenzonitriles | Ioxynil | 6 |
| Quinones | Chloranil, quinonamaid | 5 |

　　光系統 II 抑制型除草劑分子結構的多樣性如圖 8.1 所示，乍看下似乎反映了對於結合位置（binding site）的專一性（specificity）極低。然而，圖中所示許多結構均含有 -CO-NH- 組成，因此研究者首先認為它是抑制作用的主要結構組成。

　　本達隆（bentazon）在臺灣國內的商品名稱爲草霸王（basagran），最常用來防除水稻及落花生田中的闊葉雜草。每公頃施用量大約 2.5-3.0 公升，加水稀釋 200 倍後再均勻噴施於葉面上。對水稻而言，最好的施藥時期爲一期作插秧後 30-40 天，二期作插秧後 20-30 天。本達隆在土壤中不易被土壤顆粒吸附，但易被土壤中微生物所分解，故較無隨土壤流失而汙染環境的問題（參考邱和鐘，1996）。（資料來源：邱建中、鍾維榮。1996。殺草劑與雜草防除。P.257。中華民國雜草學會。臺中區農業改良場編印。）

 延伸閱讀

本達隆（bentazon）除草劑

本達隆（bentazon：3-(1-methylethyl)-(1H)-2,1,3-bentazothiadiazin-4(3H)-one 2,2-diox-ide）是一種選擇性萌後接觸型除草劑，於十九世紀由西德巴斯夫（BASF）公司所研發之產品，本達隆在世界各國田間雜草管理中，主要施用於作物，包括水稻、玉米、大豆、棉花等田間雜草防除（Leah et. al., 1991），主要用以防除一年生闊葉型雜草及部分禾本科與莎草科雜草，由於本達隆在土壤中不易被土壤顆粒吸附，但易被土壤中微生物降解，因此被廣泛使用，在臺灣國內水田之雜草管理相當有效。

一般植物在正常光合作用的光化學反應中，光系統 II 以 $D_2$ 蛋白上 $Q_A$ 為最初的電子接收者，當電子傳至反應中心葉綠素 P680 時，經光能激發 P680 形成 $P680^+$，同時放出一個電子傳給 $Q_A$，此時 $Q_A$ 具有較高的還原能力而將電子轉移至 $D_1$ 蛋白質上 $Q_B$，$Q_A$ 一次只能轉移一個電子，$Q_B$ 則能轉移一對電子，當 $Q_B$ 在接受一對電子後，則將電子轉至粒醌（plastoquinone; PQ），而 PQ 在類囊體膜中具有移動性，能將電子轉移至一含鐵、硫蛋白及細胞色素 f 複合物，因此可將一對電子順利移至光系統 I。

由於本達隆具有類似 PQ 的性質而可取代之，此除草劑會結合在光系統 II 上 PQ 原本的結合蛋白位置，因此在無除草劑存在之情形下，PQ 可進入 $Q_B$ 結合位置，然而在除草劑存在下因除草劑對 $Q_B$ 有較高之親和力就會與 PQ 競爭 $Q_B$ 結合位置，而打斷電子傳遞造成葉綠體遭受破壞以致植物死亡（Suwanketnikom et. al., 1981; Powles and Joseph, 1994）。

細胞色素 P450 系統中單加氧酶則對本達隆在植物體內代謝占有一關鍵地位，係因單加氧酶可以改變本達隆的分子結構、使其失去和 $Q_B$ 的結合能力（Trebst, 1995）。此外，本達隆能產生快速解毒作用，主要也是藉由單加氧酶催化芳香環之羥基化作用、以及配合隨後發生的葡萄糖共軛結合作用（glucose conjugation）使其失去生物毒性（c.f Cobb, 1992）。

Gronwald and Connelly（1991）利用玉米懸浮培養細胞研究本達隆在植物細胞內的代謝情形，氏等在培養玉米懸浮細胞中加入 [$^{14}$C]-bentazon，培養 30 分鐘後，利用高效液相層析儀（high-performance liquid chromatography; HPLC）測定細胞內外本達隆代謝情形，發現經細胞吸收之 $^{14}$C-bentazon 大部分代謝成 6-hydroxy-bentazon 之葡萄糖基共軛結合物（glycosyl conjugate）。為了更進一步了解不同濃度的本達隆在細胞內的代謝變化，氏等分別用低濃度（2.5 μM）及高濃度（25 μM）的本達隆加入培養的玉米細胞中，兩分鐘後細胞就會大量的吸收本達隆，在一小時以後細胞內本達隆濃度都開始下降而代謝物逐漸累積。不同的是，在培養 4 小時後，低濃度培養的玉米細胞會代謝 95% 以上的本達隆變成羥基化本達隆（6-hydroxy-bentazon）與葡萄糖結合的複合物，然而培養在高濃度的環境下，這段期間內代謝物的產生仍然呈直線的增加、且不是 6-hydroxy-bentazon，而幾乎全都是和葡萄糖結合的複合物。顯然，羥基化的本達隆會快速與葡萄糖結合，而且細胞培養在高濃度（25 μM）本達隆的環境中，因為單加氧酶在此環境下其作用速率已達到飽和，所以此時細胞對本達隆的解毒作用的限制因子不在於吸收、及與葡萄糖的結合作用，而是決定於芳香環羥基化作用速率。

---

 **延伸閱讀**

PSII 抑制型除草劑的作用活性與構造關係

長久以來已知一些除草劑如 diuron 或 atrazine 會抑制光合作用電子流。當此光系統在光照下時會將水分子分解產生氧，而將 plastoquinone（PQ）還原。除草劑分子則類似 PQ 而可取代之，結合在光系統 II 上之結合位置。光系統 II 中可與 PQ 及除草劑結合的蛋白，其分子量 32 KD 稱為除草劑結合蛋白。由於除草劑可從此蛋白上取代出 PQ，故此目標蛋白又稱為「$Q_B$ 結合蛋白」。在光系統 II 上有 2 個 PQ 結合位置，包括 $Q_A$ 及 $Q_B$ 其中僅有 $Q_B$ 位置可被除草劑占領。

在光照下，經由 P680 反應中心激化之葉綠素二聚體（dimer）可將水分子裂解產生電子流，此電子流可將 plastoquinone（$Q_A$）還原成 plastoquinone（$Q_B$），之後在第二次光循環時才完全還原成 hydroquinone。在無除草劑競爭下，PQ 保留之蛋白可讓新的 PQ 進入結合位置，否則因除草劑有較高的結合親和力，會阻斷蛋白上結合位置而停止電子流動。

以往研究已知 $Q_B$ 及除草劑結合蛋白、與類囊體膜 $D_1$ 蛋白相同，故稱為 $D_1$ 蛋白（$D_1$ protein）。此 $D_1$ 蛋白係由葉綠體基因 $psb\,A$ 編碼。在 1986 年很意外地發現 $D_1$ 蛋白序列與紫色細菌（purple bacteria）中二個蛋白質序列相同，顯示出這些光合細菌光系統反應中心結合蛋白，其後亦證實 $D_1$ 蛋白上具有 $Q_B$ 結合位置。$D_1/D_2$ 蛋白複合體亦結合在反應中心葉綠素 P680、pheophytin 及 quinones 上。光系統 II 抑制型除草劑

則與反應中心之 quinone 結合位置作用。$D_1$ 蛋白之胺基酸序列摺疊部位有除草劑結合區域，此區域包埋在忌水性凹處（pocket）而接近面臨基質的膜表面。長久以來，對於光系統 II 抑制型除草劑，其定量構造活性關係（quantitative structure activity relationship; QSAR）研究頗多。經由 QSAR 研究，可比較各種化學物質當取代其中部分成分或官能基時，其在光系統 II 中的抑制效能是否改變。即使在未知除草劑目標蛋白是何物時，亦可預測其立體空間結構。

　　抑制光合作用電子傳遞型除草劑中，包括除草寧（propanil）（圖 8.1）；除草寧乃是一種萌後葉面處理之醯胺（amide）類除草劑，是 1962 年以來用以防除水田稗草的主要除草劑。在美國南部使用除草寧已超過 70 年，但因為長期使用此除草劑防治稗草而使得稗草發展出抗除草寧的生物型（biotypes）（Hill et. al., 1994）。除草寧基本資料如下：

(1) 分子式：$C_9H_9Cl_2NO$

(2) 化學名稱：3,4-dichloropropionanilide 或 *N*-(3, 4-dichlorophenyl) propanamide

(3) 商品名稱：Stam F-34，Rogue，FW-734，DPA，思登

(4) 類型：除草寧為醯胺（amide）類除草劑，屬選擇性接觸型除草劑，於萌後葉面施用。

　　除草劑之作用機制除了有主要作用機制外，也可能具有其他作用機制，例如除草寧的作用位置主要在葉片，美國雜草學會（WSSA）指出其可能之主要作用或許是抑制光系統 II 活性，其能破壞葉綠體膜、干擾粒線體膜功能、改變原生質膜對於陽離子的通透性、及抑制 RNA、蛋白質合成。其主要的作用機制可能在於干擾植物光合作用，即抑制光系統 II 之電子傳遞鏈。此外，研究者指出除草寧會抑制水稻切離根對於 $K^+$（$Rb^+$）及 $PO_4^{-3}$ 之吸收。由於除草寧會快速地影響離子吸收，故有研究者提出除草寧可能直接抑制植物細胞吸收礦物離子的過程。雖然其真正作用機制尚不清楚，但其作用可能在原生質膜轉移（transport）的層次；此外，也可能因細胞內 ATP 減少而間接地影響離子吸收（c.f Balke,1985）。一般而言，除草寧可以抑制植物末端芽（terminal shoot）及葉片的生長，以及作為分生組織的抑制劑，但其在植物體內不會隨著蒸散流轉運〔資料來源：王慶裕、黃文香。1999。稗草對除草寧（propanil）的抗性機制〕。

在環狀分子中，類似的組成則是 -N = C-NH-，這說明了潛在電子組態（electronic configuration）的重要性，但顯然此不需要氮原子上的 H。在取代尿素（substituted urea）系列中，用苯並噻唑（benzothiazole）作爲芳香族取代基可以證明這一點：在該系列中，三種可資利用的游離尿素分子，其上氫基的甲基化（methylation），並不會喪失其抑制葉綠體電子傳遞的活性。因此，上述官能基中的最小結構組成不包括氫。相反地，兩個具有部分負電荷、且彼此間固定距離的原子，構成了重要的核心組成。

這兩個原子應該與 D1 結合蛋白結合位置中的特定胺基酸互補，於該處可以形成氫橋（hydrogen bridges）。此外，除了苯酚（phenols）之外，研究者認爲針對所有這些分子而言，於其特定原子上正的 π 電荷（positive π-charge）是這些分子在進行結合反應時必需的條件。在圖 8.1 中列出的其他分子中也可以找到類似上述的電子核心組成；同樣地，可能的例外是羥基苯甲腈（hydroxybenzonitriles）（例如異腈（ioxynil），溴苯腈（bromoxynil））和硝基苯酚（nitrophenols）。

雖然在圖 8.1 中未出現 ioxynil，苯酚、和醌（quinone）分子結構，但在表 8.1 中有提到。儘管酚類是光系統 II 中 D1 結合位點的抑制劑，但醌則可抑制光合電子傳遞中不同位點，特別是在 Rieske 鐵硫蛋白（Rieske iron-sulfur protein）的一個 plastohydroquinone（$PQH_2$）氧化位點（圖 8.2）。

在抑制劑分子中存在另外的子結構（substructures），會與 D1 蛋白結合生態位（niche）中的特定胺基酸結合，而且各種抑制劑之間的子結構均不同。這些附加的分子結合相互作用有助於結合的強度和專一性，並影響結合常數。然而，抑制劑分子的其餘部分則需要滿足空間和親脂性的要求。當研究者考慮到抑制劑結構的變異很大、以及對於除草劑結合蛋白結構的了解，可獲得的結論是，該蛋白中可供除草劑結合的生態位相當大。

本節討論的多數抑制劑僅需要結合生態位（binding niche）中部分可用空間即可，因此僅利用諸多可能的電子、和親脂性相互作用中的部分作用。這些多重相互作用位置也被稱爲「亞受體（subreceptors）」，但此亞受體並沒有明確定義。無論如何，從許多研究中可以清楚地看出，這裡討論的所有化合物（圖 8.1、表 8.1）都可以自由競爭相同的結合位置。

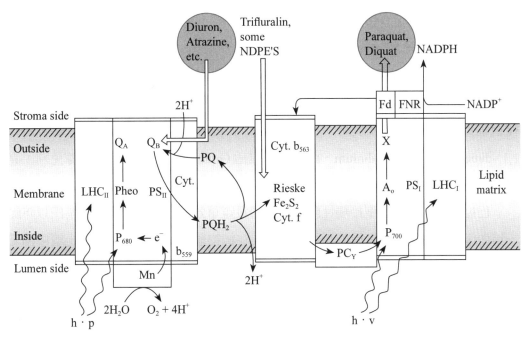

圖 8.2　高等植物光合作用膜系上之電子流。其中包括有光系統 II、Rieske 鐵硫蛋白、及光系統 I，分別與移動的電子載體（如質體醌、質體藍素）。上圖中以粗箭號顯示除草劑分子抑制或干擾的位置。

　　活性抑制劑分子中存在著嚴格的空間要求，使其能夠適合目標蛋白上的結合生態位。藉由比較 PSII 抑制型除草劑分子與 D1 蛋白天然結合的基質質體醌（plastoquinone; PQ），可以獲知結合反應所需要之正確的空間和電子要求，以及抑制劑分子與目標蛋白上除草劑結合生態位的正確「匹配」。例如，上述比較結果顯示除草劑分子中的親脂性取代基（substituent）可取代質體醌的類異戊二烯（isoprenoid）側鏈，雖然取代基可以小很多，但必須與抑制劑分子的親水性頭部形成正確的角度（120°）。

　　在不同群組之間，不同結構基團的化合物數量差異很大（表 8.1）。對於活性化合物的發現案例，以取代尿素（脲）（substituted urea）、和三氮呋系（s-triazine）類特別成功。然而，在這些群組中，開發的許多化合物中只有少數具有商業重要性。此外，由於具有除草劑活性的基本構造變異很大，而這些除草劑分子仍能維持其活性（例如取代尿素或三氮呋系分子），此種情況大大地增加了在這

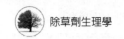

些系列中找到商業上有用除草劑的機會。

## 2. 抑制光反應系統 I（photosystem I）型

巴拉刈（paraquat）是常見的光系統 I 抑制型除草劑，為聯吡啶類（bipyridyliums）除草劑，廣泛使用於防除旱田雜草，通常施用於一年生作物種植前或多年生作物休眠時。巴拉刈之分子式為 $C_{12}H_{14}N_2Cl_2$，其化學名稱為 1,1'-dimethyl-4,4'-bipyridinium，商品名稱包括 Gramoxone、Soxasone、綜免刈、克蕪蹤。

巴拉刈為非荷爾蒙型接觸性除草劑，觸殺雜草效果迅速，一般用於旱田以防除一年生雜草。此藥劑僅施用於葉面有效，其在植物體內不太移動，且在土壤中因受到土壤膠體顆粒吸附而不具活性。

巴拉刈藥劑極易溶於水，在水溶液中解離成離子狀態，毒性來自其雙價陽離子部分，陰離子則不具毒性，一般田間用量為 0.56-1.12 kg/ha（Golbeck, 1992）。巴拉刈係作用於光合作用之光反應 I 電子轉移過程中，當電子從 Fa 及 Fb 轉移至鐵氧化還原蛋白（ferredoxin; Fd）時，鐵氧化還原蛋白為電子接受者（accepter），而巴拉刈會掠奪鐵氧化還原蛋白之還原酶（reductase）欲接受的電子，使其本身被還原，而電子也無法繼續正常傳遞，致使 NADPH 及 ATP 無法合成利用於光合作用。

通常植物葉片在噴施巴拉刈之後，於全日照下數小時即會脫水乾燥，其過程包括下列反應：

(1) 光合器官吸收光能。

(2) 光系統 I 還原巴拉刈，形成巴拉刈基（paraquat radical）。

(3) 巴拉刈基（原子團）還原分子態氧，形成超氧基（superoxide radical）。

(4) 經一連串複雜反應形成氧的其他有毒形式，如氫氧基、過氧化氫、及單價氧等。

(5) 氧的有毒形式引起廣泛的脂肪過氧化作用。

(6) 細胞膜喪失完整性造成水分喪失及快速脫水。

由於巴拉刈除草作用極為迅速，如果只是 NADPH 的合成受抑制，造成光合作用二氧化碳固定減少停止而達到除草效果，似乎不足以解釋其快速毒性（參考邱及鍾，1996），比較合理的解釋應是帶正二價的巴拉刈陽離子利用截取自光反應的電子，還原為還原型巴拉刈，其能將氧分子還原為離子化型態分子，形成具植物毒性

的過氧陰離子（$O_2^-$）及過氧化氫（$H_2O_2$）。雖然葉綠體內有過氧化氫酵素作解毒反應，但因葉綠體內過氧化氫形成極為迅速，致使解毒酵素反應不及。由過氧化氫所產生的過氧化物會造成細胞膜上的脂質結構之脂肪酸氧化，因而使膜受到傷害細胞內容物流出，植物萎凋致死（Powles and Cornic, 1987）。

巴拉刈（paraquat）及大刈（diquat）均為聯吡啶類除草劑。一般田間用量巴拉刈、與大刈，分別為 0.56-1.12 kg/ha 及 0.56 kg/ha。聯吡啶類除草劑的毒性與其化學結構及氧化還原值有關。在化學結構上，須由兩個吡啶環形成一偶合形態的結構。當植物進行光合作用時，光反應系統 I 自 plastocyanin 接受電子後，再依序傳給鐵氧化還原蛋白（ferredoxin Fd; $E_0 = -0.43$ V）及黃素蛋白（flavoprotein）（$E_0 = -0.32$ V）。其中，鐵氧化還原蛋白及黃素蛋白（flavoprotein）分別為電子接受者（accepter）。然而由於大刈及巴拉刈之 $E_0$ 值分別為 $-0.45$ V 及 $-0.35$ V，與上述兩蛋白極為接近，因此會分別掠奪鐵氧化還原蛋白及黃素蛋白欲接收之電子，使 NADP 還原為 NADPH 之作用受阻。這些除草劑由於一再的經由自動氧化還原過程，將其得到之電子轉移到氧分子上，形成如 $H_2O_2$、$O_2^-$、OH 及 $_1O_2$ 等過氧化物，皆具有強氧化力。這些過氧化物會造成膜系構造中脂質結構之脂肪酸氧化，因而破壞膜系結構，使細胞內容物流出，造成植物萎凋致死。

（資料來源：林韶凱、王慶裕。1998。植物體對光系統 I 型除草劑之抗性機制。科學農業）

## 8.2 研究除草劑抑制光合作用之方法（Methods of studying herbicidal inhibition of photosynthesis）

測試光系統 II 抑制劑最流行和最方便的方法之一是使用分離的葉綠體膜、或者更準確地說，使用分離的類囊體膜（isolated thylakoid membranes）。至於使用何種植物物種作為原料並不重要，但菠菜，甜菜、和萵苣葉片材料，則易於獲得具光合作用活性之類囊體膜，且易於操作、和產率較高。雖然植物種類不會影響獲得的抑制常數（inhibition constant），但仍須避免使用抗三氮𠯤系類除草劑之植物；測試過程中植物的生長條件、和葉片的儲存條件可明顯地影響所獲得的常數值。

研究方法最方便的是直接萃取新鮮葉片，並將存放於 10% 甘油緩衝液

（glycerol buffers）中的葉綠體懸浮液儲存在液氮中，其活性可保持數月或更長時間。此流程可確保在相對長的時間範圍內具有穩定品質的材料。

葉綠體內從水分子裂解到 NADPH 產生過程中的電子傳遞系統（圖 8.2），可以區分出三個完整的膜蛋白複合物，包括：光系統 II 與附加的水分解系統（Mn）和細胞色素（cytochromes）$b_{559}$（cyt.b559）、光系統 I、以及這兩者之間的 Rieske 鐵硫蛋白與細胞色素 f 和 $b_{563}$。這些不同複合物之間的電子流動係由質體醌（PQ）和質體藍素（plastocyanin; Pcy）協調。光捕獲複合物（light harvesting complexes）（LHCII 和 LHCI）則與它們各自的光系統相連結；其含有吸收光能的色素（h.v），能將吸收的能量轉移到相對應的光合作用反應中心色素 $P_{680}$（PS II）和 $P_{700}$（PS I）。

為了測量分離的類囊體中的光合電子流，利用鐵氰化鉀（potassium ferricyanide; FeCy）測定 Hill 反應可能是最方便的方法。由此測量的光合電子流片段，即包括光系統 II。然而，由於 FeCy 並不一定是在電子傳遞系統中的單一確定位置被還原，其可在 PQ 和鐵氧還蛋白（Fd）之間的數個位置還原，此還原取決於葉綠體膜的完整性。當研究利用 FeCy 作為 Hill 試劑時，抑制位置有時候會是在光系統 II 之外的位置。

研究發現一些二硝基苯胺（dinitroanilines）（例如三氟林；trifluralin）、和硝基二苯醚（nitrodiphenylethers; NDPEs）（圖 8.2），在高濃度（即超過 10 µM）下，抑制了在質體醌循環（plastoquinone cycle）還原側的光合電子流動。圖 8.2 可見由 Fd 協調的循環性電子流、經由 Fd 和鐵氧還蛋白 -NADP- 氧化還原酶（ferredoxin-NADP- oxidoreductase; FNR）協調之 $NADP^+$ 還原、以及經由具有活性之電子轉移系統在類囊體內部（內腔側）中釋出質子（酸化）。

通常在光合作用電子流量測量中，使用的抑制常數是抑制程度達 50% 所需的莫耳抑制劑濃度（$I_{50}$ 濃度），表示為負的對數值（以 10 為底，$pI_{50}$ 值）。作為光合電子傳遞「良好」的抑制劑，其 $pI_{50}$ 值應約 6.5，表示濃度為 0.3 µM。但是 $pI_{50}$ 值的解釋存在特殊問題，故在此處討論。

$pI_{50}$ 值是複合值，其內容包含 (1) 抑制劑的親水—親脂分布，其在測試緩衝液的水相和類囊體膜的親脂相之間的貢獻；和 (2) 結合位置處的實際結合常數。表 8.2 列出單細胞藻類急尖柵藻（*Scenedesmus acutus*）中草脫淨的累積的實例。此系統

與之前考慮的分離的類囊體不同，但仍顯示完整細胞中濃度增加的程度。

表 8.2　在單細胞海藻之培養基中含有不同濃度之草脫淨（atrazine）時，其活細胞會累積
　　　　草脫淨。當濃度較高時，累積量也較多。

| Atrazine concentration | Accumulation factor | |
| --- | --- | --- |
| (M×4.65) | Living cells | Dead cells |
| $10^{-9}$ | 90 | 12 |
| $10^{-8}$ | 60 | 9 |
| $10^{-7}$ | 35 | 9 |
| $10^{-6}$ | 10 | 9 |

在分離懸浮的類囊體膜材料中，可以將親脂—親水分布、與辛醇—水分配係數的對數值（log octanol-water partition coefficient; log P 或 log $K_{ow}$）進行比較，此易經逆相 HPLC 測量。第二個重要的參數是水溶解度（water solubility），其並未嚴格地與 log P 值平行。圖 8.3 顯示 $pl_{50}$ 與 13 種苯脲（phenylurea）化合物水溶解度的相關性。為了方便討論，先忽略結合位置處之結合常數可能會有差異。然而，很明顯地，出現了兩個結構系列，其中 $pI_{50}$ 值明顯地依賴水的溶解度。這些可能是具有非常相似結合常數的一系列化合物，並且其中明顯地出現了 $pI_{50}$ 與水溶解度（親脂—親水分布行為）之間的關係。如所預期，在此系統中較具親脂性的化合物（具有較低的水溶解度）是更有效的抑制劑。（註：$PI_{50}$ 係以 10 為底之負對數值，故 $PI_{50} = 6.5$ 表示其 $10^{-6.5}$ M $= 0.3×10^{-6}$ M $= 0.3$ μM；$PI_{50}$ 數值愈大表示其莫耳濃度愈低；意即低劑量即有效果）

同時，如果上述推理是正確的，則上圖中通過線條連接的化合物應該都具有相似的結合常數。研究所測量的 $pI_{50}$ 值的變化，有很大程度是由於化合物的親脂性差異所致。為了開發高活性的萌前、根部吸收的光系統 II 抑制型除草劑，水溶性（水溶解度）和 log P 的最佳組合（用於植物的高吸收和流動性）、最佳分配到類囊體膜、當然還有高結合常數（意即能配適於結合生態位），都必須有所了解。除草劑中較接近滿足這些要求的化合物則是 metribuzin。

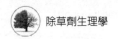

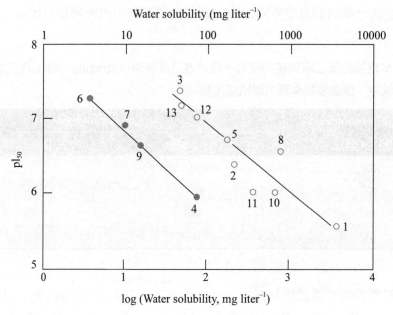

圖 8.3　對於 13 種苯脲（phenylurea）類除草劑而言，其 $pI_{50}$ 與水溶解度的關係。這些除草劑包括：1. fenuron, 2. monuron, 3. diuron, 4. fluometuron, 5. isoproturon, 6. chloroxuron, 7. chlortoluron, 8. metoxuron, 9. dimefuron, 10. monolinuron, 11. metobromuron, 12. linuron, 13. chlorbromuron。

　　在類囊體膜懸浮液測試系統中，除草劑根據其親水—親脂分布行為而分布在水性測試緩衝液、和親脂性膜相之間。由於緩衝液與膜系統、與水 - 辛醇系統有很大差異，因此 log P 值僅可用於比較估計。過程中親水—親脂平衡時間〔例如，使用本達隆（bentazon）和碘苯腈（ioxynil）〕也會發生延遲現象。

　　與除草劑結合的 $D_1$ 蛋白中的結合生態位，僅易從膜系內部的脂質膜基質側接近，其中天然基質質體醌也可通過二維擴散移動。除草劑必須以類似的方式在膜中移動，以到達其結合位置。

　　在此情況下，植物的生理狀態也很重要。葉片可能在陰涼處或陽光下生長，其可能是年輕或年老、有著不同葉齡，其對於水分供應和溫度變化也會有不同反應，這些因素均會影響測試結果。從適應不同環境下的組織所製備出的類囊體膜，其葉綠素和脂質含量不同，可經由改變其親水—親脂性分布行為，使得相同的除草劑出現顯著不同的 $pI_{50}$ 值。由於類囊體電子傳遞測試系統通常控制在恆定的葉綠素濃度

下，因此該參數在不同類囊體膜中出現的變異也可能是測試系統變異的來源。

從先前關於在分離的類囊體膜中獲得的 $pI_{50}$ 值的問題和特性的討論，顯然進行除草劑光合作用抑制反應的活體內測量（*in vivo* measurements）非常重要。利用 $CO_2$ 吸收的紅外氣體分析（infrared gas analysis），雖然可以測量光合作用的最終結果，但不如與光合電子傳遞系統較密切相關的其他參數。

通常測量活體內除草劑干擾光合作用電子傳遞的最重要方法，包括使用光合作用 飽和光源照射先前經過暗期適應之葉片後，直接測量其所釋出的螢光量（圖 8.4）。飽和光源照射後，在小於 0.1 μs 內即產生非常快速上升的螢光量，稱為 $F_0$。此時電子開始流經光系統 II 進入質體醌庫（pool）（圖 8.2）。如果藉由除草劑作用抑制電子朝向 $Q_B$ 和質體醌庫的轉移，則經激發的能量會在光系統 II 中積累，並導致螢光發射增加（圖 8.4，跡線 1, 2 和 3）。因此，增加的除草劑濃度導致 $F_0$ 和 $F_{max}$ 增加，由於封閉的 $Q_B$ 位置（無電子流可能），螢光快速上升，並且改變誘導動力學。

「可變螢光」（variable fluorescence; Fvar）通常計算式如下：

$$F_{var} = (F_{max} - F_0) / F_{max}$$

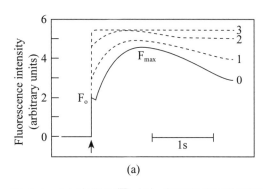
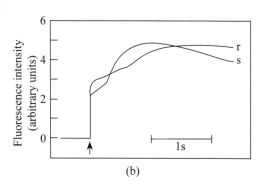

圖 8.4　(a) 未受干擾（0）與逐漸受到除草劑抑制（1, 2, 3）之全葉（whole leaf），於暗期適應後照光所呈現之光合作用螢光動力學。(b) 對於野生型（wild-type; s）與三氮呋系類除草劑抗性（triazine-resistant; r）油菜（*Brassica napus*）葉片之螢光動力學類似曲線。

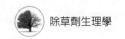

　　葉部組織中 $F_{var}$ 通常為 0.5 至 0.6，並且隨著除草抑制程度增加而降至零。螢光曲線的確切形狀有很大程度取決於組織的預處理、生理狀況、以及測量時之環境條件。

　　在某些情況下（低激發光強度；low excitation light intensity），Fo 處的螢光量可能非常小，因此有時候不容易識別出 $F_o$。$F_{max}$ 的時間則往後推移 0.4 秒到數秒。隨著激發光強度增加，$F_o$ 和 $F_{max}$ 均上升，並且曲線形狀發生顯著變化。螢光測量技術的新發展允許研究者在連續光照下單獨測量光化學和非光化學猝熄（non-photochemical quenching）。

　　研究者已經提出了兩個其他相關程序用以研究活體內之光合能力，包括：熱發光（熱致發光；thermoluminescence）、和光聲光譜（photoacoustic spectroscopy; PAS）。在熱發光中，將類囊體製備品於白光下冷凍至 –195℃（捕獲激發能量），隨後以恆定速率（例如 10℃／分鐘）加熱，以產生熱發光之「發光曲線（glow curve）」。該發光曲線具有若干波峰係與不同電荷組合有關。發光曲線的形狀和條帶的位置會受到各種因素影響，其中包括抑制光合作用的除草劑。基於上述這些觀察，所獲致之共識是在光系統 II 中會產生熱發光，而發光曲線對特定的光合作用抑制劑具有專一性。

　　在光聲光譜學（PAS）中，所測量的是由於非輻射去激發（nonradiative de-excitation）而發出的熱量。意即，當葉片材料置於封閉的隔間中，利用切斷的光（chopped light）照射、並且由於脈衝熱發射（pulsed heat emissions）使氣相產生壓力變化後，可利用敏感的麥克風（microphone）測量其產生的變化。葉片在施用光合作用抑制劑處理後，其 PAS 信號強烈增加，類似於前述螢光值的增加。

## 8.3　除草劑結合蛋白（Herbicide binding protein）

　　藉由許多不同的、或部分不相關的研究成果，使得研究者逐漸了解葉綠體蛋白上負責與除草劑分子結合的構造、以及光系統 II 抑制性除草劑的作用。方案 8.1 概述了一些新方法、發展、和結果，這些均有助於研究者目前對於「除草劑結合蛋白」的理解和建立模型。

| 1. | 抗三氮呯系類除草劑（triazine-resistant）的突變體（高等植物、藻類、細菌）。 |
|---|---|
| 2. | Azido-atrazine 標記在結合蛋白 met-214 處。 |
| 3. | 除草劑在光系統 II 處之功能性質體醌（PQ）結合位置上置換出 PQ。 |
| 4. | 來自野生型和突變植物的 psbA 基因、和基因產物的鹼基和胺基酸序列。 |
| 5. | 膜系整合蛋白（membrane-integrated proteins）的疏水性圖（hydropathy plotting; hydrophobicity plot）。 |
| 6. | 綠色紅假單孢菌（*Rhodopseudomonas viridis*）光合反應中心蛋白的 X 射線結構具有 3 埃（Å）解析度。 |

方案 8.1　一系列研究和研究進展領域的概述，有助於開發文本和圖 8.5，8.6 和 8.7、以及表 8.3 中所描述的除草劑結合位置模型。

1. 發現對 s- 三氮呯系類除草劑（s-triazines）具有非常高度抗性的雜草突變體，其 32 kD 類囊體膜蛋白發生改變。

2. 相同的蛋白可以用 azido-atrazine 標記，當在類囊體膜存在下經由 UV 光活化時，azido-atrazine 會與 32 kD 蛋白的 met-214 結合（$D_1$；圖 8.5, 8.6，表 8.3）。同時，很明顯地 32 kD 蛋白與先前眾所周知的「快速轉換蛋白質（rapidly turning over protein）」相同，後者在光照下會不斷地形成和替換。

表 8.3　來自不同植物物種中負責編碼出葉綠體 D-1 蛋白之 *psbA* 基因核苷酸鹼基與胺基酸序列。表中僅列出 207-288 位置上之胺基酸，其形成除草劑／質體醌結合生態位，且列出跨距（spans）IV 及 V 部分。

| 255 | 256 | 257 | 258 | 259 | 260 | 261 | 262 | 263 | 264 | 265 | 266 | 267 | 268 | 269 | 270 |
|---|---|---|---|---|---|---|---|---|---|---|---|---|---|---|---|
| phe | gly | arg | leu | ile | phe | gln | tyr | ala | ser | phe | asn | asn | der | arg | ser |
| TTT | GGC | CGA | TTG | ATC | TTC | CAA | TAT | GCT | AGT | TTC | AAC | AAC | TCT | CGT | TCG |
| TTT | GGC | CGA | TTG | ATC | TTC | CAA | TAT | GCT | AGT | TTC | AAC | AAC | TCT | CGT | TCG |
| TTT | GGC | CGA | TTG | ATC | TTC | CAA | TAT | GCT | AGT | TTC | AAC | AAC | TCT | CGT | TCG |
| TTT | GGT | CGA | TTG | ATC | TTC | CAA | TAT | GCT | AGT | TTC | AAC | AAC | TCT | CGT | TCT |
| TTT | GGT | CGA | TTG | ATC | TTC | CAA | TAT | GCT | AGT | TTC | AAC | AAC | TCT | CGT | TCT |
| TTT | GGT | CGT | CTA | ATC | TTC | CAA | TAC | GCT | TCT | TTC | AAC | AAC | TCT | CGT | TCA |
| TTC | GGT | GCG | TTG | ATC | TTC | CAA | TAC | GCA | TCG | TTC | AAC | AAC | AGC | CGT | TCG |
| — | — | — | — | — | — | — | — | — | — | — | — | — | — | — | — |

| 271 | 272 | 273 | 274 | 275 | 276 | 277 | 278 | 279 | 280 | 281 | 282 | 283 | 284 | 285 | 286 |
|---|---|---|---|---|---|---|---|---|---|---|---|---|---|---|---|
| leu | his | phe | phe | leu | ala | ala | trp | pro | val | val | gly | ile | trp | phe | thr |
| TTA | CAC | TTC | TTC | CTA | GCT | GCT | TGG | CCT | GTA | GTA | GGT | ATC | TTG | TTT | ACC |
| TTA | CAC | TTC | TTC | CTA | GCT | GCT | TGG | CCT | GTA | GTA | GGT | ATC | TTG | TTT | ACC |
| TTA | CAC | TTC | TTC | CTA | GCT | GCT | TGG | CCT | GTA | GTA | GGT | ATC | TTG | TTT | ACC |
| TTA | CAC | TTC | TTC | TTA | GCT | GCT | TGG | CCG | GTA | ATC | GGT | ATT | TTG | TTT | ACT |
| TTA | CAC | TTC | TTC | TTA | GCT | GCT | TGG | CCT | GTA | GTA | GGT | ATT | TTG | TTT | ACT |
| TTA | CAC | TTC | TTC | TTA | GCT | GCT | TGG | CCG | GTA | ATC | GGT | ATT | TTG | TTC | ACT |
| CTG | CAC | TTC | TTC | CTG | GCT | GCA | TGG | CCG | GCT | GTG | GGC | ATC | TGG | TTT | ACC |
| — | — | — | — | — | gly | — | — | — | — | — | — | — | — | — | — |

| 287 | 288 | | | | |
|---|---|---|---|---|---|
| ala | leu | *Key:* | Row | 1 | *Nicotiana* |
| GCT | TTA | | | 2 | *Nicotiana tabacum* |
| GCT | TTA | | | 3 | *Nicotiana debnei* |
| GCT | TTA | | | 4 | *Solanum nigrum* |
| GCT | TTG | | | 5 | *Amarathus hybridus* |
| GCT | TTA | | | 6 | spinach |
| GCT | TTA | | | 7 | *Chlamydomonas reinhardtii* |
| TCC | ATG | | | 8 | *Anacystis nidulans* |
| ser | met | | | 9 | *Anacystis nidulans* |

3. 除草劑可置換存在類囊體膜中的質體醌。

4. 對於現在已經明確定義的蛋白進行胺基酸定序。已經獲得的序列清楚地顯示在高等植物和藻類中 *psbA* 基因具有高度保留（表 8.3）。於發現與細菌光合反應中心蛋白具有結構和功能同源性之後，最終將有可能了解編碼 $D_1$ 蛋白的精確結構和功能。因此，將結構轉化為功能的重要飛躍，最終來自於細菌三級蛋白結構的闡明。

5. 膜系整合蛋白通常被認是由「跨距（跨度；spans）」和「環（loops）」組成（圖 8.5）。跨膜跨距（membrane-crossing spans）包含約 20-25 個疏水性胺基酸，其形成 α- 螺旋（每圈 3.6 個胺基酸），而環則含有更具親水性的胺基酸、並連接

跨距。爲了在胺基酸鏈中定位出跨距的位置，於是產生疏水性指數（hydropathy index）圖：帶有 4-7 個胺基酸窗口的疏水性指數（hydrophobicity index）通過鏈移動，並且指數相對於胺基酸數作圖。研究發現有時候疏水性延伸（hydrophobic stretches）之胺基酸長度比膜系正常跨距所需的 20-25 個胺基酸更短或更長，這使得解釋變得困難。與除草劑結合的 32 kD 蛋白的情況也是如此。

6. 綠色紅假單孢菌（*Rhodopseudomenas viridis*）光合反應中心蛋白複合物的 X 射線結構說明，提供了許多問題的解答。細菌光合作用與高等植物光系統 II 之間的一些相似處已爲人所熟知，但最近才檢測到細菌的輕（L; light）鏈與 D1 的同源現象（homology）、以及中（M; medium）鏈與 D2 具有同源現象。由於不同研究中描述上述蛋白之名稱不同，故以下列出同義名稱供爲參考：

| D-1 蛋白 | D-2 蛋白 |
|---|---|
| 除草劑結合蛋白 | |
| 32 kD 蛋白 | 34 kD 蛋白 |
| 迅速轉換之蛋白質（rapidly turning over protein） | |
| Q_B 蛋白 | |
| B 蛋白 | |
| *psbA* 基因產物（葉綠體基因組；chloroplast genome） | *psbD* 基因產物（葉綠體基因組） |
| 細菌光合反應中心的輕（L; light）鏈 | 細菌光合反應中心的中（M; medium）鏈 |

7. 細菌光合作用反應中心含有另外的重（heavy; H）鏈，目前在高等植物中並無其對應物。然而，如果比較重要的結構和功能方面，D-1 和 D-2 蛋白類似於細菌的 L 和 M 多胜肽鏈，兩者均形成 5 個跨距（spans）；span II 始終以甘胺酸對（glycine pair）開始；對於鐵、質體醌、和葉綠素結合很重要的組胺酸（histidines）則具有保留性（conserved）；離胺酸（lysine）殘基則缺乏或非常稀少；賦予對光合作用抑制劑抗性的突變位置，則分別聚集在 D-1 或 L 的跨距 IV 和 V 之間的環（圖 8.5）。

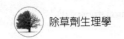

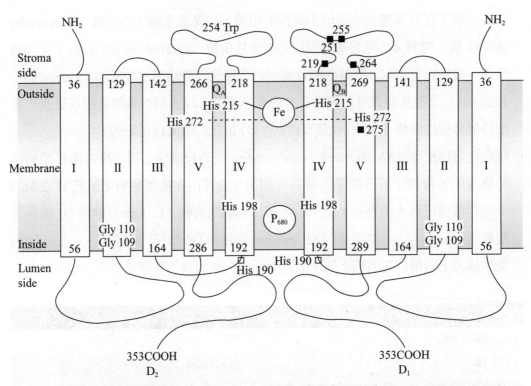

圖 8.5　圖示可與除草劑結合之光合作用光反應中心 D₁ 及 D₂ 蛋白。實心方格表示引起除草劑抗性之突變位置，而跨膜螺旋（membrane spanning helices）Ⅰ 至 Ⅴ，則以空心矩形表示。

　　在跨距（span）Ⅳ 和 Ⅴ 之間的外延環（其亦攜帶有多數的除草劑抗性突變位置）會形成「平行螺旋（parallel helix）」，而在膜系基質側覆蓋其上的 $Q_B$／除草劑結合位置（圖 8.6）。在自然狀態下，兩個質體醌與 D₁／D₂ 複合物結合，$Q_A$ 以非解離方式結合，$Q_B$ 則以可逆性方式結合。進一步檢查細菌光合作用反應中心的結構可知，跨距 Ⅳ 和 Ⅴ 向膜系平面傾斜達 38°（圖 8.7），而從頂部觀看，跨距 Ⅰ 至 Ⅴ 則形成曲線（圖 8.6）。植物 D₁ 和 D₂ 蛋白與細菌不同處是，其胜肽鏈形成的環（loop）比細菌 L 和 M 鏈中的環長得多，但這種差異存在的功能意義尚不清楚。

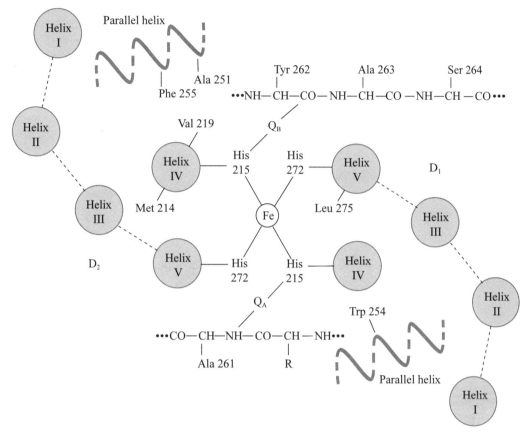

圖 8.6　光合作用光反應中心 $D_1$ 及 $D_2$ 蛋白之俯視圖。圓圈代表螺旋狀膜跨距 I 至 V。標記處為對於除草劑（或質體醌）結合、與抗性具有重要性之胺基酸位置。

　　關於 $Q_B$ 結合位置，之前提及除草劑抗性突變（mutations）僅發生在結合蛋白分子的部分區域（圖 8.5, 8.6 和表 8.4）。研究者提出天然 $Q_B$ 結合，包括醌羰基（quinone carbonyl）與 his-215 的相互作用、和接近 ser-264 的胜肽鍵（高等植物中的三氮咈系抗性突變位點）鍵結、以及與 phe-255（衣藻屬 *Chlamydomonas* 植物突變位點。表 8.4）的環—環重疊（ring-ring overlap）。

　　互補的非解離性 $Q_A$ 結合可能類似地包括 $D_2$ 上的 trp-254。研究者已經累積關於蛋白質 $D_1$ 和 $D_2$、以及除草劑 / 質體醌結合位置的詳細資料，細菌光合作用反應中心與植物光系統 II 反應中心的同源性已經獲得證實（圖8.7），其均含有葉綠素、脫鎂葉綠素（pheophytin, Pheo）、β- 胡蘿蔔素（β-carotene）和非血紅素鐵（nonheme iron）。該複合物還含有細胞色素 $b_{559}$。

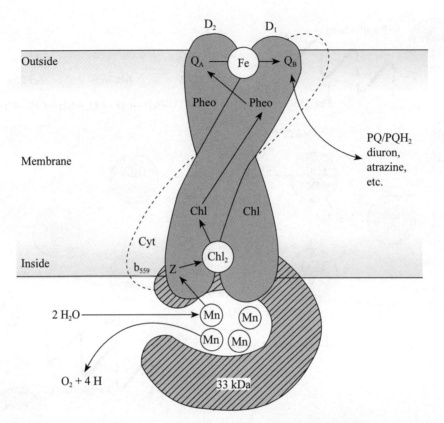

圖 8.7　電子流自水分子經過 $D_1$ / $D_2$ 反應中心色素蛋白複合體至質體醌（plastoquinone）之膜系橫切面圖。

表 8.4　在除草劑次致死劑量篩選下，一些物種抗性突變體之特性。

| Species | Herbicide used in selection | Amino acid | | Resistance Factor | |
|---|---|---|---|---|---|
| | | Posn. | Change | Atrazine | Diuron |
| Higher plants | Atrazine | 264 | ser → gly | 1000 | 1 |
| *Chlamydomonas* | Diuron | 264 | ser → ala | 100 | 10 |
| *Anacysis* | Diuron | 264 | ser → ala | 10 | 100 |
| *Synechococcus* | Atrazine | 211 | phe → ser | 7 | 2 |
| *Chlamydomonas* | Diuron | 219 | val → ile | 2 | 15 |
| *Chlamydomonas* | Metribuzine | 251 | ala → val | 25 | 5 |
| *Chlamydomonas* | Atrazine | 255 | phe → tyr | 15 | 0.5 |
| *Chlamydomonas* | Metribuzine | 275 | leu → phe | 1 | 5 |

| Species | Herbicide used in selection | Amino acid | | Resistance Factor | |
|---|---|---|---|---|---|
| | | Posn. | Change | Atrazine | Diuron |
| *Rhodopseudomonas* | Terbutryn | (229) | ile → met | 7 | – |
| *Rhodobacter* | Terbutryn | (222) | tyr → gly | – | – |
| *Rhodobacter* | | (223) | ser → pro | – | – |
| *Rhodobacter* | | (229) | ile → met | – | – |

基於從細菌系統所獲得的信息，可知在植物光系統 II 反應中心，從水分子到質體醌的電子流動（圖 8.7）。水裂解系統通過 Z 和反應中心葉綠素二聚體（Chl$_2$; P680），將電子供給葉綠素 a 和脫鎂葉綠素（pheophytin; Pheo），從該處傳給 D$_2$ 上牢固結合的 Q$_A$。

Q$_A$ 只能形成半醌（semiquinone），但其可將 Q$_B$ 還原為氫醌（二羥苯；hydroquinone）。為此，Q$_B$ 必須獲得兩個來自基質側的質子（圖 8.7 的頂部），可能是藉由結合位置上方的 D$_1$ 環（loop）中的精胺酸殘基輔助。之後，二羥基質體醌（plastohydroquinones）可通過朝向膜脂質內側的開放蛋白通道，離開 D$_1$ 結合生態位（niche）。於該處，另一個質體醌分子、或是除草劑分子藉由競爭性相互作用，可以進入空置的結合生態位。

# 8.4　突變體之發生與選拔（Occurrence and selection of mutants）

抗除草劑的突變體對於除草劑結合蛋白（D$_1$）的理解有很大的幫助。於 20 世紀 70 年代早期開始（表 8.5），因田間重複施用除草劑數年之後，已選汰及偵測出 triazine 抗性雜草。這些抗性雜草發生地點主要是在玉米田，但在果園和沿鐵路軌道於施用 s-triazine 後也出現了抗性。此後，抗性雜草清單大大地增加。

表 8.5　在北美出現 s–triazine 抗性雜草之早期報告。

| Species | Year of first report | Location of first report |
|---|---|---|
| *Amaranthus hybridus* | 1972 | Maryland |
| *Amaranthus arenicola* | 1978 | Colorado |
| *Amaranthus powellii* | 1968 | Washington, Oregon |
| *Amaranthus retroflexus* | 1979 | Ontario |
| *Ambrosia artemisiifolia* | 1977 | Ontario |
| *Brassica campestris* | 1978 | Quebec |
| *Bromus tectorum* | 1977 | Nebraska, Kansas, Oregon, Montana, Washington |
| *Chenopodium album* | 1973 | Ontario |
| *Chenopodium missouriense* | 1978 | Pennsylvania |
| *Chenopodium strictum* | 1978 | Ontario |
| *Enchinochloa crus-galli* | 1978 | Maryland |
| *Kochia scoparia* | 1976 | Nebraska, Washington |
| *Panicum capillare* | 1976 | Michigan |
| *Poa annua* | 1977 | California |
| *Senecio vulgaris* | 1976 | Washington |

　　表 8.6 顯示了歐洲對於 s-triazines 具有高度抗性雜草的調查結果，但並未對所有這些抗性植物進行足夠詳細的研究，以確認抗性是基於 *psbA* 基因的點突變（point mutation）（AGT → GGT，用甘胺酸代替第 264 個位置之絲胺酸，表 8.4）。到目前為止，這一種點突變已經確實發生在綠穗莧（*Amaranthus hybridus*）、龍葵（*Solanum nigrum*）、甘藍型油菜／白菜型油菜（*Brassica napus / campestris*）、和歐洲黃菀（*Senecio vulgaris*）。

　　研究者將這些抗性植物組合在一起的原因，主要是高度抗性（resistance）（在整個植株層次上超過 10 倍，而在葉綠體層次上則超過 1,000 倍），不同於增加耐性（tolerance）的案例（其耐性程度只有 2-3 倍，並且在數年內緩慢發展）。研究發現所增加的耐性通常與除草劑降解速率（degradation rates）較高有關，並且也代表數年來除草劑施用引起族群漂移的結果。

表 8.6　歐洲對於 s-triazines 具有高度抗性雜草之清單。

| Species | A | B | BG | DK | F | H | I | NL | CH | GB | D |
|---|---|---|---|---|---|---|---|---|---|---|---|
| *Amaranthus bouchonii* | | | | | + | | | | + | | |
| *Amaranthus cruentus* | | | | | | | + | | | | |
| *Amaranthus hybridus* | | | | | + | + | | | + | | |
| *Amaranthus lividus* | | | | | | | | | + | | |
| *Amaranthus retroflexus* | + | | + | | + | + | | | + | | + |
| *Arenaria serpyllifolia* | | | | | + | | | | | | |
| *Atriplex patula* | + | | | | | | | | | | + |
| *Bidens tripartita* | + | | | | | | | | | | |
| *Bromus tectorum* | | | | | + | | | | | | |
| *Chenopodium album* | + | + | | | + | + | + | + | + | | + |
| *Chenopodium ficifolium* | | | | | | + | | | + | | + |
| *Chenopodium polyspermum* | | | | | + | + | | | + | | |
| *Chenopodium strictum* | | | | | | + | | | | | |
| *Digitaria sanguinalis* | | | | | + | | | | | | |
| *Echinochloa crus-galli* | | | | | + | | | | | | |
| *Epilobium ciliatum* | + | + | | | | | | | | | |
| *Epilobium tetragonum* | | | | | + | | | | | | |
| *Erigeron Canadensis* | | | | | + | + | | | + | | |
| *Galinsoga ciliate* | | | | | | | | | | | + |
| *Myosoton aquaticum* | | | | | | | | | | | + |
| *Poa annua* | + | + | | | + | | | + | + | | + |
| *Polygonum convolvulus* | + | | | | | | | | | | |
| *Polygonum lapathifolium* | | | | | + | | | | | | |
| *Polygonum persicaria* | | | | | + | | | | | | |
| *Senecio vulgaris* | | + | + | + | + | + | | + | + | + | + |
| *Setaria glauca* | | | | | + | | | | | | |
| *Setaria viridis* | | | | | + | | | | | | |
| *Setaria viridis major* | | | | | + | | | | | | |
| *Solanum nigrum* | + | + | | | + | + | + | + | + | | + |
| *Sonchus asper* | | | | | + | | | | | | |

| Species | A | B | BG | DK | F | H | I | NL | CH | GB | D |
|---|---|---|---|---|---|---|---|---|---|---|---|
| *Stellaria media* | + | | | | | | | | + | | + |

A = Austria, B = Belgium, BG = Bulgaria, DK = Denmark, F = France, H = Hungary, I = Italy, NL = Netherlands, CH = Switzerland, GB = Great Britain, D = Germany

典型的 s-triazine 抗性可在兩個世代內自然發生，機率接近 $10^{-8}$，且一旦發生就不會改變其程度。由於一個葉綠體內含有 150-300 個原質體系（plastome）（葉綠體基因組；chloroplast genome）複製（拷貝；copy），並且由於葉綠體中突變的行為是屬於隱性的，因此必須存在有利於同型接合（homozygous）葉綠體族群的葉綠體外機制（extra-chloroplastic mechanism）。當除草劑壓力持續存在時，該機制將導致第二代出現同型接合抗性。

除草劑在土壤中的長半衰期（幾個月）也加速了 s-triazines〔主要是西滅淨（simazine）和草脫淨（atrazine）〕對田間雜草之的抗性選汰。

通常研究完整葉片中 s-triazines 抗性程度的一種方法是藉由螢光測量（圖 8.4）。s-Triazine 抗性組織顯示出對除草劑不敏感的螢光信號，但其反應動力學則發生改變。於螢光強度瞬間上升期間（從 $F_0$ 到 $F_{max}$），較高的中間螢光水平（感性；s）（圖 8.4b）已被解釋為反映出從 $Q_A$ 到 $Q_B$ 的電子轉移速率較低。

研究者已經從抗性雜草中分離抗 s-triazine 葉綠體，並廣泛地研究其交叉抗性（cross-resistance）模式。結果發現抗性模式與分離自不同抗性雜草物種之葉綠體表現相似，但與除草劑抗性藻類不同（表 8.4），此提供了更多的支持證據，說明在不同的抗性雜草物種中，相同之突變位置導致 s-triazine 抗性。除草劑 triazine 抗性雜草對於其他類光合作用抑制劑之交叉抗性近似值，請參考表 8.7。

表 8.7　分離自 triazine 抗性雜草之葉綠體，其對於其他類光合作用電子傳遞抑制劑表現之交叉抗性。

| Herbicide group | Resistance factor $I_{50}$ resistant/susceptible |
|---|---|
| *s*-Triazines | 100-1000 |
| *as*- Triazinones | 10-100 |
| Uracils | 10-50 |

| Herbicide group | Resistance factor I$_{50}$ resistant/susceptible |
|---|---|
| Biscarbamates | 10-50 |
| Heterocyclic ureas | 10-100 |
| Phenylureas | 1-50 |
| Hydroxybenzonitriles | 1-3 |
| Bentazon | 0.5 |
| Phenols | 0.1-0.5 |

很明顯地，表 8.7 中列出的組別實際上並不像分組一樣，其中可能存在例外和中間型案例，甚至有些除草劑更能適應突變體之結合生態位，導致敏感度增加〔抗性因子（resistance factor）數值＜ 1.0〕。此不僅適用於本達隆（bentazon）和苯酚（phenols），也適用於一些非常親脂性的 as-triazinones，這證實了每個抑制劑分子必須單獨考慮的觀點。

有關結合類型（types of binding）姑且先歸類為「絲胺酸類型（serine type）」或「組胺酸類型（histidine type）」，反映出在結合生態位中與不同的「亞受體（subreceptors）」結合。除草劑抑制劑的結合可以更接近絲胺酸（例如 s-triazines）或更接近組胺酸（例如，ioxynil），導致這些抑制劑在 ser-264 突變體中表現的不同行為。

在過去於單細胞藻類和光合細菌中選拔除草劑抗性突變體非常成功（表 8.4）。然而，在獲得的許多抗性選拔中，已發現其中有許多案例是在除草劑壓力解除後呈現不穩定之抗性，並且許多案例表現出其他抗性機制。例如，改變除草劑吸收似乎是這些突變體常見的抗性機制。

表 8.4 中列出了賦予除草劑抗性的 D$_1$ 蛋白中的點突變，並且也在圖 8.5 和 8.6 中顯示。另外的突變位置則位於質體醌結合生態位周圍，並且這些突變位置中有部分也是來自幾種藻類物種之研究發現。已知的除草劑抗性突變體都清楚地指出質體醌 Q$_B$ 結合生態位。然而，從 Q$_A$ 到 Q$_B$ 的電子轉移速率減慢，這似乎是 ser-264 位置突變的結果，但尚未發現電子轉移速率減慢與其他突變位置相關。因此推測，也有可能找到高等植物突變體中具有未改變的電子傳遞速率。

　　儘管從田間作業可以清楚地證明 triazine 抗性甘藍型油菜（*Brassica napus*）「Canola」，其抗性係經由與抗性白菜型油菜（*Brassica campestris*）的回交所致，其抗性會導致 10-20% 的「產量損失（yield penalty）」，這種突變的生理和生物生產結果一再地受到質疑。前已提及突變造成較慢的 $Q_A \rightarrow Q_B$ 電子轉移，但顯然所存在的生理條件，其中除了經由 $Q_B$ 的電子轉移速率之外，可能有其他因素限制了生長，因此突變不一定導致生長方面可測量出差異。例如，在一些試驗系統中，全個電子傳輸鏈的電子傳遞未發生改變。然而，在正常生長條件下，其葉綠素 a／b 降低、葉綠體脂質的組成改變，並且對於溫度的敏感性發生變化。報告還指出氧氣釋放系統的穩定性降低、和離層酸濃度降低。這些變化中有部分（即使不是全部）可以被解釋為光合產物減少的結果，導致產生適應性反應，此反應至少有部分是與「陰影適應反應（shade adaptation response）」有關。

## 8.5　光合電子傳遞抑制劑的植物毒性效應（Phytotoxic effects of photosynthetic electron transport inhibitors）

　　在高光照下，即在光照水平（irradiance levels）為 1,000-1.700 µE m⁻¹ s⁻¹ 光合作用有效輻射能（photosynthetically active radiation; PAR）時，光合電子傳遞抑制劑的第一個壞死效應會在光合作用停止後約 5-10 小時發生。在此期間（及其後）可以測量一些生理和生化損傷指標（如圖 8.8）。其中最敏感的過程是 $CO_2$ 固定，其在除草劑抑制光合電子傳遞後幾小時內就會喪失功能。此外，從除草劑作用開始後會減少的還有：(1)β- 胡蘿蔔素；和 (2) 從處理組織分離的類囊體膜中的活體外光系統 II 活性，並可用鐵氰化物（ferricyanide）、或矽鉬酸鹽（silicomolybdate）進行測試。

　　光系統 I 活性可以用抗壞血酸鹽之光氧化反應作為測量指標，於除草劑作用後會有暫時增加現象，其原因是由於抗壞血酸鹽的可接受性（accessibility）增加、或者是由於從受損的光系統 II 到依然完整的光系統 I 的能量轉移更有效率，然而在除草劑作用的後期光系統 I 之活性則下降。

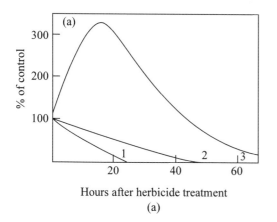
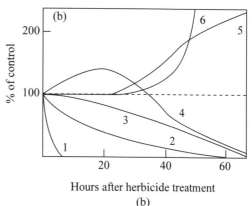

圖 8.8　胡瓜子葉於處理光系統 II 抑制型除草劑 monuron 之後逐漸發展之傷害。自處理葉片中分離出葉綠體 (a)，測量其 1. 鐵氰化物（ferricyanide）還原、2. 矽鉬酸鹽（silicomolybdate）還原、3. 抗壞血酸光氧化作用（photooxidation of ascorbate）；或是自完整的處理葉片 (b)，測量其 1. 二氧化碳固定、2. β- 胡蘿蔔素含量、3. 葉綠素總量、4. 葉黃素（lutein）、5. 丙二醛（malondialdehyde）、6. 乙烷（ethane）釋出量。

　　當膜脂質發生光氧化時，會有葉黃素（lutein）增加，尤其是丙二醛（malondialdehyde）增加的現象，以及乙烷釋出（ethane evolution）。在對照組織中的乙烷釋出接近於零，但在除草劑處理後的組織中則延遲數十小時後即急劇上升。

　　已知 β- 胡蘿蔔素是單態氧（singlet oxygen）（$^1O_2$）的猝滅劑（quencher），可保護葉綠素免於光氧化達數小時。於除草劑抑制葉綠體之後，研究者認為單態氧是主要毒物之一的證據，係來自於單態氧 $^1O_2$ 猝滅劑 DABCO〔1,4- 二氮雜 - 雙環（2.2.2）辛烷；1,4-diaza- bicyclo（2.2.2）octane〕所表現的保護作用；以及經由電子轉移系統支路，即四甲基 - 鄰苯二胺 / 抗壞血酸鹽〔N,N,N',N'-tetramethyl-o-phenylendiamine（TMPD）/ascorbate〕，可以保護達有龍（diuron）處理過之葉綠體免於傷害。於本書第 10 章討論了膜系氧化傷害的一般背景和機制；然而，毒性作用的模式還包括更直接的由自由基 / 色素 / 脂質間相互作用的損傷。

　　在超微結構層次上，根據輻射強度，在處理光合電子傳遞抑制劑 5-10 小時後，可以觀察到葉綠體膨脹和膜破裂。在最高程度之輻射照度下，於任何其他可

見效應發生之前膜已破裂，顯示膜的高度敏感度，特別是葉綠體被膜（chloroplast envelope）對氧化劑的損害尤其敏感。

　　針對在溫室或田間生長的植株情況，光合作用抑制型除草劑最常施用於土壤，之後可能被根部吸收、並轉運到葉部。許多試驗說明，到達葉部的除草劑、和到達葉綠體中除草劑作用位置的量，與移動通過植物的水量呈線性相關。因此，高蒸散速率大大地增加了除草劑作用。除草劑一旦進入葉部，更準確地說，進入葉綠體時，除草劑的活性有很大程度是取決於其親水—親脂分布行為。

　　光合作用抑制型除草劑除了在葉綠體中誘導不同種類的能量溢出（螢光、熱、單態氧）外，還阻斷光合作用 $CO_2$ 固定之外的光依賴性（light-dependent）過程，例如阻斷亞硝酸鹽還原為氨，此導致亞硝酸鹽在這些組織中累積。然而，除草劑的致毒效果可適度地用光氧化、和光自由基損害解釋；因亞硝酸鹽的毒性相當低，並且似乎在這些除草劑的作用中不會引發任何重要作用。

　　前提及結合除草劑的 $D_1$ 蛋白具有非常高的轉換率（turnover rate）。其在光照下的類囊體膜中不斷地被替換，其速率遠高於任何其他葉綠體蛋白。例如，該轉換速率是核酮糖二磷酸羧化酶（ribulose bisphosphate carboxylase）大亞單位轉換率的 50 倍。此外，研究者觀察到降解速率隨著輻射強度而增加。因此，研究者提出 $D_1$ 蛋白本身會受到光氧化或自由基攻擊。$D_1$ 蛋白受損後會經由特定的蛋白酶除去，並以新合成的 $D_1$ 蛋白代替，此為葉綠體保護系統的一部分，可防止光氧化傷害。然而，在除草劑與 $D_1$ 蛋白結合後如果發生光氧化，則會抑制從膜上除去受損蛋白。此機制使得受除草劑抑制之組織，於延長光照時間後受損之 $D_1$ 蛋白無法更換補充而會發生不可逆地阻斷光合電子傳遞。

# CHAPTER 9

## 影響光合作用之其他除草劑相互作用
## Other herbicidal interactions with photosynthesis

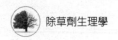 

## 9.1 類胡蘿蔔素生合成抑制劑（Inhibitors of carotenoid biosynthesis）

**1. 去飽和酶反應抑制劑（Inhibitors of desaturase reactions）**

　　類胡蘿蔔素（carotenoids）大量存在於類囊體膜中，靠近光捕獲葉綠素，也存在於光合作用反應中心。類胡蘿蔔素係由 C-5 結構單元異戊烯焦磷酸（isopentenyl pyrophosphate; IPP）所合成，其源自甲羥戊酸（mevalonic acid; MVA）（圖 9.1）。

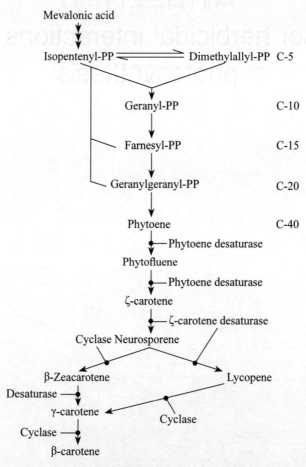

圖 9.1　類胡蘿蔔素生合成途徑。係從甲羥戊酸（mevalonic acid; MVA）開始，經過合成酶催化縮合反應，使 C-5 成為 C-40 化合物。其中也經由去飽和酶（desaturases）、與環酶（環化酶；cyclase）參與催化。

　　合成類胡蘿蔔素的酵素包括縮合酶（condensing synthases）、去飽和酶（desaturases）、和環化酶（cyclases），存在於葉綠體包膜中，但似乎不存在於類囊體膜中。因去飽和反應需要分子氧參與，因此，可能會經由羥基化（hydroxylation）引發去飽和作用，但尚未證實單加氧酶型酵素（monooxygenase-type enzyme）是否參與反應。

　　去飽和反應中伴隨著水分子的釋放而形成雙鍵，其支持的證據是在使用去飽和酶抑制劑型之除草劑 diflufenican 和 norflurazon 處理後，出現羥基八氫番茄紅素（hydroxy-phytoene）、和羥基六氫番茄紅素（hydroxy-phytofluene）；而環氧 - 八氫番茄紅素（epoxy-phytoene）的存在可能說明了光氧化步驟。

　　類胡蘿蔔素生合成中最重要的除草劑目標酵素是去飽和酶。一些抑制八氫番茄紅素去飽和酶（phytoene desaturase）、或 β- 胡蘿蔔素去飽和酶（β-carotene desaturase）、或是兩者的除草劑結構如圖 9.2 所示。兩群除草劑中，第一群除草劑施用後會導致八氫番茄紅素（phytoene）在體內累積，亦即本群除草劑係抑制八氫番茄紅素去飽和酶的活性。第二群除草劑的專一性較低，導致八氫番茄紅素、六氫番茄紅素（phytofluene）、和 C- 胡蘿蔔素，以不同的量和比例累積，說明本群除草劑優先抑制 β- 胡蘿蔔素去飽和酶、或兩種去飽和酶。另導致八氫番茄紅素累積的其他化合物也可能是去飽和酶的抑制劑。

　　Phytoene 去飽和酶和 β- 胡蘿蔔素去飽和酶作用時，其引入的雙鍵位置有所不同，第一種酵素引入的是內部雙鍵，而第二種酵素則是引入外部兩個雙鍵。反應之最終產物是具有 11 個共軛雙鍵（conjugated double bonds）的開鏈四萜（tetraterpenoid）（C-40），即紅色色素番茄紅素（茄紅素；lycopene）（圖 9.1）。前驅物八氫番茄紅素和六氫番茄紅素則累積在質體小球（色素體小球；質粒體小球；plastoglobuli）。在黑暗中，黃化體（etioplast）的發育不受這些除草劑的影響，但在光照下會出現大規模的光漂白（photobleaching）現象。

　　用於量化萎黃病（chlorosis）和闡明其所引起的萎黃機制，最方便的方法是利用 HPLC 分析。先利用乙醇從組織中提取色素，隨後在逆相 HPLC 管柱（reversed-phase HPLC column）上分析。該程序可將色素（葉綠素和類胡蘿蔔素）分離和定量；更重要的是，可檢測和定量在除草劑施用後所積累的前驅物分子（表 9.1 和 9.2），

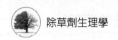

如八氫番茄紅素、六氫番茄紅素、與胡蘿蔔素（圖 9.2）。此外，HPLC 亦可鑑定羥基八氫番茄紅素和羥基六氫呋喃。

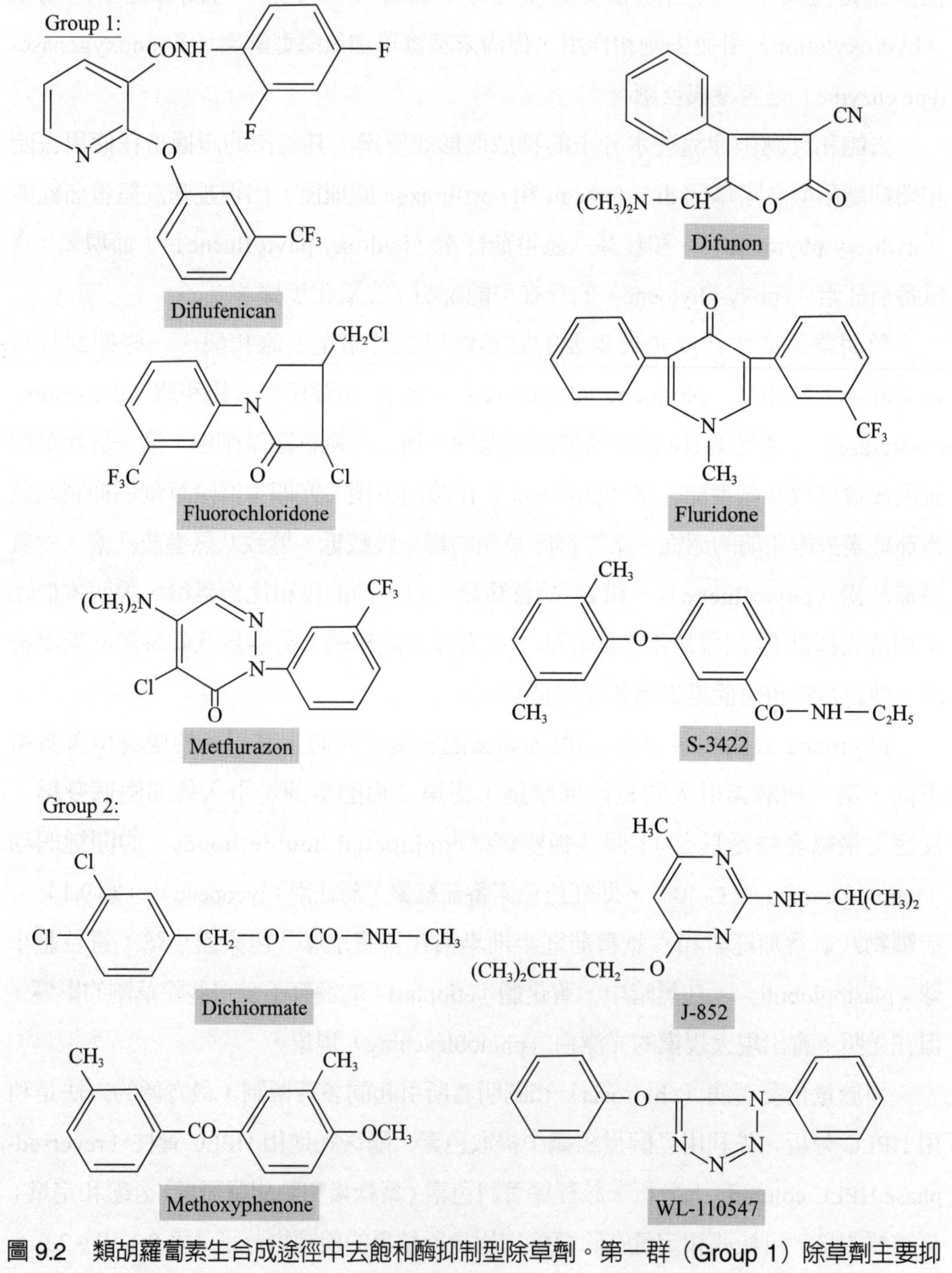

Group 1:

Diflufenican

Difunon

Fluorochloridone

Fluridone

Metflurazon

S-3422

Group 2:

Dichlormate

J-852

Methoxyphenone

WL-110547

圖 9.2　類胡蘿蔔素生合成途徑中去飽和酶抑制型除草劑。第一群（Group 1）除草劑主要抑制 phytoene desaturase，而第二群（Group 2）除草劑則是抑制兩種去飽和酶活性。

表 9.1　柵藻（*Scenedesmus*）細胞於光照下先經過 10 μM norflurazon 或 oxyfluorfen 處理 15 小時後，其中類胡蘿蔔素與葉綠素之濃度。標準偏差為 ±7%，含量單位為 μg/ml。

| Pigments | Control | Norflurazon | Oxyfluorfen |
|---|---|---|---|
| Carotenoids: | | | |
| α-Carotene | 22.6 | 6.1 | 2.2 |
| β-Carotene | 34.6 | 8.2 | 3.9 |
| Phytoene | 0.0 | 79.0 | 0.0 |
| Xanthophylls | 79.8 | 70.4 | 10.9 |
| Chlorophylls: | | | |
| Chlorophyll a | 5,380 | 4,050 | 1,740 |
| Chlorophyll b | 1,920 | 1,690 | 660 |

表 9.2　在隱球藻（*Aphanocapsa*）及藜（*Chenopodium*）之無細胞製備（cell-free preparation）中，$^{14}$C-phytoene 轉變為去飽和及環化類胡蘿蔔素。

| *Species:* Herbicide | Conc. | Radioactivity incorporated (dpm) | | | |
|---|---|---|---|---|---|
| | | Phytoene | ζ-Carotene | Lycopene | β-Carotene |
| *Aphanocapsa:* | | | | | |
| Control | | 3,924 | 1,013 | 816 | 1,070 |
| Difunon | 1 μM | 7,354 | 397 | 227 | 399 |
| J-852 | 50 μM | 4,035 | 2,180 | 399 | 561 |
| CPTA | 50 μM | 3,649 | 941 | 1,432 | 411 |
| *Chenopodium:* | | | | | |
| Control | | 4,125 | 712 | 316 | 355 |
| Difunon | 1 μM | 5,331 | 276 | 147 | 123 |
| J-852 | 50 μM | 4,291 | 1,688 | 171 | 231 |
| CPTA | 50 μM | 3,846 | 744 | 622 | 200 |

　　在文獻中已經描述了總共約 25 種體外的（in vitro）類胡蘿蔔素生合成系統。在建立這些系統時所遇到的一個問題，是缺乏合適的已商業化銷售的反應基質，目前常用的是 $^{14}$C-IPP 及 $^{14}$C-MVA。有些體外系統則使用鬚鬚黴（*Phycomyces blakesieeanus*）為材料，其可將 $^{14}$C-MVA 合成為 $^{14}$C- 八氫番茄紅素（phytoene），

並利用其葉綠體或類囊體製備（preparation）以催化其後步驟。在所述的其他體外系統中，有紅辣椒和野生水仙球莖（wild Daffodil bulbs; *Narcissus pseudonarcissus*）之雜色體（chromoplasts）和來自隱球藻（Aphanocapsa）和藜（Chenopodium）的類囊體膜（表9.2）。

體外（in vitro）系統允許在不同酶促步驟之間進行更精確的區分。在所採用的特定系統中，difunon 優先抑制八氫番茄紅素去飽和酶活性、J-852 抑制 β- 胡蘿蔔素去飽和酶活性、而 CPTA 則抑制環化酶活性（表9.2）。一系列生合成途徑若受抑制會明顯導致酵素反應之中間物累積；然而，體內和體外系統可能產生不同的結果。例如，化合物 WL-1 10547 在體內系統導致 β- 胡蘿蔔素累積，但在體外系統則導致八氫番茄紅素累積。因此，phytoene 去飽和酶似乎在體外系統中更加敏感，而 β- 胡蘿蔔素去飽和酶則在體內更敏感。然而，在這些不同的體內與體外系統中，中間物的穩態平衡濃度將有所不同。研究發現，amitrole（圖9.4）也會導致體內 β- 胡蘿蔔素累積，但體外試驗則不會造成胡蘿蔔素任何累積。

經由幾種除草劑（圖9.2）抑制亞油酸去飽和酶（linoleic acid desaturase），可進一步說明除草劑對於抑制去飽和酶作用的特異性（專一性）相當低。研究發現 WL-1 10547，氟氯噻吩（flurochloridone），特別是許多噠嗪酮（pyridazinones）〔如圖 9.2 中的甲氧氟哌嗪（metflurazon）〕可抑制亞油酸（亞麻油酸；linoleic acid）（C18:2）去飽和作用轉變成次亞麻油酸（linolenic acid）（Cl8:3）。然而，根據「結構活性研究（structure-activity studies）」說明，亞油酸去飽和酶和八氫番茄紅素去飽和酶受到不同的噠嗪酮化合物的影響。衍生物 4- 氯 -5- 二甲胺基 -2- 苯基 -3（2H）噠嗪酮（4-chloro-5-dimethyl- amino-2-phenyl-3 (2H) pyridazinone (BAS-13-338 = SAN-9785)）導致亞油酸累積，但不影響類胡蘿蔔素的合成，因此，對亞油酸去飽和酶具有高度特異性。

在葉綠體膜的半乳醣脂（galactolipids）中的脂肪酸中，亞油酸非常突出。此外，不飽和程度（C18:3/C18:2 比率）、膜的流動性（fluidity of the membrane）、和溫度適應性（adaptation）之間，存在著明確的關係。通常經過冷馴化的膜（cold-acclimated membranes）含有較高量的 C18:3，因此在低溫下更具流動性。所以抑制亞油酸去飽和酶活性的除草劑也會抑制組織中的冷馴化反應。

在亞油酸去飽和酶（linoleic acid desaturase）的特定抑制劑 SAN-9785 作用下，似乎尚能維持正常的綠化和類囊體膜形成；然而，葉綠體發育減緩，葉綠素 a／b 比率、和緊貼的類囊體膜（appressed thylakoid membranes；指葉綠餅部分）的比例則產生細微變化。根據螢光動力學表示，這些類囊體膜中的脂質環境已發生改變。

於光照下類胡蘿蔔素合成抑制劑所產生的白色組織，常用於測量體內的光敏色素（光敏素；phytochrome）含量。白化組織（albino tissues）易於使用分光光度研究，使得在光形態發生（photomorphogenesis）方面有更詳細的研究。然而，在比較 norflurazon 漂白（bleached）（白色）、和經過 tentoxin 處理的（黃色）綠豆初生葉中，已經說明，在 norflurazon 存在下，光敏色素累積較少、且光敏色素控制的過程減緩。

施用 norflurazon 或 fluridone 後之間接作用（據稱與光漂白無關）是降低離層酸（ABA）的濃度。降低細胞內 ABA 濃度可能是葉片遭遇快速水分逆境後，發生氣孔延遲關閉的基礎（圖 9.3）。由明暗轉變（light-dark transition）所誘導的氣孔關閉延遲，類似於 norflurazon 處理後造成之延緩現象。

**2. 其他產生類胡蘿蔔素反應的抑制劑（Inhibitors of other carotenogenic reactions）**

本節涉及三種化合物，包括：MPTA、廣滅靈（clomazone）、和 amitrole（圖 9.4）。MPTA 和結構相似的 CPTA（2-(4- 氯噻吩硫基 )- 三乙胺；2-(4-chlorophenylthio)- triethylamine）儘管具有除草特性，但不用作商業除草劑，而是用作生長調節劑。在柑橘果實中、*Myxococcus fulvus*（屬於黏液球菌科（Myxococcaceae）的黏液球菌屬（*Myxococcus*），為革蘭氏陰性菌）、布拉克鬍鬚黴（常見俗名：布拉克鬍鬚黴、布氏鬚黴；*Phycomyces blakesleeanus*），以及體外系統中，這些化合物會抑制類胡蘿蔔素環化酶反應（carotenogenic cyclase reactions）（圖 9.1），而導致番茄紅素的累積，但也造成一些 phytofluene 累積（表 9.2）。

於前述這幾種除草劑（圖 9.4）作用下，發現在棉花幼苗中，八氫番茄紅素、六氫番茄紅素、ζ- 胡蘿蔔素、和番茄紅素雖然全部都有累積，但以番茄紅素之累積為主；在柑橘類水果中番茄紅素也顯著累積。在 MPTA 這些除草劑作用下，主要抑制環化酶，且誘導類胡蘿蔔素的生合成能力普遍增加，但此種增加可以被環己醯

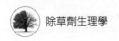

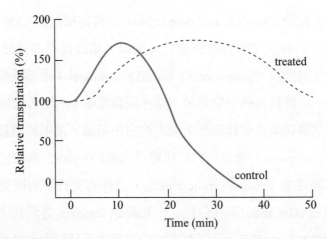

圖 9.3　小麥經由快速水分逆境之誘導，於降低水分潛勢（時間 0 分鐘）後，其葉片之蒸散作用速率變化。而經由 10 μM norflurazon 處理，可使短暫的氣孔開啟延後、以及抑制氣孔關閉。

$CH_3$ —⟨⟩— $O$ — $CH_2$ — $CH_2$ — $N(C_2H_5)_2$

MPTA

Clomazone

Amitrole

圖 9.4　抑制類胡蘿蔔素生合成之除草劑構造，但這些除草劑不會影響去飽和酶酵素活性。

亞胺（cycloheximide；抑制真核生物蛋白質合成）、或放線菌素 D（actinomycin D；抑制轉錄作用（transcription））所抑制；但不會被氯黴素（chloramphenicol；抑制原核生物蛋白質合成）抑制。因此，似乎說明核內基因的轉錄和隨後的細胞質中蛋白質合成均參與該誘導反應，結果造成無環類胡蘿蔔素（acyclic carotenoids）、及其前驅物大量累積。伴隨的前驅物累積（八氫番茄紅素等）可能是去飽和酶反應的迴饋抑制所引起。在體外系統中，僅見番茄紅素累積（表 9.2）。

　　可滅蹤（clomazone）（圖 9.4，第二種化合物）是漂白除草劑類（bleaching herbicides）的較新發展，該除草劑的作用模式尚不清楚。經此藥劑處理後，可觀察到漂白現象，但未見八氫番茄紅素和六氫番茄紅素累積。與多數類胡蘿蔔素合成抑制劑比較，在可滅蹤存在下，類胡蘿蔔素不會形成、但對比於類胡蘿蔔素合成抑制

劑處理下之黃化白色幼苗的發育，可滅蹤也會抑制幼苗生長。

可滅蹤對於萜類（terpenoid）化合物合成途徑更詳細的分析顯示，該除草劑的抑制位置是發生在 farnesyl-PP 之後；而來自三萜烯角鯊烯（triterpenoid squalene）的硬脂醇（固醇；sterols）的合成則不受影響（三萜類角鯊烯（C-30）係經由兩個 farnesyl-PP（C-15）單位的頭對頭縮合合成）。然而，在可滅蹤存在下，二萜（diterpene; C-20）和四萜（tetraterpene; C-40）合成均被抑制（圖 9.1）。因此可知，可滅蹤中斷萜類化合物合成的位置是在 farnesyl-PP 和 geranyl- geranyl-PP 之間（圖 9.1）。二萜類化合物植醇（phytol）的合成也受到可滅蹤影響，而減少葉綠素植酸化（phytylation）和膜系整合。在可滅蹤存在下，結果減少葉綠素累積。另一種非常重要的二萜衍生物是植物生長激素（荷爾蒙）激勃素（$GA_3$）。有趣的是，100 μM $GA_3$ 可逆轉豌豆（*Pisum sativum*）中由 100 μM 可滅蹤誘導的生長抑制。

在來自菠菜葉片的酵素性無細胞系統（enzymatic cell-free system）（按：無細胞系統 係指保留蛋白質生合成能力的細胞抽出物，其包含組成成分：核糖體、各種 tRNA、各種胺醯 -tRNA 合成酶、蛋白質合成需要的起始因子和延伸因子、以及終止釋放因子、GTP、ATP、20 種基本的胺基酸）中，已經注意到可滅蹤針對 IPP-異構酶（IPP-isomerase）的非競爭性抑制。然而，一項獨立研究發現，可滅蹤並沒有抑制從 IPP 到八氫番茄紅素（phytoene）相關參與酵素的體外和體內活性。

未來研究必須解決以下問題，包括：

(1) 類胡蘿蔔素合成途徑中哪個酵素在活體內會受到抑制？

(2) 體內酵素的抑制作用與可滅蹤除草劑的主要作用有何關聯？

(3) 抑制萜類化合物合成途徑，是否可能是可滅蹤未知的主要效應所引發之的次要或調節作用之結果？

與前述可滅蹤不同的除草劑，殺草強（amitrole; 胺基三唑）（圖 9.4）成為一種除草劑已有 30 年以上的歷史；因此，針對此藥劑之研究已經發表了更多的報告。然而，除了經由抑制類胡蘿蔔素生合成、而誘導萎黃（chlorosis）的明顯事實外，對於分子層級干擾的確切位置知之甚少。

殺草強對於類胡蘿蔔素生合成的抑制作用不是很強，但在體內均出現八氫番茄紅素（phytoene）、六氫番茄紅素（phytofluene）、ζ- 胡蘿蔔素（ζ-carotene）、和

番茄紅素（lycopene）累積現象。在一項研究中，發現在來自鬚黴（*Phycomyces blakesleeanus*）的體外系統，於存在 amitrole 的情況下，並未發現類胡蘿蔔素前驅物累積，儘管胡蘿蔔素生合成受到強烈抑制。在該系統中，fluridone 和 difunon 會導致八氫番茄紅素累積，而 ζ- 胡蘿蔔素則在 J-852 存在下累積。

另一方面，殺草強可刺激角鯊烯累積。總之，殺草強是類胡蘿蔔素／萜類化合物生合成中未知（早期）酶促步驟的抑制劑。殺草強造成三萜烯角鯊烯的累積現象，指向是其抑制縮合酶（condensing synthase）所致，此與可滅蹤有點像但又不盡然。然而，研究所觀察到的殺草強效應的多樣性，也可以是經由間接抑制、或經由幾個同時發生獨立的抑制作用所致。

已知殺草強（amitrole）具有兩個額外的獨立抑制作用位置。當藥劑濃度升高（超過 0.1 mM）時，會抑制過氧化氫酶（觸酶；catalase）之酵素活性，但可能是因為 $H_2O_2$ 被其他酵素機制破壞，所以細胞內無法測出過氧化氫濃度有增加。然而，在施用 amitrole 後可以測量出大量累積的氧化態穀胱苷肽（GSSG）。此 GSSG 的合成顯著增加，並且還原態／氧化態的比率（GSH／GSSG）降低，表示經由 amitrole 抑制過氧化氫酶之後，改變了調節反應和細胞氧化還原電位。但由於要達到此效果需要高濃度劑量，所以研究者認為這些效果對除草劑作用的貢獻是值得懷疑的。

在植物組織和植物細胞培養中有關 amitrole 活性的早期研究，提出 amitrole 主要作用係針對胺基酸和嘌呤（purine）代謝，研究暗示其在組胺酸（histidine）生合成途徑中的抑制位置。此外，在微生物中發現的相互作用也可以用於支持 amitrole 對基礎代謝中一些步驟的抑制作用。研究已經報導 amitrole 抑制嘌呤生合成，但所需處理濃度（0.1-1.0 mM）高於高等植物中誘導萎黃褪綠（chlorotic）效應所需的濃度。因此，尚不清楚在高等植物中 amitrole 對於核酸、和蛋白質／胺基酸生合成的影響是否是主要影響。至少有些作用可能是抑制類胡蘿蔔素生物合成、改變過氧化氫酶活性（部分）、和／或胺基酸或嘌呤生合成中一些步驟的後果。

## 9.2 未分類的漂白除草劑和多功能漂白（Unclassified bleaching herbicides and multifunctional bleaches）

　　除草劑化合物（圖 9.5）中有關漂白活性（bleaching activity）的分子基礎尚不清楚，因為多數尚未充分研究。有些可能經由迄今未知的機制誘導漂白，而其他則可能經由已熟知的機制誘導漂白。最終，這些除草劑中有部分可能會重新定位歸類到本章其他部分所描述更明確的一個機制群中。

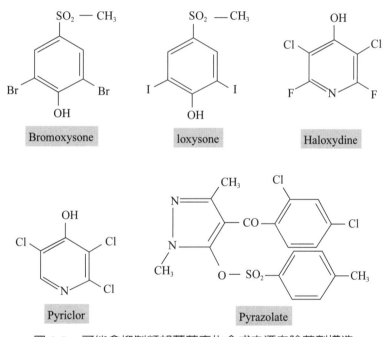

**圖 9.5**　可能會抑制類胡蘿蔔素生合成之漂白除草劑構造。

　　吡唑甲酸鹽（pyrazolate）是一種相當新的除草劑，可以與類似的除草劑 benzophenap、吡唑氧呋喃（pyrazoxyfen）和 NC-310 進行比較，這些除草劑具有共同的部分結構 DTP（1,3- 二甲基 -4-（2,4- 二氯苯醯基）-5- 羥基吡唑；1,3-dimethyl-4-(2,4-dichlorobenzoyl)-5-hydioxypyrazole）、或者非常相似的部分結構。研究顯示，DTP 並不會抑制類胡蘿蔔素的生合成，並且對黑暗中的葉綠素生合成僅具有微小的影響。而在光照下則會發生光漂白，但不產生丙二醛（不飽和脂質過氧化的

指標物質）。在另一項研究中，已經報導了 pyrazolate 可抑制類胡蘿蔔素和葉綠素生合成、以及同時出現八氫番茄紅素累積。

Bromoxysone 和 ioxysone、haloxydine、和 pyriclor 在光照下會在綠色組織表現強烈的漂白活性；這些除草劑所改變之超微結構、和生化作用，非常類似於施用 amitrole 之後的變化，且如同 amitrole 一樣，這些除草劑干擾的主要機制仍屬未知。經上述這些除草劑處理後，在光照下生長發育的白化葉片，與在類胡蘿蔔素生合成抑制劑存在下的發育類似。例如，可檢測到八氫番茄紅素、六氫番茄紅素、和ζ-胡蘿蔔素的積累。

在一項更詳細的研究中發現，haloxydine 和 amitrole 已歸為一類，但與代表去飽和酶抑制劑的除草劑分開。上述兩種化合物僅部分抑制類胡蘿蔔素和葉綠素的生合成；其所造成之組織漂白現象比去飽和酶抑制劑引起的更慢、並且效率更差。研究指出在施用 difunone 後會快速發生 NADP- 甘油醛 -3- 磷酸鹽 - 脫氫酶（NADP-glyceraldehyde-3-phosphate-dehydrogenase）的光活化反應，但 haloxydine 和 amitrole 則不會。

一些漂白除草劑在誘導漂白方面可能具有一種以上的主要干擾機制。去飽和酶的抑制劑說明了多功能相互作用的可能性：即具有相似或密切相關機制／反應基質的幾種去飽和酶受到不同程度地抑制，而產生多變和複雜的除草劑作用模式。Amitrole 也可能具有幾種作用模式，但對除草劑作用的貢獻僅限於抑制類胡蘿蔔素的生合成。研究顯示硝基二苯基醚（nitrodiphenylether）中之氟磺胺草醚（fomesafen）在體外系統中，需要 80 μM 濃度下才能抑制八氫番茄紅素去飽和作用；但在活體內 20 μM 即可誘導脂質過氧化作用。前一種機制由於需要更高的濃度，故其對除草作用的貢獻可能很小。

更有趣的是，硝基二苯醚系列、和環醯胺系列經由取代變化，其除草劑作用類型也發生變化。兩群高度活性的除草劑在發揮作用時均需要光照，並導致丙二醛（malondialdehyde; MDA）累積；然而，在兩群除草劑中也發現有分子變異，其作用不需要光照、且在藥害組織中沒有 MDA 累積。因此，在這些案例中，可能存在多種（相關的）機制，對於除草劑作用有不同程度的影響。

## 9.3 在缺乏有色類胡蘿蔔素的情況下進行光漂白（Photobleaching in the absence of colored carotenoids）

抑制有色類胡蘿蔔素合成的化合物，通常不影響黃化組織（etiolated tissue）中的原葉綠素（protochlorophyll(ide)）合成。於未處理藥劑的黃化莖和葉中，所存在的類胡蘿蔔素，其量足以保護光誘導後合成的葉綠素，並且在這些條件下類囊體膜可正常發育。只有當新組織的發育、和生長過程中，類胡蘿蔔素的合成受到抑制時，新組織最終才會變白。如果組織在類胡蘿蔔素生合成抑制劑存在下於黑暗中生長，則之後在強光下將發生光漂白反應。然而，若在弱光下，組織會變綠。上述比較證明了類胡蘿蔔素對光氧化的保護作用，並且說明這些除草劑除了其對類胡蘿蔔素生合成的主要作用外，通常不會抑制其他代謝反應或途徑。

經漂白的（bleached）葉綠體內不含 70S 核醣體和內膜系統。雖然硝酸鹽還原酶（nitrate reductase）不是葉綠體內的酵素，但它通常也會從漂白的組織中消失。然而，在某些漂白組織中，某些硝酸鹽還原酶的同功異構酶（isoenzyme）可能受到超級誘導。同時，過氧化體酵素（peroxisomal enzymes）過氧化氫酶、乙醇酸氧化酶（glycolate oxidase）、和羥基丙酮酸還原酶（hydroxypyruvate reductase）均喪失。該觀察結果反映出在光合作用旺盛的細胞中，葉綠體和過氧化體的緊密配合關係。

在實際情況下，漂白除草劑處理的組織偶爾會變綠，這是因為光照程度低、或類胡蘿蔔素生合成僅受到部分抑制。當然，如果將這種組織轉移到高光照下，則會使色素、膜脂質、與進一步的葉綠體成分發生光氧化。

## 9.4 生原紫質的氧化酶抑制劑（Inhibitors of protoporphyrinogen-oxidase）

**1. 酵素層次的構造和抑制作用（Structures and inhibition at the enzyme level）**

生原紫質氧化酶（protoporphyrinogen-oxidase; PPG-oxidase）係參與葉綠素合成，本節討論的除草劑化合物在早期已被深入研究，但後來才將葉綠體和粒線體的

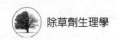

酵素「生原紫質氧化酶」鑑定為除草劑作用之分子目標。在葉綠體和粒線體兩種胞器中，除草劑對此酵素的抑制阻止了葉綠素和血紅素的合成，並導致過度形成能產生單態氧之原紫質 IX（singlet oxygen-generating protoporphyrin IX; PPIX）、和其他四吡咯（tetrapyrrole）結構。當除草劑在黑暗下施用時，PPIX 會在組織中累積，但在光照下，則光氧化反應可迅速地破壞新形成的四吡咯，導致只有少量累積。

　　PPG 氧化酶的重要抑制劑（圖 9.6），其中第一群含有「硝基二苯醚（nitrodiphenyl- ether; NDPE）除草劑」，已有深入研究。此類分子構造上硝基鄰位

Group 1:

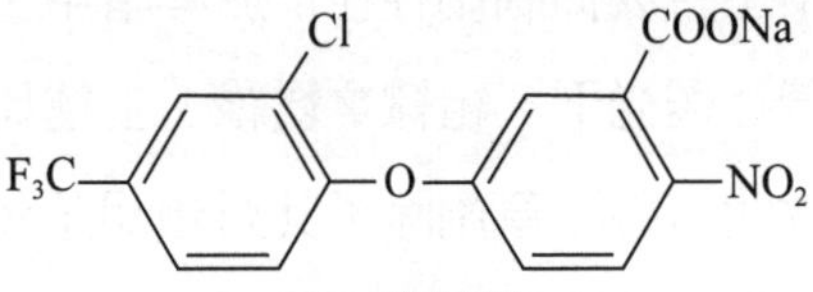

Acifluorfen

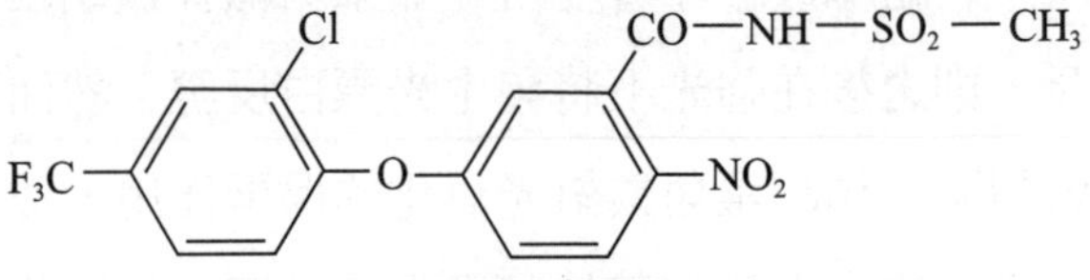

Fomesafen

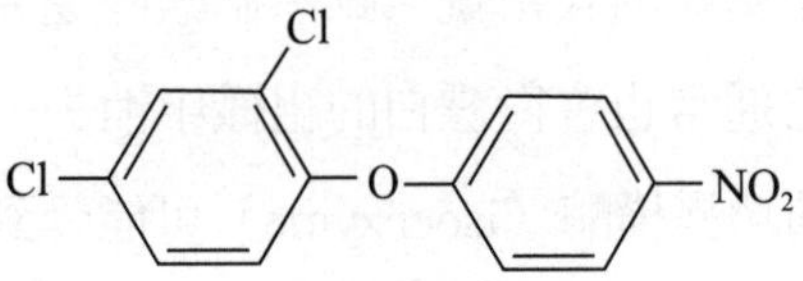

Nitrofen

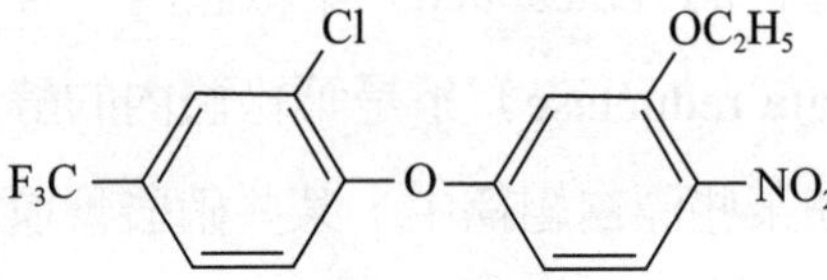

Oxyfluorfen

Group 2:

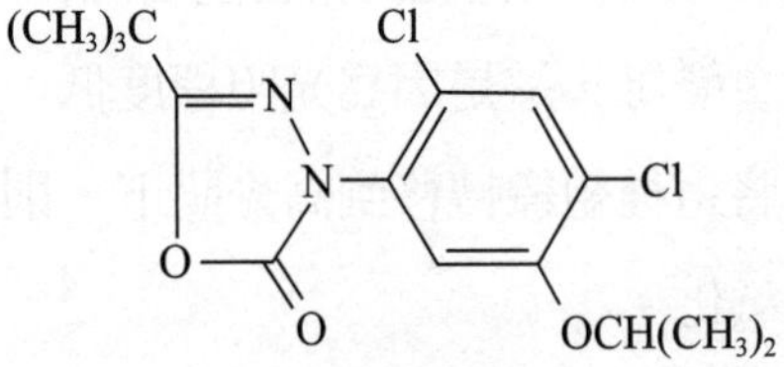

Oxadiazon

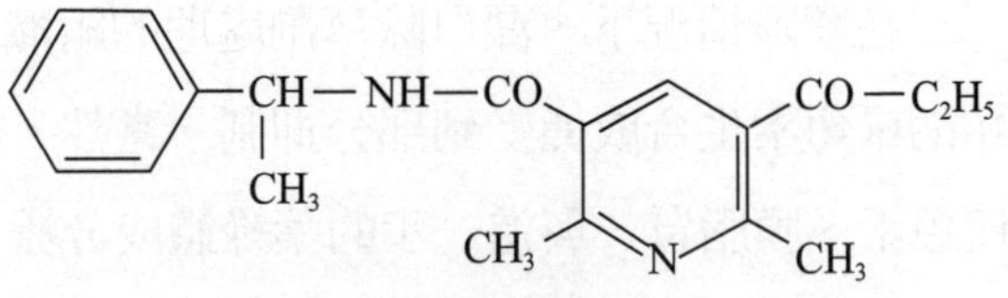

LS-82-556

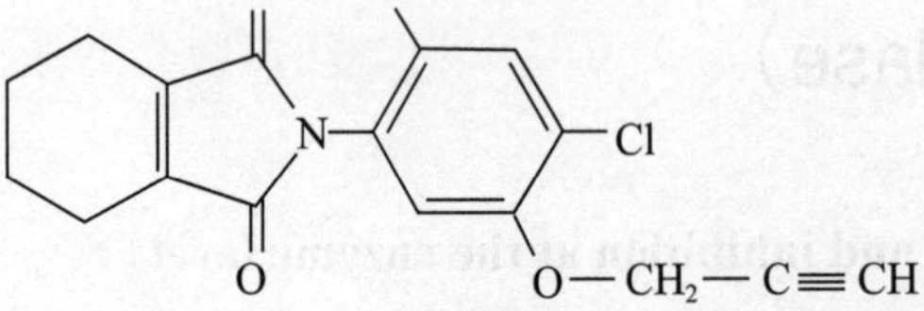

S-23142

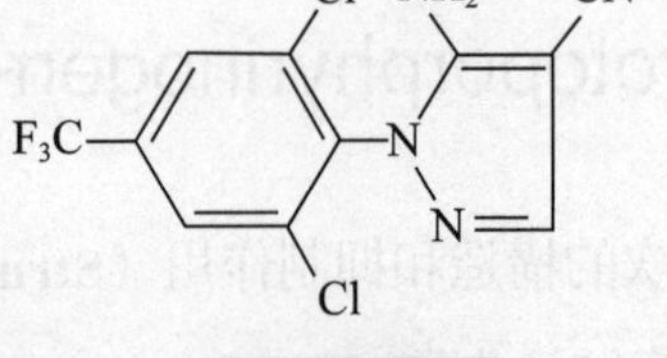

M & B-39279

圖 9.6　硝基二苯醚類（NDPEs）除草劑（第一群）、及相似作用除草劑（第二群）之構造。雖然分子結構沒有關聯，但具有相同作用機制。

（ortho position）的可能結構變化相當廣泛，包括羧酸（carboxylic acids）、羧酸酯（carboxylic esters）、胺（amines）、和氫（hydrogen）；因此，在過去 50 年中得以開發出大量高活性化合物。此群組使用硝基二苯醚名稱並非特別合適，因為其帶有鹵素（氯）、而不是硝基的二苯醚，同樣具有相同的作用模式（表 9.3），而帶有對苯氧基丙酸（para-phenoxy-propionic acid）取代基的二苯醚，則具有完全不同的作用模式。另一方面，已知幾種結構上無關的化合物，亦具有與 NDPEs 相同的作用模式（圖 9.6，第 2 群）。

表 9.3　原紫質氧化酶（protoporphyrinogen-oxidase; PPG-oxidase）活性，分別受到圖 9.6 中一些除草劑化合物、acifluorfen 硝基經氯取代之類似物 LS-820340、及 m-trifluoromethyl 類似物 RH-5348 所抑制。抑制玉米黃化體（etioplasts）及馬鈴薯粒線體中酵素活性達 50% 之濃度（$I_{50}$ 值）分列如下。

| Herbicide | PPG-oxidase inhibition ($I_{50}$) | |
| --- | --- | --- |
| | Corn etioplasts (nM) | Potato mitochondria (nM) |
| Acifluorfen-methyl | 4.0 | 0.43 |
| LS-820340 | 10.0 | 3.0 |
| RH-5348 | 180.0 | 19.0 |
| Oxadiazon | 11.5 | 9.0 |
| LS-82-556 | 4,000.0 | 40,000.0 |
| M&B-39279 | 80.0 | 15.0 |

　　PPG 氧化酶是一種需要分子氧供應下、經由氧化芳構化作用（oxidative aromatization）將原紫質原 IX（protoporphyrinogen IX）轉化為原紫質 IX（protoporphyrin IX）的酵素（圖 9.7）。PPG 氧化酶對於 NDPE 類、和類似作用的除草劑極為敏感，其 $I_{50}$ 濃度大多在 nM 範圍內（表 9.3）。從數據中還可以推論出，在兩種不同的胞器，如黃化體／葉綠體（etioplast／chloroplast）、和粒線體中，都存在著具有不同除草劑敏感性的同功酶。但由於表 9.3 中的比較是基於不同植物物種的胞器，未來的研究有必要針對此問題加以釐清。

　　葉綠體為綠色植物行光合作用的場所，參與光合作用的色素中以葉綠素為最基本且最重要的色素，葉綠素分子之基本結構為以鎂原子為中心之紫質環（porphyrin

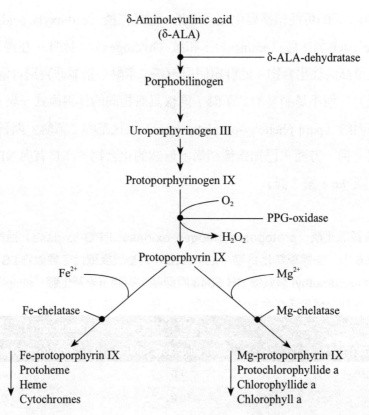

δ-Aminolevulinic acid
(δ-ALA)

δ-ALA-dehydratase

Porphobilinogen

Uroporphyrinogen III

Protoporphyrinogen IX

O₂

PPG-oxidase

H₂O₂

Protoporphyrin IX

Fe²⁺      Mg²⁺

Fe-chelatase      Mg-chelatase

Fe-protoporphyrin IX
Protoheme
Heme
Cytochromes

Mg-protoporphyrin IX
Protochlorophyllide a
Chlorophyllide a
Chlorophyll a

**圖9.7** 在高等植物中四吡咯（tetrapyrrole）生合成路徑，顯示出文章中所提及之參與酵素。

ring），由四個吡咯核（pyrrole nuclei）所組成，在葉綠素合成的過程中會先生成原紫質原（protoporphyrinogen IX），氧化而成原紫質（protoporphyrin IX），再經由鎂原子的介入形成鎂原紫質（Mg-protoporphyrin IX）。除草劑 sulfentrazone 是原紫質原氧化酶的抑制物（Nandihalli and Duke, 1993; Dayan, 1995），使原紫質原無法氧化成原紫質，導致葉綠素無法合成，所以 sulfentrazone 可以間接地抑制植物光合作用，使植株逐漸黃化死亡。

    Sulfentrazone 被植物吸收後會存於葉綠體的外膜，此除草劑除了抑制葉綠素合成外也會造成大量的原紫質原累積，再經光照反應生成對植物有劇毒的單價氧（O-），進行脂質過氧化作用破壞細胞的各種胞膜而導致細胞內物質滲漏。

（資料來源：劉文如、王慶裕，1999。Sulfentrazone (authority) 除草劑對大豆生長之影響。中華民國雜草學會簡訊 6(3):5-7。）

Sulfentrazone 可由植物的根或葉吸收，此藥劑由根部進入植物體後主要靠蒸散作用向上運輸，最後累積在葉綠體外膜。Matringe and Scalla（1987）認為 sulfentrazone 的作用機制和二苯醚（diphenyl ether）除草劑類似。Sulfentrazone 被植物吸收之後，植物體內會有大量 protoporphyrin IX 的累積，造成大量累積的原因係原本 proto-magnesium chelatase 會催化 protoporphyrin IX 形成 Mg-protoporphyrin IX 複合物，一旦 chelatase 活性受到 sulfentrazone 抑制後，會導致 protoporphyrin IX 的大量累積，進而影響正常葉綠素的合成（圖 9.8）。

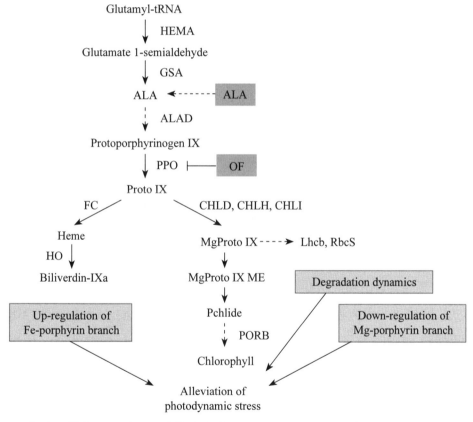

圖 9.8　在外源供應 ALA 和 OF 產生光動逆境下，用以解釋卟啉（porphyrin）生合成的途徑受擾動和控制的模式。在光動逆境（photodynamic stress）下，不僅可藉由下調（down- regulation）其生物合成，而且還可藉由光動力降解來防止毒性代謝物的積累，以嚴格控制卟啉的生合成，尤其是在鎂—卟啉分支中。另 Fe- 卟啉分支中 FC2 和 HO2 的上調（up-regulation）似乎也可補償光動力逆境所引起的損害。（資料來源：Phung, T-H., and S. Jung. 2014. Pesticide Biochemistry and Physiology 116：103-110.）

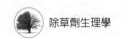

　　然而，Matringe et. al.（1989）報告指出在 sulfentrazone 處理下，protoporphyrinogen oxidase 受到強烈抑制，雖然使得 protoporphyrinogen 無法氧化成 protoporphyrin IX，但是在有光照及氧的存在下，會有大量的 protoporphyrinogen 發生自動氧化（非酵素性）作用，進而導致 protoporphyrin IX 大量累積，並產生劇毒之單價氧，最後則造成細胞膜的崩解（Vidrine et. al., 1994; Dayan et. al., 1996; Vidrine et. al., 1996）。

　　許多報告指出 sulfentrazone 眞正對植物產生致死的生理毒性是其對細胞膜產生過氧化作用，對葉綠素的合成則是間接的影響（Duke et. al., 1991; Vidrine et. al., 1994; Dayan et. al., 1996b; Vidrine et. al., 1996）。Duke et. al.（1991）在研究細胞膜發生過氧化作用的過程中最先發現細胞質中出現一些小泡（vesicle），接著原生質膜（plasmalemma）產生破裂，同時細胞質的密度開始下降，氏等認爲是細胞質的內容物進入液泡（vacuole）所造成。最後則是因爲液泡膜和原生質膜的破裂使滲透潛勢改變，導致葉綠素的腫脹與破裂。

（資料來源：韓岳麒、王慶裕。2001。Sulfentrazone 除草劑之作用和耐性機制。科農 49：133-136.）

**2. 與其他除草劑及抑制劑的相互作用（Interactions with other herbicides and inhibitors）**

　　在知道 NDPEs 和類似除草劑的酵素分子目標之前，研究者嘗試經由研究 NDPEs 與其他具有已知代謝抑制位置的抑制劑之間的相互作用，以獲得 NDPEs 作用模式相關信息。研究者列出了觀察到的相互作用（表 9.4）。然而，光合電子傳遞是否能將 NDPEs 分子還原爲自由基的問題一直是一個有爭議的問題，因爲在某些系統中發現，光合電子傳遞的抑制劑達有龍（diuron）可拮抗 NDPEs 的植物毒性，而在其他系統中則不會。其他抑制光合作用電子經過光系統 II 傳輸的除草劑也是如此（表 9.4）。儘管從白色、黃色、或綠色組織獲得的結果應該清楚知道，光合作用對於 NDPEs 除草劑發揮作用而言並非絕對需要，但研究者認爲在某些時候，具有光合活性的色素系統可能以特殊方式與 NDPEs 相互作用。

表 9.4 硝基二苯醚類與已知生合成路徑或生化反應抑制劑之間的相互作用。

| Subcellular location: Compound | Inhibition | Interaction | Reference |
|---|---|---|---|
| *Chloroplast:* | | | |
| Prometryne | Photosystem II | Antagonism in | 111 |
| Atrazine | Photosystem II | algae, occasional | 112, 113 |
| Bentazon | Photosystem II | partial | 112 |
| Diuron | Photosystem II | antagonism in | 111, 112 |
| Monuron | Photosystem II | higher plants | 109 |
| Norflurazon | Carotenoid biosynthesis | Partial anatagonism | 104, 112, 121 |
| Tentoxin | Chloroplast biogenesis | String synergism | 112 |
| Gabaculine | Chlorophyll biosynthesis | Strong antagonism | 100, 101, 103, 122, 123 |
| 4,6-Dioxoheptanoic acid | δ-ALA-Dehydratase | Strong antagonism | 92, 100 |
| Rifampicin | Organelle RNA biosynthesis | Antagonism | 103 |
| Chloramphenicol | Organelle protein biosynthesis | No interaction | 103 |
| Ethanol | Scavenging of activated oxygen | Partial antagonism | 87, |
| α-Tocopheral | | | 110, |
| Cu-penicillamin | | | 112, 120 |
| *Mitochondria:* | | | |
| Antimycin A | Electron transport | | |
| Rotenon | Electron transport | Antagonism | 103, 112 |
| CCCP | Electron transport | | |
| 2,4-Dinitrophenol | Electron transport | | |
| *Cytosol:* | | | |
| Puromycin | Protein synthesis | Antagonism | 103, |
| Cycloheximide | Protein synthesis | Antagonism | 111 |

在某些藻類和高等植物光合作用系統中觀察到的拮抗作用，可以藉由氧氣效應來解釋，光合作用電子傳遞的抑制劑降低了葉綠體中分子氧的濃度，從而降低了脂質過氧化的速率。研究者應用不同氧氣壓力的試驗，發現在高氧條件下，達有龍（diuron）或佈殺丹（prometryne）拮抗 NDPEs 之作用消失，顯然此證據強烈支持上述解釋。

NDPEs 與上述光系統 II 抑制劑之間的拮抗作用，過去以來一直在暗示 NDPEs 的作用方式，可能涉及電子向分子氧的穿梭。對於聯吡啶類（bipyridyliums）除草劑已經建立了類似的作用模式，此案例導致產生超氧陰離子，但使用 NDPE 後並沒有發現形成超氧陰離子的跡象。若是從光合作用電子傳遞系統中轉移到氧氣的電子需要經過 NDPE 分子，則 NDPE 分子必然需要能進行瞬時還原。然而試驗證明 NDPEs 在體內並無通過氧化還原催化反應的可能性。

研究者列出 NDPEs 與一些已知生合成途徑、或生化反應抑制劑之間的相互作用，包括與各種色素生合成抑制劑的相互作用（表 9.4）。導致四吡咯合成途徑受到抑制的化合物〔例如，gabaculin、和 4,6- 二氧代庚酸（4,6-dioxoheptanoic acid）〕乃是 NDPEs 除草劑作用的強烈拮抗劑。4- 胺基 -5- 己酸（4-amino-5-hexynoic acid）也以這種方式作用。氟氟龍（norflurazon）和類胡蘿蔔素生合成的類似抑制劑，其拮抗 NDPEs 的作用，可能是經由抑制葉綠體生體合成（chloroplast biogenesis）所致，然後間接抑制四吡咯（葉綠素）的生合成。而除氧劑（oxygen scavengers）和抗氧化劑則經由干擾光氧化作用的機制，更直接地拮抗除草劑之作用。

**3. 抑制 PPG 氧化酶後的除草劑作用（Herbicidal action after inhibition of PPG-oxidase）**

長期以來，人們知道 NDPEs 需要光照、分子氧、和色素系統，才能發揮除草劑作用。綠色或黃色（淡黃色；etiolated）組織之反應通常較敏感，而白色組織通常較不敏感。類胡蘿蔔素生合成的前驅物〔六氫番茄紅素（phytoene）、八氫番茄紅素（phytofluene）、與 β- 胡蘿蔔素〕不會在 NDPEs 處理過的組織中聚積（表 9.1），但是既存的光合色素（葉綠素和類胡蘿蔔素）則在光照下的除草劑作用過程中會被漂白；同時，形成丙二醛（malondialdehyde）、和其他脂質過氧化物。於除草劑作用期間發生的事件順序（表 9.5）中，通常電解質滲漏是脂質過氧化作用所引起的膜系損傷指標，是最早可以檢測到的效應之一。當組織置於黑暗中與除草劑一起預先培育之後，其後再轉移至光照下，則脂質過氧化反應會立即開始（如表 9.5）。同時，從喪失抗壞血酸鹽（ascorbate）、與還原態穀胱苷肽（reduced glutathione; GSH），可顯示出在葉綠體基質和細胞質中發生的（過）氧化作用。由

於各自產生的氧化物質，如脫氫抗壞血酸鹽（dehydroascorbate）、和 GSSG 不會累積，也說明氧化還原緩衝分子被過度氧化，然後被破壞。

表 9.5　經 acifluorfen 處理之綠胡瓜（cucumber）子葉，暴露於強光（420 µE/m²/s 光合有效輻射能）之後出現之一系列傷害指標。試驗中除草劑處理後先於黑暗中置放 20 小時，再移至強光下。

| Hours in light | Damage indicators detected |
| --- | --- |
| 1 | Eletrolyte leakage, decrease in ascorbate and glutathione, decrease in enzyme activities |
| 1.5 | Ultrastructural damage: chloroplast thylakoids, mitochondria, tonoplast, plasmalemma |
| 2 | Evolution of ethane and ethylene, accumulation of malondialdehyde |
| 5 | Decrease in carotenoids and chlorophylls |

　　經 acifluorfen 處理後先於黑暗中置放 20 小時之綠胡瓜子葉，之後暴露於強光後出現之一系列傷害指標，包括穀胱苷肽還原酶（glutathione reductase）、脫氫抗壞血酸還原酶（dehydroascorbate reductase）、超氧化物歧化酶（superoxide dismutase）、抗壞血酸氧化酶（ascorbate oxidase）、過氧化酶（peroxidase）、和過氧化氫酶（catalase）活性均迅速降低。在短暫的遲滯後，超微結構會發生破壞。除草劑處理 1 小時後細胞質之囊泡開始增殖，而在 2 小時後變得非常明顯。在某些粒線體、和某些葉綠餅（grana）中發現，於處理 1 小時後也可以看到損傷。

　　研究發現，在沒有除草劑預處理時間的情況下所進行的動力學研究顯示，在脂質過氧化作用發生之前，與光照無關的遲滯期為 5-7 小時。此遲滯期長短也與除草劑濃度無關，因此不能用除草劑到達作用部位所需的時間來解釋遲滯期。同樣地，遲滯期也不能以光照依賴性作用（light-dependent action）期間，氧化還原緩衝物（如抗壞血酸、穀胱苷肽、和 α- 生育酚）隨著時間的損失來解釋，因為此種損失發生的速度更快（1-2 小時內）。此外，無論是在光照或黑暗環境中研究，遲滯期長度始終為 5-7 小時，對於誘導光氧化作用而言，只有在遲滯期結束後才需要光

照。如上所述，當討論 PPG- 氧化酶抑制劑、與 RNA 和蛋白質合成抑制劑的相互作用時（表 9.4），發現當除草劑抑制 PPG- 氧化酶之後，四吡咯生合成途徑卻發生了去除抑制作用（derepression）。遲滯期可以反映出去除抑制作用、和誘導四吡咯生合成速率增加所需要的時間。

另一方面，藉由四吡咯大量合成所引起的光依賴性植物毒性（light-dependent phytotoxicity）也是 δ- 胺基乙醯丙酸（δ-aminolevulinic acid; δ-ALA）的作用方式，後者借助「活化劑」2,2'- 聯吡啶（2,2'-dipyridyt）之作用可以當作除草劑。δ- 胺基乙醯丙酸是四吡咯生合成的基本組成部分（圖 9.7）；δ-ALA 過量利用會導致四吡咯累積，其方式與 NDPEs 及相關除草劑類似，最終導致類似的除草作用模式。

**4. 二苯醚除草劑的其他作用模式（Other modes of action of diphenylether herbicides）**

NDPE 除草劑的早期研究主要集中在干擾粒線體和葉綠體之電子傳遞系統、以及呼吸作用和光合作用磷酸化系統上。少數的 NDPEs 在達有龍（diuron）、或 DBMIB 的結合位置上，扮演光合作用電子傳遞抑制劑的角色。某些 NDPEs，例如硝基芬（nitrofen）、硝基氟芬（nitrofluorfen）、和 fomesafen，會與葉綠體偶聯因子（coupling factor）結合，然後在光磷酸化過程中充當能量轉移的抑制劑。但發揮此種作用所需的 NDPEs 濃度通常在 10-100 μM 的範圍內，比抑制 PPG 氧化酶所需的濃度約高 1,000 倍（表 9.3）。因此，可以推斷出在不同的電子傳遞和磷酸化系統中，所發現的 NDPE 抑制作用是屬於較高濃度下的獨立機制，與除草作用幾乎沒有關係。

二苯醚類（diphenylethers）除草劑的不同干擾機制列於「濃度圖」（圖 9.9）中。類胡蘿蔔素生合成的抑制劑，包括一些二苯醚結構，如間苯氧基苯甲醯胺（m-phenoxy-benzamides）。而一些芳基取代的丙酸類（aryl-substituted propanoic acids）（包括「芳基 - 丙酸（aryl-propanoic acids）」），有時也包括在二苯醚類中，但它們的作用方式完全不同。研究者發現，化學物質 / 除草劑在不同濃度範圍內，與植物新陳代謝有幾種不同的相互作用模式（圖 9.9）。對於除草劑而言，與其所發生的抑制作用或干擾有關的除草劑濃度，僅發生在 nM（大致相當於 g / ha）至 μM（kg / ha）範圍內。

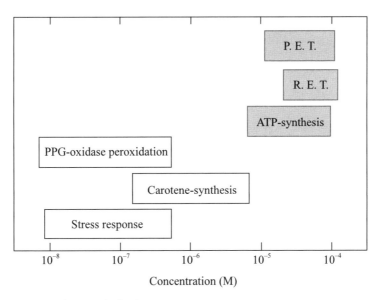

P. E. T. = photosynthetic electron transport system
R. E. T. = respiratory electron transport system

圖 9.9　二苯醚類在不同濃度下之作用模式。上圖中以長方形代表敏感之代謝路徑或反應，
　　　其所處位置下方所示濃度範圍係導致 50% 抑制作用所需濃度。縮寫 P.E.T 表示光
　　　合作用電子傳遞系統（photosynthetic electron transport system），而 R.E.T 表示
　　　呼吸作用電子傳遞系統（respiratory electron transport system）。


　　NDPEs 所引起的一種逆境反應是，在大豆葉片中 acifluorfen 可誘導出多種
異黃酮苷（isoflavonoid glucosides）及其關鍵酵素，包括查爾酮合成酶（chalcone
synthase）、苯丙胺酸裂解酶（phenylalanineammonia lyase）、和 UDP- 葡萄糖：
異黃酮 -7-O- 葡萄糖基轉移酶（UDP-glucose: isoflavone-7-O-glucosyltransferase）。
通常，在許多作物中都誘導了苯丙烷類（phenylpropanoids）生合成途徑，從而
導致合成植物防禦素（phytoalexins）〔如大豆中的抗毒素（glyceollins）和糖呋喃
（glyceofuran）、豆中的菜豆酚（phaseollin）、及豌豆中的豌豆素（pisatin）〕
合成增加。在棉花中，則誘發了倍半萜類（sesquiterpenoid）之半胱胺酸
（hemigossypol）。

# CHAPTER 10

## 氧毒害與除草劑作用
## Oxygen toxicity and
## herbicidal action

## 10.1 除草劑干擾光合作用過程中激發能消耗的途徑（Pathways of excitation energy dissipation in disturbed by herbiddes photosynthesis）

在光照下，光合作用之葉綠素色素 Chl、P680、和 P700 受到所吸收之光子激發（h•v，請參見圖 10.1），從而形成較高能的中間物（Chl *、P680 *、P700 *）。葉綠素通常以單態（singlet state）存在，在吸收光子後，會形成壽命很短（$10^{-8}$ 到 $10^{-6}$ s）的激發單態，並可能轉變為更穩定的三態（triplet state）（$10^{-4}$ 至 $10^{-3}$ s）。

$$^1Chl \rightarrow {}^1Chl* \rightarrow {}^3Chl*$$

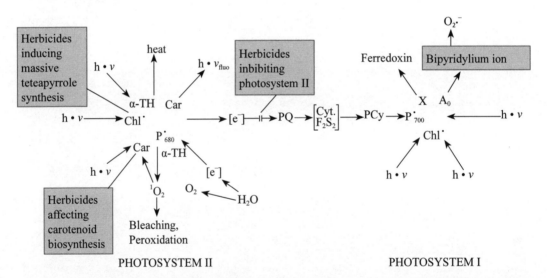

圖 10.1 光合作用色素系統受到光照激發（light excitation）、以及激發能量在具有活性與受抑制之葉綠體內利用情形。圖中顯示激發能量與電子運動、保護系統、及除草劑干擾機制。

在正常具有活性的光合作用電子傳遞系統中，單態葉綠素會將一個電子轉移至質體醌（plastoquinone; PQ），從而產生（逐步）半醌（semiquinone）和還原態質體醌（plastohydroquinone），之後失去的電子則由水分子裂解系統產生之電子立即替換。當除草劑抑制質體醌的還原反應時，系統無法以一般方式處理激發能量，此

時之熱能、和螢光（fluorescence）（$h \cdot \nu_{fluo}$）的發射量達到最大，葉綠素以更穩定的三態累積。輔助色素 β- 胡蘿蔔素（Car）可以淬滅（quench）一些激發的三態葉綠素，並在幾微秒內以非輻射方式重新發射吸收的能量：

$$^3Chl* + {}^1Car \rightarrow {}^1Chl + {}^3Car*$$

$$^3Chl* \rightarrow {}^1Car + heat$$

由於 β- 胡蘿蔔素與激發的三態葉綠素的反應相當有效率，以致於 $^3Chl*$ 在苯（benzene）的半衰期是 $10^{-4}s$，而在類囊體膜上之半衰期降至 $10^{-8}s$，於該處之葉綠素被輔助色素所包圍（圖 10.1）。

通常用於淬滅光合色素系統中過量激發能的途徑非常有效，並且在正常環境條件下足以完成。然而，在正常日光照射下，受除草劑抑制的葉片中，β- 胡蘿蔔素的能量淬滅作用超過負荷，致使過量的三態葉綠素與處於基態之三態氧（ground state triplet oxygen；$^3O_2$）反應，形成高活性單態氧（$^1O_2*$）。

$$^3Chl* + {}^3O_2 \rightarrow {}^1Chl + {}^1O_2*$$

單態氧的反應性很強，可以引起色素漂白和脂質過氧化。在正常的環境波動條件下會產生一些單態氧，因此葉綠體能夠通過與 α- 生育酚（tocopherol）或 β- 胡蘿蔔素（carotene）反應除去單態氧。

$$^1Car + {}^1O_2* \rightarrow {}^3Car* + {}^3O_2$$

如上所述，在該反應中產生激發的三態胡蘿蔔素（triplet carotene）會在幾個微秒時間內衰減（decay）；然而此種路徑不足以有效地去除在除草劑抑制光合電子傳遞期間所產生的大量單態氧。因此，單態氧作用結果可能導致除草劑傷害。

除草劑也可能藉由電子傳遞抑制作用以外的機制干擾正常的光合作用（圖

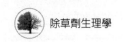

10.1），其中有一種重要的機制是抑制類胡蘿蔔素的生合成。從前述和隨後的討論可容易地得出結論，在沒有類胡蘿蔔素的存在下，光合色素系統在空氣中光照下呈現不穩定狀態。除非在非常微弱的光線下，否則不含類胡蘿蔔素的突變體植株均被漂白。此外，類胡蘿蔔素的缺失經由複雜的控制系統會抑制葉綠體發育，該系統將核內和葉綠體二基因組的表達聯繫起來。光合細菌和藻類中的無類胡蘿蔔素突變體通常可在無 $O_2$ 大氣、光照下生長，但若是暴露於含氧大氣下則會被漂白並死亡。

聯吡啶類除草劑（bipyridylium herbicides）所誘導的電子流失提供了產生有毒氧族的第三種除草劑機制。這些氧化還原除草劑會與分子氧反應生成超氧陰離子 $O_2\cdot^-$，這種類型的反應也稱為「Mehier 反應」。此為「偽循環式電子傳遞（pseudo-cyclic electron transport）」的基礎，因為 $O_2\cdot^-$ 經由 9.4 節中描述的一系列反應會轉變回 $O_2$。由於這種電子傳遞既包括兩個光系統、又包含能量保存位置，因此產生 ATP 時沒有其他淨代謝變化。鐵氧化還原蛋白（圖 8.2）催化了體內偽循環式電子傳遞，並可能在不利的環境條件下消散能量（從而防止單態氧形成）。超氧陰離子（$O_2\cdot^-$）也可以啟動一連串的氧化和過氧化反應，導致發生除草劑作用。

涉及氧族活化的第四個機制是在硝基二苯醚（nitrodiphenylether）（和類似作用）除草劑的存在下，產生過量的四吡咯（tetrapyrroles）化合物。這些四吡咯在誘導光氧化組織損傷中係當作光敏劑（photosensitizers）。

## 10.2 氧活化和氧還原的化學和生物化學（Chemistry and biochemistry of oxygen activation and oxygen reduction）

氧氣是所有有氧生物的必需分子，其極具活性，並負責保存（經由 ATP 形式）與呼吸作用中氫供應者最終反應所獲得能量的大部分。同時，其反應性，特別是中間還原反應之產物超氧陰離子（$O_2\cdot^-$）、和羥基自由基（$\cdot OH$）的反應性，構成了許多有害的氧化、和過氧化反應的基礎。

基態氧（ground-state oxygen）是一個不尋常的分子，因為它包含兩個具有平行自旋（parallel spin）的不成對的電子。三態氧（$^3O_2$）可以經由吸收激發能量（例

如，從激發態的葉綠素中）、和一個電子的自旋反轉而轉化為單態（$^1O_2$）。此可以下列圖解方式顯示：

$$^3O_2 \text{ or } \uparrow O_2 \uparrow \rightarrow {}^1O_2 \text{ or } \uparrow O_2 \downarrow$$

吸收能量反應後可以形成兩個單態氧狀態，但是在能量上有利於其中一個（$O_2' \triangle g$，基態以上 92 kJ）。單態氧比基態下之三態氧更具反應活性，因為形成單態氧之後亦可減輕自旋限制。單態氧可以經由形成兩個具有反平行自旋（antiparallel spins）的新鍵，來破壞具有反平行自旋的正常化學鍵。

已知氧是親脂性分子，並且優先在脂質膜內部積聚，脂質膜相中的氧濃度比周圍水相中的氧濃度高 7-8 倍。這種親脂性的分配（配置；partitioning）受到光合作用過程中類囊體內部氧氣釋放的支持，導致類囊體膜中的氧氣濃度很高。

氧氣可以經由鐵氧化還原蛋白（ferredoxin）（天然）、或聯吡啶類除草劑（人工）從光合作用電子傳遞系統中接受電子，並形成超氧陰離子 $O_2^{\cdot-}$（圖 10.2）。超氧陰離子可充當氧化劑、或通過與第二個超氧陰離子相互作用而充當還原劑。實際上，一個 $O_2^{\cdot-}$ 分子經由提供電子來還原第二個 $O_2^{\cdot-}$ 分子，可產生一分子 $O_2$ 和一分子過氧化氫（$H_2O_2$）。過程中超氧化物歧化酶（superoxide dismutase）的活性大大地增加了這種自發反應，超氧化物歧化酶使葉綠體中的 $O_2^{\cdot-}$ 保持在 0.01 μM 以下。過氧化氫和超氧陰離子本身對細胞的危害不是很大，但是存在微量的鐵或銅離子則會產生非常活潑、且有毒性的羥基自由基（·OH）；過氧化氫在濃度超過 10 μM 時，經由使七庚二糖雙磷酸酶（seduheptulose-bis-phosphatase）失去活性而抑制卡爾文循環。

羥基自由基是經由已還原的鐵鹽或銅鹽還原過氧化氫所產生的，稱為 Fenton 反應（圖 10.2）。由於該反應產物具有潛在劇毒性，因此研究者懷疑在正常健康的葉綠體中是否存在 $Fe^{+2}$ 或 $Cu^+$。這些金屬會被特殊的結合蛋白和酵素隔離，且主要係以氧化態存在。但是，如果過量產生超氧陰離子（例如聯吡啶類除草劑存在的情況下），並且發生某些原始的和／或引發的破壞後，$Fe^{+2}$ 與 $Cu^+$ 變得可資利用，則會催化將 $H_2O_2$ 還原為 $OH^-$ 和·OH。羥基自由基以擴散控制的速率與不飽和膜脂質

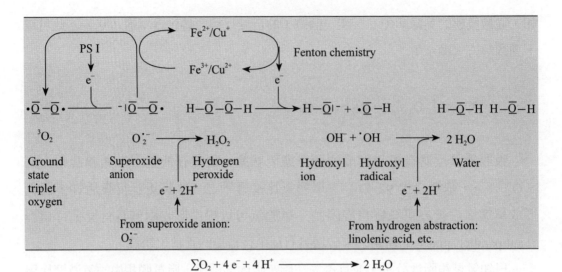

圖 10.2　藉由連續的電子供應使氧還原為水分子之四步驟。所提出之個別還原機制，以及參與分子、離子、及自由基如圖所示。

反應，並提取氫原子，從而形成水。新產生的不飽和脂質自由基則開始進行過氧化鏈反應。

　　總而言之，整個還原過程分為四個步驟，一個氧分子被四個電子依次還原，形成兩個水分子。在這四個電子中，三個來自光系統 I（一個直接來自光系統 I、一個來自 $O_2^{\cdot-}$、一個來自 $O_2^{\cdot-}$ 和 $Fe^{+2}/Cu^+$），只有一個來自不飽和脂肪酸。施用聯吡啶類除草劑後，正是該第四個電子引發脂質過氧化反應，並且羥基自由基似乎起了具高度反應活性中間物的作用。

## 10.3　脂質過氧化（Peroxidation of lipids）

　　類囊體膜的膜脂質中含有約 90% 的不飽和脂肪酸，主要是亞麻酸（linolenic acid）（Cl8：3）和一些亞油酸（linoleic acid）（C18：2）。這些成分有助於維持原本非常不均勻的類囊體膜具有流體特性（fluid character）。之前提及，氧氣係以 7-8 倍的程度濃縮進入脂質膜相，因此，無法預期類囊體膜中因除草劑作用產生的任何單態氧會迅速離開脂質膜相。而且，在非極性溶劑中 $^1O_2$ 的壽命介於 25 至 100

μs 之間，似乎足以允許其在膜系中、以及在水相和非極性相之間擴散。因此，推測單態氧將在膜系中擴散，並由於其親電子特性而與富含電子之官能基團反應。亞油酸和亞麻酸中存在這種官能基團，與單態氧的反應導致形成過氧酸（peroxy-acids）（圖 10.3）。

在不飽和脂質中引發過氧化反應的第二種氧族是氫氧根離子（hydroxyl ion）（圖 10.3）。最初產生的過氧自由基（peroxy radical）會從另一種不飽和脂肪酸中提取出第二個氫，從而使脂質過氧化鏈反應得以延續。隨後，可以經由還原的過渡金屬離子（$Fe^{+2}$ 或 $Cu^+$），再經由碳鏈裂解，將過氧化物脂肪酸還原為脂肪酸氧化物基團（fatty acid oxide radical），以形成醛和剩餘的短鏈烷烴鏈（alkane chain）。以此種方式，亞麻油酸產生乙烷（ethane）、而亞油酸則產生戊烷（pentane），兩者都出現在脂質過氧化過程中。藻類中則會產生一些完全不同的碳氫化合物，反映出這些生物體中不尋常的不飽和脂質。

通常，釋放的烷烴 / 烴鏈（alkane/hydrocarbon chain）的長度，等於超出脂肪酸雙鍵位置（ω- 位置）之外的 C- 原子數，而此雙鍵位置係最遠離羧基（carboxyl group）者。因此，釋放的烷烴長度為 ω-1。在不飽和脂質的過氧化反應過程中也會形成大量丙二醛，且易於測量。在自然或人為逆境下可導致過氧化反應的其他分子，包括乙醇、乙醛、和乙烯。乙烯幾乎完全是作為二次誘導的逆境反應所形成的。此種「逆境誘導的」乙烯的合成，可以被酶促乙烯合成抑制劑 AVG（aminoethoxyvinylglycine）阻止，此說明乙烯不是直接由脂肪酸分解代謝所形成的。

前述和圖 10.3 中所描述的脂質過氧化的化學反應，當然是將類囊體膜中所發生的許多複雜反應、過氧化反應、和相互作用過度簡化。其中單態氧亦可與其他帶有充足電子的分子發生反應，例如胺基酸中的組胺酸（histidine）、甲硫胺酸（methionine）、和色胺酸（tryptophan）。因此，過氧化反應不是僅限於脂質，還可以擴展到蛋白質、核酸〔最主要是鳥糞嘌呤（guanine）〕、和色素等。其他類別的化合物可能會猝滅單態氧、並與之反應，例如酚類α- 生育酚（α-tocopherol）（維生素 E）和某些胺類（amines）。高活性羥基自由基可以類似的方式（在此情況下經由氫萃取方式）與許多其他分子相互作用，但不包括不飽和烴鏈（hydrocarbon

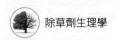 

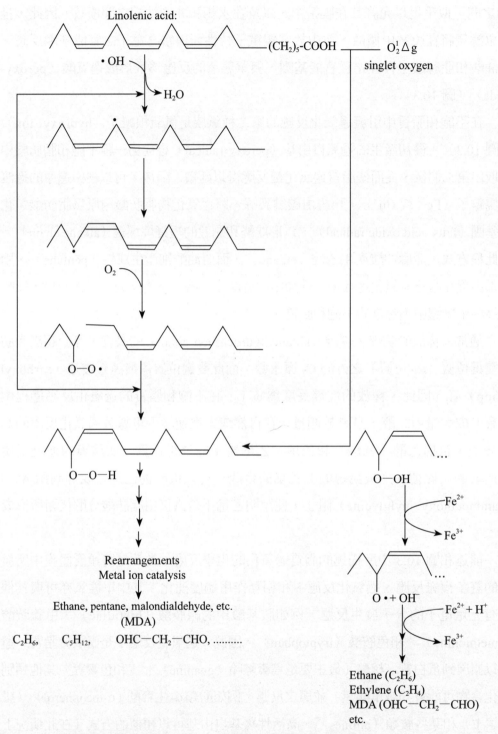

圖 10.3 經由單態氧及羥基自由基（•OH），將聚不飽和脂肪酸（polyunsaturated fatty acids）過氧化。

chains）。由此產生的自由基分子進一步反應，並開始氧化和過氧化鏈反應。色素通常會被這些氧化／過氧化作用所漂白，在除草劑施用後很容易發現這種作用。

　　植體內單態氧的過度形成，不僅是由光系統 II 電子傳遞抑制型除草劑所引起，光動力染料（photodynamic dyes），如玫瑰紅（rose bengal）、曙紅（eosin）、和金絲桃素（hypericin）亦可導致單態氧產生、色素漂白、和植物組織的破壞。另外，一些植物次級（二次）代謝物也會在吸收光能後產生單態氧。據推測，這種單態氧的形成在植物對抗病原體的防禦中起了作用。另一方面，許多植物代謝產物具有抗氧化活性，並且可以作為天然產生的單態氧的猝滅劑（quenchers）。人工單態氧猝滅劑 DABCO 可以此方式降低光系統 II 抑制劑的除草劑活性。

## 10.4　保護系統（Protective systems）

　　植物體內在保護系統的重要性在於避免因活化氧族（activated oxygen species）產生所造成的損害。存在細胞中的保護系統可抵消大多數高活性、或中間性分子，即單態氧（singlet oxygen）、超氧陰離子（superoxide anion）、過氧化氫（hydrogen peroxide）、三態葉綠素（triplet chlorophyll）、及脂質過氧化物自由基（lipid peroxide radicals）等。在羥基自由基的案例中，植物所採取之保護策略似乎主要是避免其生成。然而，藉由 α- 生育酚（α-tocopherol）猝滅脂質過氧化自由基，似乎也可以終止由羥基自由基所引發的連鎖反應。

　　於方案 10.1 中列出了一系列可消除超氧陰離子和過氧化氫的反應。在光合作用正常環境波動過程中，例如從弱光轉移到強光之後、在黃化組織變綠期間、或在水分逆境的情況下（限制二氧化碳供應），植體內會產生超氧陰離子、和過氧化氫。葉綠體基質和類囊體中存在的超氧化物歧化酶大大地提高了超氧化物歧化作用（dismutation）的自發速率（在 pH 7.0 時，二級速率常數（second order rate constant）為 $10^5$ $M^{-1}$ $s^{-1}$），並讓超氧陰離子（$O_2^-$）保持在 0.01 μM 濃度以下。

(a) $O_2^{\cdot-} + O_2^{\cdot-} + 2\,H^+ \rightarrow O_2 + H_2O_2$

(b) $2\,O_2^{\cdot-} + asc. + 2\,H^+ \rightarrow 2\,H_2O_2 + DHasc.$

(c) $2\,DHasc. + 4\,H_2O \leftarrow 2\,H_2O_2 + 2\,asc.$

(d) $DHasc. + 2\,GSH \rightarrow asc. + GSSG$

(e) $NADP^+ + 2\,GSH \leftarrow NADPH + H^+ + GSSG$

(f) $O_2 + 2\,H_2O \leftarrow 2\,H_2O_2$

方案 10.1　活化氧族超氧陰離子與過氧化氫解毒作用中參與之酵素性及自發性反應。(a) 超氧歧化酶（superoxide dismutase），(b) 自發性，(c) 抗壞血酸鹽過氧化酶（ascorbate peroxidase），(d) 脫氫抗壞血酸鹽還原酶（dehydroascorbate reductase），(e) 穀胱苷肽還原酶（glutathione reduatase），(f) 觸媒（catalase）。

　　超氧化物也可以直接被抗壞血酸鹽 (b) 還原，抗壞血酸鹽 (b) 以 5 至 15 mM 的濃度存在於葉綠體基質中。該反應機制比方程式 (b) 所示更加複雜，此為逐步還原反應，包括以單脫氫抗壞血酸鹽（mono-dehydroascorbate）作為中間產物。雖然觸酶（過氧化氫酶）可以破壞反應 (a) 和 (b) 的產物過氧化氫，但過氧化氫酶不是存在於葉綠體的酵素，而是以高活性狀態存在於過氧化體（peroxisome）中。由於經常發現過氧化體與葉綠體緊密相關，並且因 $H_2O_2$ 可以自由擴散並穿透膜，因此過氧化體中之過氧化氫酶在某些條件下可能會明顯破壞 $H_2O_2$。

　　已知過氧化氫酶會被濃度較高的除草劑 aminotriazole（0.1-1 mM）強烈抑制。在葉綠體中耗散 $H_2O_2$ 的主要反應是由抗壞血酸鹽過氧化酶所催化，該酵素產生脫氫抗壞血酸鹽和水 (c)，而反應 (d) 和 (e) 則是經由脫氫抗壞血酸鹽還原酶、和穀胱苷肽還原酶的序列活性得以再生抗壞血酸鹽（方案 10.1）。綜上所述，用於消散潛在有害氧族 $O_2^{\cdot-}$ 和 $H_2O_2$ 的還原當量（reducing equivalents）係經由 NADPH，其最終來自於光合作用電子傳遞系統。因此，當除草劑抑制電子流時，不僅增加了活化氧族的產生，且間接地抑制了還原酶去除活化氧族的反應。結果，發現在除草劑處理過的組織中，抗壞血酸鹽和穀胱苷肽的含量迅速降低。

　　正常植物可以在一定程度上適應高氧（hyperoxygenic）狀況。在 75% $O_2$ 大氣下生長的植物體內，其穀胱苷肽還原酶會增加。通常，細胞內穀胱苷肽約有 60%

存在於葉綠體中，這些穀胱苷肽約有 70% 係以還原態（GSH）存在；而細胞質中的穀胱苷肽則則有 97-98% 以還原態形式存在。隨著植物變老，其還原性防禦反應的能力、以及抗壞血酸鹽和穀胱苷肽的濃度會降低。因此，在較老的植物組織中會累積過氧化的脂質，尤其是在老化的植物組織中。在這些組織中細胞膜失去其流動性和半透性，並且組織逐漸惡化。

在前面已經提及用類胡蘿蔔素淬滅過量的活化葉綠素狀態。在類囊體膜系中，葉綠素與大量輔助色素（胡蘿蔔素、葉黃素）以及其他保護性分子（如 α- 生育酚）有緊密相關（圖 10.1）。β- 胡蘿蔔素、α- 生育酚、和抗壞血酸鹽也可用於淬滅單態氧，此單態氧係在色素系統中經由能量溢出而不斷地產生。另外，α- 生育酚經由提供電子而與脂質過氧化物自由基（而不是另一種不飽和脂質）反應，從而終止過氧化鏈反應。該反應中產生的 α- 生育酚自由基可被抗壞血酸鹽還原成 α- 生育酚，而 α- 生育酚也能與羥基快速反應。

總之，植物含有令人印象深刻的防禦反應，用以應對光照下色素系統產生氧的特殊情況。儘管葉綠素是一種對光和氧非常敏感的色素，但它與色素淬滅劑（pigment quenchers）和活化氧族清除劑（scavengers）緊密結合，即使在過度輻射、或強烈的環境波動下，也能提供高度穩定而最佳的光合速率。因此僅僅在具有與光合系統相互作用機制之除草劑存在下，這些保護系統才會超過負荷，最終導致產生除草活性，而這些不同的相互作用機制則包括：

(1) 經由抑制光合電子傳遞產生單態氧。
(2) 經由將電子從光系統 I 轉移到氧氣、而產生超氧陰離子。
(3) 經由干擾去飽和酶活性、或類胡蘿蔔素生合成途徑中的初期反應步驟，來抑制類胡蘿蔔素生合成，從而導致類囊體膜不穩定。
(4) 誘導大量的四吡咯生合成，導致過度的光敏氧化（photosensitized oxidations）。
(5) 其他類型的色素漂白（pigment bleaching）。

## 10.5 誘導褪綠（黃化）之不同類型（Different types of chlorosis induction）

褪綠（黃化；chlorosis）主要是一種視覺症狀，由於易於觀察和測量，因此通常在施用除草劑後成為調查報告之重點。然而，褪綠萎黃的視覺症狀並無法告訴我們其產生此種情況之根本機制。但若能知道發生萎黃褪綠的必要條件時，則可以獲得其他信息。例如，研究者可能會問及以下問題：

(1) 萎黃褪綠是在弱光下、還是僅在強光下發生？

(2) 僅新近發育的組織（在施用除草劑後形成）發生了褪綠黃化，還是在已存在的綠色組織也因除草作用而漂白褪綠？

(3) 組織是否被均勻漂白、或萎黃僅限於某些類型的組織？

(4) 組織是完全白色的、還是呈現淡黃色？

上述這些問題的答案有助於對代謝相互作用的類型進行分類。至於其他的測量，例如乙烷（ethane）的釋放、丙二醛（malondialdehyde）的產生、或八氫番茄紅素（phytoene）的累積，均可大大地有助於確定除草劑的主要作用部位。

當在黑暗或強光下施用類胡蘿蔔素生合成抑制劑時，所產生新的組織基本上會呈現白色。然而，在弱光下，則會產生淺綠色的組織。在弱光下經處理過呈現綠色的組織置於強光下會轉變為白色，同時產生光氧化產物，如乙烷和丙二醛。但是，當用類胡蘿蔔素生合成抑制劑處理時，未經處理的綠色組織則無明顯影響。

光合作用電子傳遞的抑制劑可將葉片漂白成純白色，此決定於輻照度（照射度，irradiance）、除草劑在組織中的分佈、以及光合作用活性。由於親脂性化合物〔例如，草滅淨（simazine）〕這種除草劑的移動受限，故所引起的褪綠作用通常侷限於葉脈區域。相反地，如果除草劑分佈能更均勻，則在葉脈之間區域的高光合作用活性將可增強這些區域的褪綠作用。因此，較具親水性的化合物〔例如，滅必淨（metribuzin）〕可均勻地分佈至葉片，引發更均勻的褪綠，顏色從黃色、或淺綠色，至白色。

光系統 II 抑制劑被植物根部吸收後，其產生之褪綠黃化作用係緩慢進行。但

是，若改以葉面噴施，則這些化合物會迅速地作用，致使幾乎沒有時間進行色素漂白。在此種情況下，膜脂質過氧化反應迅速發生，導致壞死（necrosis）和乾燥。其他干擾光合作用色素系統的除草劑也是如此：除草劑緩慢作用時優先產生褪綠黃化作用，而快速作用時則導致壞死和乾燥。

# CHAPTER 11

## 微管干擾劑
### Microtubule disruptors

　　植物的細胞骨架是由微管（microtubules）及微絲（或稱肌動蛋白絲，microfilaments）兩種初級結構所構成。這些蛋白質的構成要素形成一個動態的、三度空間網路，在細胞分裂、生長、和形態發生（morphogenesis）上，提供了細胞的形式和功能。顯然地，任何具有會干擾植物細胞內這些結構的特定功能者，均可能成為除草劑。有許多除草劑和植物毒素（phytotoxins）會干擾細胞分裂、生長、和／或形態發生。然而，多數案例中對於這些過程的影響是屬於間接性的，其主要係經由影響植物骨架外之分子作用位置。通常，一個除草劑化合物並非直接地影響微管，而是在細胞間期（interphase）停止細胞分裂且阻止其進入有絲分裂（mitosis）。會直接影響微管的化合物通常會導致細胞處於有絲分裂狀態的比例增加。

　　相當多的文獻研究關於藥物化合物（pharmaceutical compounds）、殺菌劑、殺線蟲劑，對於真菌和動物細胞微管的直接影響。多年來，已有更多證明除草劑可直接影響植物細胞之微管。

## 11.1　微管的組成和功能（Microtubule composition and function）

　　植物和動物的微管共同擁有許多特徵，然而也有許多的差異。例如，植物的微管似乎比動物細胞的微管有較多的連接橋（或稱架橋、橫橋，cross-bridge），且其對各種化學藥品的敏感度通常不同於動物的微管蛋白（tubulin）。此種差異性提供了除草劑設計的先決條件，可完全以植物細胞微管蛋白作為除草劑的作用對象，而對於哺乳動物的微管蛋白則無影響。然而，許多關於植物微管的研究係根據動物研究所做之假設與推斷。

　　所有微管均由 α-tubulin 和 β-tubulin 以異（質）二聚體（heterodimer）形式聚集組成（圖 11.1）。這兩個次單位有類似的分子量、且形成之二聚體分子量約為110 KD。在相同的物種內，α-tubulin 和 β-tubulin 之間約有 50% 的相似性，讓人聯想到有共通的演化起源。因動物微管蛋白的抗體通常會與植物微管蛋白產生交互反應，此表示在抗原位置（antigenic site）上具有同源性（homology）。儘管玫瑰 β-

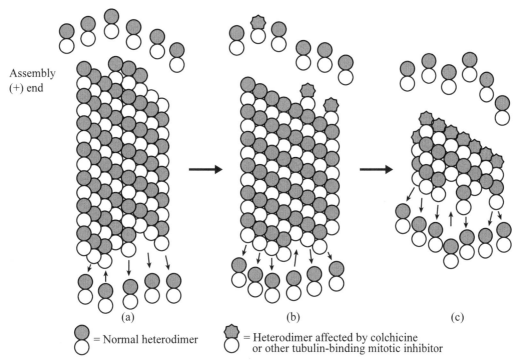

Assembly
(+) end

◯ = Normal heterodimer    ◯ = Heterodimer affected by colchicine
                              or other tubulin-binding mitotic inhibitor

圖 11.1　所有微管均由 α- 微管蛋白和 β- 微管蛋白的蛋白質異二聚體的聚合組件所組成。

微管蛋白的抗體能與腦組織 β- 微管蛋白發生交叉反應，但在 α- 微管蛋白之間並無類似的交叉反應。

在一個細胞內不同的微管蛋白顯然可以用來合成不同類型的微管。此外，也發現有微管蛋白特殊的後轉錄修飾作用（posttranslational modifications）。微管蛋白同型（isotypes）可能是基因型或後轉錄差異所致。在各種高等植物中已經發現有多重的微管蛋白同（質）型，但無法確定是否特定的微管同型（microtubule isotypes）都是由特定微管蛋白透過相同的方法修飾的單聚合物。假使不是，則各種微管蛋白和後轉錄修飾作用將導致微管同型有幾乎無限多種特性。這項發現表示，體內的異聚微管（heteropolymeric microtubules）會在體外使胡蘿蔔的所有微管蛋白同型發生共聚合，甚至植物和腦組織之微管蛋白也會發生共聚。

但是，幾乎可以肯定的是，特定類型的微管係由特定的微管蛋白同型所組成。例如，萊茵衣藻（*Chlamydomonas reinhardtii*）的鞭毛微管蛋白不包含未修飾的微

管蛋白基因產物，但可藉由轉譯後加工產生特定微管蛋白同型。

　　從大量間接證據中可推測高等植物中存在微管異質性（heterogeneity）。例如，根據微管對於各種秋水仙鹼和冷劑、以及對各種固定劑的不同穩定性表現，顯示出微管有不同的類型。微管蛋白的不同類型可以為微管異質性提供基礎，此異質性也可能是由於微管相關蛋白（microtubule-associated proteins; MAPs）的差異所致。微管是具高度彈性的圓柱體，且有微管蛋白二聚體的螺旋鏈壁。此結構已經由體內（in vivo）和體外（in vitro）試驗之電子顯微照片證實。在皮層細胞的微管，其圓柱體係由 13 條螺旋微管蛋白之細絲（filaments）所組成。微管的直徑為 25 nm，可變長度可達數 μm 以上。活細胞中的微管蛋白係在游離微管蛋白（free tubulin）和微管（microtubules）之間呈現動態循環。分配到微管中的微管蛋白比例可以相差很大，甚至高達 90%。當微管蛋白處於適當的環境中時，微管會自發地組裝。從游離微管蛋白開始，微管組裝是一個兩段過程，從縮合（condensation）或成核（nucleation）開始，然後聚合（polymerization）。

　　微管蛋白之組裝顯然主要發生在微管的一端（＋ 或 A），而拆卸主要發生在另一端（- 或 D；圖 11.1）。因此，僅當組裝和拆卸達平衡時，微管才呈現恆定長度的極性結構。添加到微管組裝末端的微管蛋白最終將從另一末端解離，此過程稱為「消長現象（treadmilling）」。極性是微管功能的基本特徵，而任何有利於組裝或拆卸的因素都會導致微管延長或縮短。

　　有許多因素，包括微管蛋白濃度過低、高濃度的 $Ca^{+2}$、以及不適當的 pH 值或溫度，均可提高解離速度。在某些條件下的快速變化會導致整個微管以非極性方式發生災難性的解聚反應（depolymerization）。微管蛋白異二聚體顯然組裝成異二聚體 - 鳥苷三磷酸（guanosine triphosphate; GTP），並分解為異二聚體 -GDP。結合到微管的異二聚體中的鳥糞嘌呤核苷酸（guanyl nucleotide）的形式是未知的。異二聚體 -GTP 庫（pool）本質上是能夠聚合的微管蛋白庫。因此，任何會影響 GTP 供應的因素都可能強烈地影響微管的形成。游離的微管蛋白異二聚體會在後轉錄層次上抑制微管蛋白的合成（圖 11.2）。因此，任何引起解聚或抑制微管聚合的物質都會抑制微管蛋白的合成。相反地，增加聚合反應和／或減少解聚反應將刺激微管蛋白合成。

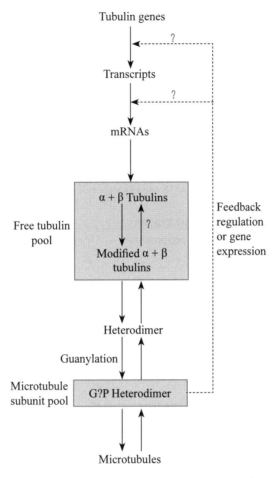

圖 11.2　微管蛋白庫（pool）移動進入異二聚體及微管之模式。

　　在萊茵衣藻（*Chlamydomonas Reinhardtii*）中，經由溫和的酸處理去除鞭毛（flagellum）會顯著增加微管蛋白的合成和聚合，而導致鞭毛再生。約遲滯 15 分鐘後開始再生，且全部四個微管蛋白基因（兩個 α 和兩個 β）表現均被活化。該系統已用於研究除草劑對微管蛋白的作用。在細胞質內有某些區域稱為微管組織中心（microtubule-organizing centers; MTOC），其解聚末端顯然被「加蓋（capped）」，從而防止了在此末端的解聚（拆卸）和聚合（組裝）。MTOC 是微管起始的位點，其作用有時也稱為成核作用（nucleation）（圖 11.3）。

　　在動物和低等植物中，中心粒（centriole）或類似中心粒的結構在細胞分裂時於組織微管當中，扮演 MTOC 的角色。

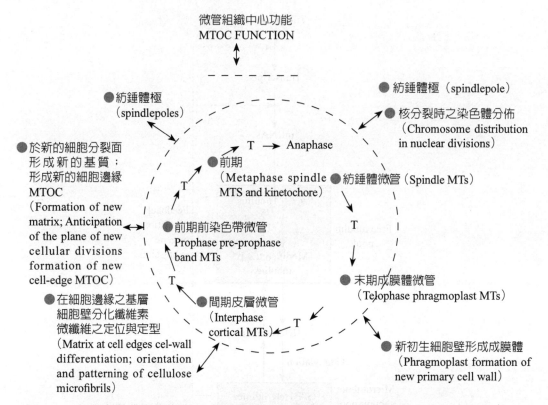

圖 11.3　方案中概述微管參與了多種植物細胞過程。MT 表示微管（microtubule），T
　　　　表示微管蛋白（tubulin），MTOC 表示微管組織中心（microtubule-organizing
　　　　center）

　　細胞核被膜、胞器被膜、與細胞壁沉積相關的小囊泡、以及著絲點
（kinetochore）均具有 MTOC 特性。微管可以與多種 MAP 共聚，雖然對於植物中
這些蛋白質知之甚少，但已顯示其等對動物微管的聚合和功能具有深遠的影響。例
如，某些 MAP 降低了開始自行組裝微管時所需的微管蛋白異二聚體的臨界濃度。

　　動物和植物 MAP 之間的進化差異，顯然比其微管蛋白之間的進化差異更大，
因爲這些蛋白之間幾乎沒有免疫化學交叉反應。以往由於缺乏此類抗體，也阻礙了
植物中 MAPs 的研究。其後，經由胡蘿蔔細胞中分離出非微管蛋白之蛋白質，直接
證實了植物體之 MAP，該蛋白可與微管蛋白結合、並促進微管蛋白的聚合。

　　這些蛋白以規則的間隔附著在微管上，並在體外（in vitro）研究中發現可引起
微管的束縛，這與在體內（in vivo）研究中觀察到的情況非常相似。經由免疫螢光

（immunofluorescence）顯微鏡檢查，發現體內有分子量 76,000 之 MAP 與皮層微管相關。除上述這些活性外，微管還爲細胞質提供內部結構，並在某種程度上形成細胞骨架。利用免疫細胞化學方法也增強了我們對細胞中微管排列和功能的了解。

在高等植物中，微管在細胞分裂中的功能〔有絲分裂（mitosis）、和胞質分裂（或稱細胞質分裂、質裂，cytokinesis）〕相當明顯。職司組織和分離染色體的有絲分裂紡錘體係由微管所組成。在前期（prophase），著絲點上的微管組裝很激烈，在將要形成的兩個新細胞的兩極之間形成網絡。在中期（metaphase），微管形成紡錘體，該紡錘體將染色體定向在有絲分裂細胞之中心平面上。而在前期晚期（late prophase），有絲分裂紡錘體的兩極開始變得明顯。在兩極區域之細胞膜比在多數其他細胞質區域更爲集中。在後期（anaphase），染色體分離、並沿著微管移動到細胞的相對末端。

在末期（telophase），微管在細胞質分裂和細胞壁形成中發揮作用，該細胞壁經由成膜體（phragmoplast）將兩個新細胞分開。儘管細胞質分裂是細胞分裂的一部分，但是與成膜體相關的微管是分離的，並且與紡錘體之微管不同。成膜體的微管將其 + 端朝向發育中的細胞板，而與有絲分裂紡錘體和成膜體微管相關的 MTOCs，則尚未被清楚描述。

沿著細胞壁，在原生質膜內部可發現皮層微管陣列。經由免疫螢光顯微鏡檢查可顯示皮層微管複雜的網狀陣列，此亦定義了細胞骨架（cytoskeleton）。儘管一些研究人員質疑微管在細胞壁形成中的作用，但有些證據強烈暗示了這種關聯性。

破壞微管的情況下會阻止或破壞細胞壁的生長。此外，牛筋草（goose-grass; *Eleucine indica*）生物型（biotype）因具有突變型 β- 微管蛋白，故其偶爾會出現雜亂無規則的細胞壁。細胞壁成分的酵素與這些微管陣列之間是否存在直接聯繫，則尚不清楚。

## 11.2 微管干擾劑（Microtuble disruptors）

**1. 重大效果與方法（gross effects and methods）**

許多商業除草劑可減緩或抑制有絲分裂；然而，幾乎沒有除草劑被證明可直

接影響微管蛋白或微管。單純地減緩或阻止分生組織的代謝，並不會導致處於中期（metaphase）細胞的比例增加，也不會導致畸形細胞壁的產生。透過皮層微管功能障礙的證據，例如細胞壁排列紊亂、細胞腫脹、和缺乏二次細胞壁增厚，提供了進一步的證據，說明除草劑化合物可能與微管蛋白相互作用。

根部生長停止、以及伴隨的根尖腫脹，通常是除草劑和其他化學物質干擾微管的第一條線索。為避免與二次效應（secondary effects）混淆，研究應以造成生長降低 50% 至 90% 的化合物的濃度處理，並應在首次觀察到生長抑制後不久（通常在處理後不到 24 小時）進行評估。

化合物對微管的直接干擾可以從幾個觀察結果中推斷出來。其中最簡單且最經典的方法是確定該化合物對分生組織有絲分裂的作用，其重點是有絲分裂過程中的染色體模式。圖 11.4 說明了幾種影響微管或有絲分裂像（mitotic figures）的化合物作用。

第一種引起細胞學家注意的抗有絲分裂劑是秋水仙鹼（colchicine），秋水仙鹼是一種植物性生物鹼，可通過減緩和阻止（停滯）有絲分裂、顯著增加植物分生組織中有絲分裂像（mitotic figures）的數量，使許多細胞在任何特定時間均處於異常的前中期（prometaphase）。較間接終止有絲分裂的除草劑（例如通過干擾代謝），通常會減少有絲分裂像，因其阻止蛋白質、核酸、或其他有絲分裂必需品的合成。

除了秋水仙鹼，許多其他天然的合成化合物也有類似的影響，表 11.1 所提供之除草劑都會引起相同的作用，實際上這些影響等同是因秋水仙鹼所引起的影響。大部分這些化合物是直接影響微管蛋白。

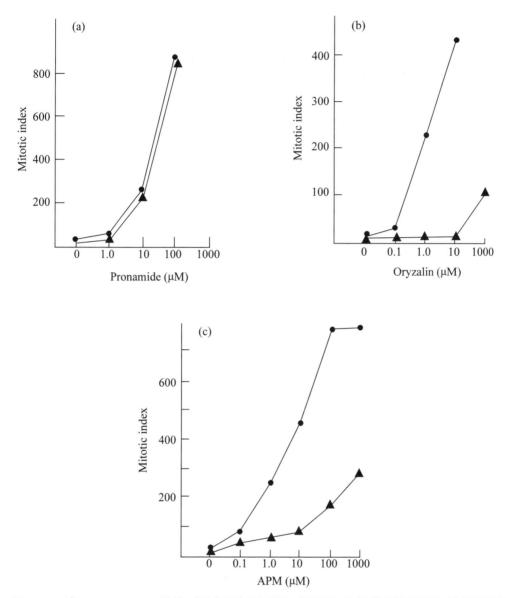

圖 11.4　在 dinitroaniline 抗性（三角形）及感性（圓形）牛筋草生物型經有絲分裂抑制性
除草劑不同濃度處理後，其細胞之有絲分裂指數（mitotic indices；指每 1,000 個
細胞中，具有停滯有絲分裂像的細胞數目）。

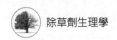

表 11.1 引起高等植物中細胞滯留在前中期（prometaphase）、或是細胞壁紊亂之商業化
除草劑。表內次標題可視為所觀察到之主要效應。

| Herbicide | Genera affected | Reference |
|---|---|---|
| Interference with mitotic spindles | | |
| Amiprophos-methyl | *Daucus* | 28 |
| | *Solanum* | 28 |
| | *Happlopappus* | 28 |
| Asulam | *Allium* | 29 |
| | *Apium* | 30 |
| Barban | *Vicia* | 31 |
| | *Triticum* | 32 |
| Butamifos | *Allium* | 33 |
| Carbetamide | *Allium* | 34 |
| Chlorpropham | *Vicia* | 31 |
| | *Allium* | 35 |
| | *Hordeum* | 35 |
| | *Glycine* | 36 |
| DCPA | *Setaria* | 37 |
| Nitralin | *Zea* | 38, 39 |
| Oryzalin | *Zea* | 38 |
| Pendimethalin | *Allium* | 40 |
| Pronamide | *Avena* | 41 |
| | *Cucumis* | 41 |
| Propham | *Pisum* | 42, 43 |
| | *Secale* | 44 |
| | *Allium* | 45 |
| | *Avena* | 45, 46 |
| | *Haemanthus* | 47, 48 |
| | *Vicia* | 49 |
| | *Gossypium* | 49 |
| Trifluralin | *Haemanthus* | 50 |
| | *Gossypium* | 51 |

| Herbicide | Genera affected | Reference |
|---|---|---|
| | *Allium* | 52, 53 |
| | *Nicotiana* | 54 |
| Dysfunction or lack of cortical microtubules | | |
| Amiprophos-methyl | *Triticum* | 55 |
| Barban | *Triticum* | 32 |
| Chlorthal-dimethyl | *Avena* | 56 |
| Oryzalin | *Zea* | 57 |
| Pronamide | *Avena* | 41 |
| | *Cucumis* | 41 |
| Propham | *Allium* | 58 |
| | *Haemanthus* | 59 |
| Trifluralin | *Glycine* | 60 |
| | *Allium* | 61, 62 |
| | *Triticum* | 61 |
| | *Gossypium* | 62 |

　　針對化合物對微管陣列和單個微管結構影響所進行的超微結構和免疫細胞化學觀察，也提供了直接參與微管蛋白的證據。但是，除非效果迅速顯著，否則這些方法無法區分化合物對微管蛋白、或微管的作用是直接或間接作用。例如，嘉磷塞已顯示其引起根尖腫脹、微管丟失的超微結構跡象、以及微管蛋白含量降低。然而，已知嘉磷塞是屬於抑制胺基酸合成的作用，並且最終影響蛋白質的合成，也許對 $Ca^{+2}$ 濃度的作用，間接地發揮這些作用。這些間接作用比已知與微管直接相互作用的化合物所觀察到的作用要慢得多。

　　萊茵衣藻的鞭毛可用於研究微管蛋白的合成及其聚合成微管。可以經由溫和的酸處理除去其兩個鞭毛，然後在短暫的（12-15 分鐘）遲滯之後觀察到微管蛋白的合成和鞭毛的形成。

## 2. 微管功能的非商業性抑制劑（**noncommercial inhibitors of microtubule function**）

　　對於秋水仙鹼的研究最多，秋水仙鹼是一種來自秋番紅花（*Colchiaim alltumnale*）的生物鹼，已被用作抗癌藥劑。研究證明其可以在體外（in vitro）以 1:1

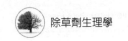

的化學計量比，直接結合到動物微管蛋白異二聚體上。其初始結合快速且可逆，但是，其後緊接著是緩慢而緊密的結合。

「異二聚體—秋水仙鹼」複合物（heterodimer-colchicine complex）結合到微管的＋端，並阻止隨後的聚合；或是將聚合反應導向非微管產品。因此，結合的「異二聚體—秋水仙鹼」複合物，可抑制更多的微管蛋白的添加（無論是否與秋水仙鹼配位）。這是因爲秋水仙鹼本身在空間上是結合到異二聚體的連接位點，還是因爲其引起微管蛋白的構形變化（conformational change），關於此點尚不清楚。在某些條件下，「異二聚體—秋水仙鹼」複合物上的異二聚體附著位點是可用的。但是，所形成的聚合物不是微管。

「異二聚體—秋水仙鹼」複合物與微管的結合是可逆的，結合常數與未配體的異二聚體（unliganded heterodimer）基本相同。因此，經秋水仙鹼處理後的細胞中，微管的長度和數量均減少。利用秋水仙鹼類似物，如鬼臼毒素（podophyllotoxin）、托酚酮甲基醚（tropolone methyl ether）、N- 乙醯甲斯卡靈（N-acetylmescaline）、MTC〔甲氧基 -5-(2,3,4- 三甲氧基苯基 )-2,4,6- 環庚三烯 -1-1(methoxy-5-(2,3,4-tri-methoxyphenyl)-2,4,6-cycloheptatriene-l-one)〕、及 MTPC〔2- 甲氧基 -5-(3-)3,4,-5- 三甲氧基苯基 ) 丙醯胺 )-2,4,6- 環庚三烯 -1- 酮 (2-methoxy-5-(3-(3,4,-5-trimethoxyphenyl)propionylammo)-2,4,6-cycloheptatriene-l-one)〕所進行之結構活性關係（structure-activity relationship）研究中，顯示托酚酮環（tropolone ring）和三甲氧基苯基環（trimethoxyphenyl ring）兩者均結合於微管蛋白上。

秋水仙鹼對植物的有絲分裂抑制作用比動物低約三個數量級（three orders of magnitude），且結合之親和力也低得多。產生秋水仙鹼的秋番紅花對秋水仙鹼的抗性是其他植物種類的 100-1,000 倍，此抗性機制尚不清楚。顯微鏡研究說明秋水仙鹼對於不同類型微管之影響有不同程度差別，究竟是由於構成微管的微管蛋白的不同化學特性所致、還是其他因素，尚不清楚。

在植物細胞中，秋水仙鹼會破壞細胞分裂和細胞壁形成，這兩個最容易觀察到的過程取決於微管。在停滯的前中期，有時稱爲 C 中期（C-metaphase）、或 C 有絲分裂（C-mitosis）（「C」表示秋水仙鹼），發現了不成比例的分生細胞。這種異常的有絲分裂狀態有時會錯誤地等同於中期，此狀況與前中期的正常染色體不

同，在超結構層次上並沒有觀察到微管與秋水仙鹼處理過的細胞染色體相關聯。

細胞分裂中期停滯後，染色分體（chromatids）分離，核膜在染色體周圍重新形成，造成多倍體（polyploid）細胞，並具有不規則、裂片狀的細胞核。在解剖學層次上，秋水仙鹼會導致縱向生長停止和根尖腫脹。對於細胞壁成分的合成、或蛋白質分泌則尚未發現有直接的影響。

研究證明其他幾種植物來源的有絲分裂破壞劑會直接影響微管蛋白。這些藥劑包括鬼臼毒素（podophyllotoxin）、長春鹼（vinblastine）、長春新鹼（vincristine）、美登素（maytansine）、和紫杉醇（taxol）。如上所述，鬼臼毒素是秋水仙鹼類似物，儘管其效率較低，同樣是以與秋水仙鹼基本相同的方式發揮作用。

長春花生物鹼，即長春鹼和長春新鹼〔係長春花（*Vinca rosea*）的兩種產物〕、和美登素（maytansine），均藉由與微管蛋白結合的方式抑制微管聚合。基於幾乎相同的結合親和力，長春花生物鹼顯然在 α- 和 β- 微管蛋白兩個亞單位之間具有高度同源性的位置上，與其結合。

長春鹼和長春新鹼不會停止微管蛋白之聚合反應；但其可在體外（in vitro）誘導微管蛋白聚集成雙螺旋晶體，而該晶體由兩個直徑約 18-20 nm 的微管原纖維（protofilament）螺旋組成。在活體內，於處理過的植物細胞中則尚未觀察到這些晶體。在植物中，這些化合物經由減緩有絲分裂的進入、並破壞正常的紡錘體發育和功能來抑制有絲分裂。這表現在多極分裂（multipolar divisions）和類秋水仙鹼前中期（colchicine-like prometaphases）。這些生物鹼也可穩定秋水仙鹼與植物微管蛋白的結合。美登素可以競爭性地抑制長春花生物鹼與微管蛋白的結合，阻止長春花生物鹼誘導的晶體形成，並且也是微管蛋白聚合的有效抑制劑。與其他植物來源的有絲分裂抑制劑相比，美登醇（maytansinoids，細胞毒性藥物）在破壞動植物的有絲分裂方面非常有效。在植物中，美登素在有絲分裂細胞中則引起類秋水仙鹼作用。

紫杉醇〔taxol，一種來自紫杉（*Taxus brevifolia* L.）的雙萜（diterpene）〕的作用與大多數其他有絲分裂抑制劑的作用截然不同。其在植物和動物細胞中都強烈地促進微管蛋白聚合成微管。因此，其可用於促進微管蛋白的體外聚合。與類秋水

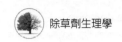

仙鹼有絲分裂抑制劑一樣，在紫杉醇處理的分生組織中細胞多停滯於前中期。微管的超穩定性阻止了染色體的移動。在體外，紫杉醇處理下可導致更多、但更短的微管，顯然是由於小管聚合反應（tubule polymerization）的啟動（成核）增加所致。在紫杉醇存在下，微管蛋白聚合反應的引發更快，並且聚合所需的微管蛋白的臨界濃度較低。多數證據表示，紫杉醇係與微管結合、而不是直接與微管蛋白次單位結合；其強烈地阻礙或防止已經形成的微管解聚，並減少了微管的消長現象（指細胞骨架；treadmilling）。

秋水仙鹼不會結合在紫杉醇的結合位置上；然而，顯然其可藉由消除微管而阻止紫杉醇的結合。紫杉醇的獨特作用機制使其在探測與微管蛋白相互作用的除草劑的作用機制和抗性機制方面極為有用。

### 3. 二硝基苯胺類除草劑（dinitroaniline herbicides）

二硝基苯胺類除草劑，如硝胺（nitralin）、三氟林（trifluralin）、和稻草素（oryzalin）（圖 11.5）均是萌前除草劑，主要用於控制雙子葉作物田間的禾草類雜草。在植物細胞中，這些除草劑與秋水仙鹼引起的有絲分裂和超微結構效應相似，但比秋水仙鹼更有效；然而，對於多數動物細胞的有絲分裂並沒有影響。這些除草劑會阻止根尖生長，並導致根尖腫脹，此種反應與秋水仙鹼誘導的腫脹無法區別。此外，這些除草劑還抑制 IAA 誘導的胚芽鞘節段的細胞伸長，且在根尖發生腫脹之前，其伸長活動已經停止。腫脹現象則是因為皮層細胞微管協調的細胞縱向生長喪失所致。細胞生長變得等徑（isodiametric），沒有微管控制方向。三氟林通常在濃度接近 1.0 μM 時對植物細胞有效。

在其他綜合論述中，早期已經詳細考慮了二硝基苯胺類除草劑的作用模式，但是花了很多年最終才將這些作用與針對微管蛋白的直接作用聯繫起來。三氟林和稻草素處理會導致幾種類型的植物細胞，包括分生組織和胚乳細胞的所有微管丟失。

使用微管蛋白抗體進行的免疫螢光研究顯示，藻類（*Mougeota* sp.）和高等植物的根尖細胞經稻草素（oryzalin）處理過即造成細胞內微管迅速喪失。至於非禾本科單子葉植物和雙子葉植物，則需要較長的時間才能產生此種效應。在任何特定物種中，不同類型的微管對除草劑的敏感度差異很大。在一項類似的研究中發現，葫蘆蘚（*Funaria hygrometrica*）原絲體（protonema）的微管對稻草素（oryzalin）

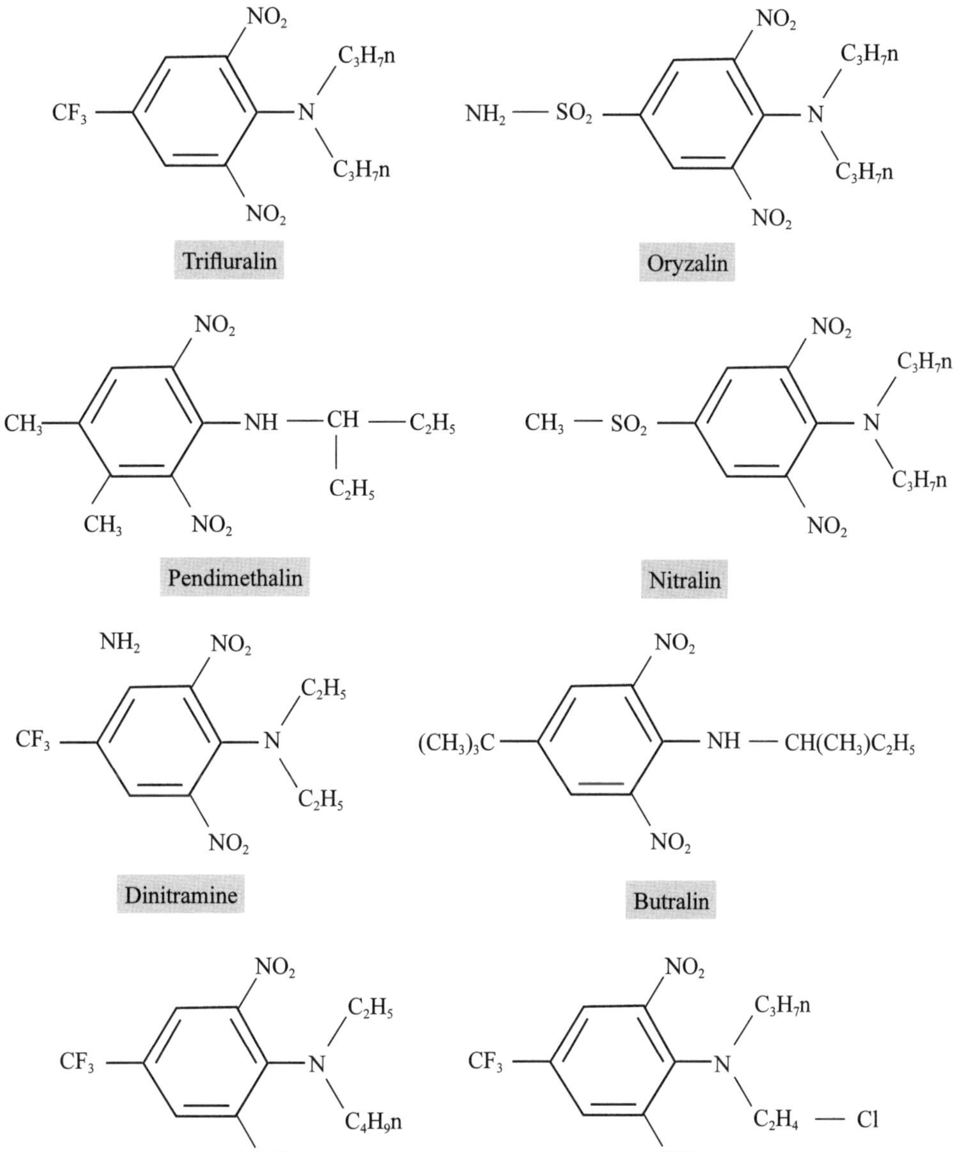

圖 11.5　一些二硝基苯胺類除草劑（dinitroaniline herbicides）之構造。

具有不同的敏感度。

　　在低濃度（＜ 1 μM）稻草素下，會使負責胞器運動的細胞質微管受到影響，並引起非極性生長，而有絲分裂紡錘體和成膜體（phragmoplast）微管僅受較高濃度

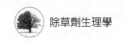

的影響。喪失極性生長（polar growth）的原因，被認為是由於依賴連接核與生長細胞尖端之間微管的迴饋系統喪失所致。這可能類似於二硝基苯胺類除草劑使植物分生組織中的縱向生長失去方向，在綠藻（*Acetahularia acetabnlum*）中也觀察到二硝基苯胺類除草劑對微管的類似作用。

從玫瑰細胞培養物中分離出的微管蛋白可與稻草素（oryzalin）結合，並以類似於秋水仙鹼抑制紫杉醇誘導的玫瑰微管蛋白聚合的方式，阻止紫杉醇誘導的微管蛋白聚合。研究幾乎沒有檢測到稻草素與微管、變性微管蛋白、或非微管蛋白的蛋白質結合，這說明稻草素僅僅與微管蛋白單體（tubulin monomers）結合。由於硫氫基還原劑（sulfhydryl-reducing agents）可逆轉三氟林所引起之生長破壞，也說明二硝基苯胺結合位置可能含有硫氫基。

有三種高等植物對二硝基苯胺類除草劑具有極強的抗性，包括：胡蘿蔔（*Daucus carota* L.）、牛筋草（*Eleusine indica* (L.) Gaertn. J）生物型、和綠色狐尾草（*Setaria viridis* L.）生物型。在北美東南部的棉花種植區，抗二硝基苯胺（R）的牛筋草生物型相當普遍，在該地區二硝基苯胺類除草劑已連續使用了二十多年（迄 1993 年為止）。根據除草劑對於有絲分裂指數的影響，發現 R 生物型對三氟林的抗性比 S 生物型高出 1,000-10,000 倍（圖 11.4）。此 R 生物型對於其他二硝基苯胺類除草劑具有相似的抗性，但對於植物生物鹼微管蛋白之毒物，如秋水仙鹼、長春鹼（vinblastine）、和鬼臼毒素（podophyllotoxin）的毒性則十分敏感（表11.2）。

從 R 生物型中分離出的微管蛋白，在 10 μM 稻草素（oryzalin）存在下，其可聚合成明顯正常的微管，而 S 生物型微管蛋白在此種培養基中則不會聚合。來自兩種生物型的微管蛋白在沒有稻草素的情況下均可聚合。這些結果說明兩種生物型之間存在微管蛋白的差異。

在一維聚丙烯醯胺凝膠（one-dimensional polyacrylamide gel）上，經由免疫印漬術（或稱免疫墨點法，immunoblotting），與 S 生物型中僅可觀察到一種 α- 和一種 β- 微管蛋白異構型（isoform）。R 及 S 兩種生物型的 α- 微管蛋白看起來相同，但在美國東南部不同地區的 R 生物型中觀察到有兩種 β- 微管蛋白異構型，其中一種具有與 S 生物型不同的電泳移動性（或稱電泳移動率，electrophoretic

表 11.2　對於二硝基苯胺具有抗性（R）、與感性（S）的牛筋草生物型，其對於各群有絲
分裂抑制劑之反應，包括有絲分裂指數、與對於有絲分裂超微結構之影響。

| Group 1 |
| --- |
| (R and S biotypes equally affected — no cross-resistance) |
| Colchicine, podophyllotoxin, vinblastine, pronamide, terbutol, DCPA, oncodazole |
| Group 2 |
| (R more affected than S — negative cross-resistance) |
| Griseofulvin, problem, chlorpropham |
| Group 3 |
| (S more affected than R — cross-resistance) |
| All dinitroanlines and amiprophosmethyl |

mobility）。唯一的例外是僅在南卡羅來納州（South Carolina）的一個狹窄地理區域中發現的中間性牛筋草生物型，其對二硝基苯胺的敏感性僅比 S 生物型低 10-50倍，並且顯然不具有改變的 β- 微管蛋白，或至少不具有與 R 生物型相同的改變，其耐性機制尚未建立。有關 R 生物型中 β- 微管蛋白的改變是否由於微管蛋白基因的差異、或是轉譯後加工（posttranslational processing）的差異所致，也尚未確定。然而，未發表的南方墨點分析法（Southern blot analysis）研究顯示 R 生物型中存在著不同的 β- 微管蛋白基因。

　　有關胡蘿蔔對二硝基苯胺類除草劑的抗性尚不十分了解。在濃度為 10 μM 的各種二硝基苯胺類除草劑，以及在 1 μM 的稻草素處理下，不會破壞胡蘿蔔的根尖有絲分裂。針對任何微管類型，都未見二硝基苯胺類除草劑改變超微結構。除氨丙基甲基（amiprophosmethyl）、和六硝基二苯胺（hexanitrodiphenylamine）外，對於秋水仙鹼、或多數其他有絲分裂破壞劑並未產生交叉抗性。

　　胡蘿蔔具有 3 種 α- 和 4 種 β- 微管蛋白同型，但尚未確定二硝基苯胺類除草劑對其聚合的影響。然而，未發表的研究顯示，分離的胡蘿蔔原生質體對二硝基苯胺類除草劑並沒有抗性，這說明組織的抗性可能是由於除草劑的吸收受限所致。

　　研究者提出二硝基苯胺類除草劑對於 $Ca^{2+}$ 在細胞內間隔化（compartmentalization）的影響，間接地引起微管解聚。通常，$Ca^{2+}$ 保持在很低量的情況下，以便藉由

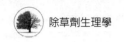

粒線體吸收離子後使微管聚合。約 1 μM 的三氟林和約 25 μM 的稻草素，顯示可將粒線體所吸收的 $Ca^{2+}$ 減少約 50%。然而對於鈣在細胞質囊泡（vesicles）中的累積，會受到三氟林刺激，但受到稻草素抑制。

　　這些結果似乎與已知影響微管的除草劑的作用不太吻合。首先，針對粒線體作用所需的濃度高於體內破壞微管所需的濃度。其次，兩種除草劑對於細胞質囊泡（小泡）吸收鈣有不同的作用，此與微管解聚是鈣轉運受影響的理論不符。第三，如果鈣吸收理論正確的話，粒線體呼吸作用抑制劑應該會對微管產生深遠的影響；然而研究並未獲得這種效果。第四，通過細胞化學方法（cytochemical methods）確定，二硝基苯胺類除草劑對牛筋草的 S 和 R 生物型中的 $Ca^{2+}$ 分布具有相似的影響。二硝基苯胺類除草劑也對光合作用、氧化磷酸化、和膜功能有影響。

### 4. 磷酸醯胺（phosphoric amides）

　　與二硝基苯胺類除草劑一樣，磷酸醯胺〔如 isophos、amiprophosmethyl（APM）、和 butamifos〕會引起根尖腫脹、有絲分裂圖（mitotic figures）異常、和細胞壁畸形（表 11.1）。在這些化合物中，對 amiprophosmethyl 的研究最多。在光學顯微鏡觀察下，APM 和稻草素對有絲分裂紡錘體組織的影響並無法區分。如在超微結構層次及免疫螢光顯微鏡觀察下，則發現此化合物會導致微管喪失。此化合物可抑制單胞藻屬（*Chlamydomonas*）的鞭毛再生，並抑制 *Micrasterias denticulata* 和 *Acetabularia mediterranea* 中細胞有絲分裂後之核遷移（依賴微管的過程）。

　　APM 處理過的馬鈴薯、胡蘿蔔、*Happlopappus gracilis*、和菸草細胞的懸浮培養中，會迅速經歷中期停滯（metaphase arrest），並產生包含兩個或多個染色體的微核（或稱小核，micronuclei）。從馬鈴薯、苜蓿、菸草、萵苣、胡蘿蔔、和 *Happlopappus gracilis* 的培養基中除去除草劑後，則有絲分裂和生長又可恢復正常。（註：微核是指細胞的染色體發生斷裂後，細胞進入下一次分裂時，染色體片段不能隨有絲分裂進入子細胞，而在細胞質中形成直徑小於主核的、完全與主核分開的圓形或橢圓形核。）

　　APM 對於在快速分裂細胞中出現之「未穩定化（nonstabilized）」的皮層微管，比對於伸長細胞中「穩定化（stabilized）」的微管更有效。在菸草中，經 APM 處

理的細胞中裂出微核的頻度增加，並且在下一個細胞分裂中出現具有雙染色體數的有絲分裂。

植物遺傳學家已經利用 APM 處理過的植物細胞中產生的微核，經由流式細胞儀（flow cytometry）分離、並分類了不同的染色體。在燕麥胚芽鞘或中胚軸組織中，APM 對微管的破壞會導致喪失纖維素微纖維之定向（cellulose microfibril orientation）。

在絲狀綠藻（*Chamaedoris orientalis*）中，APM 會破壞皮層微管，這會導致異常的微纖維定方位（或定向）（microfibril orientation）改變。但是，蕨類植物鐵線蕨的原絲體尖端（protonema tip）中微纖維定向的模式，與微管的 APM 破壞無關。同樣地，butamifos 處理不會改變菸草（*Nicotiana tabacum*）皮層細胞中微纖維的沉積方式。

APM 抑制植物微管蛋白在體外聚合成微管，此種直接作用較可能是 APM 的作用方式，而不是 Hertel 等人所描述的對 $Ca^{2+}$ 間隔化的間接作用；後者需要更高的 APM 濃度。此外，APM 對於動、植物體內粒線體中的 $Ca^{2+}$ 間隔化具有相似的作用，儘管它對哺乳動物腦、和青蛙心臟之微管蛋白在體內的聚合、或解聚，幾乎沒有影響。對二硝基苯胺尚未報導的一種作用是，APM 抑制鞭毛再生時會伴隨著停止微管蛋白合成。對 APM 具有抗性的綠藻突變體對另一種磷酸醯胺 butamiphos、和稻草素具有強烈的交叉抗性，但這些突變體對這些除草劑之抗性微弱（約 10 倍）。

耐二硝基苯胺類的牛筋草和胡蘿蔔也對 APM 具有抗性（表 11.3），說明二硝基苯胺類除草劑具有共同的作用機制或作用部位。紫杉醇可防止小立碗蘚（*Physcomitrella patens*）原絲體中 butamifos 所引起的一些微管解聚，從而部分逆轉除草劑引發的某些異常形態發生作用。此類似於紫杉醇對「二硝基苯胺─微管」相互作用的影響。

### 5. 胺基碳酸鹽（胺基甲酸酯；**carbamates**）

在對 YV- 苯基胺基甲酸酯的綜合論述中，Tissut 等研究者描述了該除草劑群組的三個主要作用，包括：抑制有絲分裂、抑制 PSII 電子傳遞、和氧化磷酸化的解偶聯（uncoupling）。圖 11.6 顯示了一般結構的 *N*- 苯基胺基甲酸酯，並以其作為

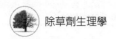

表 11.3 牛筋草對於二硝基苯胺類除草劑具有抗性與感性生物型，於不同類群有絲分裂抑制劑處理下之反應，包括有絲分裂指數及微細構造之改變。

| Group 1 |
|---|
| (R and S biotypes equally affected — no cross-resistance) |
| Colchicine, podophyllotoxin, vinblastine, pronamide, terbutol, DCPA, oncodazole |
| **Group 2** |
| (R more affected than S — negative cross-resistance) |
| Griseofulvin, problem, chlorpropham |
| **Group 3** |
| (S more affected than R — cross-resistance) |
| All dinitroanlines and amiprophosmethyl |

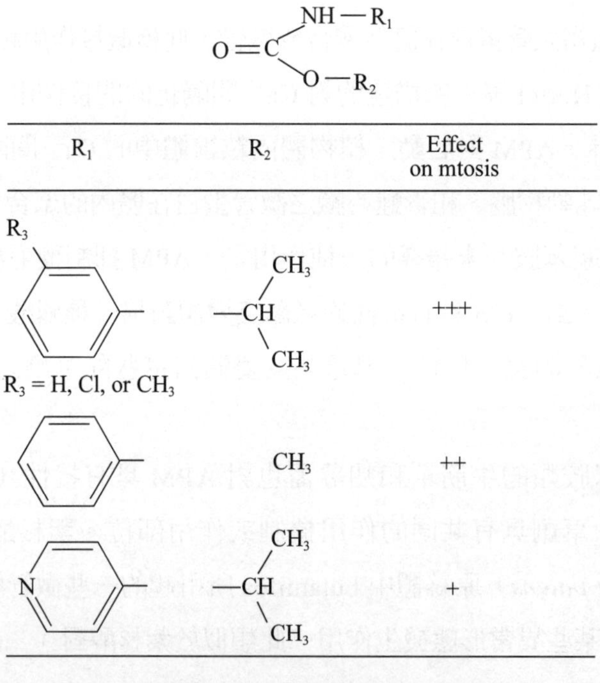

$$O = C \begin{matrix} NH - R_1 \\ O - R_2 \end{matrix}$$

| $R_1$ | $R_2$ | Effect on mtosis |
|---|---|---|
| $R_3$ 苯環 ($R_3$ = H, Cl, or CH$_3$) | —CH(CH$_3$)$_2$ | +++ |
| 苯環 | CH$_3$ | ++ |
| 吡啶環 (N) | —CH(CH$_3$)$_2$ | + |

圖 11.6 *N-* 苯基胺基甲酸酯之有絲分裂抑制劑構造活性關係（structure-activity relationships）。+ 表示抑制有絲分裂所需要的濃度大於 100 $\mu$M、++ 表示濃度等於 100 $\mu$M、+++ 表示濃度小於 100 $\mu$M。

有絲分裂抑制劑的功效由大而小依序排列。

多年以來，人們已經知道 N- 苯基胺基甲酸酯，如苯胺（propham），氯丙胺（chlorpropham），亞速爛（asulam）、和巴班（barban）（圖 11.7）會影響植物細胞的有絲分裂。這些除草劑對於禾草類植物特別有效，這些除草劑不會引起微管喪失，而是會引起紡錘體微管失去功能；因此，可被歸類為紡錘體功能抑制劑。

這些胺基甲酸酯經由干擾高等植物和藻類的有絲分裂紡錘體，而阻止或改變有絲分裂。在光學顯微鏡下，N- 苯基胺基甲酸酯會導致染色體滯後、多極後期（multipolar anaphases）、染色體黏性（stickiness）、後期橋（anaphase bridges）、染色體碎裂（fragmentation）、和多核細胞（multinucleate cells）等。

亞速爛和巴班的作用不如苯胺與氯丙胺好。在高等植物以及某些動物中，苯胺與氯丙胺會誘發多極紡錘體、以及其他細胞分裂異常；與已知直接與微管蛋白相互作用的化合物不同，丙胺和氯丙胺可降低受影響根尖的有絲分裂指數。

苯胺與氯丙胺均不會結合腦微管蛋白、或影響其體外聚合 / 解聚、或是在藻類（Polytomella）中聚合成 MTOC。在裸藻（*Englena gracilis*）中，苯胺會部分抑制鞭毛再生、將細胞核阻滯在 G2 期、以及發生許多結構畸變，包括核仁、染色體、外膜（pellicle）、粒線體、葉綠體、和高爾基體（dictyosomes）。這些影響大多數被認為是干擾 MTOC 所致。超微結構研究說明，在苯基胺基甲酸酯處理過的組織中，儘管存在著紡錘體的微管，但其呈現全方位定向，而不是以正常（平行）方式定向。在用氯丙胺處理過的洋蔥細胞中，雖然紡錘體的組織被破壞，導致三極或多極紡錘體產生多個核，但對皮層微管沒有影響。然而，成膜體定向（phragmoplast orientation）、及其所產生的細胞壁被破壞。

儘管 terbutol 經常與其他胺基甲酸酯類除草劑歸類在同一群組組，但其結構卻大不相同（圖 11.7）。其在化學上與甲基胺基甲酸酯（methylcarbamates）、毒扁豆鹼（physostigmine）（一種天然存在的膽鹼能生物鹼（cholinergic alkaloid））、和殺蟲劑加保利（carbaryl）有關。

（資料來源：王慶裕。2004。除草劑之作用機制（第九章）。雜草學與雜草管理（楊純明、王慶裕、林俊義主編）。農委會農試所出版。霧峰。臺中。）

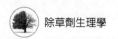 

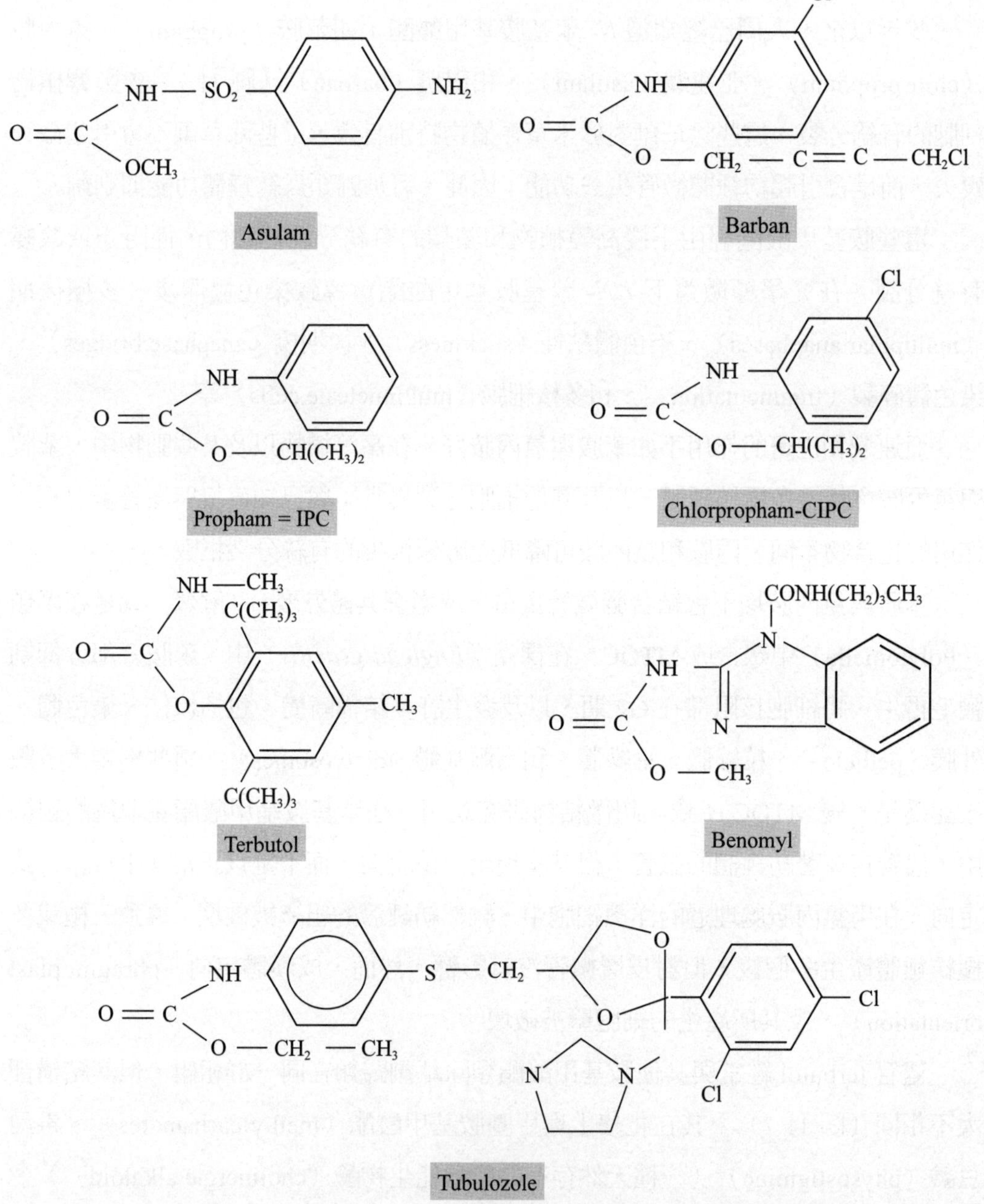

圖 11.7　可干擾微管之除草劑、殺菌劑、及殺線蟲之胺基甲酸酯構造。

# CHAPTER 12

## 抑制脂質合成之除草劑
## Herbicide effects on
## lipid synthesis

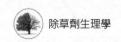

　　本章探討植物脂質合成，主要是脂肪酸合成與延長之路徑。圖解 12.1 顯示高等植物脂肪酸合成路徑之程序，其主要是研究在綠色組織、或葉綠體內的脂肪酸生合成路徑。植物組織內脂肪酸合成最重要的位置是在具有活性、或發育中的葉綠體。葉綠體與細胞質膜，脂質與脂肪酸的比例不同：單半乳糖雙酸甘油酯（monogalactosyldiacylglyceride; MGDG）主要在葉綠體脂質中占有大部分（26-46%），而卵磷脂（phosphatidylcholine; PC）則主要在細胞質膜的膜脂質中占大部分（7-24%）。

　　在圖解 12.1 中列出幾種除草劑之抑制作用位置，此類除草劑的構造與成分分別列於圖 12.1，其中第一大類包括「芳香基丙酸類（aryl-propanoic acids）」與其酯類的構造群，亦稱為苯氧丙酸類（phenoxypropionic acids）、phenoxy-phenoxy propionic acid、polycyclic alkanoic acids 與 aryloxy- phenoxypropionic acid 等。除草劑作用的目標酵素位置相同，此種除草劑分兩類型，第一類 aryloxyphenoxypropionate（APPs 或 AOPPs）通常字尾為「-fop」，而第二類環己二酮類（cyclohexane-diones; CHDs）之字尾通常是「-dim」（圖 12.1）。這些酸分別以不同的酯類形式作為商品〔例如帶有甲基（methyl）、乙基（ethyl）、異丙基（isopropyl）、乙氧基乙基（ethoxyethyl）等酯類形式〕，可使植物組織便於吸收。之後研究發現，尚有苯基吡唑啉（phenylpyrazoline, DEN）分子結構，亦可抑制 ACCase 活性（Takano et. al., 2021）。

　　早期禾草類除草劑（graminicides）（例如：diallate 和 triallate）的應用主要是以預防禾本科雜草的生長，這些具有揮發性的除草劑必須快速地混入土壤表層 2.5 cm 內才能有最大的功效；只要雜草的種子在這層土壤中發芽就會被殺死，但對於已經存在田間的雜草和位於較深層土壤內的雜草種子則較無抑制效果。然而其後所改良出來的禾草類除草劑 aryloxyphenoxypropionate（APPs 或 AOPPs）則具有類似脂肪的形式，如此有助於除草劑快速滲入葉肉細胞，隨即在細胞內經由去酯作用（de-esterified）形成可以自由轉移的酸，例如 diclofop-methyl 會變成 diclofop-acid，這種酸會在植物體內的分生組織中累積。

　　具有抗性的植株則會藉由一部分芳香基的羥基化作用（hydroxylation）使這種酸變得不活性化。然而，在感性的植株中，除草劑形成的酸會形成葡萄糖苷酯

（ester glucoside），並會重組形成具有植物毒性的酸（phytotoxicacid）造成植株的傷害。

　　CHDs 的初期作用則和 AOPPs 有些類似，植物毒素一樣會在分生組織中累積，但具有抗性的植物則會藉由氧化作用、羥基化作用、和分子的重組快速鍵結形成糖類。Couderchet and Retzlaff（1991）證實 CHDs 中的 sethoxydim 會刺激細胞

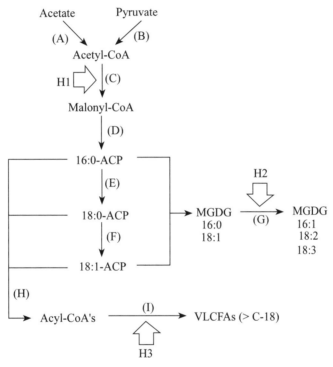

H1: aryl-propanoic acids and similar structure; cyclohexanediones
H2: pyridazinones
H3: thiocarbamates, halogenated acids (?)

圖解 12.1　植物葉部飽和、不飽和、及極長鏈脂肪酸（VLCFAs）之主要合成路徑。圖中 H1、H2、H3 表示除草劑抑制位置，而參與脂肪酸生合成反應之酵素包括：(A) acetate thiokinase、(B) pyruvate dehydrogenase、(C) acetyl-CoA carboxylase、(D) type II fatty acid synthetase complex、(E) palmitoyl- ACP elongase、(F)&(G) different saturases、(H) acetyl-CoA transfer system〔由質體（plastid）轉移至細胞質〕、(I) type III fatty acid synthetase complex 及特定之 elongases。ACP：acyl carrier protein、MGDG：monogalactosyldiacylglyceride。

膜上 ATPase 的作用，使質子從細胞質內流出造成細胞間隙（apoplast）酸化，而 sethoxydim 在細胞外較低 pH 的環境下會改變溶解平衡朝不易解離的方向移動，使 sethoxydim 具有親脂性、而較易經由擴散作用穿過細胞膜，當 sethoxydim 進入細胞之後，就會因為細胞內具有較高之 pH 值而分解，對植株之生理產生影響。

於圖解 12.1 中出現之「第二類型脂肪酸合成酶複合體（type II fatty acid synthetase complex（即 enzyme D）」，根據研究發現可以抑制其活性之化合物屬於非除草劑型抑制劑，其為微生物代謝物 cerulenin〔(2S),(3R)-2,3-epoxy-4-oxo-7,10, dodeca-dienoyl-amide〕。在較高的劑量下，此成分會使完整的植物與藻類造成黃化效應，並使生長受抑制。此外，抗生素 thiolactomycin〔(4S)-(2E,5E)- 2,4,6-trimethyl-3-OH-2,5,7-octatriene-4-thiolide〕亦屬脂肪酸合成酶複合體的抑制劑。

甲基合氯氟（haloxyfop-methy）是美國 Dow 公司所發展出來的一種乙醯輔酶 A 羧化酵素抑制型除草劑〔acetyl coenzyme A carboxylase (ACCase) -inhibition herbicides〕，其上市商品有 Verdict 和 Galant 兩種。一般於萌後施用，施用量低，且對哺乳類動物毒性低，主要用於闊葉型作物或某些單子葉作物田間，防除禾草類雜草（Hidayat and Preston,1997）。

甲基合氯氟是一種葉面噴施型的除草劑，通常以酯類形式存在，經由葉片快速吸收，且常造成噴施部位的接觸性傷害，它會在葉片進行去酯化作用，並以酸性的形式運送至分生組織中累積，而導致分生組織壞疽（necrosis）（Gronwald,1994）。其作用機制主要是抑制植物體中 ACCase 的活性，此酵素是脂肪酸合成第一步驟中的重要酵素，會催化乙醯輔酶 A 轉變成丙二醯基輔酶 A（malonyl CoA）：當 ACCase 活性遭到抑制，脂肪酸合成路徑中斷，則無法正常合成脂肪酸，會造成植物體膜系不可逆的破壞，進而無法形成正常質體、代謝發生劇烈改變，最後生長停止而死亡（Cobb, 1992）。

補充資料

禾草類除草劑（graminicides）

長久以來，由於穀類作物的單一栽培配合闊葉型除草劑的廣泛使用，使得禾本科的雜草在田間迅速蔓延，其中以野生燕麥（*Avena* spp.）和黑禾草（*A. myosuroides*）最具有侵略性和競爭性，嚴重影響了農作物的收穫量，為了解決此一問題，研究者開始重視禾草類除草劑（graminicides）的施用。禾草類除草劑主要是防除特定的禾本科雜草，現今所使用最廣泛的禾草類除草劑有兩類：即 aryloxyphenoxypropionates（AOPPs）和 cyclohexanediones（CHDs）。此二種除草劑之作用均是抑制感性物種中的乙醯輔酶 A 羧化酵素（acetyl-CoA carboxylase; ACCase）活性，所以又稱為「ACCase 抑制型除草劑」。

通常 AOPPs 除草劑名稱尾端加「-fop」，如 diclofop。而 CHDs 類除草劑尾端加「-dim」，如 sethoxydim。大部分單子葉植物對於 ACCase 抑制型除草劑敏感，故此類除草劑通常利用於雙子葉作物田間，以萌後施用方式控制禾草類雜草。

AOPPs 除草劑對植株的作用形式可分為兩種：一是在初期的作用模式中，當 AOPPs 施用在葉面時，即改變原生質膜對質子的通透性，造成質子梯度的消失；二是當 AOPPs 進入葉片之後，則是和 ACCase 作用，抑制脂肪酸的形成，而導致次級產物無法合成，造成植株的死亡。這種除草劑具有兩種立體異構物 R(+) 和 S(-)，但只有 R(+) 立體異構物具有抑制雜草生長的效果。至於 CHDs 的抑制作用則是非常類似 AOPPs。

然而單子葉（狹葉）和雙子葉（闊葉）兩種雜草通常共同存在於田間，因此禾草類除草劑常和闊葉型除草劑一起使用來防治田間雜草，惟這兩種除草劑混合在一起使用時會產生拮抗作用（antagonism）而減低禾草類除草劑的功效。

## 12.1 抑制乙醯輔酶 A 羧化酵素（Inhibition of acetyl-CoA carboxylase）

乙醯輔酶 A 羧化酵素（acetyl-CoA carboxylase; ACCase）是 aryl-propanoic acids 與 cyclohexanediones 兩類型除草劑的抑制位置（圖 12.1）。ACCase 是複合酵素，其含有 3 個具有功能的區域，包括：生物素羧基載體位置（biotin carboxyl carrier site）、ATP 依賴的生物素羧化酶（ATP-dependent biotin carboxylase）、與羧基轉

| Common name | Structure |
|---|---|
| **Aryl-propanoic acids** | |
| Diclofop | |
| Fenoxaprop | |
| Fenthiaprop | |
| Fluazifop | |
| Halozyfop | |
| **Cyclohexanediones** | |
| Alloxydim | |

| Common name | Structure |
|---|---|
| Clethodim | 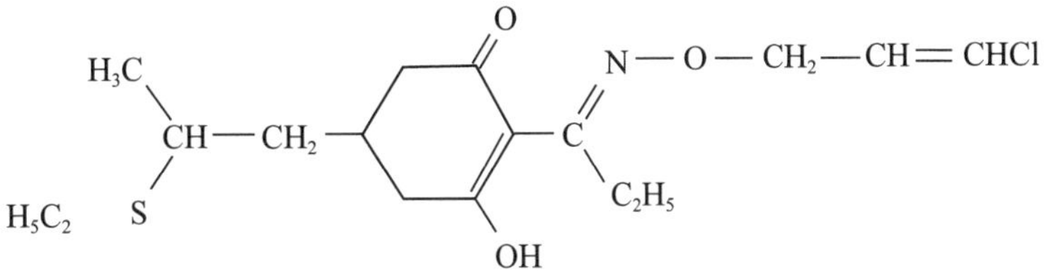 |
| Sethoxydim | 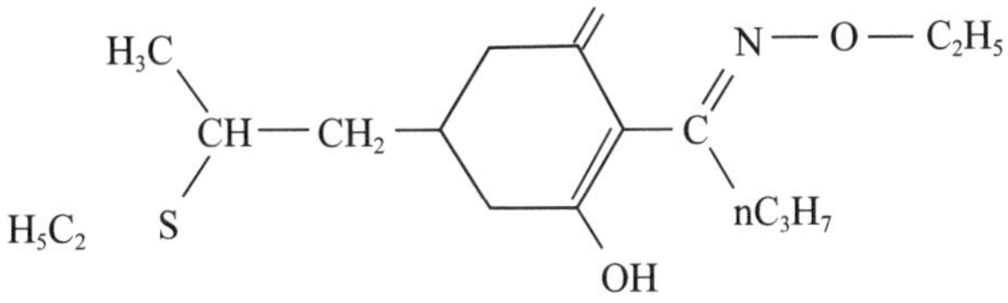 |
| Thiocarbamates CDEC | |
| Diallate | 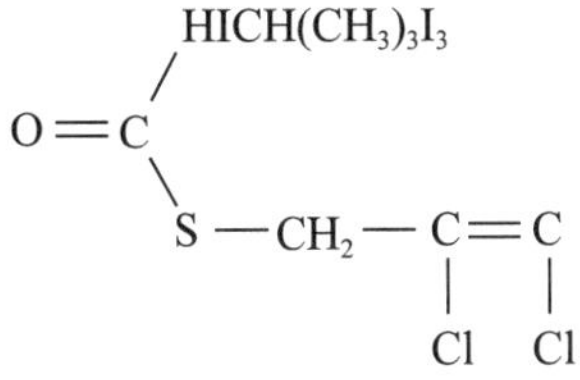 |
| EPTC | 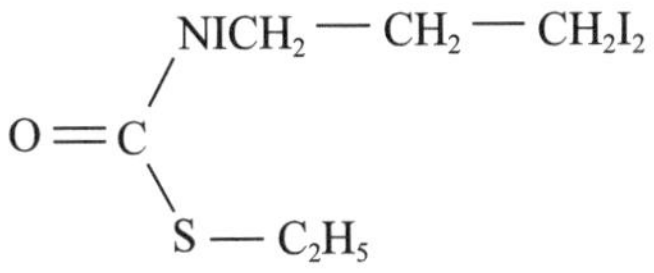 |
| Triallate | 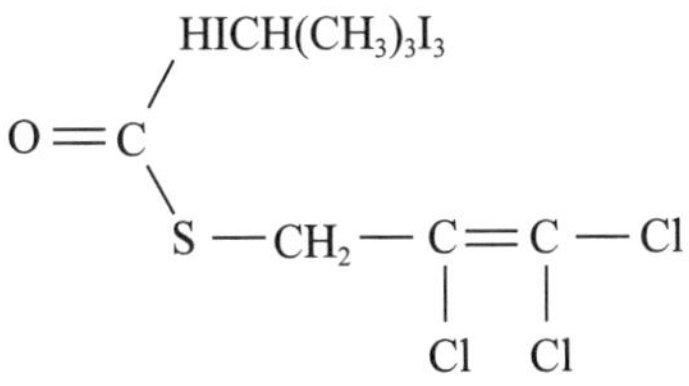 |

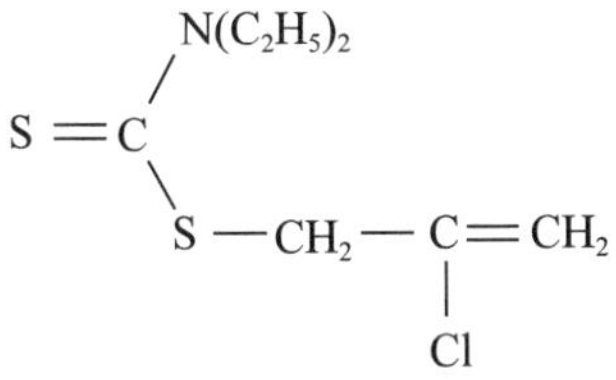

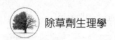

| Common name | Structure |
|---|---|
| Chloroacetamides | |
| Alachlor | 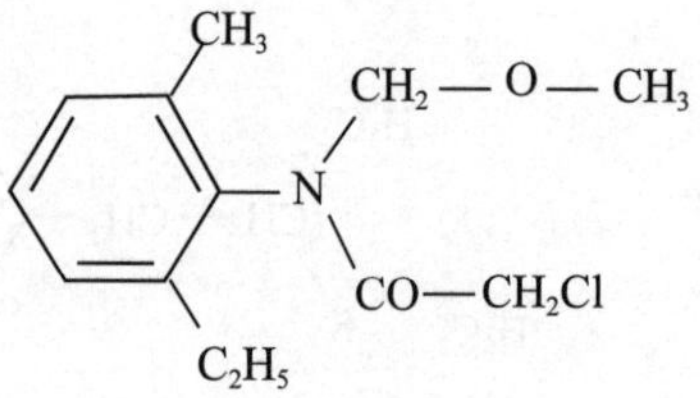 |
| Metolachlor | 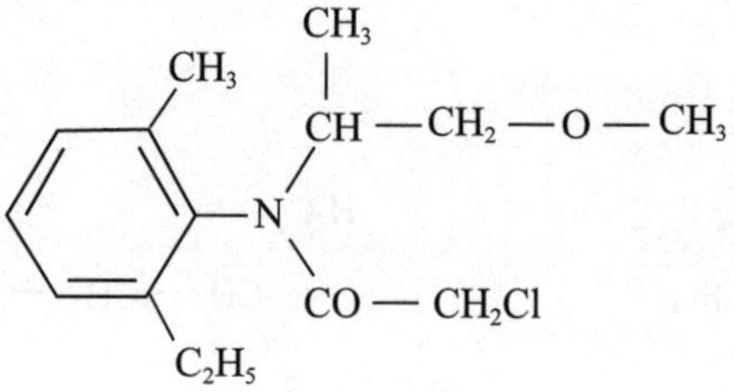 |
| Miscellaneous | |
| Ethofumesate | 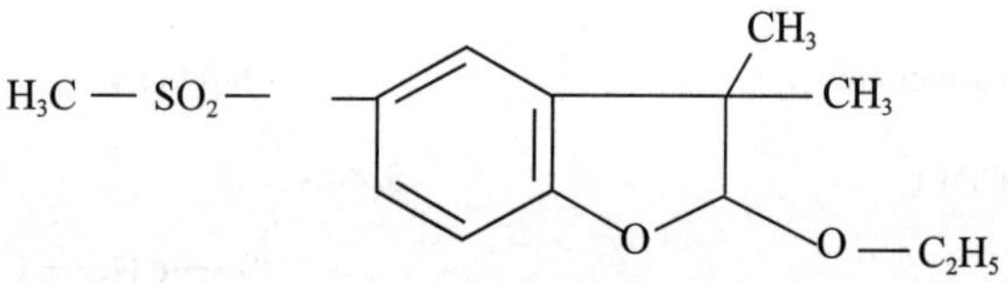 |
| Dalapon | $CH_3-CCl_2-COONa$ |
| TCA | $Cl_3C-COONa$ |

圖 12.1　抑制脂質合成之除草劑分子構造。

移酶（carboxyltransferase；乙醯輔酶 A 轉羧酶，acetyl-CoA transcarboxylase）。酵素反應如下：

$$\text{Acetyl-CoA} + HCO_3^- + \text{ATP} \rightarrow \text{Malonyl-CoA} + \text{ADP} + \text{Pi}$$

植物中 ACCase 是由多功能的單一胜肽、及由單功能之多胜肽所構成。

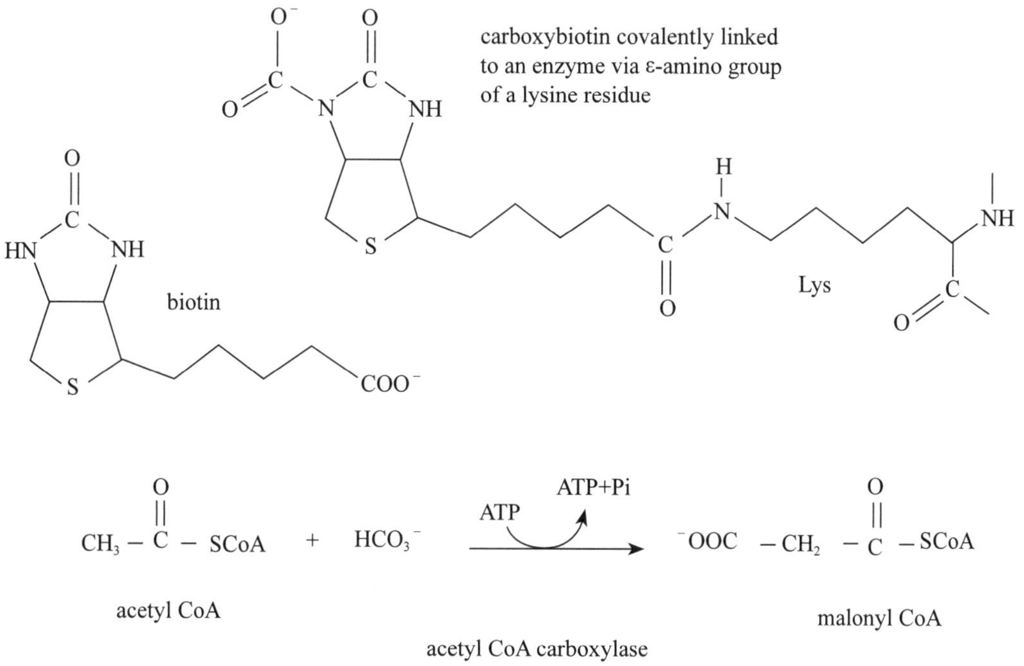

$$CH_3 - \overset{\overset{\textstyle O}{\|}}{C} - SCoA \quad + \quad HCO_3^- \quad \xrightarrow[\text{acetyl CoA carboxylase}]{\text{ATP} \quad \text{ATP+Pi}} \quad {}^-OOC - CH_2 - \overset{\overset{\textstyle O}{\|}}{C} - SCoA$$

acetyl CoA

malonyl CoA

補充說明 1　上圖左側為生物素（biotin），其經由 ATP 依賴的生物素羧化酶會將胺基位置上接上羧基（COO-），而羧化之生物素（carboxybiotin）再經由 lysine 殘基之胺基位置與 ACCase 酵素共價鍵結。

酵素作用位置主要在葉綠體內，而且在光照下能增進其活性。環己二酮類（cyclohexanediones）除草劑所表現的作用，其抑制常數對 acetyl-CoA 的濃度非常敏感，推測這類除草劑主要作用位置在 acetyl-CoA → malonyl-CoA。

　　Aryl-propanoic acid 作為脂質生合成抑制劑的第一個證據，是在玉米葉片、及分離之葉綠體中發現此除草劑會抑制 [14]C-acetate 併入游離脂肪酸（free fatty acids, FFAs）中（表 12.1），此除草劑之游離酸（free acids）型式為其有效構造。所有已知的芳基丙酸（aryl-propanoic acid）除草劑都包含一個靠近羧基（-COOH）的光學活性 C 原子（optically active C-atom）。在兩種可能的立體異構體（stereoisomers）中，只有 R 對映體（R-enantiomer）具有抑制作用，S- 對映體（S-enantiomer）作為除草劑的活性很小、或沒有活性。在葉綠體材料的 ACCase 測試中也發現，不同敏感性物種對於 [14]C-acetate 併入 FFAs 也具有選擇性。

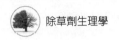
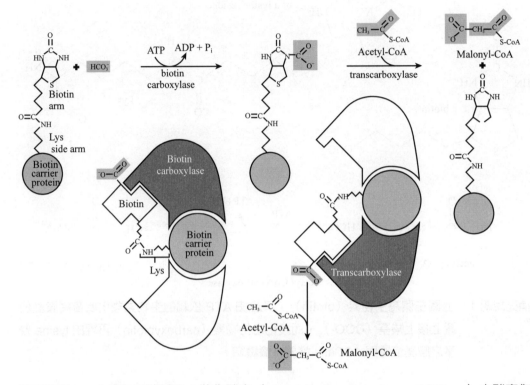

The swinging arm mechanism of acetyl-CoA carboxylase

補充說明 2　上圖為乙醯輔酶 A 羧化酵素（acetyl-CoA carboxylase；ACCase）之酵素作用機制。首先 acetyl-CoA 與生物素（biotin）結合，之後再與 ACCase 構造中之 biotin carrier protein 結合，其中 biotin 部位再與 biotin carboxylase 反應加上羧基（COO-），之後再由 ACCase 構造中之 transcarboxylase 接手進行羧基轉移反應，轉移給另一個 acetyl-CoA 分子後即形成 malonyl-CoA。（資料來源：http://image.slideserve.com/523019/the-swinging-arm-mechanism-of-acetyl-coa-carboxylase-l.jpg , Nelson and Cox, 2008）

表 12.1　在玉米分離的葉綠體中，不同的芳香基丙酸類（aryl-propanoic acids）及其酯類可抑制 $^{14}$C-acetate 併入游離脂肪酸（free fatty acids, FFAs）中。試驗中脂質係在藥劑處理後 1 小時萃取分析。

| Inhibitor | % Inhibition of incorporation | |
|---|---|---|
| | Herbicide concentration | |
| | 0.1 μM | 1 μM |
| Diclofop-methyl | 8 | 24 |
| Diclofop | 45 | 83 |
| Fenthiaprop-ethyl | 48 | 92 |
| Fenthiaprop | 92 | 96 |
| Fenozaprop-ethyl | 8 | 43 |
| Fenozaprop | 60 | 89 |
| D-Diclofop | 54 | 92 |
| L-Diclofop | 18 | 35 |

　　關於 cyclohexanediones 作爲脂質合成抑制劑之證據顯示，儘管雙子葉植物的 ACCase 對於此藥劑不敏感，而禾本科植物（graminaceous plants）通常很敏感；然而來自不同禾草類物種的 ACCase 其對於藥劑之敏感度也不同。例如來自玉米的 ACCase，比來自小麥或大麥的 ACCase 更加敏感（表 12.2）。

表 12.2　環己二酮類（cyclohexanediones）除草劑抑制不同植物來源中葉綠體內乙醯輔酶 A 羧化酵素（acetyl-CoA carboxylase; ACCase）之抑制作用常數。

| Inhibitor | Plant source | | | | |
|---|---|---|---|---|---|
| | Barley | Wheat | Corn | Spinach | Mung bean |
| | $I_{50}$ (μM) | Inhibition constant ($K_i$) | | | |
| Clethodim | 0.12 ± 0.02 | 0.14 ± 0.03 | 0.02 ± 0.003 | 1,240 ± 280 | 53 ± 15 |
| Sethoxydim | 0.94 ± 0.14 | 0.96 ± 0.19 | 0.47 ± 0.11 | 2,160 ± 500 | 1,880 ± 620 |
| Alloxydim | 4.88 ± 0.44 | 1.95 ± 0.34 | 0.88 ± 0.17 | — | — |

　　有關 ACCase 對於兩種類型禾草類除草劑之敏感度試驗顯示，抗西殺草（sethoxydim-resistant）之紅狐草（*Festaca rubra*），其 ACCase 對於西殺草不敏感

（I$_{50}$ > 1 mM），而來自感性葦狀羊茅〔*Festaca arundinacea*；又稱高狐草、高羊茅（tall fescue）〕之 ACCase 則表現敏感（I$_{50}$ 6.9 μM）。來自 *Festaca* 屬的這兩個物種，其 ACCase 均對合氯氟（haloxyfop）敏感，雖然敏感程度不同（來自紅狐草和葦狀羊茅的 ACCase I$_{50}$ 分別為 118 和 5.8 μM）。

經由光與熱可非常迅速地將西殺草轉化為代謝物，在 24 小時內，在耐性和敏感物種中，此除草劑約有 98% 均被降解。然而，很明顯地，尚有足夠未經轉化的除草劑分子到達葉綠體，進而抑制感性物種中的 ACCase 活性。

研究發現同一種植物並非所有組織對環己二酮類除草劑均有同樣敏感度。在玉米根尖（0-2 mm）部位，西殺草可快速抑制 $^{14}$C-acetate 併入脂質，然而在較具增殖能力之根部（10-15 mm），則未發現此抑制作用。因此，目標 ACCase 似乎存在於快速分裂的細胞、和具有活性之葉綠體中。除草劑作用後快速可見之徵狀出現在分生區域（meristematic regions），及葉綠體的超微結構。此除草劑之二次效應則是出現於生化層次，包括抑制葉綠素和類胡蘿蔔素的生合成、葉綠體中的脂肪酸鏈長度分佈發生變化（C-18 脂肪酸減少而短於 C-16 脂肪酸增加），因而出現萎黃症（chlorosis）。此外，在細胞層次上，發現有抑制 DNA 合成和有絲分裂。

改變的「C-16：C-18」比率可以解釋為 ACCase 受到除草劑抑制後，「乙醯 -CoA：丙二醯 -CoA（acetyl-CoA: malonyl-CoA）」比率改變的結果。在葉綠體層次上，推測在失去必要的結構元素後發生膜微擾（pertubatioin），因而破壞超微結構。由於膜系之功能喪失，尤其是膜半透性（semipermeability），導致細胞內原本間隔化之分解代謝酵素及反應基質在細胞內混合。特別地，穀胺酸（glutamic acid）的脫羧產物 γ- 胺基丁酸（γ-aminobutyric acid）積聚在受損的組織中，並且可以當作受損程度的生化指標（或稱化學標記，chemical marker）。

玉米根部，用 0.1 μM 的西殺草處理 4 小時後，其分生組織的生長即受阻止。在處理過亞汰草（alloxydim）的燕麥葉部分生組織中，也觀察到類似的生長抑制現象，並導致細胞增大、細胞核聚集、和壞死。

根據抗性玉米組織培養結果，其細胞對於西殺草有 7 倍的抗性，而對合氯氟有 2 倍抗性。在抗除草劑的細胞中發現脂肪酸合成速率增加（5 倍），此與 ACCase 活性增加有關。根據在嘉磷塞及固殺草案例中類似的目標酵素增加以提高耐性之發

現，本案例中所增加的目標酵素表現與活性（expression/activity）亦可用以解釋觀察到的抗性。

## 12.2 芳基丙酸類除草劑與生長素之相互作用（The interactions between auxin and aryl-propanoic acids herbicides）

芳基丙酸除了抑制 ACCase 活性外，亦可作為生長素（auxin）活性和生長素作用的拮抗劑（antagonists）。在具有活性之芳基丙酸類除草劑分子中，游離羧基（carboxyl group）可為此種干擾反應提供額外的支持。至於環己二酮類除草劑則無此作用。上述之相互作用，包括：

1. 在田間和某些生理系統中，雙氯氟甲基（diclofop-methyl）和 flamprop-methyl，與許多（但不是全部）生長素型除草劑產生拮抗作用，意即在生長素存在下，芳基丙酸類化合物的除草／抑制作用之活性表現下降。

2. 逆向拮抗作用，其中 diclofop-methyl 可拮抗植物生長素型除草劑 2,4-D 的作用。

3. 在幾種生長素依賴性系統中，芳基丙酸類除草劑 chlorfenprop-methyl，與 IAA 和萘乙酸（naphthyl-1-acetic acid）會產生拮抗作用。

## 12.3 抑制極長鏈脂肪酸之延長（Inhibition of elongation of very long chain fatty acid）

硫代胺基甲酸酯（thiocarbamates）、鹵代酸（halogenated acids，如 dalapon 和 TCA）、和除草劑益覆滅（ethofumesate）（圖 12.1），均可抑制極長鏈脂肪酸（very long chain fatty acids; VLCFA）的合成。這些除草劑的主要作用是在田間低（μM）濃度施用下，造成表皮蠟質（epicuticular waxes）的脂肪酸鏈長度減少。EPTC 和益覆滅都降低了甘藍（*Brassica oleracea*）葉片上的總葉蠟沉積（表 12.3）。

表 12.3　甘藍（*Brassica oleracea*）經處理 EPTC 和益覆滅後，均降低了葉片表面蠟質沉積。

| Treatment | Rate (kg/ha) | Leaf wax ($\mu g/cm^2$) | n-Nonocosane (%) | n-Nonocosane-15-one (%) | Long chain wax esters (%) |
|---|---|---|---|---|---|
| Control | — | 153.5 | 100 | 100 | 100 |
| EPTC | 0.84 | 82.4 | 21.8 | 37.4 | 95.8 |
| EPTC | 3.36 | 70.4 | 9.6 | 18.2 | 122.1 |
| Ethofumesate | 0.84 | 63.1 | 4.7 | 12.3 | 156 |
| Ethofumesate | 2.24 | 75.1 | 2.4 | 7.2 | 173.1 |

　　在葉片表面的掃描電子顯微照片中，可觀察到表皮蠟質的量減少（或根本沒有表皮蠟）。而在其他情況下，沉積在葉片表面的蠟質總量保持不變，但是這些蠟質的結構發生了巨大變化。硫代胺基甲酸酯類除草劑的存在會抑制脂肪酸鏈延長（伸長，elongation）酵素活性。在不同的葉表面脂質組分中，VLCFA（C-26 至 C-31）減少、而 C-22 鏈長脂肪酸增加。

　　圖解 12.2 說明了調節 EPTC 活性的一些主要因素。

　　EPTC，類似其他的硫代胺基甲酸酯類（thiocarbamates），於解毒過程中先被單加氧化成 -SO，更進一步又單加氧化成 $-SO_2$。$EPTC-SO_2$ 具有一點植物毒性，特別是對於雙子葉植物，而 EPTC-SO 則對於玉米具植物毒性。然而，這兩個氧化產物皆能在植物組織中被迅速解毒，一是藉由 glutathione 調節，另一則是藉由胺基甲醯化（carbamoylation）反應來解毒；這些代謝物的植物毒性潛力尚不足以解釋除草劑的作用。

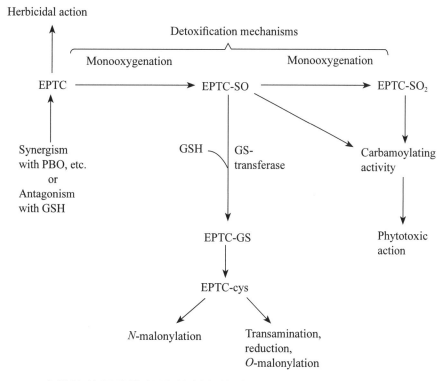

圖解 12.2　硫代胺基甲酸酯類除草劑在植體內之代謝轉變，以 EPTC 為例說明。
SO: sulfoxide，SO$_2$: sulfone，GSH: glutathione，cys: cysteine，PBO:
piperonylbutoxide。

## 12.4　抑制脂肪酸合成之其他機制（Other mechanisms of lipid synthesis inhibition）

α- 氯乙醯胺類（alfa-chloroacetamides），尤其是氯乙醯苯胺（chloro-
acetanilides）（圖 12.1），構成了另一類除草劑，在某些研究中已證明其可影響脂
質的合成。此外，氯乙醯胺（chloroacetamides）與硫代胺基甲酸酯類除草劑亦有相
似之處。與硫代胺基甲酸酯不同的是，氯乙醯胺不會抑制 VLCFA 的合成。但會抑
制以 $^{14}$C- 乙酸酯（$^{14}$C-acetate）作為前驅物的脂質合成反應。由於在 10-100 μM 的
濃度範圍內可觀察到此種抑制作用，因此從除草劑的作用機制而言，讓人質疑。

其他影響方面，硫代胺基甲酸酯和氯乙醯胺之間的一個有趣的相似之處，

即是在合成月桂烯（kaurene）和激勃酸（gibberellic acid）過程中均會抑制氧合（oxygenation）步驟。在 20 µM 下，不同的氯乙醯苯胺對花青素和木質素生物合成的抑制作用可能還涉及氧合步驟。然而硫代胺基甲酸酯對這些酚類化合物的合成沒有類似的作用。因此，硫代胺基甲酸酯和氯乙醯胺／氯乙醯苯胺的作用機制之間有一些有趣的相似之處，但是這些相似之處的基礎尚不清楚。

除了對脂質合成的抑制效果受質疑外，氯乙醯胺已被認定為細胞分裂和細胞生長的抑制劑。在這方面，其「生理機制」與硫代胺基甲酸酯的作用絕對不同。在單細胞綠藻萊茵衣藻（*Chlamydomonas reinhardtii*）、和其他幾種診斷測試系統的研究中，氯乙醯胺和硫代胺基甲酸酯在生理基礎上也有不同的作用。

藻類生長僅對氯乙醯胺敏感，其他測試系統也顯示兩組除草劑之間存在著差異。因此，氯乙醯胺的除草作用方式似乎在於對植物細胞生長、和分裂至關重要的一種或多種酶促反應。相反地，負責硫代胺基甲酸酯除草劑作用的酵素位置似乎對高等植物，特別是對單子葉植物，具有特定性。

（資料來源：王慶裕。2004。除草劑之作用機制（第九章）。雜草學與雜草管理（楊純明、王慶裕、林俊義主編）。農委會農試所出版。霧峰。臺中。）

 補充資料

禾草類除草劑（graminicides）具有選擇性之原因

在脂肪酸的合成過程中，ACCase 係催化 acetyl-CoA 之羧化反應（需要 ATP 參與），以形成 malonyl-CoA。Hoppe（1980）最早開始研究禾草類除草劑抑制脂肪酸合成，氏發現 diclofop-methyl 並不會妨礙光合作用、呼吸作用、蛋白質的合成、或核酸的形成，而是抑制乙酸鹽（acetate）結合形成脂肪酸。

Lichtenthaler and Meier 也指出 CHDs 會打斷大麥的脂肪酸合成。1987-1988 年間四個不同的研究小組分別報導 AOPPs 和 CHDs 這兩種除草劑都是以 ACCase 酵素蛋白作為作用目標，也確定此類禾草類除草劑抑制脂肪酸的合成是造成植株死亡最重要的原因。研究者指出在雙子葉植物及具耐性之單子葉植物（如 red fescue）中，其 ACCase 則不會受到上述兩種除草劑抑制（cf Somers, 1996）。

高等植物脂肪酸合成部位主要是在綠色組織、或葉綠體內合成，植物組織內脂肪酸合成最重要的位置是具活性、或發育中的葉綠體。通常抑制脂質合成之除草劑具有選擇

性，稱為禾草類除草劑（graminicides），其只傷害禾本科植物生長，主因禾本科植物植體內存在於質體（plastid）內之目標酵素乙醯輔酶 A 羧化酵素（ACCase），與存在於細胞質（cytoplasm）中之 ACCase 均為多功能（multiple- functional; MF）之單一胜肽，而其他植物植體內之 ACCase 則為多次（亞）單位（multiple-subunit; MS）胜肽組合之蛋白；前者對於禾草類除草劑沒有抗性，其他植物因具有 MS-ACCase 故對於禾草類除草劑具有抗性。

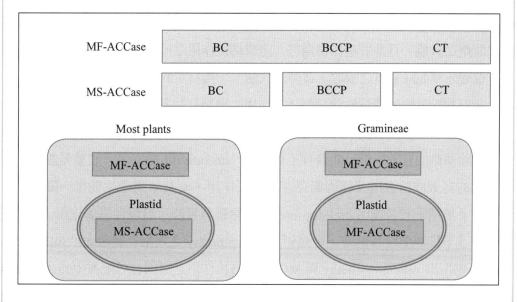

説明：禾本科植物與其他植物分別具有不同的乙醯輔酶 A 羧化酵素〔acetyl coenzyme A carboxylase（ACCase）〕，前者存在於質體（plastid）內之乙醯輔酶 A 羧化酵素（ACCase），與存在於細胞質（cytoplasm）中之 ACCase 均為多功能（multiple-functional; MF）之單一胜肽，而後者植體內之 ACCase 則為多次（亞）單位（multiple-subunit; MS）胜肽，對於禾草類除草劑具有抗性。BC: biotin carboxylase；BCCP: biotin carboxyl carrier protein；CT: carboxyl transferase。（資料來源：Dayan et. al., 2010）

## 12.5　禾草類除草劑和闊葉型除草劑之拮抗作用（Antagonistic effects of graminicides and broadleaf herbicides）

　　在雜草的防除工作上，要同時防除闊葉和狹葉雜草最好的方法就是將禾草類除草劑和闊葉性除草劑一起使用，其中廣為耕種者所使用的配方是混合（tank-mix）這兩種除草劑。然而，在混合使用時常造成不相容現象，產生拮抗作用降低禾草類除草劑之效能，且常引起作物傷害。造成拮抗作用之原因很多，包括物理性不相容、改變禾草類除草劑之吸收、運轉及代謝，干擾特定的代謝過程等。

　　禾草類除草劑和闊葉性除草劑拮抗作用的機制有許多的解釋，到目前為止尚未完全了解。其中最被廣泛研究的是 AOPPs 和生長素型除草劑（2,4-D 或 MCPA），這兩種除草劑的有效成份可能具有不相容性（imcompatibilities），也就是說這兩種除草劑的有效成份會因某種因素存在而相互作用，使其結構產生變化、降低除草的效果。早期研究者施用 diclofop-methy 防除野燕麥時，發現伴隨著施用 2,4.D 或 MCPA 等不同類型除草劑時，會減輕 diclofop-methy 之效果。其後，0'Sullivan et. al. 報告也指出，diclofop-methy 與 MCPA 間拮抗作用之原因在於配方中的活性成分（active ingredients），而非溶劑（solvent）的不相容。其中 MCPA 之配方較胺類（amines）配方有較少的拮抗作用（cf Barnwell and Cobb, 1994）。

　　由於 AOPPs 商品化之配方是以酯類方式存在以利葉面穿透，其進入葉片細胞後，很快地去酯化形成游離酸（例如 diclofop-methyl 轉變成 diclofop-acid）。此酸係轉運形式（translocated form），最後累積在分生組織。研究者發現在 MCPA 存在下，明顯地降低 A. fatua 葉片對於 [$^{14}$C] diclofop-methyl 之吸收，但也有試驗證實加入 2,4-damine 於禾草類除草劑噴施液中、或以 MCPA 前處理，並不會影響 [$^{14}$C] diclofop-methyl 之吸收。此外，生長素型除草劑對於禾草類除草劑之拮抗作用，分別從後者之轉運、與代謝上研究，似乎並無定論可以解釋拮抗作用（cf Barnwell and Cobb, 1994）。

　　有關拮抗作用之另一解釋則是 Barnwell and Cobb（1994）所提出，氏等認為細胞膜上生長素接受體（auxin receptor）是一個重要的關鍵。在原本沒有生長素型除

草劑的存在下，AOPPs 會將細胞外的質子（H⁺）移入細胞內，快速地酸化細胞、並和細胞膜上的生長素接受體結合與抑制次級訊號的傳遞，使得 ATPase 無法將細胞內多餘的質子排出，造成細胞正常生理代謝受損。但如果有生長素型除草劑的存在則會和 AOPPs 一起競爭生長素接受體的位置，一旦生長素型除草劑分子和生長素受體結合，便可以使次級訊息得以傳遞，造成細胞內部分的質子可經由 ATPase 的作用而排出細胞外，降低 AOPPs 的除草劑效果。

由於禾草類除草劑和闊葉型除草劑之間的拮抗作用嚴重影響田間除草劑的施用效果，因此成為除草劑施用上尚待解決的問題。研究者後來發現在混合使用時，兩種除草劑所形成的拮抗作用，可以藉由佐劑（adjuvants）減緩拮抗作用。最常用的佐劑是碳氫油脂類（BCH815）、和作物油脂類濃縮物（crop oil concentrate; COC）。佐劑可以減緩兩種除草劑所產生的拮抗作用，主要係降低油脂的表面張力。此可改善在噴灑時除草劑的聚集現象，使得除草劑較易散開滲透進入葉片。

Jordan（1995）以 sethoxydim、clethodim 和 fluazifop-P 三種禾草類除草劑，配合光系統 II 抑制劑本達隆（bentazon）、硫醯尿素除草劑 chlorimuron 混合試驗，探討不同除草劑的組合所產生的拮抗作用是否可被佐劑消除；結果顯示 sethoxydim 和 bentazon 混合時有明顯的拮抗作用產生，不管加入何種佐劑都無法克服拮抗作用；而 sethoxydim 和 chlorimuron 共同作用時，拮抗作用可因佐劑的加入而大為降低，而且 BCH815 的效果要比 COC 效果好。Clethodim 和 bentazon 混合時則因不同作物種類而有不同反應。對闊葉雜草 signal grass 和 Johnsongrass 而言，clethodim 和 bentazon 所產生的拮抗作用可被 BCH815 所克服，但在稗草（barnyardgrass）中的拮抗作用則無法因佐劑的加入而減緩。

Sethoxydim、clethodim 都屬於 CHDs，其和 bentazon 所產生的拮抗作用都比 chlorimuron 來的明顯，研究者認為這種拮抗作用的產生是兩種除草劑之間的有效成分相互作用、或是兩種除草劑共同作用時導致生理上的逆境（stress），而限制了除草劑的運轉。由 Jordan（1995）之試驗可知，bentazon 混合 CHDs 使用時，所產生的拮抗作用較為明顯；而使用佐劑 BCH815 減輕拮抗作用的效果要比 COC 來的好；但 chlorimuron 和 AOPPs 間拮抗作用則較為嚴重，佐劑則以 COC 效果較好。佐劑減低拮抗作用的能力會隨著不同的植物種類、不同的除草劑組合、和不同的佐劑而有所不同。

# CHAPTER 13

## 核酸與蛋白質合成抑制劑
### Nucleic acid and protein synthesis inhibitors

　　雖然過去之研究中有關除草劑對核酸或蛋白質合成產生明顯的間接影響有很普遍的報導，但目前尚無除草劑商品直接影響這些過程。此外，在許多關於商品對這些基本過程的影響報告中，均無任何明顯的直接作用證據。

　　關於除草劑對於核酸或蛋白質合成影響的大多數研究，僅對蛋白質或核酸的含量、或將放射性標記的前驅物併入進行測量。通常，並沒有嘗試將胞器（organells）與細胞核（nucleus）之核酸或蛋白質合成加以分離，也未嘗試測定對於體外合成系統、或特定酵素的影響。此外，研究者通常不考慮除草劑對於放射性標記前驅物吸收（uptake）的影響。在短期試驗中，除草劑對放射性標記胺基酸吸收的影響，通常可用以解釋除草劑對於蛋白質合成的大部分或全部影響。

## 13.1　間接效應的例子或未知的機制（Examples of indirect effects or unknown mechanisms）

　　基於對各種除草劑主要作用（primary effect）的了解，研究者通常很難推斷出次要作用（secondary effects）的機制。在已確定之各種除草劑對於蛋白質和 RNA 合成的相對有效性研究中，發現與各種除草劑之主要作用機制沒有明顯的關係（表 13.1）。通常，蛋白質合成比 RNA 合成受到更多的抑制。但是，在少數情況下，RNA 合成所受到的影響要大於蛋白質合成。任何抑制呼吸作用的化合物，例如達諾殺（dinoseb），都對這些需要依賴能量的過程產生迅速而深厚的影響。除了這種明顯的因果關係外，其他除草劑對這些過程的抑制機制通常尚不清楚。

　　此外，據報導，除草劑對蛋白質、或核酸合成的影響可能相差很大，此取決於所使用的除草劑濃度、所測定的植物物種、植物組織或器官、以及測定的時間範圍和環境條件。例如，高粱屬作物 *Sorghum nigrum* 細胞的培養年齡大大地影響了 amitrole 和 vernolate 對 $^{14}$C- 白胺酸（leucine）併入蛋白質的影響。在這項研究中，除草劑通常比非除草劑具有更強的蛋白質合成抑制作用，且在各種除草劑中，光合作用抑制劑通常，但並非總是，比其他除草劑的抑制效果弱。通過該系統，發現硫代胺基甲酸酯是特別有效的蛋白質合成抑制劑。然而，在硫代胺基甲酸酯除草劑之中，除草劑效能與其對蛋白質合成的影響之間的相關性較差。

表 13.1　在大豆下胚軸（hypocotyls）（處理後 6 小時）中 RNA 與蛋白質合成、及玉米中胚軸（mesocotyls）中 RNA 合成（處理後 8 小時）受到 0.6 mM 各種除草劑抑制。（掛弧內另有標示者濃度為 0.2 mM）

| Herbicide | Soybean | | Corn RNA |
| --- | --- | --- | --- |
| | RNA | Protein (% inhibition) | |
| Dinoseb | 80 | 98 | 91 |
| Ioxynil (0.2 mM) | 78 | 97 | 79 |
| Propanil | 64 | 90 | 78 |
| Chlorproham | 72 | 89 | 81 |
| Pyriclor | 56 | 88 | 77 |
| 2,4,5-T | 44 | 67 | 41 |
| Diuron | 62 | 42 | 37 |
| Fenac | 13 | 70 | 25 |
| Karsil | 27 | 46 | 19 |
| EPTC | 42 | 24 | 2 |
| Propachlor | 14 | 44 | 41 |
| Dichlobenil | 25 | 33 | 21 |
| CDEC (0.2 mM) | 12 | 33 | 13 |
| Atrazine (0.2 mM) | 27 | 14 | −48 |
| Dicamba | 14 | 24 | −1 |
| Trifluralin (0.2 mM) | 4 | 21 | 2 |
| Picloram | 11 | −1 | −27 |
| MH | 2 | 0 | 43 |

　　在氯磺隆〔chlorsulfuron，一種支鏈胺基酸（白胺酸 leucine、纈胺酸 valine、和異白胺酸 isoleucine）合成的抑制劑〕的早期研究中，證明了其對核苷酸併入 DNA 的快速作用（＜1 h）；而蛋白質和 RNA 合成所受到的影響要小得多。其後試驗說明，這種除草劑對於植物分離的細胞核中的 DNA 合成、或 DNA 聚合酶（DNA polymerase）、或胸腺嘧啶核苷激酶（thymidine kinase）均無影響，即便補充核苷酸前驅物也不能逆轉其作用。

　　另一類支鏈胺基酸合成抑制劑二氮雜茂烯類（又稱咪唑啉酮；imidazolinones）也強烈地抑制 DNA 合成。但在藥劑處理後其徵狀發展較慢，僅在生長停止後才出現抑制 DNA 合成的反應。此試驗中外加補充的支鏈胺基酸可以逆轉氯磺隆和二氮雜茂烯類對 DNA 合成的抑制作用。在缺乏異白胺酸的培養基中生長的中國倉鼠卵巢（Chinese hamster ovary; CHO）細胞，以及經氯磺隆處理的豌豆根尖細胞，其細胞分裂都停滯在 G1 期，異白胺酸在啟動植物 DNA 合成中可能很重要，正如 CHO 細胞的情況。

　　野燕枯（difenzoquat）（圖 13.1）在處理後 15 分鐘內，可抑制 $^{14}$C- 胸腺嘧啶核苷併入小麥地上部的頂端分生組織中達 50%；但此種作用不是野燕枯抑制胸腺嘧啶核苷吸收的結果，而是其先抑制細胞分裂和生長所致。儘管野燕枯可以產生像巴拉刈一樣的作用，但這顯然不是其主要的作用機制。與抑制有絲分裂所需的劑量相比，野燕枯要達到類巴拉刈效應（paraquat-like effect）需要更高的劑量。

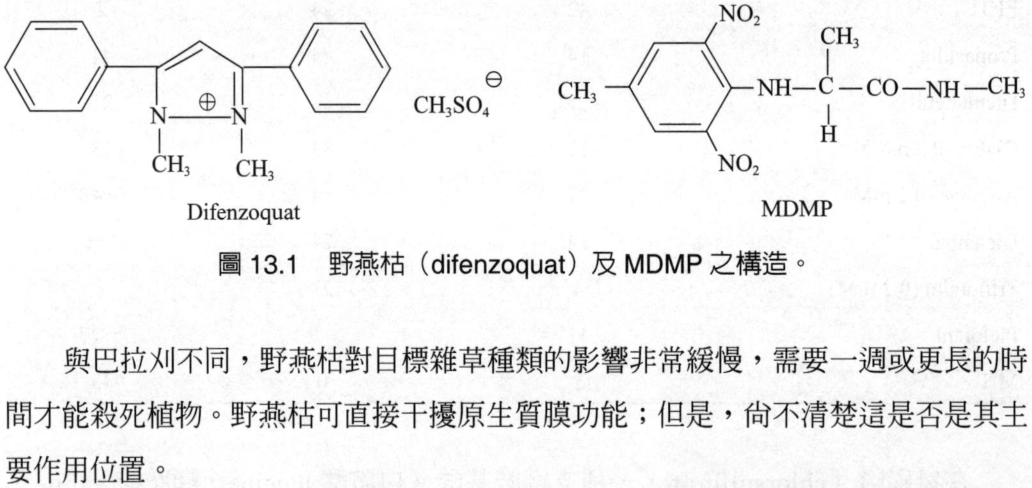

圖 13.1　野燕枯（difenzoquat）及 MDMP 之構造。

　　與巴拉刈不同，野燕枯對目標雜草種類的影響非常緩慢，需要一週或更長的時間才能殺死植物。野燕枯可直接干擾原生質膜功能；但是，尚不清楚這是否是其主要作用位置。

　　抑制類胡蘿蔔素合成的除草劑最終會因光漂白而喪失質體核醣體，因而停止質體蛋白的合成；此作用對於在確定某些質體蛋白是屬於核編碼、還是質體編碼方面很有用。

　　任何抑制細胞分裂而不影響 DNA 合成的除草劑，隨著細胞變成多倍體，會導致每個細胞的 DNA 量增加。例如，DCPA（chlorthal-dimethyl，大克草 chlorthal）使

菟絲子（dodder, *Cuscuta lupuliformis*）分生細胞的核 DNA 含量增加四倍。其他除草劑也會大大增加植物組織的蛋白質和核酸含量。例如，萘丙苯胺（naproanilide）和 2,4-D 會導致異花莎草（*Cyperus difformis* L.）根部 RNA 合成增加十倍。芬殺草（fenoxaprop）則使玉米地上部的 DNA 含量增加兩倍。

具有生長素活性的除草劑，如 2,4-D、2,4,5-T、MCPA、和畢克爛（picloram），可以強烈影響多倍體（polyploidy）在處理植物細胞中的分佈。關於苯氧烷酸（phenoxy-alkanoic acid）除草劑誘導植物中蛋白質和核酸增加的文獻很多。

胺基三唑（aminotriazole）已顯示其在玉米中胚軸中可刺激 RNA 合成 50%，但對蛋白質合成沒有影響。研究尚未發現任何這些除草劑對這些過程的直接作用，而且這些作用在這些除草劑作用機制中的重要性也尚不清楚。

研究僅報導除草劑對於粒線體蛋白質合成的一種特殊作用：意即胺基三唑（aminotriazole）已被證明在紅麵包黴 [ 菌 ]（*Neurospora crassa*）中抑制粒線體蛋白質合成。

## 13.2　直接影響蛋白質或核酸合成的化合物（Compounds directly affect protein or nucleic acid synthesis）

除草劑 MDMP〔2（4- 甲基 -2,6- 二硝基苯胺基）-N- 甲基丙醯胺；2(4-methyl-2,6-dinitroanilino)-*N*-methyl propionamide〕（圖 13.1）會直接影響高等植物的蛋白質合成。其影響方式係經由干擾 60S 核醣體亞單位與「40S 核醣體亞單位 -RNA-Met-tRNA 複合體（40S ribosomal subunit-RNA-Met-tRNA complex）」的相互作用，導致抑制胜肽合成的起始，但並未抑制胜肽的延伸。此外，此化合物對胞器蛋白質合成則沒有影響。

三種結構上不相關的除草劑，包括 dinoseb、ioxynil 和 pyrichlor 在濃度分別為 1.5、0.6 和 1.5 mM 的情況下，分別可抑制體外 RNA 聚合酶活性約 20%。需在如此高濃度下才能發揮作用，顯然對這些化合物的作用模式而言不太可能產生任何意義。

已知有幾種真菌毒素對葉綠體核酸合成、或蛋白質合成具有特定作用。由於這些過程在質體和原核病原體中相似，因此這些植物毒素通常也是良好的抗生素。

Tagetitoxin 是一種細菌性（*Pseudomonas syringae* pv. *Tagetis*）植物毒素，其可經由抑制質體 RNA 聚合酶而抑制質體中 RNA 合成。然而此毒素也會抑制真核生物 RNA 聚合酶 III，該酵素可轉錄 5S rRNA、tRNAs、7SK 和 7SL RNA、U6 snRNA、和其他小的 RNAs 的基因。

能抑制原核生物 DNA、或蛋白質合成的真菌毒素（fungal toxins），如白粉菌素（albicidin）、紅黴素（erythrorncyin）、放線菌素（actinomycin）、和絲裂黴素（mitomycin），通常也可以抑制質體中的相同過程，因而停止葉綠體發育和出現漂白現象（bleaching）。細菌 DNA 旋轉酶（gyrase）抑制劑，啶酮酸（nalidixic acid）和新生黴素（novobiocin），均可抑制葉綠體 DNA 的合成。

## 13.3　摘要（Summary）

目前尚未發現商品化除草劑對於蛋白質及核酸合成有直接影響，可能此合成過程均非商品化除草劑的主要作用位置。由細胞核主導的蛋白質及核酸合成過程乃普遍存在於真核生物，且在演化過程中也充分地保留此特性，因此其可能對於許多生物均有毒理學上的考量而不可能成為令人滿意的除草劑。然而也有研究者提出，對於質體內的反應，可能另當別論。事實上，已知有微生物之毒素對於質體內之核酸合成略具特定性，可能具有開發成為除草劑之潛力。

# CHAPTER 14

## 胺基酸合成抑制劑
### Amino acid biosynthesis inhibitors

　　植物可以合成所有必需胺基酸，但動物幾乎沒有這種生化能力，因此，植物胺基酸合成中的許多酵素在潛在的毒理學上都是屬於安全的除草劑作用部位。除草劑的發現工作集中在胺基酸合成過程中未開發利用的酶促位置上。真核綠色植物中所有胺基酸合成酵素都經過核編碼，之後在細胞質中被合成為無活性的預酶（pre-enzymes），再轉運通過質體包膜，並被活化以便在胺基酸合成中發揮作用。

　　在綠色組織中，這些酵素所屬的代謝途徑的活性通常高度依賴於光合作用，因此，經由除草劑影響綠色組織中這些作用位置而引起的新陳代謝傷害，預期在光照下比在黑暗中更大。

　　抑制胺基酸合成的特定位置最終會消耗某些胺基酸的代謝庫（metabolic pools），從而導致取決於胺基酸的所有過程減慢、或停止。但總游離胺基酸庫常常會引起誤導，因為研究無法區分代謝活性庫和液泡中儲存的胺基酸。由於抑制特定胺基酸、或胺基酸家族的合成所引起的代謝逆境可增加蛋白質轉換（turnover），導致胺基酸游離庫（free pools）增加，甚至增加了合成受阻的胺基酸的總游離庫（包括代謝庫、與存在液泡中的胺基酸庫）。

　　研究發現除草劑的作用位置與胺基酸合成有關，此一發現是由於觀察到當供給微生物、或植物細胞培養物的外源胺基酸時，可以逆轉除草劑所引起的生長抑制作用。抑制胺基酸合成的次級作用（secondary effect）很明顯是抑制蛋白質的合成，雖然其他的次級作用可能會更快地發生、並且作用更加劇烈。此種作用在成熟組織中通常發生較慢，而在分生組織中則較快。

　　胺基酸合成抑制劑比其他除草劑的開發晚很多的一個原因，可能是其作用相對較為緩慢，而早期除草劑研發篩選係設計獲取反應快速之除草劑，在此過程中可能忽略了胺基酸合成抑制型除草劑。此外，某些胺基酸合成抑制劑的化學性質更為複雜，直到數年後才對除草劑活性進行測試。研究過程中發現，胺基酸合成途徑受到阻斷時可能加劇了胺基酸前驅物、或胺基酸前驅物產物的累積，通常這些物質在植物組織中僅以很小的濃度存在，但在高於正常濃度時，可能具有植物毒性。

　　研究證明胺基酸合成中有三個分子作用位置是目前市售胺基酸合成抑制型除草劑的主要作用位置。本章將詳細討論這三個作用位置，並且將簡要描述已知受除草劑、或其他植物毒素影響的胺基酸合成的其他幾個酵素作用位置，包括：

(1) 抑制麩醯胺合成：即抑制 glutamine 合成酶（E.C. 6.3.1.2）活性。

(2) 抑制芳香族胺基酸合成：即抑制 5- 烯醇丙酮酸莽草酸 -3- 磷酸鹽（EPSP；5-enoyl-pyruvyl shikimate 3-phosphate）合成酶（EPSPS; E.C 2.5.1.19）活性。

(3) 抑制支鏈胺基酸合成。

(4) 抑制組胺酸合成。

(5) 抑制其他胺基酸的合成。

# 14.1　麩醯胺合成的抑制作用（Inhibition of glutamine synthesis）

麩醯胺合成酶（又稱穀胺醯胺合成酶；glutamine synthetase; GS）是將無機氮同化為有機氮化物途徑中的起始酵素。其為氮素代謝中的關鍵酵素，除了吸收亞硝酸鹽還原酶（nitrite reductase）產生的氨外，尚可循環利用其他過程產生的氨，包括光呼吸和脫氨反應（圖 14.1）。

GS 是核內編碼的酵素，分別在細胞質和質體中所發現的為不同的異構物（或稱同功型，isoforms）。在細胞類型（cell types）和物種（species）之間，兩種異構物的比例有所不同，但綠色組織中 GS 以葉綠體的異構物占優勢，或成為唯一的形式。質體異構物（plastidic isoform）係由四種、或六種不同類型的八個亞基（subunits）組成。八個亞基各有一個反應中心。

GS 可被具有某些結構相似性的幾種化合物抑制（圖 14.2），這些化合物都是取代的麩胺酸鹽（substituted glutamate）的變體，並且多數是天然存在的胜肽。

這些化合物其中有三個是 methionine sulfoximine（MSO）、phosphinothricin（PPT；固殺草 glufosinate）、和 tabtoxinine-β-lactam（tabtoxin）均受到廣泛研究。研究發現菠菜的葉綠體 GS 可被 MSO 和固殺草抑制，其 Ki 值分別為 100 和 6.1 μM。

來自高粱屬（Sorghum sp.）植物之細胞質 GS，其對於 phosphinothricin 抑制反應的 Ki 值為 8 μM。而固殺草的幾種 γ- 氧合形式（γ-oxygenated forms）抑制 GS 活性的效率則低於固殺草。

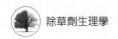 

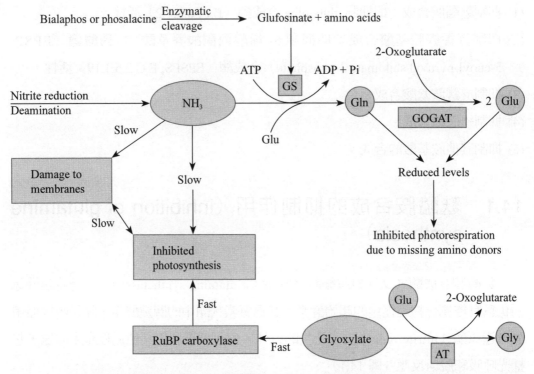

圖 14.1　除草劑抑制綠色植物細胞中麩醯胺合成酶（glutamine synthetase; GS）酵素活性，引起細胞死亡之生理機制。粗箭頭表示抑制作用，而橢圓形表示含量增加，圓形表示含量減少。圖中 GOGAT 代表麩胺酸鹽合成酶（glutamate synthase），AT 表示胺基轉移酶（轉胺酶，aminotransferase）。

　　畢拉草（bialaphos）是由鏈黴菌（*Streptomyces hygroscopicus*）產生的三肽（tripeptide; phosphinothricyl-L-alanyl-L-alanine），可被植物代謝為固殺草（glufosinate）和丙胺酸（alanine）。類似地，三肽 phosalacine（phosphinothricyl-L-alanyl-L-leucine）也可被植物代謝成固殺草。因此，bialaphos 的作用機制與固殺草相同。目前固殺草和畢拉草是唯一已商業化的 GS 抑制型除草劑。

　　固殺草（glufosinate）係 1994 年初，由德國 Hoechst 及 Schering 兩家公司共同組成之農化公司 AgrEvo 所研發，固殺草（除草劑普通名稱 glufosinate ammonium；化學式名稱為 ammonium-DL-homoalanin-4-yl (methyl) phosphinate；其中 glufosinate 化學名又稱為 2-amino-4-(hydroxy-methyl-phosphinyl) butanoic acid），係非選擇性萌後型接觸性除草劑，常用於果園、葡萄園及不整地種植（no-till planting）之前，

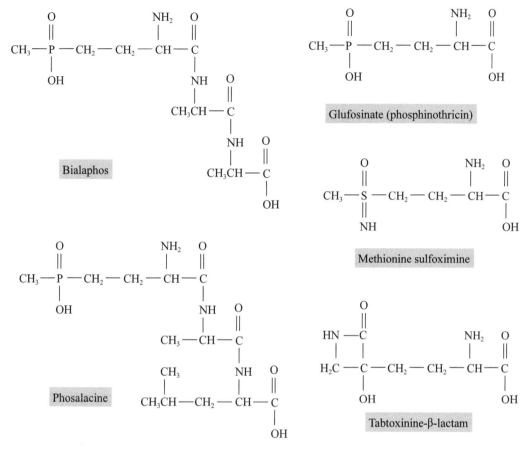

圖 14.2　一些麩醯胺合成酶（glutamine synthetase; GS）抑制劑之構造。

可控制多種闊葉雜草。適用雜草對象包括禾本科雜草，如雙穗雀稗、狗牙根、毛穎雀稗、白茅、牛筋草、紅毛草、馬唐、畫眉草，及闊葉草如野牽牛、馬齒莧、龍葵、臭莧、霍香薊、咸豐草、野塘蒿、加拿大蓬、雞屎籐、昭和草、鬼針草、火炭母草等。

（資料來源：王慶裕。2000。固殺草（glufosinate）除草劑之作用及抗性機制。科農 48：322-324。）

　　當 GS 的活性受到固殺草抑制時，在 $NO_2^-$ 受光合作用被還原、或有利光呼吸的條件下，會導致氨快速累積。同樣地，缺乏 GS 的大麥突變體也無法在有利於光呼吸的條件下生長。在非光呼吸條件下（高 $CO_2$ 和低 $O_2$），固殺草對光合作用的影響很小。同樣地，Turner et. al. 研究說明，在高 $CO_2$ 濃度下生長的植物，tabtoxin 對氨的積累沒有影響，且對植物的毒性很小。

固殺草造成氨累積時，伴隨著發生光合作用停止、葉綠體構造破壞、與基質液泡化（vesiculation）。雖然有研究者認為以 GS 抑制劑處理過的細胞是因為氨累積而影響光合作用，尤其是經由影響光磷酸化作用而抑制光合作用，但 Sauer et. al. 發現固殺草造成麩醯胺酸（glutamine）的消耗才是光合作用停止的原因。當同時施用麩醯胺酸和固殺草處理時，雖然氨含量很高，但可降低固殺草對光合作用的影響（圖 14.8）。研究指出麩醯胺酸對於 MSO 活性的影響亦有類似作用。此外，外源供應的氨（高達每克鮮重 50 mmol）對於光合作用、或生長的影響相對較小。

GS 抑制劑造成光合作用停止，亦被歸因於乙醛酸（glyoxylate）（係 RuBP 羧化酶抑制劑）累積、蛋白質合成之抑制、與卡爾文循環（Calvin cycle）中間物之消耗。卡爾文循環的停止會導致一些能量轉移到光合作用的分子氧、亞硝酸鹽、硫、和磷的還原反應。光抑制（photoinhibition）發生，最終將經由三重態葉綠素（triplet chlorophyll）導致膜脂質過氧化。

麩胺酸鹽、脯胺酸、精氨酸、以及後兩種胺基酸的組合，已顯示出一定程度的改善固殺草對水稻癒傷組織所造成之生長抑制作用。

固殺草和其他 GS 抑制劑是屬於非選擇性除草劑（nonselective herbicides）。雖然植物物種之間對固殺草的敏感性存在相當大的差異，但此種差異並不是由於其目標酵素 GS 的敏感性差異所引起的。

植物對於固殺草之耐性或抗性，係經由兩種策略產生。在一項研究中，在固殺草濃度增加的培養中選拔苜蓿細胞系（cell lines），結果可獲致耐性（20 倍）細胞系，此耐性歸因於 GS 編碼基因（GS-encoding gene）的基因擴增（gene amplification）所致。基因拷貝數目（gene copy number）與除草劑耐性程度呈現相關。不幸的，在選拔過程中發現，再生植物的能力喪失，且與具有高度再生能力的細胞系融合之後並未能恢復再生出完整植物的能力。

在另一項研究中，以完整的燕麥植株為材料，針對能產生 tabtoxin 的病原體進行耐性選拔，結果獲得燕麥耐性品系，其葉片的 GS（包括細胞質和質體內的），對於 tabtoxin 的敏感性比非經選拔之燕麥植物葉片中的 GS 低。這是燕麥植株案例對病原體不敏感的唯一機制。所獲致不敏感的 GS 異構物（isoforms）對於 MSO 敏感，但其對於固殺草是否敏感尚無報告。研究者需要進一步確定，對於 GS 數量和

／或質量的遺傳操作是否可以賦予作物抗 GS 抑制型除草劑的能力，而不會造成代謝損失。

生產固殺草或畢拉草抗性作物的成功策略乃是基於產生畢拉草的微生物（bialaphos-producing microorganisms）所存在的自我保護的機制。研究發現土壤鏈黴菌 *Streptomyces hygroscopicus* 的固殺草抗性 *bar* 基因、和另一種鏈黴菌 *Streptomyces viridochromogenes* 的 *pat* 基因，可編碼出 PPT（固殺草）之乙醯基轉移酶（acetyltransferase）（PAT）。這兩個基因之間有相當大的同源性（homology）。土壤微生物還可經由轉胺作用（transamination）和氧化脫胺作用（oxidative deamination）使固殺草失去除草劑活性。PAT 對固殺草具有高度的反應基質特定性（專一性；substrate specificity），乙醯化的固殺草顯然在活體內沒有除草劑活性且穩定。

研究可藉由將含有 *bar* 基因與啟動子（promoter）的質體 DNA（plasmid DNA），以電穿孔（electroporation）技術產生固殺草抗性水稻之癒傷組織。此外，亦可將塗布含有 *bar* 基因質體的微粒（microprojectiles）轟擊懸浮細胞培養物，用以產生抗畢拉草和固殺草的玉米細胞。

利用 *bar* 基因與花椰菜鑲嵌病毒的啟動子結合，藉由農桿菌調節的轉化（轉形，transformation），可產生抗固殺草的轉基因菸草、番茄、和馬鈴薯植物，並且利用 *pat* 基因也已經產生類似的抗性菸草植物。

在溫室及田間試驗中，帶有 *bar* 基因的轉化植株可完全抵抗固殺草之田間推薦用量。經過固殺草處理過的抗性植株，其可產生正常量的存活種子。其對固殺草和畢拉草均具有抗性。

人工合成的固殺草可作為果園除草劑及收穫前乾燥劑（preharvest desiccant）（Sankula et. al., 1997）。此除草劑之作用較巴拉刈（paraquat; 1, 4'-di-methyl- 4, 4'-bipyridinium）緩慢，但較嘉磷塞（glyphosate; N-(phosphonomethyl) glycine）快速。但可惜此除草劑對於水稻不具選擇性，若能以遺傳工程手段獲得除草劑抗性水稻，則有可能應用此藥劑於水田中選擇性地防除紅稻（Christou et. al., 1991）或其他雜草。

固殺草除草機制主要係抑制感性植物之 glutamine synthetase（GS; EC 6.3.1.2）

酵素活性（Steckel et. al., 1997）。GS 所催化的是氮素代謝必要的反應，其可將 glutamate 與氨（ammonia）結合合成 glutamine。根據 Shelp et. al.（1991）及 Wild et. al.（1987）試驗結果顯示，在大麥及 green foxtail 材料中施用固殺草一小時內，氨之累積高出 100 倍，尤其在光照下更加嚴重，最後造成膜的崩解，抑制光合作用及植株死亡（Bellinder et. al., 1987；Wendler et. al., 1990）。

（資料來源：王慶裕。2000。固殺草（glufosinate）除草劑之作用及抗性機制。科農 48：322-324。）

## 14.2 芳香族胺基酸合成的抑制作用（Inhibition of aromatic amino acid synthesis）

植物體內三個必要的芳香族胺基酸，包括：苯丙胺酸（phenylalanine）、酪胺酸（tyrosine）、和色胺酸（tryptophan），乃是莽草酸鹽（shikimate）代謝路徑之產物（圖 14.3）。

許多芳香族胺基酸的二次代謝物，如木質素（lignins）、生物鹼（alkaloids）、類黃酮（flavonoids）及苯甲酸（benzoic acids）等，對植物生長與發育的影響很重要。有關莽草酸鹽代謝路徑在動物界並未發現，但在植物、真菌、及細菌中的代謝卻重要。光合作用植物所固定的碳素約有 20% 流經此一高度調節的路徑。

研究已經在質體（plastid）中發現了該途徑的所有酵素，但是，有些酵素也明顯存在於細胞質中。儘管存在雙重（細胞質和質體）莽草酸鹽途徑的證據，但尚不清楚在細胞質液（cytosol）中所發現的莽草酸鹽途徑相關酵素的代謝角色。

質體中的酵素受到高度調節，而細胞質液中的酵素則受到較少的控制。在綠色組織中，光照能大大增強芳香族胺基酸的合成。嘉磷塞是唯一發展作為抑制芳香族胺基酸合成之除草劑，其作用是中斷莽草酸鹽途徑中酵素步驟。此藥劑對於哺乳類動物毒性低。實際上，與之配製的表面活性劑（surfactant）的急性毒性是嘉磷塞的三倍。

嘉磷塞（glyphosate）係於 1971 年由 Monsanto 公司所推出的非選擇性萌後型除草劑，一般商品大都含 41% 之嘉磷塞異丙胺鹽或胺鹽。對一年生禾本科雜草、莎草、及闊葉草的防除效果極佳，尤其是多年生雜草的防除效果顯著。在臺灣國內

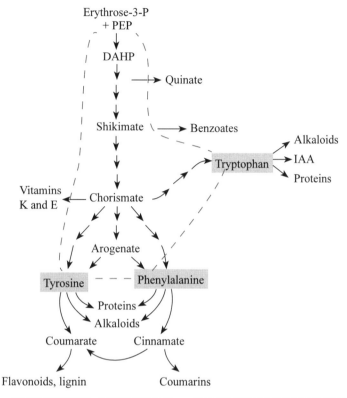

**圖 14.3　莽草酸鹽路徑（虛線範圍內）、及其與其他代謝路徑之關係。**

此藥劑名稱爲「年年春」，主要推薦用於茶園、果園、蔗園等場所之雜草防除。嘉磷塞爲系統型除草劑，施用於植物葉面後可快速地被吸收，並經由篩管伴隨著光合產物轉運至植株生長旺盛的部位累積，如生長點部位。吸收與轉運的量隨時間增長而分佈面愈廣，累積的藥量也愈多，待濃度累積至一定程度後即發揮除草效果。

在生理 pH 值，此藥劑爲兩性離子（zwitterion）（圖 14.4），優先以二價陰離子形式存在，可與某些二價金屬陽離子形成強烈結合的複合物，通常以異丙胺鹽（isopropylamine salt）形式販售。嘉磷塞陰離子形式乃是具活性之分子，其在韌皮部具高度移動姓，易隨著光合產物從施用的葉部轉移至遠處的代謝積儲（sink）。此藥劑配合其緩效性，有利於防除具有地下部再生器官之多年生雜草。

嘉磷塞此種非選擇性除草劑可抑制 5- 烯醇丙酮 - 莽草酸 -3- 磷酸鹽合成酶（5-enolpyruvyl-shikimate-3-phosphate synthase; EPSPS）活性。EPSPS 酵素之作用乃是聚合莽草酸 -3- 磷酸鹽（shikimate-3-phosphate; S3P）及磷酸烯醇丙酮酸鹽

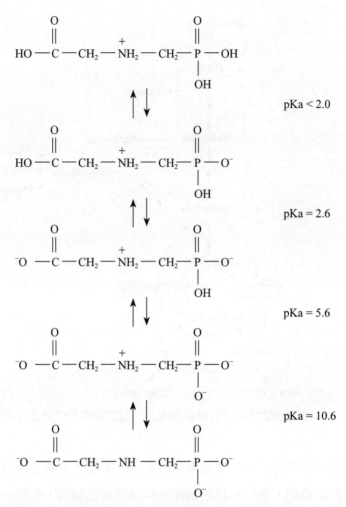

圖 14.4　嘉磷塞之解離（dissociation），及游離常數（ionization constants）。在酸性環境下呈現陽離子，而在鹼性環境下呈現陰離子形式。

（phosphoenol-pyruvate; PEP），以產生 EPSP 及無機磷酸鹽（圖 14.5）。在酵素催化反應過程中，PEP 先與 S3P 形成「PEP-S3P」複合物，之後再與 EPSPS 結合。

　　當嘉磷塞抑制 EPSPS 活性時，嘉磷塞分子會結合至 EPSPS 酵素蛋白上原本與「PEP-S3P」複合物中 PEP 分子內磷酸鹽部分結合的區域。抗嘉磷塞的矮牽牛突變細胞系研究顯示，其 EPSPS 對於 EPSP 或 S3P 的 Km 值幾乎沒有改變。然而，抗性突變體的 EPSPS 針對 PEP 的 Km 值高出野生型 40 倍。

　　根據化學修飾研究結果，EPSPS 酵素蛋白上 Lys、Arg、Cys、Glu 和 His 等

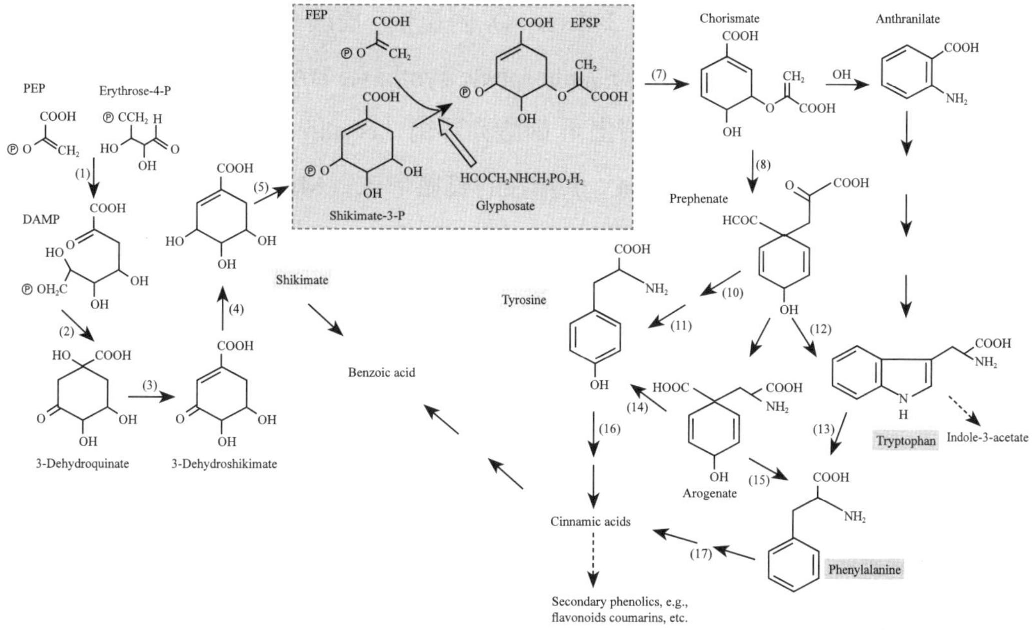

圖 14.5 莽草酸鹽途徑中相關酵素的作用位置。相關酵素包括：(1) 3-deoxy-*D*-arabino-heptulosonate-7-phosphate (DAHP) synthase; (2) 3-dehydroquinate synthase; (3) 3-dehydroquinate dehydratase; (4) shikimate dehydogenase; (5) shikimate kinase; (6) 5-enolpyruvylshikimic acid-3-phosphate (EPSP) synthase; (7) chorismate synthase; (8) chorismate mutase; (9) anthranilate synthase; (10) prephenate dehydrogenase; (11) tyrosine aminotransferase; (12) prephenate dehydratase; (13) phenylalanine aminotransferase; (14) arogenate dehydrogenase; (15) arogenate dehydratase; (16) tyrosine ammonia-lyase; (17) phenylalanine ammonia-lyase. 虛線方塊內表示嘉磷塞除草劑之主要作用位置。（資料來源：Devine et. al., 1993.）

殘基是酵素結合位置（binding site(s)）的組成部分，並且 Arg 殘基（Arg$^{28}$ 和／或 Arg$^{131}$）、Glu$^{418}$ 殘基、和 Cys$^{408}$ 殘基是供嘉磷塞結合位置的組成部分。此外，經由位置導向誘變（site-directed mutagenesis）研究，顯示將 Lys$^{23}$ 修飾為 Ala 或 Glu 可使矮牽牛 EPSPS 失去活性。若用 Arg 取代 Lys$^{23}$ 則產生的酵素，其反應基質（substrates）的 Km 值均正常，但嘉磷塞抑制酵素的 I$_{50}$ 值，比未修飾的酵素高五倍。鼠傷寒沙門氏菌（*Salmonella typhimurium*）的 EPSPS 在 101 位置上的 Pro 轉變為 Ser 之後，則導致對嘉磷塞具有抗性。

EPSPS 受抑制情況下，由於 3-deoxy-D- 阿拉伯 - 庚酸七磷酸酯 7- 磷酸合成酶
（3-deoxy-D-arabino-heptulosonate-7-phosphate synthase; DAHPS）的活性增加，導
致莽草酸途徑失調；DAHPS 係催化 4- 磷酸赤蘚糖（erythrose-4-phosphate）與 PEP
的縮合。DAHPS 酵素蛋白中 $Mn^{+2}$ 依賴性的質體形式（$Mn^{+2}$-dependent, plastidic
form），其活性增加顯然是由於該酵素的強效抑制劑 arogenate 的含量下降，以及
該酵素明顯受抑制、或其穩定性增強所致。

另一種 DAHPS 形式（需要 $Co^{2+}$ 的形式）可被咖啡酸（caffeic acid）抑制，此
咖啡酸是一種芳香族胺基酸的衍生物，在嘉磷塞處理過的植物組織中此咖啡酸濃度
會降低。該途徑的阻斷和失控導致堆積非常大量的莽草酸鹽，在某些情況下甚至會
導致莽草酸鹽的衍生物苯甲酸（benzoic acids）累積。

在累積嘉磷塞之積儲組織（sink tissues）中，存在之莽草酸鹽和莽草酸 -3- 磷
酸鹽（shikimate-3-phosphate）約占組織乾重 16%。實際上，發現嘉磷塞可誘導高
含量的莽草酸鹽，提供了線索讓 Arnrhein 實驗室得以發現除草劑作用的目標酵素部
位。用嘉磷塞處理時，天仙子（*Hyoscyamus niger* L.）的葉部累積了莽草酸鹽，高
達乾重的 2%。

研究指出碳素不受控制地流入莽草酸鹽途徑，使得其他的代謝途徑失去構成因
素，此可能會破壞植物代謝。然而，在嘉磷塞處理過的甜菜葉片中，通常進入澱粉
組成的 $^{14}CO_2$ 只有 4% 被檢測成為莽草酸鹽。

嘉磷塞還抑制細胞質中依賴 $Co^{2+}$ 的 DAHPS 的活性，但其效果不如抑制
EPSPS，這使該路徑的失控變得複雜。這種抑制作用可能是由於嘉磷塞與 $Co^{2+}$ 形
成複合物，而不是直接抑制酵素活性。Kishore 和 Shah 推測，「嘉磷塞 -$Co^{2+}$」複
合物可能比單獨的金屬離子、或除草劑，對酵素具有更高的親和力。

在綠色植物中，EPSPS 是一種核編碼蛋白（nuclear-coded protein），帶有一
個轉運胜肽（transit peptide），該轉運胜肽可以將 EPSPS 送進質體中。例如，
在矮牽牛（*Petunia hybrida*）中，EPSPS 合成後形成一個具有 444 個胺基酸的成
熟酵素，其分子連接有 72 個胺基酸的轉運胜肽。研究指出常綠紫堇（*Corydalis
sempervirens*）的轉運胜肽分子量約為 8,400。

研究已經確定了幾種編碼 EPSPS 的基因的核苷酸序列，並且發現成熟酵素蛋

白中的胺基酸序列其保守（conservation）程度很高；然而，轉運胜肽則具高度分歧性（多樣化）。EPSPS 是唯一的一種核編碼的質體酵素，已知其在細胞質合成後，於轉運進入質體之前，其存在細胞質之前軀狀態（precursor state; pEPSPS）即具有活性。因此，除草劑在細胞質中與此蛋白結合可能改變轉運胜肽構型，而阻止蛋白進入質體，以達到抑制效果，此可發生在細胞質中（圖 14.6）。研究結果顯示，嘉磷塞與 pEPSPS 的結合可抑制蛋白進入質體、及進行 pEPSPS 加工。當嘉磷塞濃度約為 10 μM 時，pEPSPS 進入質體受到完全抑制。

因為研究發現在沒有 S3P 的情況下嘉磷塞作用無效，且嘉磷塞對其他核編碼蛋白的轉運、和加工均無影響，因此推測該抑制作用顯然是嘉磷塞與 pEPSPS-S3P 複合物結合的直接結果。顯然，pEPSPS-S3P 複合物的結構穩定性排除了其通過質體被膜轉運輸入所需的構形彈性（柔韌性，flexibility）。

研究者認為嘉磷塞是發展除草劑抗性作物（herbicide-resistant crops）的理想除

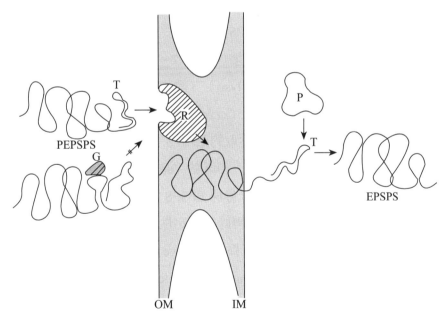

圖 14.6　pEPSPS 轉入質體之模式。R 為接受體（receptor）接收將轉入之蛋白；P 為基質中之蛋白酶（protease）；OM 為質體外側被膜（outer membrane）；IM 為質體內側被膜（inner membrane）；G 為嘉磷塞（glyphosate）；T 為轉運胜肽（transit peptide）。注意嘉磷塞結合於 pEPSPS，藉由改變轉運胜肽之構型（conformation）以抑制此蛋白進入質體中。

草劑，主要基於以下原因，包括：除草劑抗性雜草不太可能在此類作物中快速生長、以及嘉磷塞在毒理學和環境方面均屬較爲安全的除草劑。

在開發嘉磷塞抗性作物方面，有三種策略是可行的，包括：

**1. 過度生產 EPSPS，以致稀釋除草劑之作用**

這些選擇中的前兩項一直是廣泛努力的重點。嘉磷塞耐性植物細胞系的選拔（selection）結果，通常導致選出過量生產 EPSPS 的突變體。

經由在嘉磷塞濃度不斷增加的培養基上所培養存活出來的植物細胞，包括在菸草、胡蘿蔔、番茄、紫堇屬植物（*Corydalis sempervirens*）、和矮牽牛的植物細胞培養物中，發現 EPSPS 的活性升高。Dyer 等研究者分離的嘉磷塞耐性菸草細胞系，也發現 DAHPS 過度生產現象。從這些培養物中再生的植株通常保留一定程度的嘉磷塞耐性。在菸草細胞培養中，嘉磷塞的耐性程度與培養物中 EPSPS 的比活性（specific activity）之間存在極佳的相關性。在這些案例中，均發現 EPSPS 活性升高是由於酵素過量生產所引起的。

在矮牽牛和菸草中，過量生產 EPSPS 是由於其基因擴增（或稱基因增幅，gene amplification，即 *EPSPS* 基因拷貝增加）所致。配合使用 EPSPS cDNA 的基因組印跡（墨點）分析（genomic blot analysis），發現植體內過量生產 EPSPS 並非基因擴增之結果。在對於嘉磷塞具耐性之 *Corydalis sempervirens* 細胞之培養中發現，其 EPSPS mRNA 增加 10 倍，且可供萃取的 EPSPS 活性增加 30 倍。然而，嘉磷塞耐性與感性細胞系經由南方（Southern）和斑點（dot）印跡分析（blot analysis），顯示在該細胞選拔過程中基因擴增並未參與 EPSPS 的過度表達。EPSPS mRNA 增加可能是由於該細胞系中 EPSPS 基因轉錄的穩定性提高、和／或參與調控 EPSPS 基因轉錄（transcription）之活性啟動子區域（active promotor region）增加所致。

在穿透式電子顯微鏡（transmission electron microscope）層次上，藉由免疫細胞化學方法所進行之分析，發現過量產生的 EPSPS 完全存在於質體中。然而，除非分析所採用抗體的主要抗原位置（antigenic site）是存在於 EPSPS 分子上，而不是存在於 pEPSPS 分子上，否則分析結果僅能說明在過度生產 EPSPS 的細胞系中，大多數 EPSPS 均以 pEPSPS 的形式存在。

利用 EPSPS 編碼基因進行遺傳工程擴增，可用以實施過度生產的策略。最

初，藉由在高拷貝（複製，copy）質體（plasmid）上引入編碼 EPSPS 的基因（*aroA* 基因），可使大腸桿菌對嘉磷塞的耐性提高八倍。其後，矮牽牛癒傷組織經過 EPSPS 基因轉殖，配合具高度活性之花椰菜鑲嵌病毒啟動子（cauliflower mosaic virus promoter），可產生的 EPSPS 比未轉殖植株高出約 20 倍。

轉殖的矮牽牛癒傷組織對嘉磷塞具有高度耐性，從這些癒傷組織再生的植株可耐受商品嘉磷塞，其除草劑耐性是未轉殖癒傷組織再生植株最小致死劑量的四倍。擬南芥（*Arabidopsis thaliana*）和亞麻（*Linum usitatissimum*）也獲得了相似的結果。然而不幸的是，針對高韌皮部流動性（highly phloem-mobile）、及代謝上穩定的除草劑（如嘉磷塞）而言，以過度生產作用部位（指 EPSPS 酵素蛋白）的方法來增加除草劑耐性並不是一個好的策略。即使植物的其他部位不受除草劑影響，但在代謝積儲（metabolic sinks）如分生組織區域中，除草劑累積的濃度也可能使過量表達的酵素無法負擔。也因此，在嘉磷塞存在下，這些耐性植株比未處理的植株晚成熟。基於相同原因，預計在花部和果實中也會發現其他植物毒性問題。但在某些物種中，花部的 EPSPS 量大於葉部的 EPSPS 量，此可抵消這些組織中嘉磷塞的較高累積量。

## 2. 在植株中引入、或誘導出抗嘉磷塞的 EPSPS

生產嘉磷塞抗性植物的第二種策略是引入抗嘉磷塞的 EPSPS。在鼠傷寒沙門氏菌（*Salmonella typhimurium*）、產氣桿菌（*Aerobacter aerogenes*）、和大腸桿菌（*E. coli*）中，均可發現抗嘉磷塞的 EPSPS。所有這些突變體 EPSPS 針對 PEP 的 Km 值均高於相對應的野生型酵素，而突變體 EPSPS 對於嘉磷塞反應的 $I_{50}$ 值則比野生型酵素高 9 倍以上，到幾乎 8,000 倍。

利用大腸桿菌抗嘉磷塞 *EPSPS* 基因，從轉殖細胞中再生的轉基因菸草植株（帶有花椰菜鑲嵌病毒啟動子），可單獨或與矮牽牛 EPSPS 轉運胜肽的 cDNA 融合。在這些植株中，發現該酵素在沒有轉運胜肽的情況下完全存在於細胞質中，而具有轉運胜肽的酵素則表現於葉綠體中。可以預期的是，EPSPS 具有轉運胜肽構築的菸草植株，比無力將抗性 EPSPS 轉運進入質體的植物較抗嘉磷塞。

抗嘉磷塞鼠傷寒沙門氏菌 EPSPS（突變型 *aroA* 基因）的嵌合基因和啟動子序列，已用於轉殖入菸草、番茄、和白楊（Populus）細胞。由這些轉化細胞產生的

植物對嘉磷塞僅具有中等耐性，其原因可能是，若無轉運胜肽，則該酵素顯然完全侷限於細胞質，而無法進入質體，且在高等植物細胞中此酵素要具有適當功能時，必須存在質體中。

研究指出 RuBP 羧化酶（RuBP carboxylase）的小亞基（次單位，subunit）的轉運胜肽與抗嘉磷塞的鼠傷寒沙門氏菌 EPSPS 蛋白連接之後，並未影響 EPSPS 的原核版本（procaryotic version）導入菸草葉綠體中。RuBP 羧化酶小亞基的轉運胜肽及小亞基本身 24 個胺基酸與 EPSPS 融合後，不論在體內或體外試驗中，均顯示 EPSPS 可被轉運到葉綠體中。從這種轉化的細胞再生的植株，與 *aroA* 基因僅表達於細胞質的早期再生植株相較下，前者對嘉磷塞的抗性更高。

EPSPS 酵素蛋白之編碼基因以其組織特異性（特定性）方式受到高度調節。經融合醛糖酸化合物酶（glucuronidase, GUS）報導基因（reporter gene）、與矮牽牛 EPSPS 啟動子區域（promotor region）的矮牽牛，根據其組織化學染色結果，在葉片上下表皮、維管組織、和花瓣的中胚層（mesoderm）中，均顯示出強烈的染色現象，這些部位均被稱為具有高度活性的二次代謝部位。

高等植物藉由定點誘變（site-directed mutagenesis）已經可以產生抗嘉磷塞的 EPSPS。抗嘉磷塞的 EPSPS，其針對 PEP 之 Km 值約高出 40 倍，且抗性 EPSPS 對於嘉磷塞的 Ki 值比感性矮牽牛高出近四個數量級（即增加 10,000 倍）。由於 PEP 的 Km 急劇增加，因此人們期望這種酵素必須過度表達，才能使植物具有正常的莽草酸鹽代謝途徑，此案例是來自高等植物唯一報導的抗性 EPSPS。

### 3. 引入分解嘉磷塞的酵素

產生抗嘉磷塞植物的第三種策略是引入代謝嘉磷塞的酵素編碼基因，此可克服作物收穫部位中嘉磷塞累積的問題。此策略的優點有幾個，首先，除草劑或其殘留物都不會在可食用的代謝積儲區（如果實、塊莖等）中累積。其次，不必對引入的酵素進行嚴格調節即可正常運行。最後，只需要一個基因的轉殖。儘管可以在多種微生物中獲得降解基因，但尚未嘗試使用此種策略。

大多數高等植物不會將嘉磷塞代謝降解，或者降解非常緩慢。但是，在木賊屬（*Equisetum* sp.）植物中發現，其將嘉磷塞代謝為胺基甲基磷酸鹽（aminomethyl phosphonate, AMP，圖 14.7）的速度很快。

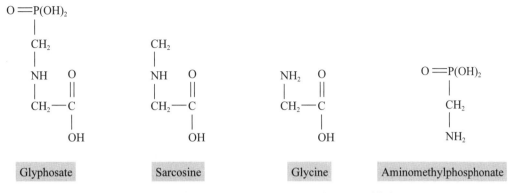

圖 14.7　嘉磷塞（glyphosate）及其代謝物之構造。

　　有幾種土壤微生物可以輕易降解嘉磷塞，其中一些可以將其用作磷肥的唯一
來源。要利用嘉磷塞作為唯一的磷源，必須要能裂解 C-P 鍵。在某些可利用嘉磷
塞作為唯一磷源的假單胞菌屬（*Pseudomonas* sp.）、及節桿菌屬（*Arthrobacter*
sp.）菌株中，可藉由裂解 C-P 鍵，形成肌胺酸（sarcosine）（即 N- 甲基甘胺酸，
N-methylglycine）、與磷（圖 14.7），以啟動降解過程。在其他假單胞菌屬、及黃
桿菌屬（*Flavobacterium* sp.）之菌株中，於 C-P 鍵斷裂之前嘉磷塞已經被代謝成
AMP。在所有這些案例中，嘉磷塞最終都會完全代謝為不具植物毒性的化合物，
如肌胺酸和 AMP 都不具有植物毒性。由於打斷 C-P 鍵的酵素（C-P 解離酶，C-P
lyase）其分離工作缺乏進展，阻止了此種酵素利用於抗嘉磷塞作物的基因工程中。

　　雖然在某些地區大量使用嘉磷塞超過十年以上，但在該區田地中尚未出現抗嘉
磷塞的雜草。Kishore 和 Shah 推測主要的兩個因素，包括：

(1) 除草劑在大多數土壤中沒有活性，這是由於嘉磷塞與土壤成分形成複雜的複合
　　物、以及微生物的降解作用。因此，選汰壓力（selection pressure）存在時間短
　　暫。

(2) 由於抗嘉磷塞的 EPSPS 對於反應基質 PEP 的親和力低，致使效率相對較低，因
　　此抗嘉磷塞的 *EPSPS* 基因必須具有比野生型基因更高的表達程度，以便植株中
　　具有足夠的 EPSPS 活性以供正常生長和發育。

　　一些雜草或雜草生物型（biotypes）比其他雜草具有對嘉磷塞更高的耐受性。
在某些情況下，噴霧滯留（spray retention）、吸收、轉運、和營養繁殖潛力的差

異，也被用以解釋耐性差異。

研究發現從鳥足三葉草（又稱百脈根，birdsfoot trefoil, *Lotus corniculatus*）中選出之 EPSPS，其比活性（specific activity）與嘉磷塞耐受性呈現相關。但尚不清楚增強的 EPSPS 活性是由於基因擴增、還是由於其他因素。

由於嘉磷塞是與 PEP 彼此強烈競爭 EPSPS 蛋白上結合位置的抑制劑，因此研究者可能期望嘉磷塞也能抑制其他 PEP 依賴性反應（PEP-dependent reactions），然而並未發現此狀況。例如，5 mM 嘉磷塞只能將玉米植株中的 PEP 羧化酶（PEP carboxylase）活性降低 14%。儘管有充分的證據顯示 EPSPS 是嘉磷塞主要的作用位置，但間接證據說明，在高等植物有另一個作用位置可能參與嘉磷塞之作用機制。

理論上，嘉磷塞的植物毒性效應可經由外加方式提供適當濃度的芳香族胺基酸給受害的生物體而獲得改善。而實際上，基於對根瘤菌 *Rhizobium japonicum* 和青萍（*Lemna gibba*）的外加芳香族胺基酸的逆轉研究結果，Jaworski 首先提出了抑制芳香族胺基酸合成是嘉磷塞的作用模式。

然而，在完整的高等植物中，很少發現經由外源性芳香族胺基酸來逆轉嘉磷塞的植物毒性作用。這可能有部分原因是由於這些外源胺基酸轉運至受害組織的量不足，或是由於外源性芳香族胺基酸無法防止莽草酸鹽途徑失調，後者係因為嘉磷塞所降低的 arogenate 含量不會受到芳香族胺基酸庫大小的影響。此外，高濃度的莽草酸鹽、莽草酸 -3- 磷酸鹽（shikimate-3-phosphate; S3P）、和苯甲酸（benzoic acids），可能會對於 EPSPS 以外的蛋白質和酵素產生植物毒性。

相對高濃度的嘉磷塞可以抑制某些系統的光合作用。例如，1.0 mM 的嘉磷塞可抑制約 50% 的 PS I 電子傳遞、以及在苜蓿和三葉草中分別抑制葉綠體內 PS II 電子傳遞大約達 60% 和 90%。在如此高濃度下，除非小心控制檢定系統之緩衝液，否則 pH 的影響可能很大。

在其後的研究中，並未發現嘉磷塞或其三甲基銨鹽（trimethyl ammonium salt）在濃度高達 10 mM 時對光合電子傳遞造成影響。對光合作用的任何影響都不太可能在嘉磷塞作用機制中具有重要意義，因為除草劑不太可能在葉綠體中積聚至如此高的濃度，除非在代謝積儲（sink），如正在發育的葉片中才有可能。

　　據推測，嘉磷塞於生理 pH 值下的金屬離子複合能力（metal ion-complexing capacity）在嘉磷塞的作用機制中扮演某種角色，儘管沒有直接證據。金屬離子會強烈影響嘉磷塞的吸收和轉運，反之亦然；但是，嘉磷塞是否會對金屬離子在細胞內的分佈和可利用性有顯著影響尚屬未知。

　　研究顯示嘉磷塞類似物對於 EPSPS 的活性、或莽草酸鹽累積並無顯著影響，但嘉磷塞的幾種類似物仍具有很強的除草劑活性。在某些案例中，已知這些除草劑類似物的作用模式與 EPSPS 無關（例如固殺草 glufosinate，參見圖 14.8），而對於另一些類似物的作用機制則仍屬未知。

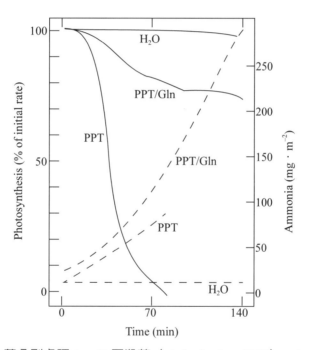

圖 14.8　芥菜初生葉分別處理 1 mM 固殺草（glufosinate，PPT）、1 mM PPT+50 mM glutamine（Gln）、或是純水後，其光合作用活性（–）與氨累積（---）變化。

　　在商業上，尚無其他抑制莽草酸鹽途徑相關酵素的除草劑。然而，該途徑中有其他幾種酵素已成為發現新型除草劑的研究對象。過去已經研究了赤蘚糖 -4-P（erythrose-4-P）的非等構磷酸酯（nonisosteric phosphonate）、和等構同磷酸酯（isosteric homophosphonate）的類似物，以此作為 DAHPS 的反應基質，但此作為除草劑的功效尚不清楚。研究指出 fluoro-PEP 是 DAHPS 非常好的抑制劑，但基於

毒理學考量，其對其他需要 PEP 的酵素（PEP-requiring enzymes）之影響，可能使其排除作爲除草劑。

脫氫奎寧合成酶（dehydroquinate synthase; DHQS）是將 DAHP 轉化爲 3- 脫氫奎寧（3-dehyroquinate）的酵素（圖 14.3），雖然其爲眞菌中多蛋白複合物的一部分，但顯然在大腸桿菌和高等植物中是單一蛋白。此酵素可被 DAHP 的磷酸酯（phosphonate）類似物（例如 3- 脫氧 -D- 阿拉伯 - 庚酸七磷酸鹽；3-deoxy-D-arabino-heptulosonic acid 7-phosphate, DAHAP）抑制。此類似物針對來自大腸桿菌（Ki = 1.1 μM）、和豌豆（Ki = 0.8 μM）的 DHQS 而言，是屬於強力的競爭性抑制劑。

儘管 DAHAP 對 DHQS 具有活體外活性，且對於狗尾草（*Setaria viridis*）具有除草效果，但對於稗草（*Echinochloa crus-galli*）、和野燕麥則除草效果略低，甚至對強生草（johnsongrass）、或豌豆不具除草劑活性。

在經過嘉磷塞除草劑處理之植物物種中發現，DHQS 之去磷酸化反應基質（dephosphorylated substrate）有增加，雖然與莽草酸鹽之增加量相比較之下，其增加幅度不大。造成這種差距是否由於莽草酸鹽途徑的阻斷較爲無效、植體內 DAH 的不穩定性、或是其他因素所致，尙不清楚。Roisch 和 Lingens 報導指出嘉磷塞是 DHQS 的弱抑制劑；然而，與 DAHPS 一樣，這可能是由於金屬離子螯合所致。

目前尙無報告關於莽草酸鹽途徑中接下來的三種酵素〔3- 脫氫奎寧酸水解酶（3-dehydroquinate hydrolyase）、莽草酸鹽脫氫酶（shikimate dehydrogenase）、和莽草酸鹽激酶（shikimate kinase）〕之抑制劑。雖然 EPSP 的烯丙基異構體（allylic isomer）是分支酸合成酶（chorismate synthase）的強力抑制劑（Ki = 8.7 μM），但尙未報導其除草活性。研究有發現分支酸突變酶（mutase）、和鄰胺基苯甲酸鹽合成酶（anthranilate synthase）的抑制劑。然而，這些抑制劑並無除草活性的報導。

## 14.3　支鏈胺基酸合成的抑制作用（Inhibition of branched-chain amino acid synthesis）

胺基酸中的纈胺酸（valine）、白胺酸（leucine）與異白胺酸（isoleucine）是支鏈胺基酸（branched-chain amino acid）合成途徑的產物（圖 14.9）。該途徑中的

四種酵素，包括 ALS、ALR、DHD 及 IMI，是所有三個支鏈胺基酸合成途徑所共有的。

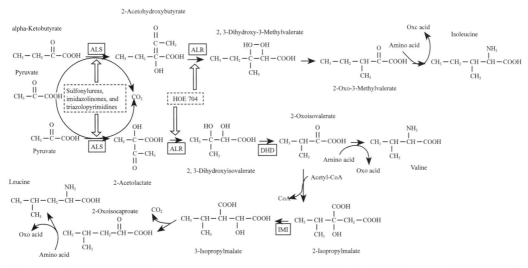

圖 14.9　支鏈胺基酸（branched-chain amino acid）生合成途徑。ALS：乙醯乳酸合成酶（acetolactate synthase）；ALR；乙醯乳酸還原異構酶（acetolactate reductoisomerase）；DHD：2,3- 二羥酸脫水酶（2,3-dihydroxyacid dehydratase）；IMI：異丙基蘋果酸異構酶（isopropylmalate isomerase）。

**1. 抑制乙醯乳酸合成酶（acetolactate synthase, ALS）活性**

　　過去研究發現兩個商品化的除草劑化學類型，包括硫醯尿素類（sulfonylureas）與 imidazolinones，其作用的目標位置在乙醯乳酸合成酶（acetolactate synthase, ALS；亦稱為丙酮醛羥基合成酶（acetohydroxy acid synthase, AHAS），ALS 是支鏈胺基酸合成途徑中第一個酵素。

---

 延伸閱讀

乙醯乳酸合成酶（acetolactate synthase; ALS; E.C 4.1.3.18）

ALS 酵素之作用，可催化二個平行反應，即將 2 分子 pyruvate 結合成 1 分子 acetolactate，以及將一分子 pyruvate 與一分子 2-oxobutyrate 結合成一分子 acetohydroxy-butyrate。Acetolactate 係合成 valine 與 leucine 之前驅物，而 acetohydroxybutyrate 則為合成 isoleucine 前驅物。ALS 酵素蛋白的合成係由細胞核控制，而在葉綠體中表現其活性。

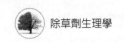

在高等植物中尚未建立其活體內寡聚體構造（oligomeric structure）。

大部分的二倍體（diploid）植物種類具有單一 ALS 基因座（locus），玉米較特殊具有二個基因座，四倍體（tetraploid）菸草亦具有二個基因座，而十字花科（Brassica）植物則有許多基因座。成熟的 ALS 蛋白約由 575 個胺基酸分子組成，依物種而異。成熟的 ALS 胺基酸序列在不同物種間具高度保留性。

在原核生物（prokaryotes）及真核生物（eukaryotes）上，ALS 有不同的四級構造。腸內細菌（enterobacteria）有多重的 ALS isozymes，每一 isozymes 係由大、小亞單位以 α2β2 方式結合排列。例如來自 *Salmonella typhimurium* 之 ALS isozyme II，其分子量 138,000 係分別由 9,700 及 59,300 大、小的二個亞單位構成。然而在酵母菌及植物體內，僅發現由 ALS 單一亞單位構成之單聚體（monomers）及寡聚體（oligomers）。單聚体之分子量約在 58,000-72,877 之間。

在一些植物種類中 ALS 蛋白質有超過一種以上的型式。例如玉米、大豆、canola、*Brassica napus* L. 及菸草之單倍體基因組（haploid genome）含有 2 個以上 *ALS* 基因。然而甜菜及十字花科阿拉伯芥（*Arabidopsis thaliana*）僅含單一 ALS 基因。比較阿拉伯芥及菸草中之 ALS 蛋白，其上胺基酸保留有 85%；而二物種之 *ALS* 基因，其上核苷酸亦保留有 75%。來自酵母菌及細菌之 ALS 酵素其胺基酸序列亦有三大保留區域（conserved domains）。在植物中也發現有類似的保留區域。從來自於阿拉伯芥（*csr1* 等位基因）、*Brassica napus*（*ALS1*，*ALS2*，*ALS3* 等位基因）、玉米（二個等位基因）、*Xanthium strumarium*（一個等位基因）及菸草（*SuRA* 與 *SuRB* 等位基因）等基因所衍生出之 ALS 胺基酸序列可知，此九個等位基因從第一個完全保留區域（domain）開始算起，其序列具有 63% 的同質性。

ALS 聚合兩個丙酮酸鹽（pyruvate）分子，形成 2-acetolactate，此乃白胺酸與纈胺酸、以及 $CO_2$ 的前驅物。ALS 也可與丙酮酸鹽、2-ketobutyrate 進行反應，形成 $CO_2$ 與 2-aceto-hydroxybutyrate，此為異白胺酸的前驅物。ALS 活性需要黃素腺嘌呤二核苷酸（flavin adenine dinucleotide; FAD）、thiamine pyrophosphate（TPP）、以及 $Mg^{2+}$ 或 $Mn^{2+}$，並產生中間前驅物 hydroxyethyl-TPP（HETPP）。FAD 存在的情況下，ALS 以四分子結構（tetrameric form）形成複合體。此關鍵酵素在支鏈胺基酸合成中受三個胺基酸產物的回饋抑制調節。

ALS 以兩種形式存在某些高等植物中，每一種型式對支鏈胺基酸的敏感度與對 ALS 抑制型除草劑的敏感度都不一樣。在質體內可發現完整的莽草酸鹽途徑，相關酵素是由細胞核內編碼、且具有轉移胜肽，以便移入質體中。研究者已經從菸

草和阿拉伯芥中分離並鑑定了編碼 ALS 的基因，在 667 和 670 個胺基酸的蛋白質產物之間分別具有約 85% 的同源性。

丙酮酸氧化酶（pyruvate oxidase）和 ALS 的胺基酸序列具有顯著程度的同源性（homology），且研究者提出丙酮酸氧化酶的醌結合位置（quinone-binding site）和 ALS 的除草劑結合位置可能具有共同的進化起源。天然丙酮酸氧化酶泛醌（ubiquinone；又稱輔酶 Q）的相似物（homologues）可有效抑制 ALS 活性，並與 ALS 分子競爭放射性標記的甲基嘧磺隆（sulfometuron methyl）。

具有除草活性之 ALS 抑制劑不斷增加且多樣化，很明顯地這些化合物結合位置與醌結合位置明顯重疊；此情況與醌〔在此案例中為質體醌（plastoquinone）〕結合於光系統 II D1 蛋白位置的情況相似。故研究者提出相對廣泛存在的雜環族化合物（heterocyclic compounds）可有效地結合在醌結合位置上。應該指出的是，由於這些除草劑的結合位置在催化反應中未具功能，因此基於 ALS 的機制考慮，這些除草劑不可能在除草劑發展過程中被發現。

ALS 有三類抑制劑在結構上各不相同（圖 14.10），每種除草劑與酵素都有獨特的相互作用。所有這些化合物都可以視為生長抑制劑，可在數天內至一周以上的時間內使植物死亡。通常，這些化合物的作用比嘉磷塞的作用要快。

之後研究指出，在植物體中抑制 ALS 活性之除草劑有四大類，即 sulfonylureas、imidazolinones、triazolopyrimidines 及 pyrimidinyl-oxy-benzoate 類除草劑。由於 sulfonylurea 類除草劑具有高效能，低劑量及安全性，故廣泛使用。而 imazethapyr 及 imazaquin 等屬於 imidazolinone 類除草劑也逐漸用以防除雜草。至於 triazolopyrimidine 及 pyrimidinyl-oxy-benzoate 類則是屬於較新的除草劑，而其中 flumetsulam 則屬於 triazolopyrimidine 類，多用於玉米及大豆田間雜草管理。

---

 **延伸閱讀**

抑制乙醯乳酸合成酶（acetolactate synthase; ALS）之除草劑類型

於早期 1993 年之前，根據 Devine M., S. O. Duke, and C. Fedtke (Eds.). 1993. Physiology of herbicide action. PTR Prentice Hall, Englewood Cliffs, New Jersey 07632. 資料，

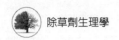 

抑制 ALS 酵素活性而分子結構類型不同者，有三大類，包括：硫醯尿素類（sulfonyl-ureas; SUs）、咪唑啉酮類（imidazolinones; IMIs）、及三唑嘧啶類（triazolopyrimi-dines; TP）。之後又增加嘧啶硫苯甲酸酯類（pyrimidinyl-thio（or oxy）-benzoate, PTB）、及磺醯胺基羰基三唑啉酮類（sulfonylamino-carbonyltriazolinone, SCT），合計五大類（Zhou, et. al., 2007）（如下圖）。

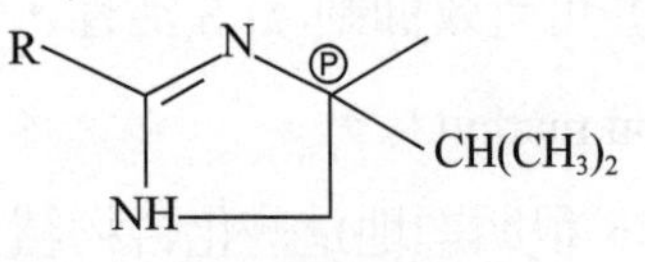

Imidazolinone

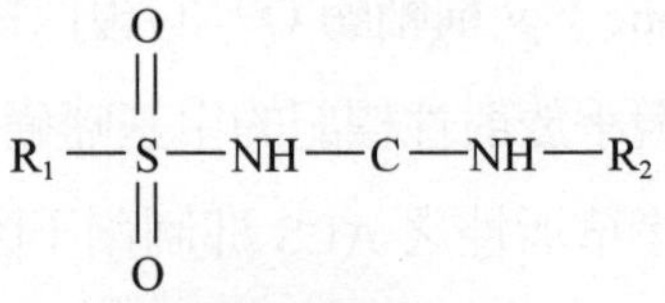

Sulfonylurea

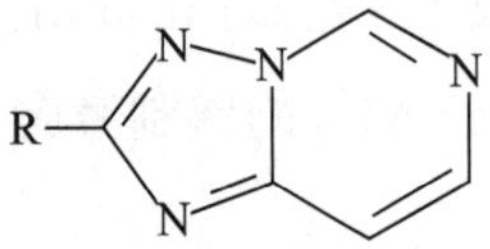

Triazolopyrimidine

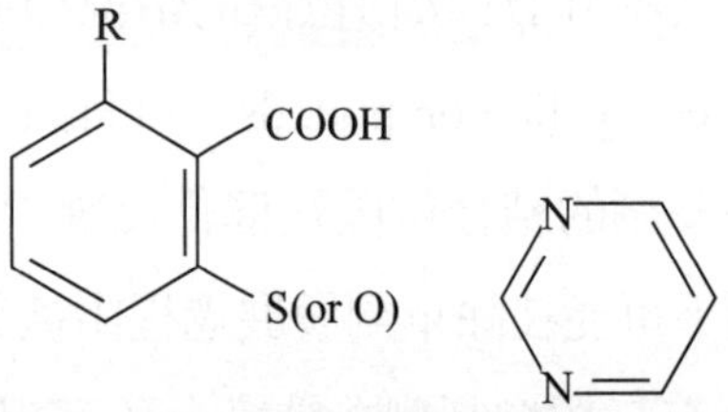

Pyrimidinyl-thio (or oxy)-benzoal

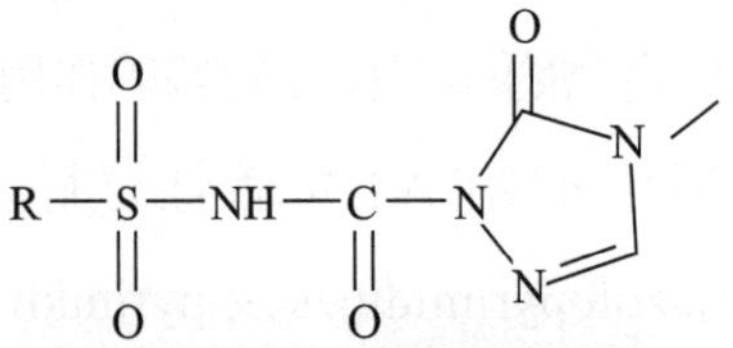

Sulfonylamino-carbonyltriazolinone

Sulfonylureas

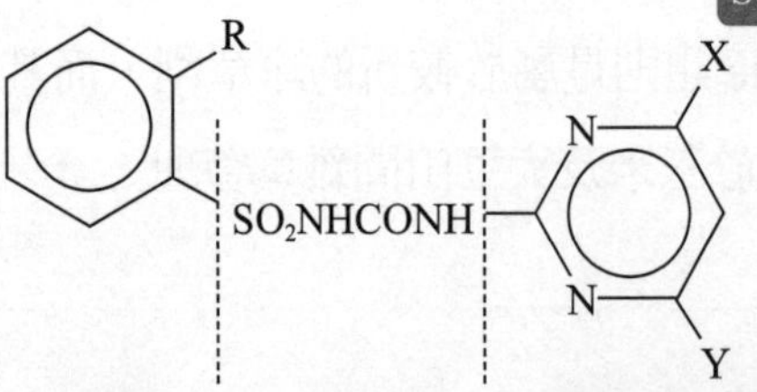

Aryl   Bridge   Heterocycle

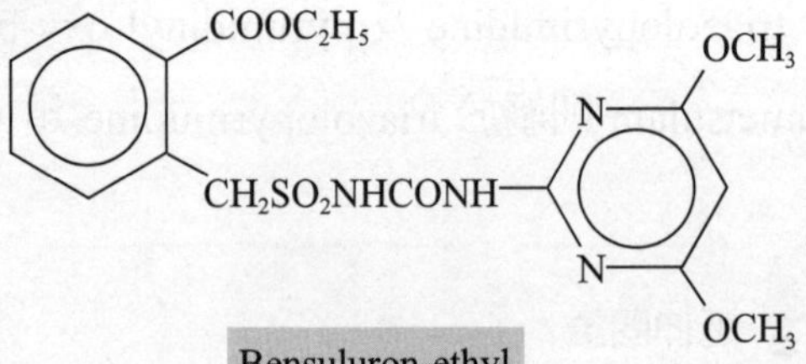

Bensuluron-ethyl

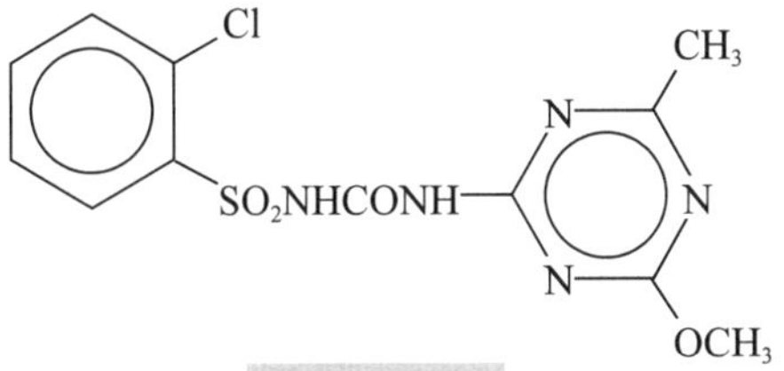

Chlorsulfuron

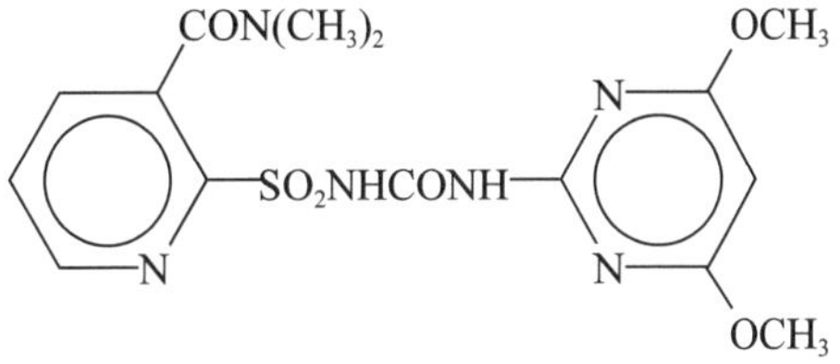

Nicosulfuron

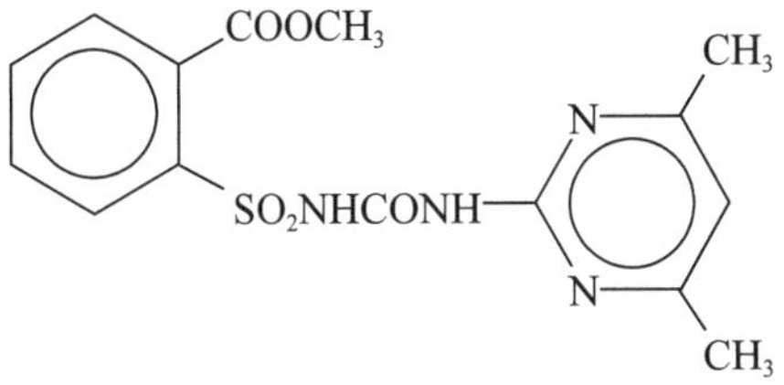

Sulfometuron methyl

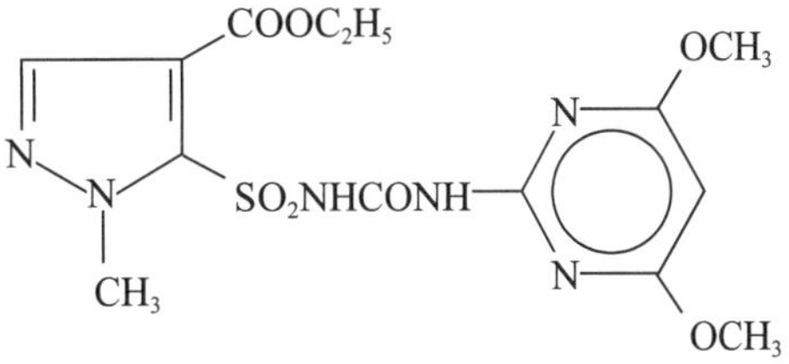

Pyrazosulfuron-ethyl (= NC-311)

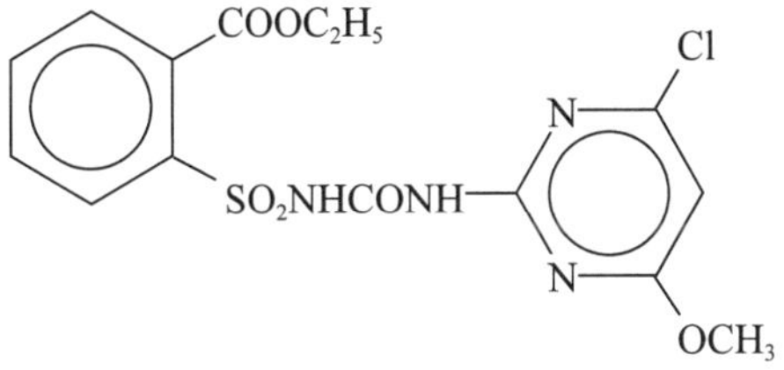

Chlorimuron ethyl

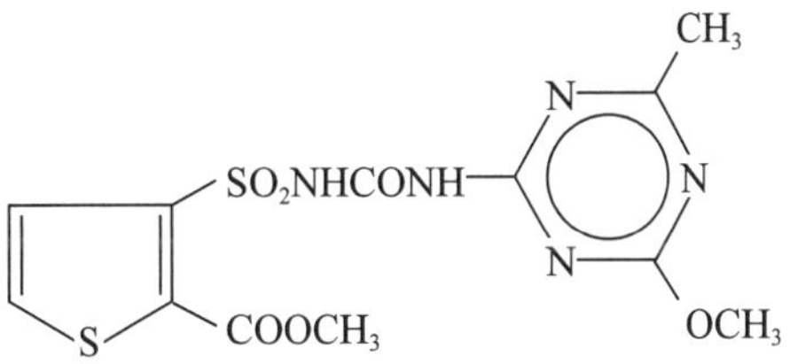

Thifensulfuron ( = thiameturon-methyl)

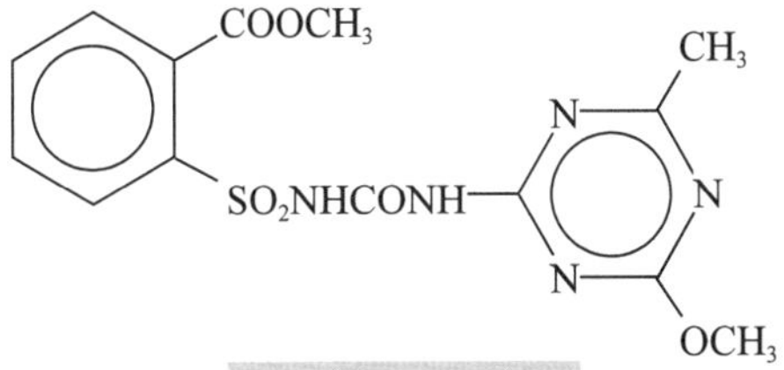

ALR Inhibitor

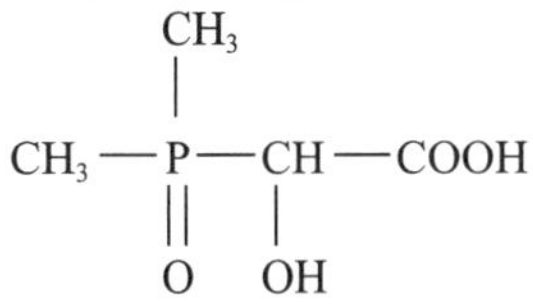

Metsulfuron methyl

HOE 704

Imidazolinones

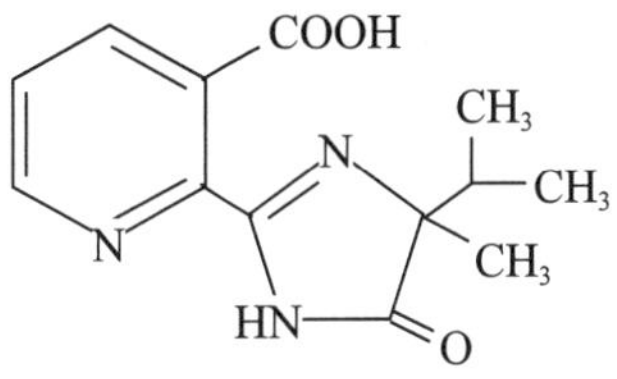

Imazapyr

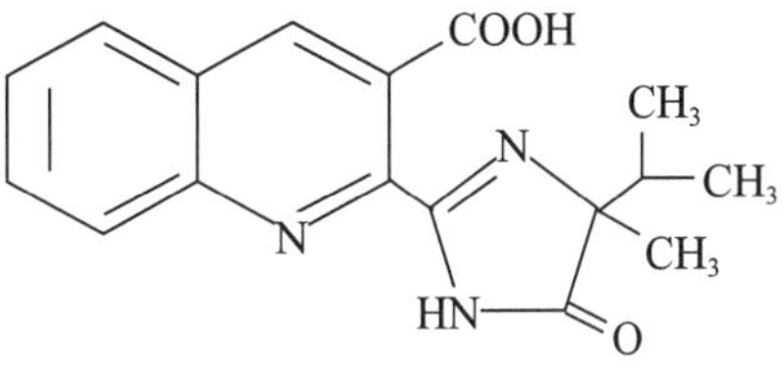

Imazaquin

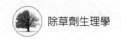

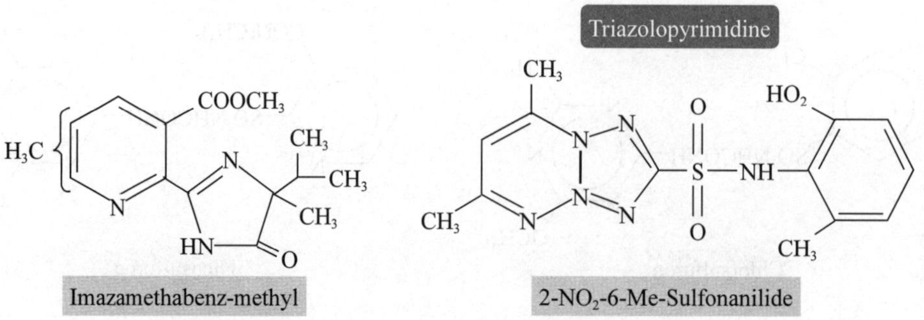

図 14.10　一些 ALS 及 ALR 酵素抑制劑之構造。

## (1) 硫醯尿素類（sulfonylureas）

硫醯尿素類（sulfonylureas）除草劑為低劑量低毒性之除草劑，其所抑制的關鍵酵素是乙醯乳酸合成酵素（acetolactate synthase; ALS; E.C 4.1.3.18），此酵素是控制支鏈胺基酸 leucine、isoleucine 及 valine 合成之關鍵酵素。ALS 酵素蛋白之合成乃受細胞核控制，而在葉綠體表現其活性。由於 sulfonylurea 類除草劑具有高效能、低劑量、及安全性，故廣泛使用。而 imidazolinone 類除草劑如 imazethapyr 及 imazaquin 等也逐漸用以防除雜草。Triazolopyrimidine 及 pyrimidinyl-oxy-benzoate 類是屬於較新的除草劑。

甲基免速隆（bensulfuron-methyl; BSM; BEN）是由杜邦（Du Pont）公司發展，以 Londax 商品名稱銷售的一種水稻田除草劑。免速隆除草劑能殺除大部分的闊葉草及莎草科雜草，此藥劑的動物毒性甚低，白老鼠的急性口服毒為 $LD_{50} > 5,000$ mg/kg。免速隆除草劑對一年生及多年生雙子葉雜草具有明顯的毒害，偶而也會抑制稻田中水稻幼苗根的生長，雖然免速隆影響水稻植株初期的生長，但是對水稻的毒害並不強（Block et. al., 1987）。

免速隆除草劑一般直接施用於湛水狀態的水田，施藥後須得保持湛水五天以上，於雜草萌前或早期萌後施用，萌後施用時以雜草不超過 4 片葉以前使用，田間施藥量約在 40-50 g ai/ha 之間。在田間條件下，免速隆除草劑的除草效能可能會受到栽種作物之環境因子，包括溫度、土壤型態、水分管理、種植深度以及施藥時期影響（Hwang et. al., 1997）。免速隆是一種系統性除草劑，可經由葉片及根部吸收（Omokawa et. al., 1996）。此外，本劑施用後亦會由土壤顆粒及有機質吸附，

土壤滲漏問題不大；通常可隨水分向下滲漏至 5-7 公分的土層，即不易再向下滲漏（Takeda et. al., 1985）。

（資料來源：劉哲偉、王慶裕。2000。免速隆（bensulfuron-methyl）除草劑及其安全劑之作用。中華民國雜草學會簡訊 7(3):4-7。）

　　硫醯尿素類除草劑是由三個部分組成（圖 14.11），包括：

①芳基（aryl group）；通常是硫醯尿素鍵鄰位取代的苯基（phenyl group）。

②雜環部分（heterocycle portion）：通常是對稱的嘧啶（pyrimidine）或三嗪（triazine）。

③連接其他兩個部分的硫醯尿素橋（sulfonylurea bridge）。

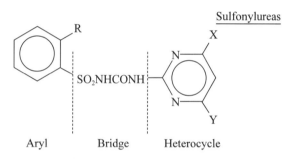

**圖 14.11　構成硫醯尿素類除草劑之三個部分。**

　　除草劑分子各部分的微小取代差異可能會導致生物活性（biological activity）和選擇性發生較大變化。這些化合物容易被根部和葉部吸收，並在韌皮部和木質部中轉運。這些化合物具有高度活性，田間使用量可低至 2 g ha$^{-1}$ 即表現除草活性。

　　有關 ALS 酵素與硫醯尿素類除草劑相互作用的研究，其中涉及 ALS 的許多生化特性描述係利用鼠傷寒沙門氏菌（*Salmonella typhimurium*）和甲基磺胺嘧啶（sulfometuron methyl）所進行之研究。此藥劑與細菌 ALS 的結合較慢（初始 $K_i$ = 660 nM），但最終非常緊密（最終 $K_i$ = 65 nM）。此藥劑結合於「ALS-FAD-TPP-Mg$^{+2}$ 脫羧丙酮酸鹽複合物（ALS-FAD-TPP-Mg$^{+2}$-decarboxylated pyruvate complex）」之位置，係與第二個丙酮酸鹽的結合位點重疊。此抑制作用最終變成不可逆性，並且緩慢的抑制作用被認為是由於 ALS 的緩慢失活，而非緩慢的結合所致。

一般而言，高等植物的 ALS 對於硫醯尿素類的敏感性，要比細菌 ALS 的敏感性高一個數量級（即 10 倍，表 14.1）。

表 14.1 幾種 ALS 抑制劑對於來自不同物種來源 ALS 之相對效果。

| Herbicide | ALS Source | $I_{50}$ (nM) |
|---|---|---|
| (Sulfonylureas) | | |
| Chlorsulfuron | Pea | 21 |
| | Wheat | 19, 21 |
| | Wild oats | 16 |
| | Wild mustard | 11 |
| | Tobacco | |
| | Sensitive | 14 |
| | Resistant | > 8,000 |
| Sulfometuron methyl | Salmonella | 65 |
| | Yeast | 120 |
| | Wild oats | 7 |
| | Wheat | 13 |
| | Wild mustard | 9 |
| | Pea | 15 |
| Chlorimuron ethyl | Pea | 6 |
| | Soybean | 8 |
| | Morningglory | 7 |
| (Imidazolinones) | | |
| Imazapyr | Pea | 9,000 |
| | Corn | 12,000 |
| | Bacteria | > 100,000 |
| Imazaquin | Pea | 3,000 |
| | Corn | 3,400 |
| | Bacteria | 20,000 |
| (Triazolopyrimidines) | | |
| Triazolopyrimidine | Soybean | 452 |
| | Rice | 124 |

| Herbicide | ALS Source | I$_{50}$ (nM) |
|---|---|---|
| | Barley | 173 |
| | Maize | 200 |
| | Lambsquarters | 436 |

硫醯尿素類對豌豆 ALS 的抑制作用是屬於二相的（biphasic），其抑制作用隨著時間而增加。早期研究發現所有耐性作物物種的 ALS 對於硫醯尿素類化合物均具有高度敏感度，因而推測這些物種的選擇性係基於除草劑的快速解毒作用。

研究藉由在生長培養基中補充白胺酸、異白胺酸、和纈胺酸以完全克服硫醯尿素類除草劑對於生長的抑制作用，此提供了重要證據說明 ALS 是這類除草劑的唯一重要作用位置。研究顯示利用外加支鏈胺基酸以逆轉硫醯尿素所減少的全株組織的生長，其效果高於利用外加芳香族胺基酸逆轉嘉磷塞所阻礙的生長。此外，有些數據說明，利用外源支鏈胺基酸以逆轉 ALS 抑制劑對於細胞「生長」的抑制作用，其效果優於逆轉抑制劑對於細胞「分裂」的抑制作用。

在某些微生物案例，ALS 抑制型除草劑的作用模式中，α-酮丁酸（α-ketobutyric acid）的累積顯然參與其中作用。異白胺酸（isoleucine）係以別構（異位）（allosterically）方式抑制蘇胺酸脫胺酶（threonine deaminase）產生 α-酮丁酸；並可經由該機制逆轉磺胺嘧啶甲基對鼠傷寒沙門氏菌生長的抑制作用。在沒有異白胺酸對蘇胺酸脫胺酶進行回饋調控的突變體中，異白胺酸則不能抵消除草劑的作用。

除上述證據外，研究還發現了對硫醯尿素類過敏的鼠傷寒沙門氏菌的突變體，其特性，包括：① α-酮丁酸鹽（α-ketobutyrate）之利用率較低；②阻斷各種 α-酮丁酸鹽降解途徑；和③增加天門冬胺酸轉胺酶對 α-酮丁酸鹽的敏感度。

除抑制天門冬胺酸轉胺酶活性外，α-酮丁酸鹽還具有其他毒性作用，其與乙醯輔酶 A（acyl-CoA）結合形成丙醯基輔酶 A（propionyl-CoA），高濃度的丙醯基輔酶 A 可能會抑制 TCA 循環的正常功能。丙醯基輔酶 A 可能經由模仿在該途徑中參與作用的其他 α-酮酸的乙醯輔酶 A 衍生物，也可能會抑制直接作用於 α-酮酸的酵素。例如，有關鼠傷寒沙門氏菌突變體的營養研究顯示，α-酮丁酸鹽會與 α-酮

戊酸鹽（α-ketovalerate）競爭，而後者係泛酸鹽（pantothenate）、L- 白胺酸和 L-纈胺酸之中間產物。

輔酶 A 的合成取決於泛酸的合成，而琥珀酸輔酶 A（succinyl-coenzyme A）則依賴於輔酶 A 之合成。甲硫胺酸（methionine）、賴胺酸（lysine）（兩者的合成均取決於琥珀酸輔酶 A）以及泛酸，可恢復甲基磺胺嘧啶（sulfometuron methyl）所抑制的鼠傷寒沙門氏菌的生長。在高等植物中，α- 酮丁酸鹽在 ALS 抑制型除草劑的作用模式中是否扮演重要角色仍是一個未解決的問題。

研究主張，ALS 酵素蛋白是支鏈胺基酸合成途徑中三類高效除草劑的目標位置，其原因乃是 ALS 是該途徑許多酶促位置中唯一會導致 α-酮丁酸鹽累積的位置。

氯磺隆顯然是經由 α- 酮丁酸的胺化作用（amination），導致浮萍（*Lemna gibba*）中 α 胺基丁酸（α-amino-n-butyrate）高量（占游離胺基酸庫的 2.44%）的累積。在菸草的毛狀體細胞中，氯磺隆導致蔗糖的戊酸酯和丁酸酯（valeryl and butyryl esters）增加，而不是通常累積的其他醯基酯（acyl acid esters）增加。戊醯基和丁醯基組成分均可衍生自 α- 酮丁酸鹽。

在纈胺酸存在下，異白胺酸可以經由途徑的回饋抑制，緩解 ALS 抑制劑阻礙生長，但其相對貢獻並不清楚。

HOE-704（圖 14.10）可抑制支鏈胺基酸途徑中的第二個酵素乙醯乳酸還原異構酶（acetolactate reductoisomerase; ALR），從而導致乙醯乳酸（acetolactate）及乙醯乙醇（acetoin）的積累。HOE-704 可誘導出與 ALS 抑制劑相似的植物毒性症狀。但是，HOE-704、或異丙基草酸異羥肟酸酯〔*N*-isopropyl oxalyl hydroxamat，即高效的 ALR 抑制劑（Ki= 22 pM）〕，都不如硫醯尿素類那樣具有除草效果，雖然後者對於 ALS 之抑制作用，其 Ki 值要高得多（表示其抑制效果較弱）。這進一步說明 α- 酮丁酸鹽可能在 ALS 抑制型除草劑的作用模式中參與作用。

研究藉由菸草、亞麻、藍細菌（cyanobacteria）聚球藻屬（*Synechococcus*）、小綠球藻（*Chlorella emersonii*）及單胞藻（*Chlamydomonas reinhardtii*）的誘變和細胞培養選拔方法，以及甘藍型油菜（*Brassica napus* L.）的小孢子誘變方法，使植物產生抗硫醯尿素形式的 ALS。此所選出的菸草抗性細胞系，儘管其 ALS 對於藥劑的抗性高 300 倍，但對氯磺隆的抗性僅比野生型高 100 倍。

　　此種選拔係針對單一基因突變體，發現其中僅有一種 ALS 形式對除草劑具有抗性。研究結果顯示同型結合的（homozygous）突變體具有高度抗性，而異型結合的基因型（heterozygous genotypes）僅具有中等程度的抗性。如果植株兩種 ALS 形式中的任何一種均具有抗性，則菸草會表現出抗性。在兩種 ALS 形式的同型結合突變體中，硫醯尿素類除草劑只能抑制約一半的可萃取 ALS（extractable ALS）之活性（圖 14.12）。上述賦予菸草抗性的兩個核基因是不相關的，並且都是屬於半顯性的（semidominant）。

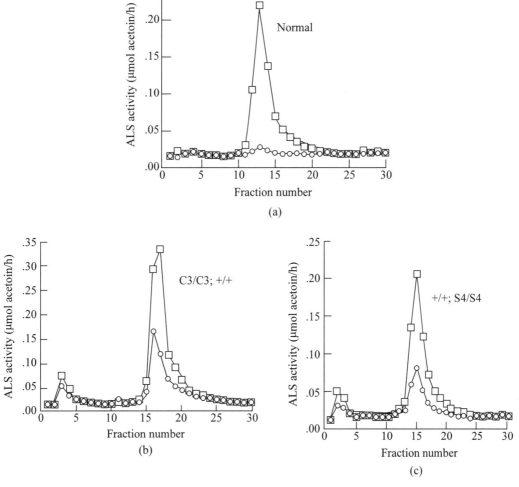

圖 14.12　菸草植株野生型〔(a) 正常 Normal，+/+; +/+〕、及兩個同型結合突變體〔(b) C3/C3;+/+ 及 (c) +/+; S4/S4〕葉部萃取物中，利用離子交換層析技術分離後之 ALS 活性。活性檢定時分別加入（○）與不加入（□）280 nM chlorsulfuron。

當研究者將阿拉伯芥中抗硫醯尿素之 *ALS* 基因引入感性的菸草、亞麻、或低芥酸油菜（canola）之後，可在整個植株層次上提供對於硫醯尿素類除草劑的高度抗性。此外，大豆在整個植株層次上的誘變和選拔可導致植株對硫醯尿素類除草劑具有耐性（toleracne），此顯然是基於增強的除草劑解毒作用；以及因具有對硫醯尿素類除草劑不敏感的 ALS 而獲致抗性品系，後者之抗性是屬於單基因和半顯性。

在臺灣國內免速隆是屬於硫醯尿素類（sulfonylureas）除草劑，其作用位置在於支鏈胺基酸生合成途徑中之關鍵酵素 ALS。然而，尚不確定經處理之植株如何隨著 ALS 活性被抑制而死亡。關於 ALS 抑制劑如何發揮其除草效力於植物體有兩項假說，其中之一是 ALS 抑制劑阻礙 valine、leucine、isoleucine 的生合成，如此藉由使植物極度缺乏這些支鏈胺基酸而致死。另一則是 ALS 抑制劑導致如丙酮酸鹽的累積，或者導致 $\alpha$-ketobutyrate、$\alpha$-amino-butyrate 等中間產物累積，並產生植物性毒素而使植株生長受阻或甚至死亡（Hwang et. al., 1997）。

## (2) 咪唑啉酮類（imidazolinones）

咪唑啉酮類（imidazolinones）除草劑在體外抑制 ALS 之效果比硫醯尿素類弱得多，其 $I_{50}$ 值通常比硫醯尿素類的 $I_{50}$ 值高兩個數量級以上（即 100 倍以上）（表 14.1）。與硫醯尿素類一樣，咪唑啉酮類與 ALS 的結合緩慢且緊密。Imazaquin 的初始 Ki 值為 0.8 mM，最終 Ki 值為 20 μM；同樣地，imazapyr 對玉米 ALS 的初始 Ki 值為 15 μM，最終 Ki 值為 0.9 μM。

不同於硫醯尿素類除草劑對於 ALS 展現的競爭性抑制（competitive inhibition），根據研究報告指出，咪唑啉酮類除草劑對於玉米 ALS 之抑制作用，其與丙酮酸鹽（pyruvate）之間屬於非競爭型（uncompetitive；意即除草劑僅能與「ALS+pyruvate」結合，當反應基質 pyruvate 濃度提高時，反而有助於除草劑之抑制作用），對於豌豆 ALS 之抑制作用則屬於無競爭型（noncompetitive；意即除草劑可與自由的 ALS 或「ALS+pyruvate」結合，當反應基質 pyruvate 濃度提高時，不能克服除草劑之抑制作用）。

雖然 ALS 對於咪唑啉酮類和硫醯尿素類除草劑的敏感性差異很大，但是咪唑啉酮類抑制細胞培養物、或完整植物的生長，通常只需要比硫醯尿素類所需的濃度高約 10 至 20 倍的濃度。因此，體外（in vitro）分析中 ALS 之敏感性大小不能完

全用以預測在體內（in vivo）系統之除草劑活性表現，反之亦然。這可能有部分原因是由於體內與體外的酵素聚集（aggregation）狀態不同，因為酵素不同的聚集狀態對於咪唑啉酮類除草劑產生不同的敏感度。

研究藉由向細胞培養、植物根部、或完整植物提供外源支鏈胺基酸，可以容易地逆轉咪唑啉酮類除草劑降低生長的活性，此說明抑制支鏈胺基酸合成是此類除草劑唯一的作用機制。

從玉米組織或細胞培養，以及從油菜經過小孢子誘變和選拔，已經選拔出咪唑啉酮類的耐性突變體。從這些細胞或組織培養物再生的玉米植株，其對咪唑啉酮的抗性係歸因於抗性 ALS；而在某些情況下，再生植株對於硫醯尿素類也具有抗性。

研究方面尚無關於咪唑啉酮抗性油菜的分子基礎報告，但其遺傳學與菸草對硫醯尿素類藥劑的耐性相似，亦即具有兩個不相關、半顯性的抗性基因，尤其當同時具有兩個突變基因的雜交種時，可獲得最大抗性。這些油菜突變體並未發現其產量或品質有所損失。

對於硫醯尿素類、咪唑啉酮類、和三唑嘧啶類抗性植物之間，並未發現其交叉抗性（cross-resistance）有一致的規律。意即，一些抗硫醯尿素類的植物、或植物細胞培養物，對於咪唑啉酮類具有交叉抗性，而某些則不具，反之亦然。

根據報告，對咪唑啉酮類具有抗性的單胞藻屬（Chlamydomonas）品系，甚至比其來源的野生型品系（strain）對硫醯尿素類更為敏感。相反地，經過硫醯尿素抗性培養之曼陀羅（Datura innoxia），其對咪唑啉酮類的敏感性高於野生型。而組培所產生的曼陀羅針對咪唑啉酮具有抗性之細胞系，其對硫醯尿素類除草劑氯磺隆（chlorsulfuron）則無抗性。此外，硫醯尿素類和咪唑啉酮類的 Ki 值差異約為兩個數量級（約 100 倍），而後者與硫醯尿素類除草劑磺胺甲磺隆（sulfometuron）競爭 ALS 的效率差異約為三個數量級（約 1,000 倍）。

硫醯尿素類和咪唑啉酮類除草劑在 ALS 酵素蛋白上之的結合位置，與纈胺酸和白胺酸進行回饋調節作用時之結合位置不同。經過突變後產生之硫醯尿素類和咪唑啉酮類抗性，並未直接影響纈胺酸或白胺酸對 ALS 活性的回饋抑制，反之亦然。在高等植物物種之間，其 ALS 對不同除草劑的敏感性、以及這些抑制劑對生長的影響都有一些自然變異。

　　ALS 對於硫醯尿素類和咪唑啉酮類這兩類藥劑的敏感性範圍約爲 20 倍。無論是否來自相同化學類別的不同化合物，其對不同物種 ALS 的相對影響之間都沒有良好的相關性。在同一物種中，對這些化合物的生長反應（growth response）範圍要遠遠大於 20 倍，這顯然是由於 ALS 以外的其他因素，例如代謝降解，的差異所致。

　　編碼 ALS 的基因發生突變可以使整株植物對 ALS 抑制劑的抗性提高許多倍。在使用硫醯尿素類除草劑僅僅 5 年後，於 1987 年首次報導出對 ALS 抑制型除草劑具有高度抗性的雜草。在此期間，每公頃僅使用 106 克硫醯尿素類。該抗性已被證明是由於 ALS 改變所致，並且已出現在兩種雜草的硫醯尿素類抗性生物型中，其對咪唑啉酮類具有交叉抗性。經由突變似乎很容易創造出對這些除草劑具有高度抗性的植物，並且對硫醯尿素類和咪唑啉酮類具有抗性的雜草相關報導數量迅速增加，此說明 ALS 基因具有很高的可塑性。

　　交叉抗性之複雜模式說明，可能其中發生幾種突變。迄今爲止，關於不同 ALS 突變體的生物適應性數據很少，但所有跡象顯示，其中有許多突變體之適應性並不見得比野生型更差。目前尚無報導有雜草或作物，在 ALS 層次上，對於 ALS 抑制劑具有天然耐性（意即非經選拔或選汰下所得到的耐性）。目前已經開發所有用於作物生產之 ALS 抑制型除草劑，作物對其耐性均基於除草劑在植體內可被作物快速降解。

　　除了交叉抗性外，後續又發現有多重抗性（multiple resistance）；例如，在澳洲一年生黑麥草（*Lolium rigidum*）噴灑甲基雙氯芬酸（diclofop-methyl）之後，其對雙氯芬酸和氯磺隆（chlorsulfuron）都產生抗性。在此案例中，因酵素的作用位置均未改變，故提出認爲抗性乃是基於兩種除草劑在植體內的快速代謝降解所致。

(3) 三唑嘧啶類（triazolopyrimidines）

　　與硫醯尿素類除草劑相比，三唑嘧啶類（triazolopyrimidines）對 ALS 的抑制作用稍差一些（表 14.1）。其他則與硫醯尿素類一樣，支鏈胺基酸幾乎可完全緩解由這些除草劑所引起的生長遲緩、以及具有緩慢而緊密的 ALS 結合動力學。對於丙酮酸和 TPP，抑制動力學似乎呈現線性混合型，其 Ki 值約爲 50 nM。三唑嘧啶類除草劑 2-N0$_2$-6-Me- 硫代苯甲醯胺（sulfonanilide）可與硫醯尿素類中的磺胺嘧啶

（sulfometuron）非常有效地競爭 ALS 分子，此說明其等可能在 ALS 酵素蛋白上具有相同的結合（作用）位置。

在另一項研究中，菸草和大豆對三唑嘧啶具有抗性的 15 種突變細胞培養（triazolopyrimidine-resistant mutant cell cultures），除了其中一種之外，其餘所有突變體均對硫醯尿素類、和咪唑啉酮類，具有交叉抗性（cross-resistance）。其中一種三唑嘧啶抗性突變體細胞培養僅僅對硫醯尿素類具有交叉抗性。

菸草和棉花抗三唑嘧啶突變體的 ALS 對丙酮酸和 TPP 的親和力沒有改變，而在其中一個棉花突變體中發現，纈胺酸和白胺酸對酵素的回饋抑制作用下降。

在田間重複使用氯磺隆（chlorsulfuron）選汰下，所得到的抗硫醯尿素雜草繁縷（*Stellaria media*），其對三唑嘧啶除草劑具有高度的交叉抗性，但對咪唑啉酮的交叉抗性很小。這些數據說明，硫醯尿素類和三唑嘧啶類相互作用的分子位置具有高度的重疊，而硫醯尿素類和咪唑啉酮類的結合區域（binding domains）僅略微重疊。

## 2. 抑制乙醯乳酸（鹽）還原異構酶（acetolactate reductoisomerase; ALR）活性

支鏈胺基酸生合成的第二種酵素，乙醯乳酸（鹽）還原異構酶（acetolactate reductoisomerase; ALR，圖 14.9），會受到試驗性除草劑 HOE-704（2-methyl-phosphinoyl-2-hydroxyacetic acid，圖 14.9）、以及反應中間物，例如 *N*-isopropyl oxalyl hydroxamate）之抑制。試驗藉由在培養基中添加纈胺酸、白胺酸、和異白胺酸，可以逆轉 HOE-704 所抑制的浮萍（*Lemna*）生長。於處理除草劑之後，在浮萍及玉米組織中會快速累積乙醯乳酸鹽、及其去羧化產物 acetoin。乙醯乳酸鹽還原異構酶具有兩種反應基質，當合成異白胺酸時為 2- 乙醯 -2- 羥基丁酸鹽（2-aceto-2-hydroxybutyrate; AHB），而合成纈胺酸、或白胺酸時則為乙醯乳酸鹽（acetolactate; AL）。

對於來自胡蘿蔔的反應基質 AHB 和 AL，HOE-704 除草劑抑制 ALR 酵素活性之 $I_{50}$ 值分別為 19.4 和 8.2 μM。研究對於植物中該酵素知之甚少，而 HOE-704 抑制此酵素之機制尚不清楚。HOE-704 僅有其對映異構體（enantiomer）可能具有除草劑的活性。

蘋果酸異丙酯異構酶（isopropylmalate isomerase; IMI）在白胺酸合成過程

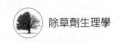

中負責催化蘋果酸 2- 異丙酯（2-isopropylmalate）異構化成爲蘋果酸 3- 異丙酯（3-isopropyl-malate; 3-IPM）。此酵素會受到 2- 羥基 -3- 硝基 -4- 甲基戊酸（2-hydroxy-3-nitro-4-methylpentanoic acid，即 3-IPM 的硝基類似物）之陰離子形式競爭性抑制，其 Ki 值爲 1 μM。

研究雖然發現了幾種有效的 2,3- 二羥酸脫水酶（2,3-dihydroxyacid dehydratase; DHD）抑制劑，該酵素在纈胺酸合成途徑中產生 2- 氧代異戊酸（2-oxoisovaleric acid）。但其中只有一種具有明顯的除草劑活性，且沒有證據說明其作用機制是抑制 DHD 活性。

## 14.4 組胺酸合成的抑制作用（Inhibition of histidine synthesis）

組胺酸（histidine）是蛋白質合成所需的一種胺基酸，分子量 155.2，熔點 277℃。在血紅素（hemoglobin）中含有較高的組胺酸，也是肌太（carnosine）及鵝肌太（anserine）之成分。組胺酸可作爲許多酵素的活化中心，也是作爲生理上調節酸鹼環境的重要緩衝物。當食物中缺乏組胺酸時，成年動物尙可以在短時間內維持其氮素平衡，但對於生長中的動物而言必須有組胺酸供應。組胺酸結構中的 imidazole ring 並無法由哺乳類自行製造（de Gruyter, 1983）。

**1. 組胺酸的生合成**

抑制組胺酸合成之相關研究較少（圖 14.13），在 1990 年以後，組胺酸在植物體內的合成，才逐漸有研究報告出現。由於抑制胺基酸合成之除草劑，大致上用量少、毒性低，對植物較具專一性，在要求環保的目標上，此類型之除草劑值得加以重視。

有關組胺酸在植物體內生合成的情況所知有限，一般假設其在植體內之合成途徑如同在微生物一樣。在微生物中合成組胺酸之全部 10 個酵素作用步驟，包括自 pentoses 轉變成 5'-phosphoribosyl- pyrophosphate 之後，再與一分子 ATP 結合，形成 N'-5'-phosphoribosyl-ATP。之後再經由 N'-5'-phosphoribosyl-AMP、N'-5'-phosphorribosyl-formimino-5-amino- imidazole-4-carboxamide riboncleotide、N'-

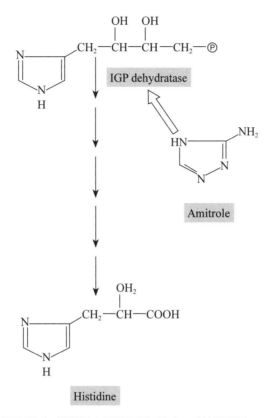

圖 14.13　組胺酸合成路徑之早期研究較少，僅知受到 amitrole 抑制。

5-phosphpribulosyl-formimino-5-amino-imidazole-4-carboxamide ribonucleotide、imidazole glycerol phosphat (IGP)、imidazole acetol phosphate、histidinol phosphate、histidinol、histidine 等步驟合成 histidine（Steward and Bidwell, 1983）。

　　有研究者報告指出其中有四個酵素反應存在於高等植物。從大麥、燕麥、及豌豆地上部得到的粗萃取物，可偵測出 ATP phosphoribosyl transferase（EC 2.4.2.17）、imidazole-glycerol-phosphate dehydratase（IGP dehydratase; EC 4.2.1.19）、及 histidinol phosphatase 等酵素之活性；此外，也從甘藍菜中純化出 histidinol dehydrogenase，並選殖其 cDNA。

　　在組胺酸生合成途徑中的第七個酵素反應，即是 IGP dehydratase 反應，係將 IGP 脫水成 imidazoleacetol phosphate（IAP）。在鼠傷寒沙門氏桿菌（*Salmonella typhimurium*）中，IGP dehydratase 與 histidinol phosphatase 的活性，均合併在同一

蛋白上，此一具有雙功能的蛋白受鼠傷寒沙門氏桿菌、大腸桿菌（*E. coli*）、及 *Azospirillum brasilense* 中的 *hisB* 基因控制。在酵母菌（*Saccharomyces cerevisiae*）中的 IGP dehydratase 蛋白具分子量 290,000，係由分子量 23,850 之次單位所組成。然而，酵母菌中的 IGP dehydratase 則由 *his3* 基因控制，僅具單一功能，不會同時具有 histidinol phosphatase 活性，後者係由 *his2* 基因控制。由上述結果，可知在原核生物（prokaryotes）中由單一基因控制的兩種酵素，隨時間逐漸演化成在單一細胞之真核生物（eukaryotes）中分別由兩個基因控制。至 1993 以前，在植物體內，尚未純化出 IGP dehydratase 活性，亦未鑑定出相關基因（Mano et. al., 1993）。

Mano et. al.（1993）使用新發展出的檢定方法，在一些單子葉及雙子葉植物萃取液中，偵測出 IGP dehydratase 活性。氏等以色層分析法將此酵素自小麥中純化 114,000 倍，且鑑定出其分子量介於 600,000-670,000，係由分子量 25,500 之次單位所組成。在小麥中的 IGP dehydratase，不似原核生物，其活性與 histidinol phosphatase 活性無關連。氏等亦證實 IGP dehydratase 之反應產物為 IAP。截至 1993 年止，從小麥中純化出 IGP dehydratase、及從甘藍菜中純化出 histidinol dehydrogenase，均證實在植物體內的組胺酸生合成步驟中，至少有部分反應與微生物體內反應相同。此後，在 1994 年，Tada et. al. 從阿拉伯芥中首先分離出負責編碼 IGP dehydratase 之 cDNAs。氏等之研究結果指出其所預期的主要轉譯（translation）產物，其中之對應胺基酸序列（sequences）與來自細菌及真菌者相同。阿拉伯芥中的 IGP dehydratase 酵素，如同在酵母菌材料中一樣，具單一功能，而缺乏存在於大腸桿菌中的 histidinol phosphatase 活性。在各個發育時期均可在主要的器官中找到 IGP dehydratase mRNA。Tada et. al.（1994）從 DNA gel blot 及 PCR（聚合酵素連鎖反應；polymerase chain reaction）分析，推測似乎在阿拉伯芥中的基因組（genome）中有 2 個基因負責控制此酵素合成。

根據 2010 年之前建立之植物體內組胺酸合成途徑，如圖 14.14 所示。

## 2. 抑制組胺酸合成之除草劑

由於有關組胺酸在植物體內之代謝研究所知有限，起步較晚，因此相關之除草劑亦不多見。長久以來，常使用除草劑 aminotriazole（3-amino-1,2,4-triazole；又稱為 amitrole）作為非選擇性除草劑，且認為此藥劑除了能抑制類胡蘿蔔素生合成

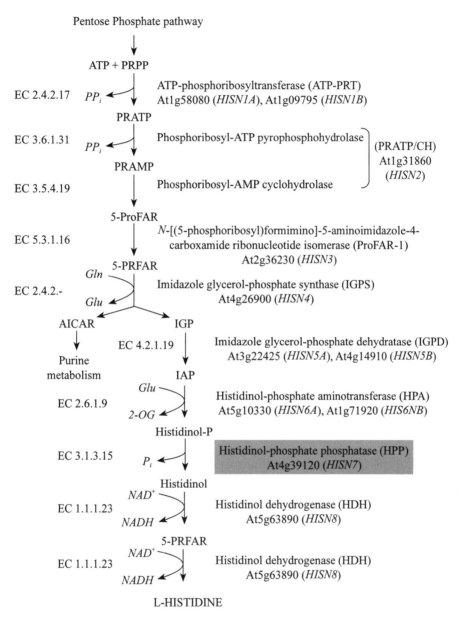

圖 14.14　植物體內之組胺酸合成途徑。括弧內為酵素名稱及阿拉伯芥（Arabidopsis）
　　　　　基因座名稱之縮寫。原始資料來自 Ward and Ohta (1999), Ingle et. al. (2005),
　　　　　and Muralla et. al. (2007).（資料來源：http://www.plantphysiol.org/content/
　　　　　plantphysiol/152/3/1186/F1.large.jpg?width=800&height=600&carousel=1
　　　　　(2020. 01)

　　　　　http://www.plantphysiol.org/content/plantphysiol/152/3/1186.full.pdf）

外，尚能抑制組胺酸合成。Amitrole 在分子層次上的作用模式在 1989 年以前尚無令人滿意的說明。一般相信，此化合物乃為一些酵素作用的抑制劑。包括 phytoene desaturase、lycopene cyclase、imidazole-glycerol phosphate dehydratase 及 catalase 等酵素。研究者指出在大腸桿菌、鼠傷寒沙門氏桿菌、酵母菌等材料中，amitrole 可抑制 IGP dehydratase 活性，而累積 IGP 及 imidazoleglycerol（IG）。值得一提的是，amitrole 對這些生物並不會造成致死效果。

在 amitrole 處理下，因酵母菌會累積 IGP，故認為藥劑之目標酵素（target enzyme）可能是 IGP dehydratase。受到此種除草劑抑制生長的微生物，一旦添加 L-histidine 即可克服抑制現象。然而，有關 amitrole 在植物體內之表現如何？Heim and Larrinua（1989）曾採用對 1,2,4-triazole-3-alanine（簡稱 triazolalanine；此係組胺酸生合成之回饋抑制劑，可抑制 ATP phosphoribosyl transferase 活性）敏感之阿拉伯芥為材料，於施用 triazolalanine 時若同時加入組胺酸，則可以逆轉 triazolealanine 對於阿拉伯芥生長之抑制作用。然而，同時施用 amitrole 及組胺酸卻無法克服施用 amitrole 所抑制的根部伸長。意即，在阿拉伯芥的植物材料中，amitrole 之毒性並不是起因於缺乏組胺酸，因此氏等認為在阿拉伯芥材料中，amitrole 除草劑之作用與組胺酸似無直接關係。

雖然 amitrole 可抑制一些微生物之 IGP dehydratase 活性，且加入組胺酸可抵消其抑制微生物之效果，但其在植物體內之作用顯然並非單純抑制 IGP dehydratase；其它的代謝過程，包括色素合成、及可能參與的催化反應，可能均受到影響（Mori et. al. 1995）。研究發現，從沙門氏菌和酵母中分離出的 IGP dehydratase，會受到 amitrole 競爭性抑制；而組胺酸合成途徑的其他酵素則均不受 amitrole 影響。推測 amitrole 抑制 IGP dehydratase 之原因，可能是其構造類似 IGP 所致。

相關研究直到 Mori et. al.（1995）藉由發現 IGP dehydratase 之特殊抑制劑，才建立了一種除草劑作用的新形式。氏等以三種 triazole phosphonates 類化合物 IRL1693、1803 及 1856 可以抑制小麥 IGP dehydratase 酵素反應，而且對於培養的羅勒（*Ocymum basilicum*）細胞具有高度毒性。由於試驗中一旦加入組胺酸即可克服上述之作用，因此證明在這些高等植物中，triazole 類除草劑之細胞毒性（cytotoxicity）乃係抑制組胺酸生合成的結果。氏等指出此類除草劑在 0.05-2.00 kg ha$^{-1}$ 的用量範圍內，具有萌後施用而且廣效（wide-spectrum）之除草劑活性。由於此種除草劑不影響其它如色素、脂質、脂肪酸之生合成、光合作用之電子傳遞鏈、及細胞壁，因此具有專一性（Mori et. al. 1995）。其作用方式不同於 amitrole 之多重作用方式。此種 triazole 類除草劑之作用方式具專一性，在應用效果上應較先前之 amitrole 更為有利。

**3. 結語**

　　在各種除草劑類型中，其中部分的作用模式乃是中斷雜草植株之代謝路徑，令其缺乏主要營養而死。傳統上發現新的除草劑乃是針對目標植株，進行活體內（in vivo）活性篩選。然而此種方法受限於對除草劑生理生化作用模式所知有限。在除草劑研發過程中，「結構活性關係（structure-activity relationship; SAR）」研究、以及藥理學上合理的設計方式，可應用於植物保護劑的合成工作上。尤其是一些主要胺基酸的生合成過程，均存在於植物而非動物中，在避免農藥殘毒對人畜傷害之前提下，更值得重視。

　　Mori et. al.（1995）由於了解 IGP dehydratase 在植物體內的作用，係催化脫水反應，將 IGP 轉變成 IAP，因而，根據 IGP 構造及其可能的等價異構物（isosteres），而設計出類似 IGP 之 triazole 類化合物以抑制酵素活性，達到除草劑的效果。雖然氏等也證實所使用的抑制劑 IRL1856 不能以簡單的競爭性抑制作用來解釋其對 IGP dehydratase 之抑制。但從氏等之研發過程中可以了解開發除草劑工作上的新趨勢，此種方式較以前逢機式的篩選工作，有更大的成功率。

　　事實上，由於某些經由抑制組胺酸生合成而殺死植物的除草劑如 aminotriazole，可能其致死機制還包括累積有毒代謝物、DNA 合成、有絲分裂快速降低、以及抑制光合產物轉運至生長部位等其他過程，最後達到致死效果（Mori et. al., 1995）。迄今為止，雖然可見 aminotriazole 化合物可以阻斷組胺酸合成，但其作用方式也可能同時透過其他方式，達到致死效果。而 triazole phosphonates 作用方式則較為單純而具專一性。此外，在抑制組胺酸合成之情況下，是否必然引發生物致死？由於在一些生物中發現，如 amitrole 雖可抑制 IGP dehydratase 活性，但不會造成致死效果。因此在發展抑制 IGP dehydratase 活性之除草劑時，似乎也應考慮此酵素活性與植體致死性之關係，以及了解組胺酸在雜草與作物體內之代謝異同，方能提高此

類除草劑之選擇性利用。有關抑制組胺酸合成之除草劑，目前仍缺乏足夠報告以了解此類除草劑在多數雜草及作物上之施用效果、與作用方式，因此有待進一步之研究。

（資料來源：王慶裕。1997。抑制組胺酸合成之殺草劑。科農 45（9.10）：296-298。）

## 14.5　其他胺基酸合成的抑制作用（Inhibition of synthesis of other amino acids）

Benzadox〔[(benzoylamino)oxy] acetic acid〕（benzamidooxy acetic acid）是一個獲得專利的原除草劑（proherbicide），會被植物代謝成 aminooxyacetic acid，其能夠抑制依存 pyridoxyl phosphate 之酵素，包括許多轉胺酶。但此成分並未如其他除草劑被認為其主要作用位置是在胺基酸合成途徑。然而，許多未開發利用之胺基酸代謝酵素，從中或許可找出酵素活性之抑制劑開發作為除草劑。例如來自於假單胞菌（*Pseudomonas syringae*）之具有植物毒性的三肽物（tripeptide）phaseolotoxin，會引起大豆輪狀枯萎病（halo blight），是一種有效的 ornithine carbamoyltransferase 抑制劑。以外加 arginine 方式可以中和此非選擇性毒素之植物毒性。

根瘤菌毒素（rhizobitoxin）可經由抑制 β- 胱硫醚酶（β-cystathionase）來抑制甲硫胺酸（methionine）的合成；而 gostatin 則經由抑制天冬胺酸轉胺酶（aspartate aminotransferase）來抑制麩胺酸鹽（glutamate）的合成。

由於天冬胺酸類似物，即胺基乙基半胱胺酸（aminoethylcysteine），所引起的根部生長抑制現象可被離胺酸（lysine）逆轉，說明其係抑制離胺酸合成中所涉及的酵素。

# CHAPTER 15

# 生長素型除草劑
## Herbicides with auxin activity

　　生長素型除草劑（auxin-type herbicides）是最早被研究開發的除草劑，其對某些植物具有選擇性，在農業上用來防治闊葉雜草已經有五十年之久（Engvild, 1996）。由於生長素類型除草劑具有低劑量、高度選擇性、生產成本低及對禾本科植物危害低的特性，因此第二次世界大戰期間發展出 2,4-D 等一系列生長素型除草劑，而且也開始進入使用有機除草劑的時代。

　　生長素型除草劑具有生長素特性，但與植物荷爾蒙中的生長素（auxins）不同，例如 IAA 其在植物體內係自行合成，僅需要少量即可調節植物生理反應；而生長素型除草劑如 2,4-D 屬於外加的生長調節劑（plant growth regulators; PGRs），在植物體內較內生生長素更具持久性而不易消失，且進入植物體內的量較內生生長素高出許多。以田間推薦用量而言，生長素型除草劑進入植物體內的量與植物內生的生長素比較，往往超過 1,000 倍以上，所以生長素型除草劑一旦進入植物體內，不但會改變植物組織細胞生長素的含量，也會使各種荷爾蒙之間的分布失去平衡，擾亂植物正常的生長或生理作用，導致植物生長異常。

　　生長素型除草劑對植物生長之影響包括導致異常生長、促進植物細胞分裂與分化、使植物快速增殖、植物各部位器官扭曲、腫大、畸形，以及減少株高與產量、延遲成熟期、增加種子中蛋白質、及減少種子發芽和重量等（Martin et. al., 1990）。在生化方面，則包括影響醣類、胺基酸的儲存與利用、及蛋白質酵素的合成等。在毒害作用上，包括植株的壞疽、細胞膜與液胞膜的分離、壞死、乾燥、衰老等現象（Nishitani and Masuda 1981）。一般而言，生長素型除草劑普遍用於農地、森林、水域、以及公園綠地防除闊葉性雜草，在施用除草劑後 5~30 小時，就會改變雜草的生理與生化反應，因此在很短的時間就可以達到防除雜草的效果（Barnwell and Cobb, 1994）。

　　生長素型除草劑較不會危害禾本科植物，使用上具有高度選擇性，其選擇性（耐性或抗性差異）之原因，包括抗性植物能忍受較高劑量的藥劑、除草劑作用的目標位置不同、植物的型態、藥劑對植物的穿透力、吸收、運轉、及代謝等作用能力不同（c.f. Cobb, 1992）。一般而言，植物對生長素型除草劑之選擇性主要決定於除草劑是否到達目標位置、藥劑的劑量（dosage）多寡、及抗性植株中作用位置（action site）對除草劑的敏感程度。

# 15.1　生長素與除草劑構造（Auxin and herbicide structures）

　　天然的生長素（auxin），吲哚 -3- 乙酸（indole-3-acetic acid; IAA），主要是在植物組織中經由色胺酸（tryptophan）合成。色胺酸庫（pool）的大小可能比 IAA 庫大三個（或更多個）數量級。因此，很難區分自發性轉化為 IAA、和經由酵素和微生物合成 IAA 的比率。此外，細胞內游離 IAA 庫受到氧化作用、以及快速可逆性和緩慢可逆性（即「緩慢釋放」）共軛結合的強烈影響，也導致細胞內和細胞間之 IAA 庫的大小受到調控。例如，在玉米種子中，IAA 酯類庫超過了游離 IAA 庫的 100 倍，而在幼苗組織中，則超過約 10 倍。

　　在植物組織中游離的生長素僅朝向基部（basipetal）轉運，這是特定組織中可用游離生長素庫的另一個調節因素。

　　經由在細胞培養、特定組織系統〔例如「正在生長的」的胚芽鞘（coleoptile）〕、和完整植物中促進生長之作用，可以判斷有大量除草劑是具活性的植物生長素。生長素除草劑的選擇可參見圖 15.1。

　　所有這些分子都具有生長素轉運和活性所需的游離羧基（carboxyl group），但是羧基與芳香環（aromatic ring）系統的距離、以及羧基和取代基（substituent）之間的距離差異很大。這些分子可分成兩群，一群是在芳香環上之取代基和羧酸之間具有氧橋（oxygen bridge），另一群則是羧基直接與芳香環相連。

　　研究者雖然嘗試藉由分子軌道計算以發現所有具活性之植物生長素共通的電荷分布，但只有部分成功，此係因為有些具生長素活性之分子並未遵循先前建立的規則，反之亦然。

　　除草劑 2,4-DB 是一種前軀（precursor）分子，可經由眾所周知的 β- 氧化分解代謝過程轉化為具有活性的植物生長素除草劑 2,4-D。

　　Quinmerac 是兩種較新的生長素型除草劑之一。然而，與之極為相似的 quinchlorac（3,7-dichloro-S-quinoline carboxylic acid; BAS 514H）尚具有其他的除草劑作用機制，導致稗草（*Echinochloa crus-gali*）枯萎及褪綠。

　　生長素型除草劑主要用於禾本科（禾穀類作物；cereal grain crops）、針葉樹（苗圃）、和某些通常具有相當抗性的豆類作物田間。此外，還可施用於牧場、及

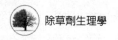

| Common name | Structure |
|---|---|

**Phenoxy- and Pyridoxy-carbonic acids:**

2, 4-D

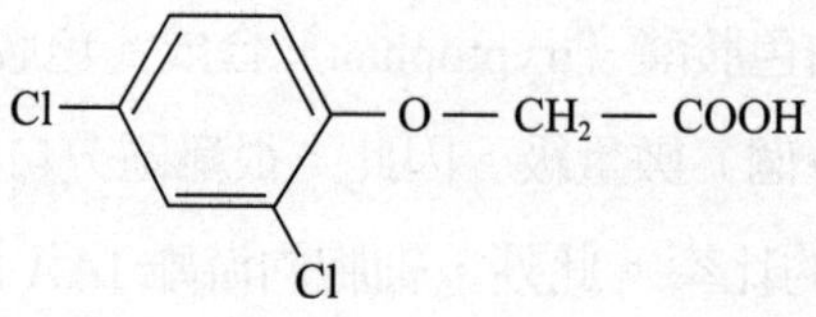

2, 4-DB

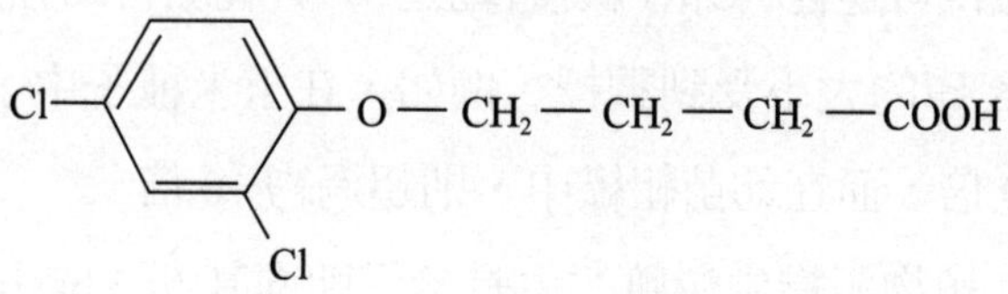

2, 4-DP, dichlorprop

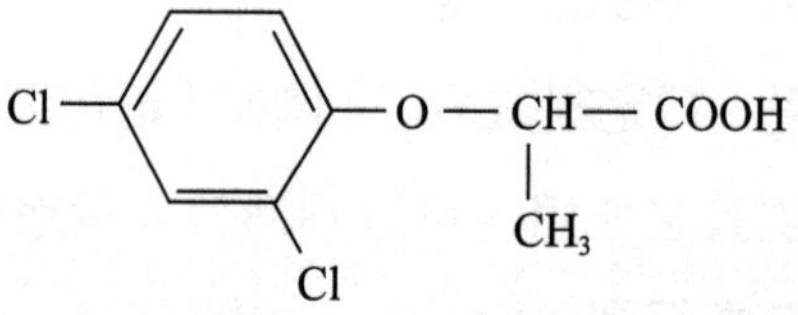

MCPA

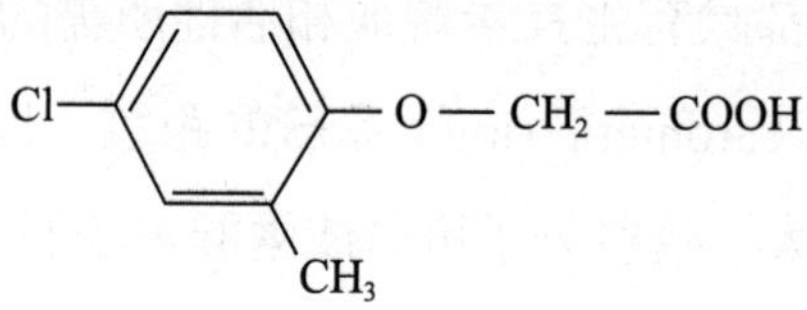

2, 4, 5-T

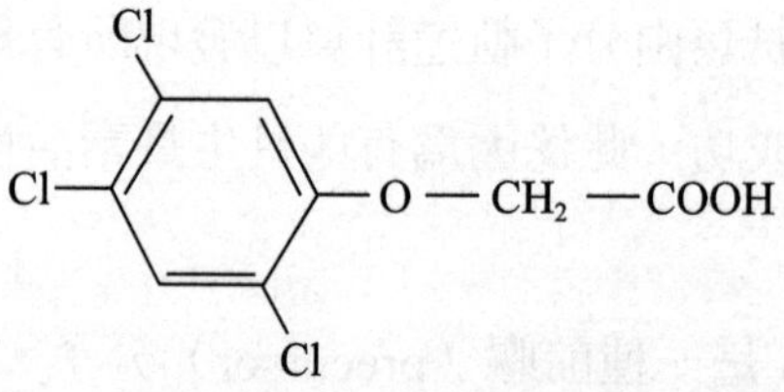

Fluroxypyr

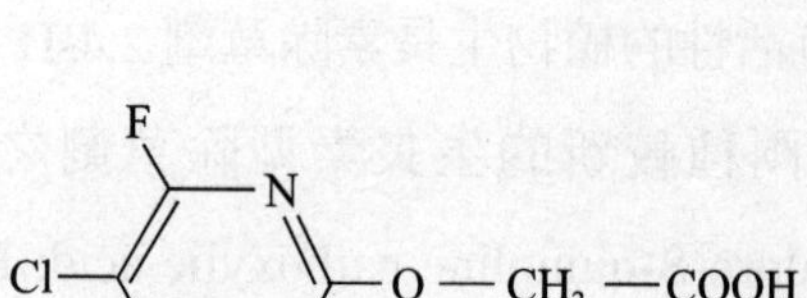

| Common name | Structure |
|---|---|
| Triclopyr | 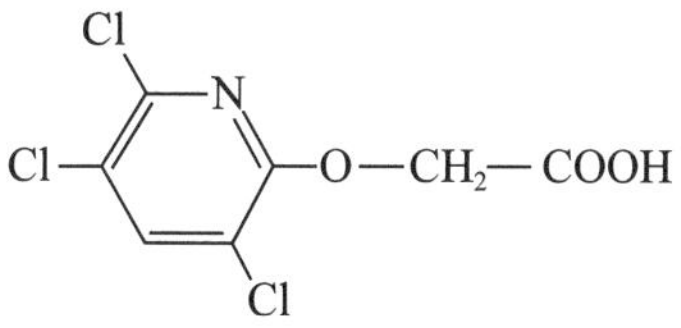 |
| Renzoic acids and analogues | |
| Chloramben | 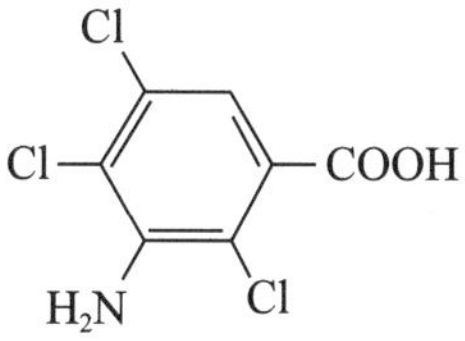 |
| Clopyralid | 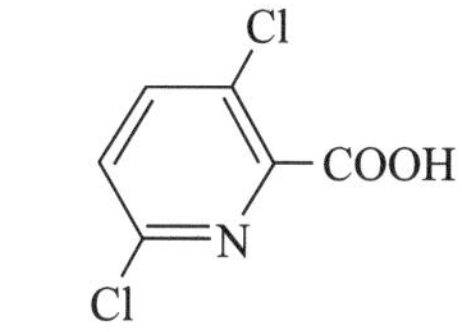 |
| Dicamba | 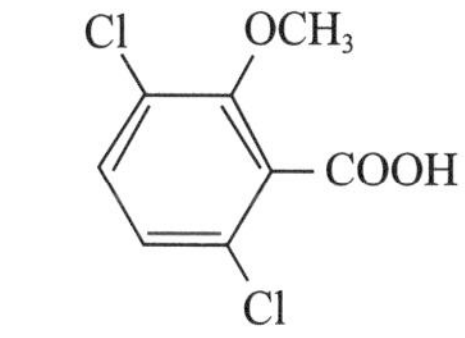 |
| Picloram | 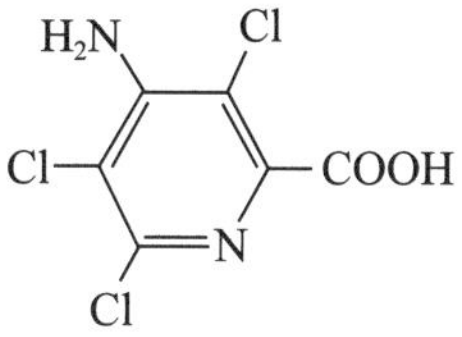 |
| Ouinmerac (-BAS 518H) | 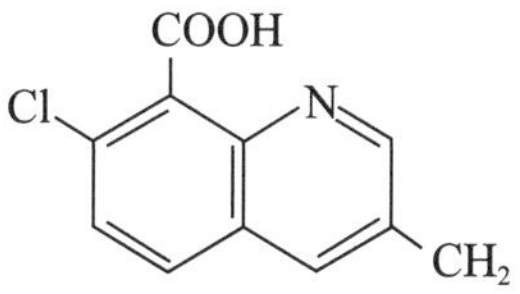 |

圖 15.1　具有生長素活性之一些除草劑構造。（資料來源：Devine et. al., 1993）

水路等；並與其他除草劑結合使用，可在工業區域內控制植被生長。雙子葉植物（包括木本植物）對於生長素型除草劑大多非常敏感，並經由異常生長、壞死、乾

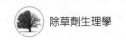

燥，而最終導致植株枯死（die-back；係指葉枝枯萎而根部仍活）。

前提及植物生長素行爲，包括運輸和荷爾蒙（激素）作用（hormone action）兩個方面，這些對於植物生長素型除草劑的作用也很重要。然而，某些分子，例如 2,3,5- 三碘苯甲酸（2,3,5-triiodobenzoic acid; TIBA）、和 α- 萘基鄰苯二甲酸（α-naphthyl-phthalamic acid; NPA），雖然會結合到植物生長素的轉運位置，但不會轉運。此意味著這些生長素類似物（auxin analogues）具有生長素轉運抑制劑（auxin transport inhibitors）的作用，但並無除草劑的活性，不應與具有活性之植物生長素混淆。事實上，這些類似物可以在某些系統中顯示出抗生長素的活性（anti-auxin activity），例如在豆科植株中，經過 NPA 處理可令腋芽解除休眠（因頂端優勢所致之休眠）。

## 15.2 生長素如何作用（How auxins work）

生長素（auxins）是植物荷爾蒙（激素；plant hormones）之一，亦即會與其他植物荷爾蒙合作調節植物細胞的生長和分化。有關植物生長素作用的分子機制仍屬未知，有待進一步研究。

生長素作用的一個重要關鍵是組織的敏感性。研究發現不同組織之間（例如根、芽、活躍的分生組織或癒傷組織細胞）之間，以及處於生長過程中不同生理階段的組織之間，存在很大的差異。在生長中的植物，在任何一個特定時間，一種類型的組織可能對生長素產生反應，而其他類型的組織則沒有。植物對於生長素反應的類型可以是陽性或陰性、抑制性或刺激性，係取決於生長素的濃度，並且可以進一步經由同時存在的其他植物荷爾蒙來調節。

植物生長素和植物生長素型除草劑所誘導最迅速和最明顯的作用是，係經由細胞伸長（cell elongation）影響之生長反應，此與經由細胞分裂（cell division）影響之生長不同。方案 14.1 列出了一些早期的生長素作用和其後一些有關生長素作用的想法，並按可能的因果順序排列。

資料列出在生長素施用和其後 7-10 分鐘的快速生長反應之間，組織中所發生事件的性質和順序。而大約 30-45 分鐘後開始的持久生長反應，則被認爲是由不同

的機制所支持的，該機制涉及基因活化（gene activation）、和增加生長速率所需特定酵素的合成。生長素被認為與原生質膜外表面的特定受體（receptors）結合，並誘導一系列涉及以 $Ca^{+2}$ 作為第二傳訊者（second messenger）的事件。

研究已經描述了兩種完全不同類型的膜（生長素結合）載體（carriers），其中一種係沿著原生質膜表面均勻分布的「吸收載體（uptake carrier）」，而另一種則是主要位於細胞下端的「外流載體（efflux carrier）」。透過合作，這兩種載體被認為介導了生長素之極性（向下）轉運（polar transport）。

生長素轉運抑制劑 TIBA 和 NPA 可抑制外流載體。然而，有跡象顯示這種抑制劑結合不是發生在原本天然生長素結合位置上，而是發生在該載體蛋白的單獨位置上。

生長素載體系統已經進行了相當詳細的研究，其存在於不同的膜體部分（membrane fractions），也被稱為「生長素結合膜蛋白（auxin-binding membrane proteins）」。這些膜結合蛋白中的一種也可能負責誘導方案 15.1 中所描繪的快速生長反應（以及延遲生長反應）。

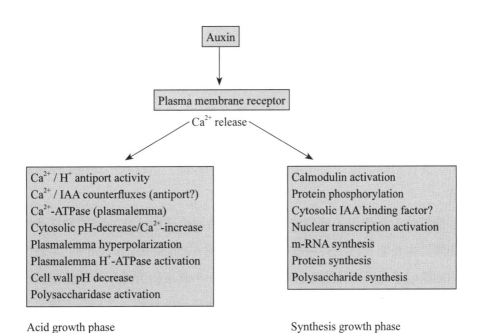

方案 15.1　生長素誘導生長之機制。（資料來源：Devine et. al., 1993）

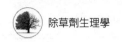

「吸收／外流載體」概念也被稱爲「化學滲透極性擴散假說（chemiosmotic polar diffusion hypothesis）」，此涉及經由生長素或生長素型除草劑之陰離子和 H⁺ 的電中性同向運輸（symport），從酸性非原生質體（質外體）空間（apoplasmic space）累積 IAA。生長素型除草劑與原生質膜上的生長素結合蛋白結合後，開始進行之因果序列的細節尚不清楚。

涉及 $Ca^{+2}$ 的第二傳訊者概念可說明細胞質中 $Ca^{+2}$ 的快速和短暫增加變化，細胞質中的 $Ca^{+2}$ 濃度通常約爲 0.1 至 1 μM，而細胞壁、內質網（ER）、和液泡中的 $Ca^{+2}$ 濃度可能高達 1 mM。因此，經由膜體上 $Ca^{+2}$ 出入口的大量湧入，很容易引起刺激放大。

$H^{+}/Ca^{+2}$ 反向轉運系統（antiport system）將 $Ca^{+2}$ 螯合到次細胞間隔（subcellular compartments）中，可能會導致細胞質 pH 值瞬時降低。同時，可測出快速和短暫的非特定性原生質膜去極性化（unspecific plasmalemma depolarization；5 至 12 分鐘）、和隨後的（15 至 20 分鐘）生長素特定性超極性化反應（auxin specific hyperpolarization）。總之，將生長素施用於某些組織後，會發生許多複雜、快速、和短暫的作用，導致最終活化原生質膜上之 ATPase，使得能輸出質子並酸化細胞壁空間。

完整植株中可能在某些細節上有所不同，例如在細胞、細胞外、和次細胞空間中，實際的生長素濃度與在切離組織（例如胚芽鞘）中的濃度不同，但導致生長刺激的反應機制被認爲是相似的。然而，單子葉植物和雙子葉植物之間似乎存在著巨大的差異。方案 15.1 中提出的結果和建議主要是來自以胚芽鞘爲材料的研究，此可能與以其他組織部位（尤其是雙子葉植物的組織）爲材料所獲得的結果和建議相去甚遠。

根據酸性生長學說，細胞壁較低的 pH 值最終經由活化特定的酸性多醣酶，可以啟動酸性生長期。於生長過程中，細胞膨壓（cell turgor pressure）可藉由拉伸已弱化的細胞壁基質而導致細胞體積增加。然而，其後研究顯示，快速生長反應無法完全以酸性生長作用來解釋，還必須涉及其他修改調整的（支持或干擾）系統。因此，方案 15.1 中列出的受影響的生理和生化系統清單，僅可供作爲某些想法的指南。

IAA 的持續存在會在更長的時間範圍（即數小時和數日）內刺激生長。因此，必須藉由調節細胞的新陳代謝來補充快速的酸性生長作用，以滿足延長時間的生長反應所需。第二傳訊者 $Ca^{+2}$ 也可能啟動反應的信號鏈，以觸發導致其他核基因表達（方案 15.1）。有趣的是，鈣調蛋白（又稱為調鈣素，calmodulin）結合藥物可以抑制生長素調節的細胞伸長。於活化鈣調蛋白和磷酸化特定的膜蛋白後，可能會產生從原生質膜擴散到細胞核的信號。

例如在菸草細胞培養物和豌豆上胚軸中發現了可溶性生長素結合蛋白（auxin-binding proteins）。

迄今為止，研究至少提出了三種不同的功能性生長素結合蛋白，包括：吸收載體（uptake carrier）、外流載體（efflux carrier）、和可溶性生長素受體（auxin receptor）。為了誘導其他生長素控制或誘導的反應，例如特定的形態發生和分化，可能需要調用其他受體（生長素結合蛋白）。至於與其他植物荷爾蒙協同作用的形態發生之多功能控制，如根和地上部形態發生中的情況，可能需要更複雜的反應系統。

## 15.3 生長素及生長素型除草劑之代謝（Metabolism of auxins and auxin herbicides）

人工（除草劑）生長素、和天然生長素 IAA，於植物組織中會與胺基酸迅速地形成共軛結合。通常與植物生長素結合的胺基酸是麩胺酸和天冬胺酸。生長素可以結合的其他化合物尚包括肌醇（myo-inositol）、鼠李糖（rhamnose）、半乳糖（galactose）、阿拉伯糖（arabinose）、和葡萄糖，或這些糖（或糖醇）中的幾種。

如前所述，形成的共軛結合物數量可能非常大，並且可能超過游離 IAA 濃度 10 到 100 倍。在植物界中已得到充分證明 IAA 共軛結合物係普遍存在植體內，一般認為這些共軛結合物可作為緩慢釋出的緩衝劑來控制細胞內游離 IAA 的濃度。就除草劑之生長素分子而言，情況有些相似。例如，在一項研究中顯示，藉由控制將過量的 2,4-D 轉化為胺基酸共軛結合物，可使大豆根部癒傷組織培養物中細胞內部游離存在的 2,4-D 濃度保持在每克鮮重約 4 nmoles。

針對不同的 2,4,5-T- 胺基酸共軛結合物的研究中，已證明其等均具有生物活性；意即，其可以在組織中水解，之後產生具有活性的生長素型除草劑。有趣的是，具有天冬胺酸和麩胺酸的共軛結合物僅具有微弱活性，此結果亦可支持這些共軛結合物可作為內源性生長素的緩釋形式。在利用 1- 萘乙酸（l-naphthaleneacetic acid）、及其胺基酸結合物之研究，也獲得了相似的結果。

除了共軛結合反應、氧化、和羥基化反應，也必須考慮生長素結合至細胞壁木質素成分。與共軛結合反應相反，後者的代謝轉化是真正的解毒（detoxifications），屬於不可逆性反應。

研究發現耐性之小麥和大麥具有經由羥基化作用進行更多新陳代謝的趨勢，而感性之大豆則具有更多與胺基酸進行共軛結合的趨勢。因此，耐性禾草類植株中的代謝主要係產生不可逆的解毒產物，而感性雙子葉植株的代謝則主要係產生可逆的共軛結合物。然而，尚不清楚這些除草劑不同的代謝途徑對於生長素型除草劑的選擇性有多大程度的貢獻。

生長素型除草劑三氯吡啶（triclopyr）的情況有些相似。在感性雜草繁縷（*Stellaria media*）、和藜（*Chenopodium album*）中發現主要為天冬胺酸的共軛結合物，而在耐性作物小麥和大麥中主要則為糖苷酯（glycoside esters）。有趣的是，不同類型的代謝物分別沉積在不同的次細胞間隔中，羥基化除草劑的酚苷（phenolic glycosides）被轉運到液泡中，而胺基酸結合物則被排出到細胞壁空間。

生長素型除草劑之氧化和脫羧代謝反應，例如藉由過氧化酶（peroxidases），有助於解毒反應。但是，也有資料顯示，IAA 共軛結合物對於過氧化攻擊具相當免疫力。

職司羥化反應之單加氧酶（monooxygenases）可催化廣泛的羥化反應，包括芳香環和取代基中所有可用的位置。在第 4 個位置上的羥基化反應，藉由 NIH 轉換反應（NIH-shift reaction）機制，可將氯轉移到第 3 個位置、或（較常見的）第 5 個位置。

引入環（ring）位置的羥基、或甲基側鏈，可廣泛地與葡萄糖、和其他醣類（也有可能是胺基酸）形成共軛結合。研究顯示在老化馬鈴薯的切片中，較高濃度的 MCPA 和 2,4-D（10-500 μM）可刺激氧合（加氧）作用（oxygenation）（方案 15.2）。

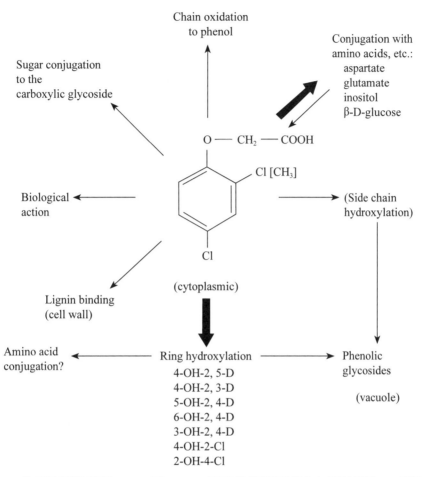

方案 15.2　生長素型除草劑 2,4-D 與 MCPA 可逆性與不可逆性之代謝轉變。（資料來源：Devine et. al., 1993）

## 15.4　生長素型除草劑之選擇性作用（Selective action of auxin herbicides）

　　對禾穀類作物田間的闊葉雜草進行選擇性控制，是早期使用除草劑時最成功的方法之一，並使苯氧乙酸除草劑（phenoxyacetic acid herbicides）成為最廣泛和重要的除草劑之一。前提及單子葉（耐性）和雙子葉（感性）植物物種之間，對於生長素型除草劑的代謝差異很大，這可能是影響除草劑選擇性作用的重要因素。

對於此類除草劑耐性的代謝基礎，其進一步支持證據係來自耐性雙子葉植物的幾項研究。研究發現重複使用這種生長素型除草劑後，田間出現了 2,4-D 耐性的百脈根（鳥足三葉草，*Lotus corniculatus*）生物型，在植體內可經由羥基化、糖基化和形成不溶性殘基，而快速地使 2,4-D 失去活性。也有報導會增加側鏈分解。

大多數生長素型除草劑施用於葉片時，酯型（ester forms）比酸型（acid forms）更為有效，因前者更容易被植物的表皮和細胞膜吸收。因此，脫酯作用可能減少除草劑進入植物細胞的量，特別是如在細胞壁區域發生脫酯反應，將因而導致除草劑的作用降低。

藉由將細胞培養於生長素型除草劑濃度提高之培養基（例如 40 mg $l^{-1}$ 2,4-D），可以相對容易地獲得耐性細胞培養。研究顯示在一種植物生長素型除草劑的植物毒性濃度下所選拔出的耐性細胞培養，通常也耐受其他植物生長素型除草劑。例如，椒草（又稱白三葉草，*Trifolium repens*）細胞之懸浮培養使用 2,4-D、2,4,5-T、和 2,4-DB 其中任何一種生長素選拔後，均顯示出交叉耐性；此外，菸草細胞培養以 2,4-D 選拔後，其對於 2,4-D、IAA、和 NAA 亦具有交叉耐性。

在研究增加除草劑耐性的基礎時，也發現較低的除草劑吸收速率、較高的羥基化速率、及共軛結合物形成速率，均有助於提高耐性。然而，解毒速率增加並不能一直用以解釋觀察到的耐性程度。

研究已經觀察到單子葉植物和雙子葉植物之間的形態差異、生長生理和植物生長素反應差異、以及核體積差異。

2,4-D 抗性的一個有趣例子是阿拉伯芥（*Arabidopsis thaliana*）突變體，其生長習性亦發生改變。由於該突變體的水平生長特性、和植物形態改變，導致研究者提出可能選拔出一個作用位置發生改變的突變體（site-of-action mutant），但抗性的確切機制尚未確定

Bamwell and Cobb（1989）利用繁縷對於生長素型除草劑具抗性之生物型及感性生物型植株為材料，以不同濃度的生長素型除草劑 mecoprop 處理，經過 22 小時處理，比較植株外表性狀的表現，結果可得知隨著除草劑濃度的增加，二型植物的生長均受到抑制，但感性生物型植株生長勢較差且葉片減少，其能忍受之劑量較低。感性生物型在除草劑濃度很低時，植株鮮重就受到抑制，隨著除草劑濃度的增

加，植株鮮重呈直線的下降，而抗性生物型則在較高濃度處理下，植株的鮮重才明顯地減少。研究者指出，抗性生物型繁縷對生長素類型除草劑具有選擇性，其原因係抗性生物型對除草劑吸收能力較弱，且代謝解毒能力快速，除草劑不會在植物體中造成累積，傷害植株程度較小，因而對生長素型除草劑產生抗性。

## 15.5 生長素型除草劑之植物毒害作用（Phytotoxic action of auxin herbicides）

一般而言，生長素類型除草劑普遍用於農地、森林、水域以及公園綠地之闊葉雜草防除，其在短時間內就可以達到防除雜草的效果。但許多研究者指出，不當使用生長素類型除草劑也可能會對作物造成傷害。Martinet al.（1990）利用十種生長素型除草劑處理春小麥（*Triticum aestivum* L.），並比較春小麥三個生長時期對生長素型除草劑的反應，結果發現許多生長素型除草劑中，僅有單獨或混合使用 dicamba 時會降低春小麥的株高和產量。生長素型除草劑 dicamba 與 2,4-D 和 MCPA 的組合會降低春小麥株高，尤其在第 29 天生長期，處理植株較對照株高減少約 50-70 mm。在第 44 天生長期處理之組合中，有添加 dicamba 除草劑者均會降低春小麥產量，減產的原因乃是每穗子粒數減少。由試驗可知春小麥對生長素型除草劑敏感的時期是在第 29 及 44 天二個處理時期，明顯地抑制株高及產量。因此在小麥田中使用生長素型除草劑防治闊葉雜草時，必須注意避開春小麥之敏感時期。

植物通常在其不同組織中維持著受控制的 IAA 濃度，每種濃度都是特定組織中相對合成速率（如果有）、輸入、輸出、降解、以及可逆和不可逆性結合的綜合結果。

維持植物組織中植物生長素濃度，似乎主要決定於可逆性的共軛結合反應。因此，共軛結合酵素和特定的水解酶應該是獨立調節，並且可能位於細胞的不同間隔。

具有生長素活性的化學物質可用作除草劑的主要原因，可能是細胞無法控制這些物質在細胞內的濃度。因此，具有生長素活性的除草劑其在組織內的濃度變得過高，結果造成在調節植物代謝和形態發生時，生長素與其他植物荷爾蒙的相互作用

受到干擾。由上述可知，生長素型除草劑的除草作用主要是與組織中過高的生長素濃度有關。方案 15.3 列出了在除草劑作用過程中所發生的一些重要反應。

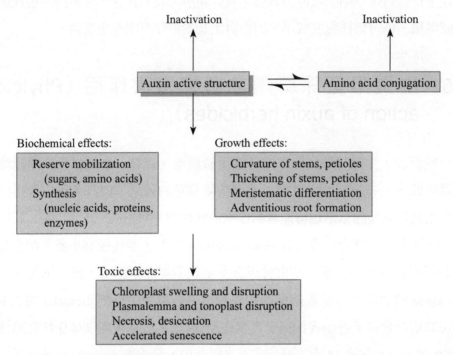

方案 15.3　生長素型除草劑產生植物毒性作用之一連串生化與生理效應。（資料來源：Devine et. al., 1993）

　　生長素在正常濃度下，其第一個反應是為細胞和組織生長做準備，包括儲存物質移動（reserve mobilization）、蛋白質和 RNA 合成速率提高、以及細胞壁之木葡聚醣（xyloglucans）和阿拉伯半乳聚醣（arabinogalactans）發生解聚和降解。隨後出現生長效應，並且在形態上可以檢測出莖部和葉柄的伸長和捲曲、莖部和葉柄的增厚、以及新細胞和器官（例如分生組織和根）的分化。

　　在生長素型除草劑分子的施用下，由於原本可將 IAA 限制在生理上需要 IAA 的細胞、組織、和時間間隔內的控制機制失去作用，最終導致細胞功能、細胞完整性、和修復能力的喪失。例如膜系半透性和間隔分離之功能喪失，導致組織自溶（autolysis，即酵素引起之自我分解）、乾燥、且最終崩解。

　　在超微結構層次上，最敏感的胞器是葉綠體。葉綠體腫脹之發生通常先於細胞

核、原生質膜、及液泡膜等膜之完整性喪失。

與其他植物荷爾蒙的相互作用可以延緩或改變生長素型除草劑的活性，但不能影響其發生。例如，已證明用胺基乙氧基 - 乙烯基甘胺酸（aminoethoxyvinyl glycine; AVG）抑制乙烯生合成，可延緩感性物種中因 picloram 和 clopyralid 所誘導的形態變化。此結果說明，將生長素型除草劑施用到感性物種後不久，所發生的乙烯大量釋放也與除草劑誘導的形態效應有密切相關。研究顯示細胞分裂素（cytokinins）可抑制大豆培養細胞中 2,4-D 的共軛結合，但不影響細胞的生長。

有關生長素型除草劑造成植物死亡之原因，根據 Klaus Grossmann（BASF Agricultural Center Limburgerhof, D-67114 Limburgerhof, Germany）所整理發表之文章，標題「Mode of action of auxin herbicides: a new ending to a long, drawn out story」內容（Trends in plant science, 2000, 5:506-508），可知高濃度 IAA 或生長素型除草劑施用下，先促進 ACC synthase 活性，使 methionine 合成 SAM（S-adenosyl methionine）之後，立刻形成 ACC，進而促進乙烯（ethylene）合成。乙烯之功能則會造成葉片上偏生長及老化。此外，由於乙烯生成，促使 xanthoxin 合成離層酸（abscisic acid, ABA），而 ABA 之作用則參與抑制地上部及根部生長，促進老化，使氣孔關閉，進而影響蒸散作用及 $CO_2$ 固定，終而抑制生長（圖 15.2）。

由於生長素型除草劑具高度選擇性，生產成本低，較不會危害禾本科植物，因此已經普遍用來防治禾本科作物田區的闊葉性雜草。生長素型除草劑抑制植物生長，可能包括在高濃度的生長素型除草劑施用下，造成 ABA 的累積，抑制 $K^+$ 的輸送及促進乙烯的生成，破壞細胞內植物荷爾蒙之平衡關係。由於長期大量施用生長素型除草劑會使植物產生抗性，造成作物生產過程中，雜草防除上人力及物力的浪費。因此，了解植物物種間抗性機制及對除草劑選擇性之表現能力差異，可供利用生長素型除草劑時之參考，並能配合此類除草劑之特性，在田間防除雜草上提供較好之管理方法（施及王，2001）。

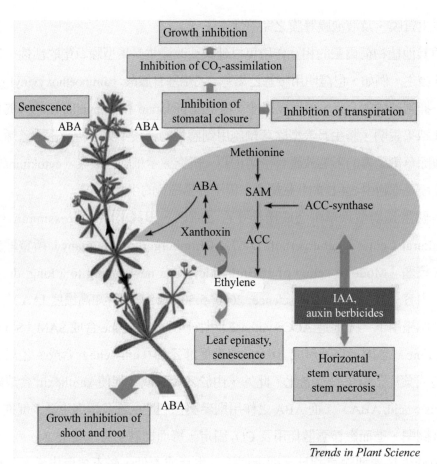

*Trends in Plant Science*

圖 15.2 生長素型除草劑及植物荷爾蒙吲哚乙酸（indole-3-acetic acid, IAA）在高濃度下可能的作用模式。其可誘導雙子葉植物產生抑制生長、及老化之反應，如豬殃殃（*Galium aparine*）。除了莖部水平方向彎曲、及莖部組織局部死亡而變窄之外，生長素可經由器官特定之基因表現或轉錄後酵素之重新合成（post-transcriptional de novo enzyme synthesis）方式，誘導地上部組織 1-aminocyclo-propane-1-carboxylic acid（ACC）合成之活性。結果導致 ACC 濃度增加，緊隨其後的是乙烯的過量生產。

乙烯可引發葉片的向下彎曲（葉片下垂生長、或偏上性生長，leaf epinasty）、並經由增加葉黃素（xanthophyll）裂解為 ABA 前驅物 xanthoxin 的方式，刺激離層酸（ABA）的生合成。之後 ABA 會積累並在植株中進行系統性轉移。此激素經由關閉氣孔來抑制生長，氣孔可限制碳素同化作用並因此限制生物量的產生，且直接影響細胞分裂和擴展。其後，ABA 與乙烯一起促進葉片老化，這是一種內源性程序過程（programmed process），最終導致葉片死亡。SAM：S- 腺苷甲硫胺酸（S-adenosylmethionine）。（資料來源：Grossmann, 2000）。

延伸閱讀

生長素型除草劑對植物的傷害

Scheltrup and Grossmann（1995）以生長素型除草劑 quinmerac 處理豬殃殃（*Galium aparine* L., cleaver）後 48 小時內引起傷害徵狀，包括莖部、葉片下垂生長，根部及地上部生長受阻，尤其地上部受到明顯抑制以及減少水分消耗。

Grossmann and Scheltrup（1998）利用 quinmerac 噴施在感性的雜草豬殃殃及抗性的作物（油菜、甜菜、小麥）上，結果發現敏感的豬殃殃只要處理低劑量的藥劑，地上部鮮重就會降低 30%；而抗性作物的地上部鮮重則需較高的除草劑劑量才會降低。Grossmann and Kwiatkowski（1993）將 quincloac 及 2,4-D 噴施在稗草（barnyardgrass）及水稻的植株上，結果發現 quincloac 及 2,4-D 只要低濃度就可抑制稗草鮮重達30%，而水稻方面則需較高的除草劑濃度才會達到相同的抑制程度，由此可看出雖然同為禾本科植物，但水稻對生長素型除草劑比稗草較具耐性。

根據 Weed Control Manual（2000）中指出，quinclorac 可以有效防除春小麥田中的闊葉性雜草，例如蓬子菜（bedstraw）、蒲公英（dandelion）、牽牛花（morningglory）、加拿大薊（Canada thistle）、俄羅斯薊（Russian thistle）、苜蓿（clover）、豚草（giant ragweed）、天鵝絨草（velvetleaf）、野生向日葵（wild sunflower）、field bindweed、hedge bindweed、及地膚（kochia）等。

生長素型除草劑能選擇性的防除闊葉性雜草，不危害禾本科植物的原因，可能與植物的組織、形態、除草劑之穿透、吸收、轉運及代謝能力有關。以植物的組織形態而言，雙子葉植物的篩管易受生長素型除草劑的傷害，導致組織的異常生長，而具有抗性的禾本科植物，其篩管散佈於維管束中，外層擁有厚壁組織的保護，同時不具有對此類除草劑極為敏感的形成層、和中柱鞘組織，這是造成禾本科植物抗性的原因之一。在雙子葉與單子葉植物中，生長素型除草劑的轉運速率也是以雙子葉植物較快速，因為單子葉植物的節間分生組織被認為是干擾除草劑轉運過程的組織之一（邱和鐘，1996）。

生長素型除草劑的代謝作用也可能是造成其具有選擇性的原因之一。生長素類型除草劑在單子葉植物體內，可以快速的經由共軛結合作用（conjugation）、羥基化作用（hydroxylation）、側鏈分離，而造成不活化或降低其活性，而此類代謝作用卻很少在雙子葉植物中發生（邱和鐘，1996）。Grossmann and Scheltrup（1998）試驗指出，小麥及甜菜因能快速代謝 quinmerac 而提高耐性。

根據 Grossmann and Kwiatkowski（2000）以 quinclorac 處理抗性及感性禾草類植物，包括 *Echinochloa hispidula* 及稗草（*E. crus-galli*）之耐感生物型（biotypes），以及不同敏感度之禾草類，如 *Brachiaria platyphylla*、狗尾草（*Setaria viridis*）、芒稷（*E. colonum*）及馬唐草（*Digitaria sanguinalis*），以及耐性作物水稻，結果發現耐感性禾

草類之間對於 quinclorac 之吸收、轉運或代謝並無顯著差異，推測造成其選擇性差異之原因可能是目標位置差異所致。

## 15.6　生長素型除草劑引起植物之生理變化（Physiological changes in plants caused by auxin-type herbicides）

**1. 離層酸（ABA）的累積**

通常在高濃度之生長素型除草劑處理下，常發生抑制植物生長現象，其是否經由 ABA（abscisic acid）作用，有研究者加以分析。Grossmann et. al.（1996）利用外加 IAA 及 quinmerac 二種生長素型除草劑處理九種植物。將 IAA 和 quinmerac 加入栽培之水耕液中處裡二天後，結果顯示以 IAA（100 mmol/L）、quinmerac（1 mmol/L）處理的感性植物 *Solanum nigrum*（SN），其體內 ABA 的含量均較抗性植物 *Triticum aestivum*（TA）為高。因此推測生長素型除草劑抑制感性植株的生長可能與誘導 ABA 的生合成有關。此種 ABA 受到生長素類型除草劑誘導之現象普遍存在於此類除草劑之感性植物中。

**2. 乙烯的生合成**

在高濃度生長素型除草劑施用下，通常會誘導植株體內乙烯的生合成，且乙烯的生合成與植物之除草劑感性有關。Peniuk et. al.（1993）利用（$^{14}$C）-2,4-D 處理野生芥菜（*Sinapis arvensis* L.）抗性及感性生物型之二葉齡植株，經過 12、24 及 48 小時處理後，比較兩種生物型植株各部位對（$^{14}$C）-2,4-D 吸收、轉運及代謝等生理變化。由試驗可知，二種生物型對除草劑吸收均非常快速，且吸收量與代謝率都非常相似。進一步利用 2,4-D 處理抗性及感性生物型植株，經過 76 小時後，抗性及感性生物型植株均會受到 2,4-D 的影響、而誘導植株體內乙烯的生合成，但感性生物型乙烯生合成量顯著大於抗性生物型近 6 倍；推測感性可能與乙烯大量生成有關。

## 3. 抑制 $K^+$ 吸收與輸送

Francois et. al.（1983）以大麥幼苗爲材料，利用不同濃度之 2,4-D 溶液及 5 mM KCl 溶液處理 24 小時後，探討大麥幼苗完整根部及切離根部對 $K^+$ 的吸收，結果顯示在低濃度 2,4-D（$10^{-7}$M 以下）處理下，$K^+$ 離子的吸收與運轉不受影響，但提高濃度（$10^{-10}$-$10^{-6}$ M）時，離子的吸收與運轉同時受到抑制。此外，2,4-D 在 $10^{-10}$-$10^{-6}$ M 濃度下，$K^+$ 分布在根部及地上部比值固定爲 0.75，之後隨著 2,4-D 濃度增加，根部及地上部之 $K^+$ 比值快速上升至 3.8，$K^+$ 在根部有累積現象。

### 延伸閱讀

### 生長素類型除草劑引起植物死亡之原因

Scheltrup and Grossmann（1995）分別將 quinmerac 及 ABA 噴施在豬殃殃植株上，發現隨著藥劑濃度的增加，植物地上部的 ABA 含量也隨之提高，於 24 小時內增加 20 倍。氏等提出因 quinmerac 所誘導之 ABA 增加與植株生長受到抑制、氣孔關閉、蒸散作用降低，進而使植株地上部及根部鮮重逐漸降低有密切關係。

當豬殃殃經 quinmerac 處理後三小時內，可以發現乙烯合成前驅物 1-aminocyclopropane-1-carboxylic acid（ACC）、乙烯、及結合態 ACC 開始增加，分別於 24、48 及 72 小時達最大量。此外，在 quinmerac 處理後 2-3 天，從豬殃殃地上部逐漸釋出氰化物（cyanide）（Scheltrup and Grossmann, 1995）。

Grossmann et. al.（1996）將不同的生長素型除草劑噴施在豬殃殃植株上，結果發現地上部和根部鮮重、及 $CO_2$ 的吸收速率，會隨著 ABA 含量增加而降低，除草劑濃度愈高，ABA 含量也就愈高，在這些除草劑中是以 quinclorac 及 quinmerac 抑制鮮重的效果最大。

Grossmann and Scheltrup（1998）以 quinmerac 處理感性雜草豬殃殃及抗性作物（油菜、甜菜、小麥）的根部，一小時後，在感性的豬殃殃地上部會有 ACC synthase 活性表現，且有 ACC、乙烯及 ABA 的累積，而在抗性作物的地上部則無。另外，Hall et. al.（1993）將 picloram 噴施在抗性及感性的 *Sinapis arvensis* L. 葉片上，結果發現敏感的 *Sinapis arvensis* L. 會有 ACC synthase 活性表現、及 ACC 與乙烯的累積，且隨著時間的增加而增多，處理後 72 小時達最大量。

在 ACC 經由 ACC 氧化酶催化成乙烯的過程中，氰化物會伴隨著產生，而氰化物是一種植物毒素，會對植物的生長造成傷害（Grossmann, 1996）。Grossmann and Kwiatkowski（2000）將 quinclorac 處理 *Echinochloa colonum*、*Digitaria sanguinalis*、*Setaria viridis*（感性）及水稻（*Oryza sativa*）（抗性）的根部，結果發現感性植物的地上部

會有 ACC synthase 活性、以及 ACC 累積，且伴隨著氰化物的累積，而抗性植物則無此現象發生。

Grossmann and Kwiatkowski（2000）指出 quinclorac 施用於稗草之後，在刺激乙烯合成期間，氰化物（HCN）累積乃是除草劑作用模式中主要致毒原因。在水稻中發現其對於 quinclorac 之耐性與其具有較高的 β-cyanoalanine systhase 活性有關，此係氰化物主要的解毒酵素（HCN-detoxifying enzyme）。

由上述研究可看出，對 auxin 類除草劑敏感的植物在噴施此類除草劑後會增加 ACC synthase 活性、以及促進 ACC、乙烯及 ABA 的累積，這可能是造成植物傷害的原因之一。此外，氰化物之產生也可能是植物致死原因之一。

Grossmann and Kwiatkowski（2000）以 quinclorac 處理 *Digitaria sanguinalis* 二葉期幼苗的根部，結果發現 ACC 含量增加，因為 ACC 是合成乙烯的前驅物，當 ACC 含量增加，乙烯含量也會跟著增加，而過量的乙烯會造成植物莖部及葉柄的彎曲、葉片上偏性生長，而植株生長也受到抑制，導致鮮重的降低。此外，隨著時間的增加，氰化物會逐漸增多，但地上部鮮重卻逐漸減少，推測氰化物會抑制植物的生長，造成鮮重的降低。

由以上結果得知，在生長素型除草劑施用下 ACC synthase 活性增加，ACC、乙烯、及 ABA 的累積，對植物會造成傷害。Hansen and Grossmann（2000）將 0.5 mM 的 IAA 噴施在 *Galium aparine* 三葉齡的植株上，大約 4 小時後，莖部和葉片開始發生上偏生長的症狀，20 小時後根部和地上部的生長開始受到抑制；調查分析各項生理反應發生之時序可知，在處理後 2 小時最先增加的是 ACC synthase 活性，接著是 ACC 增加，然後是乙烯含量，直到 5 小時之後 ABA 才會大量產生，因此推測過量的 auxin 會先誘導 ACC synthase 的活性，促進乙烯以及 ABA 的合成，而對植物造成傷害。Grossmann et. al.（1996）指出，在各種生長素型的除草劑施用下，產生 ABA 乃是普遍性的效應。

從最初發現人工合成之 auxins 迄今超過半世紀，雖然知道人工合成之生長素具有除草劑之功效，但對其作用方式及致死原因一直在研究之中。迄 2000 年為止，Grossmann（2000）歸納整理出生長素型除草劑、及高濃度之植物荷爾蒙 IAA 引發植物傷亡可能的作用模式，氏等說明高濃度 IAA 或生長素型除草劑施用下，先促進 ACC synthase 活性，使 methionine 合成 SAM（S-adenosylmethionine）之後，立刻形成 ACC，進而促進乙烯合成。乙烯之功能則會造成葉片上偏生長及老化。此外，由於乙烯生成，促使 xanthoxin 合成 ABA，而 ABA 之作用則參與抑制地上部及根部生長，促進老化，使氣孔關閉，進而影響蒸散作用及 $CO_2$ 固定，終而抑制生長。

（資料來源：施怡如、王慶裕。2001。生長素類型除草劑引起植物藥害之原因。中華民國雜草學會會刊 22: 53-58。）

# CHAPTER 16

## 除草劑作用之其他位置
## Other sites of herbicide action

　　自 1970 年初以後，有機合成之除草劑，逐漸受到人們的重視與使用，因此相關研究快速增加，尤其一些研發與商品化較早的除草劑，相關研究報告大量產生，包括從瞭解除草劑作用機制至研究抗性產生機制。有關除草劑作用之生理機制，除了前述之外，尚有許多其他作用機制的除草劑或發展中的除草劑相關研究尚在進行中（張等，2000）。

　　實際上，本書前章節所提僅涉及約十個除草劑作用的某些分子位置，而這些是多數商業除草劑的作用位置（表 16.1）。因此，本章將討論幾個次要的作用位置。

表 16.1　於本書前面章節（第 8-15 章）所提及之除草劑作用之分子位置。

| Process | Molecular site | Herbicide class |
|---|---|---|
| Photosynthesis | | |
| | D-1 | *s*-triazines |
| | | substituted ureas |
| | | carboxanilides |
| | | *as*-triazinones |
| | | uracils |
| | | hydroxybenzonitriles |
| | | biscarbamates |
| | PSI | bipyridiliums |
| | | heteropentalenes |
| Tetrapyrrole synthesis | | |
| | Protoporphyrinogen oxidase | *p*-nitro-diphenylethers |
| | | oxadiazoles |
| | | cyclic imides |
| | | phenyl pyrazoles |
| Carotenoid synthesis | | |
| | Phytoene desaturase | pyridazinones |
| | | fluridone |
| | | *m*-phenoxybenzamides |
| | | 4-dihydroxypyridines |

| Process | Molecular site | Herbicide class |
|---|---|---|
| Amino acid synthesis | | |
| | EPSP synthase | glyphosate |
| | Acetolactate synthase | imidazolinones |
| | | sulfonylureas |
| | | triazolopyrimidines |
| | Glutamine synthetase | glufosinate and analogs |
| Cell division | | |
| | Tubulin | dinitroanilines |
| | | phosphoric amides |
| Lipid synthesis | | |
| | Acetyl CoA carboxylase | cyclohexanediones |
| | | aryl-propanoic acids |

# 16.1 抑制碳素同化及碳水化合物合成（Inhibition of carbon assimilation and carbohydrate synthesis）

　　雖然過去開發利用最成功的商業化除草劑，其主要的作用位置是光合作用的電子傳遞鏈，但光合作用中暗反應碳素固定並非除草劑作用的有效位置。以 ribulose 1,5-bis-phosphate carboxylase / oxygenase（Rubisco）為例，可能是因為目標位置的分子數量太多，必須相對有足夠的除草劑分子數量才能達到效果。Rubisco 在高等植物的可溶性蛋白質中占有 20-35%。在活體內（in vivo）Rubisco 不是一個非常有效率的酵素，因為葉綠體內的 $CO_2$ 濃度低，且氧分子會競爭 $CO_2$ 結合的位置。

　　已知有許多 Rubisco 的抑制物，例如 2- 及 4-carboxylarabinitol-1,5-bis-phosphate 是有效的，幾乎不可逆地抑制 RuBP-carboxylase 活性。其構造與 RuBP-carboxylase 六碳反應的中間物很相似。研究發現一個構造上相關的抑制物 2-carboxyarabinitol -1-phosphate，是一個內生的抑制物，會在夜晚和低光狀態下累積，它在活體內試

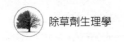

驗中證實是抑制 Rubisco 活性的重要化合物。

　　另尚有其他 C3 型碳素同化酵素的抑制物，但未能成為商業上有效的除草劑。例如 iodoacetol-phosphate 在 nM 濃度下即能抑制 glyceraldehyde-3-phosphate dehydrogenase 活性，而且在 μM 濃度下可抑制葉綠體中的碳素固定。

　　在 C4 型植物中發現的碳素同化酵素之抑制作用，則可考慮作為尋找選擇性除草劑的基礎。例如 methyl-2,4-diketo-n-pentanate 可強烈抑制 pyruvyl-phosphate dikinase（PPDK）和 phospho-enol-pyruvate carboxylase（PEP carboxylase）活性，但欲找出針對上述酵素具有毒性的化合物可能較為困難。

　　生長調節劑 glyphosine（圖 16.1）是除草劑嘉磷塞（glyphosate）（圖 14.2）的類似物，是一種 PEP carboxylase 的弱抑制劑。雖然另一種化合物 3-mercaptopicolinic acid 能更強烈地抑制 PEP carboxylase 活性，但卻不能有效地打斷 C4 型植物的碳素同化作用。PEP carboxylase 之抑制劑 3,3-dichloro-2-(dihydroxy-phosphinoyl-methyl)-propenoate 可以選擇性地抑制 C4 型光合作用，在 1 mM 濃度時可抑制七種 C4 型植物 79-98% 的光合作用，但對四種 C3 型植物只能抑制 12-46%。2,4-D 及二個相近之類似物，幾乎可完全抑制 C4 型草類的 PEP carboxylase。

　　某種經調配製造出（formulated）的除草劑配方顯示，此配方能抑制 PEP carboxylase 活性，然而，當單獨測試該除草劑有效成分時則失去其抑制效應。研究發現抑制 PEP carboxylase 活性的原因係由存在於配方中的成份 dodecylbenzenesulfonic acid，此種成分是一種陰離子清潔劑，其抑制 PEP carboxylase 活性的 $I_{50}$ 大約是 15 μM。

　　有證據顯示甲胂酸（或甲基砷酸 methylarsonic acid）在 C4 型植物內的作用機制，是透過抑制蘋果酸鹽酵素（malic enzyme）活性。顯然，甲胂酸鹽（methylarsonate）經光合作用還原成硫氫基（sulfhydryl group）反應物質，其中包含偶胂甲烷（arsenomethane）。偶胂甲烷與 NADP- 蘋果酸鹽酵素反應時，因為後者是對硫氫基反應物質特別敏感的酵素，因而造成如同 C4 型植物強生草一樣，會快速累積蘋果酸鹽。抑制上述酵素活性、並累積蘋果酸鹽，結果停止碳素固定，在白天亮光下會發生光氧化傷害。

　　胺基氧乙酸（aminooxyacetate，圖 16.1）能有效地抑制轉胺酶

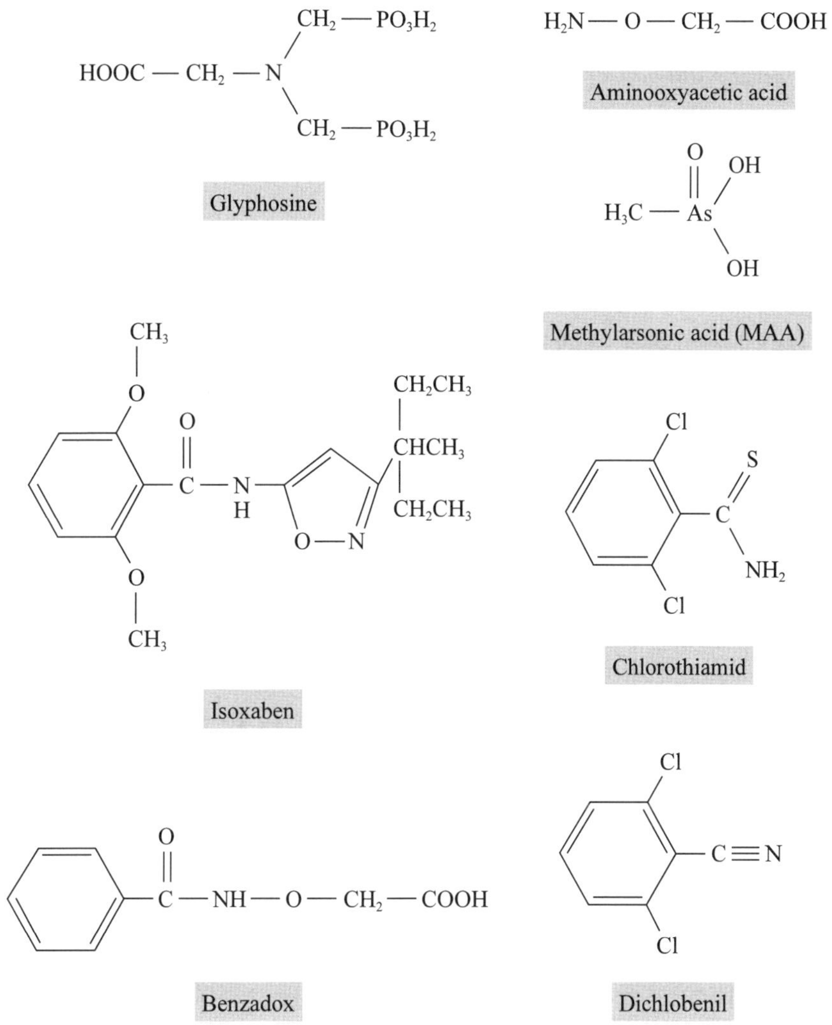

圖 16.1　一些碳素代謝抑制型除草劑之構造。

（transaminases）、和其它需要磷酸吡哆醛（pyridoxal phosphate）之酵素，並且抑制 C4 型植物細胞中需要天冬胺酸鹽（aspartate）參與的光合氧氣釋出。此藥劑毒性非常強並且已登記成為一種除草劑。然而，當考慮它所併發之哺乳類毒性時，則無法作為商品。此外，benzadox（圖 16.1），類似於胺基氧乙酸，亦能有效地控制 C4 型雜草，主要也是因為其能代謝成為胺基氧乙酸。

　　Hadacidin 是青黴素 Penicillium 的產物，會抑制澱粉、以及腺〔核〕苷醯琥珀酸（adenylosuccinate）合成，其對植物生長有微弱的抑制作用。而更複雜類似鏈絲

菌素（streptothricin）之化合物 SF-701，能更有效地抑制澱粉合成。大約 2 μM 即幾乎完全抑制在 *Panicum crus-galli* 體內之澱粉合成。當進行葉面噴施時，大約 20 μM 即可達到強烈的除草效果，且不影響水稻生長。

## 16.2　抑制纖維素合成（Inhibition of cellulose synthesis）

纖維素的生合成顯示特別受到二氯苯腈（dichlobenil，圖 16.1）抑制，雖然正確的分子位置有待確認。這種除草劑在活體內只需要 μM 的濃度即能很快地影響纖維素的合成，在其他生理性狀上則影響很小或無影響，包含非纖維素之多醣類合成在內。二氯苯腈的羥基化反應產物是非常有效的非偶合劑（uncouplers），然而在低濃度下二氯苯腈本身對於纖維素合成的影響，比其代謝物對於光合或呼吸作用磷酸化反應之影響大。

研究利用具有光親和性（photoaffinity）之 [14]C-dichlobenil 類似物標定棉花纖維蛋白，結果在棉花跟蕃茄上受到特定標示的分別有 18 和 12 kD 蛋白。在棉花中，被標示的 18 kD 蛋白的量會隨著二次細胞壁的合成開始而增加。因為二氯苯腈不影響植物膜系在活體外合成 β-glucans，推測 18 kD 蛋白可能是纖維素合成複合物的調節性組成分。此外，除草劑 chlorthiamid 經由在土壤內轉換、或經由光化學反應，會被轉化成二氯苯腈。因此，其可能與二氯苯腈具有相同的作用機制。

在完整的阿拉伯芥植株中 isoxaben（圖 16.1）比二氯苯腈更強烈地抑制細胞壁成分中「酸不溶」部分（推測係纖維素）的合成約達 40 倍。Isoxaben 對細胞壁生合成的影響比脂質、核酸或蛋白質生合成的影響更強。此外，二氯苯腈和 isoxaben 是六種（其他四種是 amitrole、fluridone、ethalfluralin 和 chlorsulfuron）除草劑中僅有的兩種，會快速影響葡萄糖併入「酸不溶」細胞壁組成分中。研究資料指出 isoxaben 比二氯苯腈更能抑制細胞壁生合成。

## 16.3　抑制葉酸合成（Inhibition of folic acid synthesis）

葉酸或其輔酶形式，即 tetrahydrofolic acid，在許多酵素反應中，例如合成胺

基酸、嘌呤、和嘧啶時，可當作 hydroxymethyl、formyl 或 methyl groups 的中間攜帶者，因此經常供應這些代謝物是維持植物健康所必須的。

對胺苯磺酸鈉（sodium sulfanilic acid）和對胺苯磺醯胺〔又稱為胺苯磺（醯）胺、苯胺磺胺，sulfanilamide〕所產生的植物毒性乃因其抑制葉酸合成所致，因為加入胺基苯甲酸鹽（4-aminobenzoate，圖 16.2）後可克服這些植物毒性。對胺苯磺酸（sulfanilate）和對胺苯磺醯胺是 7,8-dihydropteroate 合成反應基質 p-aminobenzoate 的類似物。在感性物種中由對胺苯磺酸所引起之選擇性及黃化，與其影響葉酸含量有關。在蘆筍（不敏感）中，對胺苯磺酸不會代謝，然而，在花生（敏感）中，此化合物大部分被結合形成另一種化合物，在某些方面表現如同葉酸類似物，因此可能抑制葉酸形成。

除草劑亞速爛（asulam，圖 16.2）很明顯地與對胺苯磺酸有相同的作用機制。亞速爛會抑制胡蘿蔔細胞懸浮培養的生長、及小麥幼苗根的生長，但添加胺基苯甲酸鹽（p-aminobenzoate）或葉酸至培養基中則可克服此種抑制作用。亞速爛抑制亞

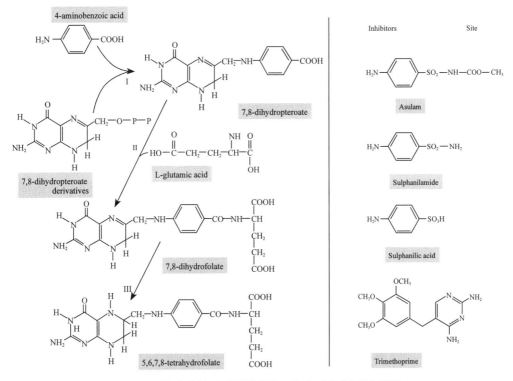

圖 16.2　葉酸鹽生合成路徑及一些合成抑制劑之構造。

麻及金魚草根部伸長，只要添加葉酸即可有效克服。小麥、野燕麥、亞麻、和繁縷（*Stellaria media* L.）的葉部施用亞速爛會減少鮮重，若同時噴灑 p-aminobenzoate 則會使傷害減少一半以上。亞速爛所處理的植株葉酸含量會減少，但植株噴施亞速爛加胺基苯甲酸鹽 p-aminobenzoate 將可減少這種現象。

對胺苯磺醯胺和亞速爛同樣會抑制小麥幼苗中的 7,8-dihydropteroate synthase 活性，在 100 μM 濃度下大約可抑制 70% 活性。這個作用位置比原先推測針對微管功能的位置更令人信服。二氫葉酸鹽還原酶（dihydrofolate reductase）的抑制劑就像 methotrexate（4-amino-10-methylfolic acid）、aminopterin（4-aminofolic acid）、和 trimethoprime，也是十分有效的植物生長抑制劑，但這些化合物全未當作除草劑使用。

## 16.4　抑制激勃素合成（Inhibition of gibberellin synthesis）

有數種除草劑顯然對激勃素（GAs）生合成過程中的酵素有直接影響（圖 16.3）。然而抑制激勃素生合成並未被視爲這些除草劑化合物的主要作用機制。大部分這些除草劑對脂質合成的影響，被認爲是造成植物毒性更重要的原因。研究發現 *S*-ethyl dipropyl thiocarbamate（EPTC）和莫多草（metolachlor）可阻斷四異戊二烯焦磷酸鹽（geranylgeranyl pyrophosphate; GGPP）轉變爲 ent-kaurene，並且拉草（alachlor）、美福泰（mefluidide）和二丙烯草胺（N,N-Diallyl-2-chloroacetamide; CDAA）可阻斷 ent-kaurene 轉變爲 ent-kaurenoic acid。Diallate 則是抑制 GGPP 和 ent-kaurenoic acid 之間數種反應。可滅蹤（clomazone）顯然藉著抑制 GGPP 形成來抑制 GAs 生合成。施用外加的 GAs 不能回復 alachlor、mefluidide 或 CDAA 這些除草劑的影響，但可以回復一些 clomazone 對生長植株的抑制影響。Diallate 則是抑制 GGPP 和 ent-kaurenoicacid 之間數種反應。而 Clomazone 顯然藉著抑制 GGPP 形成來抑制 GA 合成。

許多高效的 GA 抑制劑已經被使用，或被考慮當作植物生長調節劑。然而，這些化合物並未作爲除草劑使用。顯然緩慢的效果以及不能殺死植株，使得 GA 合成抑制劑無法作爲除草劑。Wilkinson 認爲抑制 GA 合成的除草劑在幼苗發育時最有

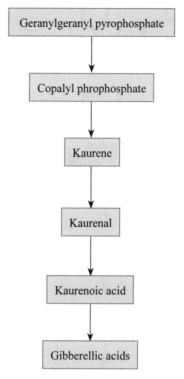

圖 16.3　激勃素（GAs）生合成路徑。

效，尤其當幼苗生長是依賴 GA 調節種子貯存物質移動時。

　　針對較詳細之激勃素（GAs）生合成路徑可參考發表於 Trends in Plant Science 期刊之資料（圖 16.4）。

# 16.5　抑制木質化及酚類化合物的合成（Inhibition of lignification and phenolic compound synthesis）

　　植物碳素同化如果經過莽草酸路徑（shikimate pathway），最後會形成二次酚類化合物（例如：類黃酮、單寧），尤其是木質素。第一個酵素苯丙胺酸裂解酶（phenylalanine ammonia-lyase; PAL），導引 phenylalanine 和 tyrosine 產生二次化合物。理論上，抑制這個酵素對所有芳香族二次化合物的生產將有明顯的影響。雖然早期尋找此種作用機制的除草劑沒有成功，但已陸續發現 PAL 的數種抑制劑，

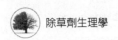

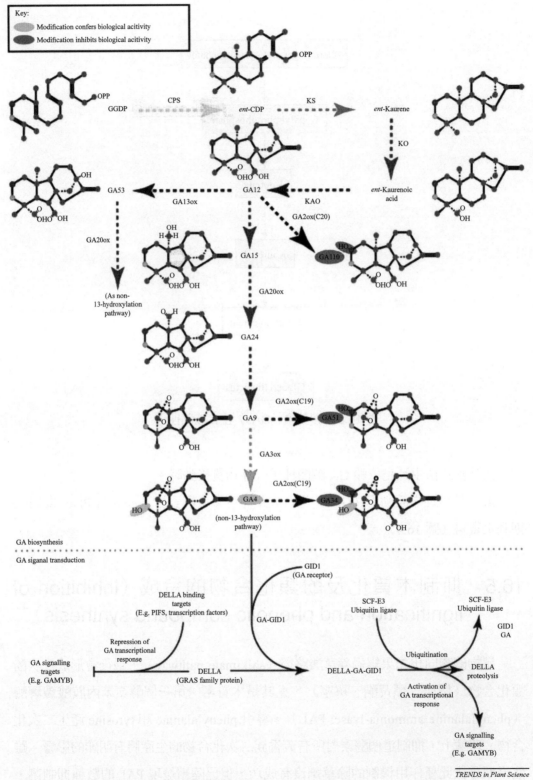

圖 16.4　激勃素（GAs）生合成詳細路徑。（資料來源：http://www.cell.com/cms/attachment/1088326/8034980/gr1.jpg）

例如 α-aminooxy-、β-phenylpropionic acid、R-(1-amino-2-phenylethyl) phosphonic acid，以及 cinnamate-4-hydroxylase 的抑制劑，如 1-aminobenzo-trizole。然而，這些化合物並非好的生長抑制劑。一種三（氮）呯系（triazine）類化合物〔4-amino-6-methyl-3-phenyl-amino-2,4-triazin-5(4H)-one〕則可抑制 coniferyl alcohol 的氧化及過氧化氫產生，這兩種反應是木質化所需要的。最後，雖然這些抑制劑使植物死亡，但這些效果太過緩慢。

## 16.6　對氮素利用的影響（Effects on nitrogen utilization）

目前尚無除草劑是藉著抑制硝酸鹽（nitrate）、或亞硝酸鹽（nitrite）還原酶（reductase）來發揮除草作用，但非選擇性除草劑氯酸鈉（sodium chlorate）可以藉著硝酸鹽還原酶的還原反應，被生物性活化（bioactivate）成具有植物毒性的亞氯酸根（chlorite）離子。然而，亞氯酸根離子真正的作用模式仍屬未知。

以硝酸鹽還原酶作為除草劑作用的分子目標可能是不好的選擇，因為缺乏硝酸鹽的植株死亡得很緩慢，而且施用其他氮源肥料，將影響這種除草劑的施用效果。另一方面，亞硝酸鹽還原酶可能是較好的選擇目標，因為在硝酸鹽還原成亞硝酸鹽的情況下，抑制此酵素會累積具有植物毒性的亞硝酸鹽。一些研究者推測亞硝酸鹽的累積，在光合抑制型除草劑的作用模式中扮演一個主要角色。

氮素代謝中，尿素酶（urease）是負責將尿素轉變成氨（$NH_3$）及二氧化碳的的酵素，會被取代性尿素類除草劑（substituted urea herbicides）所抑制；然而，這些除草劑的主要作用是抑制 PS II 的電子傳遞。

## 16.7　抑制光合磷酸化作用（Inhibition of photophos-phorylation）

除草劑對於光合磷酸化作用的直接影響，可經由不耦合〔uncoupling；意即經由質子載體（protonophore）〕、或是經由類囊體之耦合因子複合物（$CF_0$ 和 $CF_1$）的作用。在第一個案例中，產生自水分子裂解且保留在類囊體膜的質子梯度會經由

質子載體（protonophore）活動而消散。在第二個例子中 CF$_1$ 的 ATPase 活性通常會被抑制。在葉綠體中誘導這些效應的化合物似乎也會影響粒線體中的類似過程。目前沒有商品化除草劑以直接影響上述這些過程作爲其主要機制。然而，有些除草劑種類，如某些 diphenylethers 可經由抑制 CF$_1$ ATPase 而抑制光合磷酸化作用。有些光合電子傳遞抑制物，在比抑制電子傳遞作用所需濃度高出很多之情況下，也會抑制循環性光合磷酸化作用的耦合（圖 16.5）。

一般而言，親脂性增加和不耦合活性有關，然而，不耦合性和除草劑活性相關性不大，而且大部分有效的除草劑無法以不耦合光合磷酸化活化作用達到除草效果。在另一研究中，一些 aliphatic amines、2-aryl-amino-1,4,5,6-tetrahydropyrimidines 及 alkylated N-aryl-1,2-ethanediamines 產生的光合磷酸化不耦合活性，都和這些化合物的親脂性有很大的相關性。

## 16.8 對原生質膜及液胞膜功能的影響（Effects on the functions of plasmalemma and tonoplast）

研究發現很多膜系複合物上蛋白質及脂質互相作用，但對控制此作用的機制尚不清楚，未有除草劑顯示其主要作用機制是直接抑制植物原生質膜（plasmalemma）及液胞膜（tonoplast）功能，因爲實際上可能在每個細胞中有很多不同的位置受到影響，這也可能相對地造成哺乳動物毒性。所以，以原生質膜及液胞膜作爲除草劑的作用目標並不是很好的選擇。許多除草劑，尤其是親脂性的化合物，在極高的濃度下可直接影響原生質膜的功能。

以往許多除草劑具有相當程度的親脂性，如此一來便優先配置進入膜系，所以這些化合物在高濃度下會造成一些原生質膜功能惡化並不使人覺得驚訝。如所預期的，除草劑對原生質膜功能的影響通常與親脂性很有關係，就如同親脂性通常與其他膜系鍵結的目標位置有關。

大部分研究報告中對於除草劑在膜系功能上的影響，只簡單描述除草劑對細胞或脂質體電解質滲漏的影響，或測量植物中類似花青素苷（β-cyanin）的色素。這些效應一般無法論證爲除草劑對原生質膜直接作用的結果。少數案例中說明除草劑

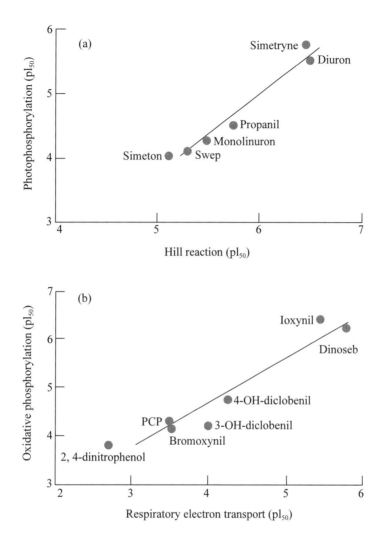

圖 16.5　在不同除草劑施用下，比較光合作用 (a) 與呼吸作用 (b) 電子傳遞，受到光磷酸
　　　　化作用 (a)、及氧化磷酸化作用 (b) 不耦合反應抑制時之 $pI_{50}$ 值。

對膜系活動直接的效應，如原生質膜上的 ATPase。例如 alachlor 及 barban 對原生
質膜通透性的效應，與其對原生質膜上的 ATPase 活性的效應有關。

　　Balke（1985）將直接影響原生質膜的除草劑分類為：(1) 通透性改變子
（permeability alterers）；(2) 轉運抑制子（transport inhibitors）；(3) 膜系酵素活性
改變子（alterers of membrane enzymatic activities）；(4) 影響膜系功能的荷爾蒙及
環境調節之相關因子。

　　表 16.2 提供了部分除草劑的部分清單，這些除草劑可經由這些機制中的每一種機制而作用於原生質膜。在許多案例，於影響原生質膜功能的各種機制中，其中某些變數的效應也影響到其他變數；例如，幾個不影響原生質膜 ATPase 活性、或僅造成微量影響的除草劑，卻對 ATPase 活性所維持的質子梯度具有深重的影響。Diclofop-methyl 及 diclofop 增加液胞膜上的質子通透性，也與 ATP 形成機制無關。由於 diclofop-methyl 的二個鏡像異構物（enantiomers）的活性相同，且此種除草劑

表 16.2　藉由各種機制影響原生質膜功能之除草劑案例。

| Mechanism | Herbicide | Reference |
|---|---|---|
| Permeability alteration | | |
| Permeability to: | | |
| electrolytes | 2,4-D | 85 |
| | simazin | 85 |
| amino acids | diclofop-methyl | 86 |
| $^{32}$P-solute | metolachlor | 87 |
| Transport inhibition | | |
| Mineral ion: | | |
| potassium | nitrofen | 88 |
| potassium | chlorsulfuron | 89 |
| sulfate | atrazine | 90 |
| phosphate | propanil | 91 |
| ammonium | 2,4-D | 92 |
| Hydrogen ion | sinitramine | 93 |
| | chlorpropham | 92 |
| Membrane enzyme activity inhibition | | |
| Enzyme: | | |
| ATPase | dinitramine | 94 |
| glucan synthase | dinitramine | 94 |
| Effect on hormonal or environmental regulation: | | |
| antiauxin activity | chlorfenprop-methyl | 95 |
| phototropic response | acifluorfen | 96 |

的植物毒性具有立體特性，所以對於作用效應及毒性兩者間的關係並不清楚。

Aryl-propanoic acid 類除草劑（如 diclofop）以及 phenoxy alkanoic acid 類除草劑（如 2,4-D），可拮抗彼此在膜系上的效應，然而，這種相互拮抗作用並不能很適度的證明 aryl-propanoic acid 除草劑對於膜系相關功能之作用機制。這種拮抗作用可能以其構造上的類似性來做解釋。

有幾種除草劑可快速地使原生質膜兩端之電位差去極化，這種效應可由幾種機制造成。膜系之極性喪失將導致無法吸收離子，最後引起電解質滲漏。相對地，電解質滲漏也會喪失膜系極性。在西殺草（sethoxydim）的例子中，只有在濃度（> 0.2 mM）高於除草劑活性所需之濃度時，此種乙醯輔酶 A 羧化酵素抑制劑（acetyl-CoA carboxylase inhibitors）才會使膜系去極性。研究者也發現在活體內西殺草抑制膜系上鍵結的 $H^+$-ATPase，但是在活體外的效應並無相關報告。西殺草對此 ATPase 的效應在早熟禾屬植物（*Poa*）之西殺草抗性與感性生物型上都表現相同。然而，在同一屬（genus）中較具感性的生物型，其膜系鍵結的氧化還原系統受西殺草抑制程度皆比任一抗性生物型嚴重。在感性及抗性生物型間，西殺草效應的差別只有在非常高的濃度（0.4 mM）下才能測得，因此在除草劑之作用模式中不可能扮演重要的角色。

除草劑配方通常含有對植物膜系具明顯影響的界面活性劑或添加物，所以使用商品販售的除草劑配方研究其對膜系功能之效應，結果常產生誤解。以整個細胞、或分離的膜系為對象，研究除草劑的其他作用機制時，這些配方組成分可能會使結果混淆。目前已經有從事研究這些配方組成分對於膜系功能效應之「構造與活性關係」。然而，此類資訊尚未運用於開發除草劑與添加劑的配方上。

## 16.9　抑制多元胺合成（Inhibition of polyamine synthesis）

多元胺（又稱多胺，polyamines）參與動、植物重要的細胞反應過程，包括 DNA 複製及細胞分裂。多元胺之生合成需要 6-7 個酵素參與，目前尚未有除草劑可直接作用於其中任何一個酵素。在這合成途徑上已經知道幾個酵素的抑制劑，不論是鳥胺酸去羧酶（ornithine decarboxylase; ODC）、或是精胺酸去羧酶（arginine

decarboxylase; ADC）的抑制劑均無法有效地抑制活體內多元胺的生合成，顯然其有雙重的合成途徑存在。試驗中甚至同時以 ODC 及 ADC 二酵素之抑制劑處理植物也不會降低其多元胺含量，顯示可能尚有第三個合成途徑。

Cinmethylin 為醯基載體蛋白（acyl carrier protein; ACP）硫酯酶選擇性抑制劑，可抑制脂肪酸生合成、破壞細胞膜。Cinmethylin 主要經由雜草幼苗的胚芽和胚根吸收，干擾胚芽和胚根生長點中分生組織的生長發育。報導指出，cinmethylin 無交互（又）抗性，可用於雜草的綜合管理（資料來源：https://kknews.cc/agriculture/q9b583g.html）。此藥劑屬於萌前除草劑，用於冬季穀物田，防除許多禾本科雜草，包括難以防治的大穗看麥娘（*Alopecurus myosuroides*）、和黑麥草（*Lolium rigidum*）等。

2018 年，巴斯夫（BASF）向澳大利亞和歐盟申請登記 cinmethylin；希望 2020 年在澳大利亞、2021 年在英國上市該產品。澳大利亞農藥和獸藥管理局（APVMA）已建議登記巴斯夫的除草劑 Luximax（普通名：cinmethylin；商品名：Luximo；中文名：環庚草醚），此將成為 cinmethylin 在全球的首次登記。Luximax 之推薦用量為 750 g/L 乳劑，萌前防除小麥（不是硬質小麥）田間一年生黑麥草、及一些禾本科雜草。

研究發現 5 µM cinmethylin 會強烈抑制豌豆根部生長，並微弱地抑制腐胺（putrescine）的累積。然而，外加腐胺於 cinmethylin 處理過的植物並不會減輕 cinmethylin 的除草效果。在荣豆（*Phaseolus vulgaris*）研究中，腐胺則部分逆轉了 ADC 抑制劑刀豆胺酸（canavanine）抑制生長的效用。因此，前述 cinmethylin 在生長上的抑制效果，可能與腐胺合成受抑制無關。

Chlorsulfuron 可抑制根尖進行有絲分裂組織中的精胺酸（spermidine）累積。Chlorsulfuron 能有效抑制精胺酸累積，其效果比 methyl-glyoxal-bis（guanylhydrazone）、及 cyclohexylamine 兩種特定的精胺酸合成抑制劑來得有效。其他的除草劑可能造成植物體中多元胺含量大量的增加，然而，植物對多元胺極低的需求、以及多元胺在植物體中有多重的合成途徑，使得研究者很少選擇或尋找多元胺合成路徑作為除草劑鍵結作用的位置。

# 16.10 對於呼吸作用及碳素分解代謝上之影響（Effects on respiration and catabolic carbon metabolism）

　　許多除草劑直接影響粒線體之呼吸作用，然而，在一般市場上沒有以此為主要作用位置的除草劑。呼吸作用抑制劑可能藉由抑制粒線體電子傳遞鏈、氧化磷酸化作用的不耦合（或稱解偶聯）、或直接干擾粒線體耦合因子來抑制呼吸作用的過程。在一些案例中，一種化合物可以直接抑制一個以上的這些過程。任何質子載體（protonophore）、或是其他的化合物將經由影響粒線體耦合因子、ATPase 不耦合氧化磷酸化作用，而耗盡粒線體 ATP 合成所需的質子流梯度。一些酚類除草劑、和某些含 NH 基之酸性除草劑，都是有效的非耦合劑。大部分的光合磷酸化作用非耦合劑會影響膜系的通透性，同時也不耦合粒線體之呼吸作用。在較高的濃度下，大部分的非耦合劑也抑制電子傳遞鏈。

　　研究發現幾種除草劑會干擾醣解作用（glycolysis）、或克氏（Kreb's; TCA）循環。丙酮酸鹽去氫酶（pyruvate dehydrogenase）是丙酮酸鹽（pyruvate）藉由克氏循環產生 acetyl-CoA 的過程中，連接醣解與克氏循環的關鍵酵素。

　　克氏循環之反應簡式如下：

$$Pyruvate + NDA^+ + CoA \cdot SH \text{----}> acetyl\text{-}CoA + NADH + H^+ + CO_2TPP$$

　　克氏循環的第一個步驟包含了結合丙酮酸鹽與輔因子 thiamine pyrophosphate（TPP）。丙酮酸鹽去氫酶是一個由多種酵素如 pyruvate dehydrogenase、lipoate acetyl-transferase 及 dihydrolipoyl dehydrogenase 組成的複合物其中的一員。

　　研究者曾經嘗試製造以生物理性設計的（biorational design）除草劑，如 pyruvate-TPP 複合物的類似物；也曾發現一序列的 acyl phosphinate 類似物會抑制丙酮酸鹽去氫酶活性並具除草效能。迄今為止，尚無開發出商品化的此類化合物。乙醯乳酸合成酶具有 pyruvate 及 TPP 的結合位置，而且已經是除草劑最成功開發的分子作用目標。雖然至少有一些 ALS 抑制劑具有一個結合位置，會與第二個丙酮酸鹽（或是酮基丁酸鹽；ketobutyrate）結合位置重疊，但其鍵結位置不同於克氏循

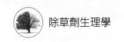

環中基質或輔因子的結合位置。

除草劑合氯氟（haloxyfop）抑制 pyruvate dehydrogenases 及 α-ketoglutarate dehydrogenases 的 Ki 值分別在 1-10 mM 及 1 mM。由於針對這些作用位置的活性太低，因此在除草劑作用機制上，上述兩個作用位置不可能扮演明顯的角色。Acetyl-CoA carboxylase 顯然是此種除草劑唯一明顯作用的分子位置。

試驗用的除草劑 UKJ72J（2-ethylamino-4-amino-5-thiomethyl-6-chloropyrimidine）是抑制粒線體中琥珀酸鹽氧化作用有效的抑制劑，其抑制琥珀酸鹽氧化作用之 $I_{50}$ 值，在不同物種間的變化很大（9-2,300 μM）。然而，沒有數據能夠說明這些數值與除草劑之效果是否具有相關關係。此化合物對蕃茄粒線體中琥珀酸鹽氧化作用的效應，是在老鼠肝粒線體中琥珀酸鹽氧化作用的 20 倍以上。其抑制琥珀酸鹽氧化作用的確切機制尚未確認。

## 16.11 對於固醇（sterol）合成的影響（Effects on sterol synthesis）

固醇（sterol）及其衍生物是膜系組成上不可或缺的成分，而且有一些作用類似荷爾蒙。因此，植株適當生長和發育必須有正常的固醇含量。曾經有研究者討論以植物固醇合成抑制劑作為生長調節劑的潛力，然而卻沒有任何一種被開發成為除草劑。Triadimentol 及 paclobutrazol 兩種殺菌劑的鏡像異構物已被建議作為除草劑。Diclobutrazol 也是一種相關的殺菌劑，阻礙小麥種子的發芽及幼苗的生長。這些化合物及構造上相關的化合物都會造成 α-methyl-sterols 的累積。這些化合物作用模式如同殺菌劑一般抑制細胞色素單加氧酶（P-450 cytochrome-dependent monooxygenase）活性，此酵素在固醇生合成過程中會移除 C-14 α-methyl 官能基。在植物中，這一類的化合物也會抑制 ent-kaurene oxidase 活性，此種氧化酶乃是另外一種需要 P-450 cytochrome 之氧化酶，其參與激勃素的合成過程。

除草劑在雜草防除及管理之利用上，自 1970 年以後大量增加，初期開發推廣使用之主要作用類型除草劑大致上已有較多之研究，包括其作用機制、抗性機制、應用對象等。然而，尚有許多除草劑之作用機制並不清楚，甚至同一種除草劑同時

具有二種以上的作用模式、或目標位置，其在植物體內對於生理生化之影響仍有待確認與評估。

（資料來源：Devine, M., Duke, S.O., Fedtke, C (eds). 1993. Physiology of Herbicide Action, Chap.15., PTR Prentice Hall, Englewood Cliffs, New Jersey.）

# CHAPTER 17

## 除草劑與除草劑、增效劑及安全劑之相互作用
### Herbicide interactions with herbicides, synergists, and safeners

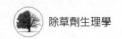

　　在除草劑領域中，通常使用術語「安全劑（safener）」以取代解毒劑（antidote）、或拮抗劑（antagonists），例如，不具除草劑活性的殺蟲劑加保利（carbaryl）與除草寧（propanil）混合使用時，加保利會產生增效劑（synergists）的作用。類似地，在大狗尾草（*Setaria faberi*）材料中，除草劑三地芬（tridiphane）亦可協同增加草脫淨（atrazine）的除草劑活性。

　　在這些案例中，非除草劑活性成分藉由抑制除草劑活性成分之降解，乃是協同（增效）作用的基礎。在一系統中增效劑可以按照所述的方式發揮作用，但相同的化合物在其他系統中，也可能發揮其他、和／或另外的生理、或毒理學作用。許多化合物在不同的系統中都有不同的作用，因此必須根據所研究的系統來定義相關化合物之作用類型。

# 17.1　除草劑與除草劑的相互作用（herbicide-herbicide interactions）

　　除草劑活性化合物之間的相互作用如表 17.1 所示。各個案例可以利用五群（組）或多或少相關的可能機制表示。

　　第一群（Group I）中的拮抗性除草劑（2）是屬於細胞分裂和細胞生長的抑制劑，特別是二硝基苯胺類（dinitroanilines），其會影響微管功能。這些化合物的亞（次）致死活性（sublethal activity）降低了根系的生長；此導致蒸散速率降低，而影響同群抑制光合作用的除草劑（1）之吸收、和轉運，後者係在木質部移動。因此，在「相互作用的（interacting）」除草劑（2）的存在下，植株的根系發育不良而影響「起作用的（acting）」除草劑（1）的吸收與轉運。此種組合使得除草的作用效果降低。

　　對於第二群的除草劑組合，情況恰恰相反。已知此類「相互作用的除草劑（2）」會影響脂質合成，特別是影響蠟質在葉片表面的沉積，從而導致蒸散速率提高。因此，第二群除草劑組合處理的這些植株，可在木質部轉運的除草劑易被吸收、並且更有效地轉運到葉部；而葉面施用的除草劑也可藉由改變葉面的表皮以利除草劑吸收。

表 17.1　除草劑與除草劑之相互作用。除草劑 1 受到同時施用之除草劑 2（化合物 2）之影響，其除草劑活性可能呈現正（+）或負（−）反應。

| Herbicie 1 (acting) | Herbicie 2 (interacting) | Plant(s) | +/− Possible mechanism(s) | Reference |
|---|---|---|---|---|
| *Group I* | | | | |
| Metribuzin, atrazine, simazine, prometryne, linuron, buthidazole | Trifluralin, pendimethalin, oryzalin, napropamide, nitralin, alachlor | Soybean, tomato, pea, corn, weeds, etc. | (−) Reduction of root system by 2; reduced uptake and transport of 1 | 16 17 18 19 |
| *Group II* | | | | |
| Desmedipham, atrazine, 2,4-D, diquat | Ethofumesate, TCA, diallate | Pea, sugar beet | (+) Reduced of leaf wax deposition by 2; increased root and foliar uptake and transport of 1 | 20 21 |
| *Group III* | | | | |
| Diclofop-methyl, benzoylpropethyl, flamprop esters | 2,4-D MCPA, dicamba, bromoxynil, IAA, 2,3,6-TBA | Wild oat, oat, corn | (−) Increased rate of conjugation of free acid of 1 | 22 23 24 25 26 27-29 |
| *Group IV* | | | | |
| Bensulfuron ( = DPX-84), CDAA | Thiobencarb, dimepiperate ( = MY-93), CDAA | Rice | (−) Increased rate of detoxification o 1 in the presence of 2 | 15 30 |
| *Group V* | | | | |
| Atrazine | Tridiphane | *Setaria*, etc. | (+) Inhibition of detoxification of 1 by 2 | 4 |
| *Group VI* (*miscellanceous*) | | | | |
| Atrazine | Alachlor | *Echinochloa* | (+) Unknown | 13 |
| Trifluralin | Alachlor | *Ipomoea* | (+) Unknown | 31 |
| Glyphosate | Simazine, atrazine | Corn, beans | (−) Physical binding of 1 in spray solution of 2 | 32 |
| Glyphosate | 2,4-D, dicamba | *Convolvulus arvensis* | (+) Increased uptake and transport of 1 | 33 |
| Ioxynil | Mecoprop | *Stellaria media* | (+) Unknown | 34 |
| Mefluidide | Bentazon | Soybean | (−) Unknown | 35 |
| Mefluidide | Bentazon | Rice | (+) Unknown | |
| Ethofumesate | Metamitron | Oat | (−) Unknown | 14 |
| Lenacil | Metamitron | Oat | (+) Unknown | |
| Lenacil | Pyrazon | Oat | (+) Unknown | |
| Barbon | Flamprop-methyl | Wild oat | (+) Increased absorption | 36 |
| Barbon | 2,4-D 2,4,5-T | Wild oat | (−) Counteraction od DNA synthesis | 37 |
| Bentazon, glyphosate | Gibberellic acid | Bean, *Cirsium arvense* | (+) Increased sensitivity of GA-stimulated plants | 38 |

　　第 III、IV 和 V 群中列出的除草劑組合顯示除草作用減少或增加，這可能與解毒率（detoxification rate）的增加或減少有關。第 III 群中「相互作用的除草劑（2）」除了溴苯腈（bromoxynil）之生長素活性微弱外，其他均表現出生長素活性。為了使除草劑在植物體內具有除草活性，首先必須將第 III 群中的「除草劑（1）」水解為游離酸。其後在小麥中這些酸可以經由芳基羥基化作用（aryl hydroxylation）、和隨後的共軛結合，而達到解毒效果；或者，如同在燕麥和野燕麥植株中，可以經由與除草劑游離酸分子上羧基的共軛結合，而達到可逆性的解毒效果。

　　當將「生長素型除草劑（2）」與「芳基 - 丙酸（aryl-propanoic acid）除草劑（1）」組合使用時，野燕麥中的這些共軛結合反應會大大增加。形成的結合物很複雜，並且會隨著時間變化。儘管第三群中「相互作用的除草劑（2）」是具有活性的植物生長素，但並非所有具有生長素活性的除草劑與「除草劑（1）」結合時都會產生負面的相互作用。更具體地說，「吡啶生長素型除草劑（pyridine auxin herbicides）」picloram 及 fiuroxypyr 很少、或沒有相互作用。導致「除草劑（1）」結合增加的分子機制尚不清楚。由於只有具生長素活性的除草劑其某些亞群才能引起這種相互作用，因此可以推測，特定的生長素所觸發的誘導系統（auxin-triggered induction system），即生長素誘導的生長素共軛結合系統（auxin-induced auxin conjugation system），起了作用。

　　第 IV 和 V 群中列出的相互作用（表 17.1），其中具有除草活性的化合物顯然也可以經由「類似於」安全劑和增效劑的機制發揮作用。當然，根據定義，「真正的」安全劑和增效劑本身並無除草劑活性。

　　以往對於第 VI 群所列除草活性之增減未進行詳細研究。而且，其效果大小有時候不是很明顯。圖 17.1a 即顯示此類型之案例，其中 atrazine-alachlor 組合達到 50% 抑制作用所需的各個濃度偏離了添加（累加；additive）劑量直線，說明了這些組合中的相互作用大於累加作用。圖 17.1a 中大於累加性的相互作用、和圖 17.1c 中小於累加性的相互作用，則與表 17.1（第 I 和 II 群）中所顯示的群組行為相反。

　　一種無除草活性的伴隨混合物的特殊案例如圖 17.1b 所示；Sun HE 油可顯著提高草脫淨（atrazine）的活性，而其本身則不會表現出任何除草劑活性。因此，等效線（isoboleline）永遠不會到達 Sun HE 油之軸線。拮抗性之除草劑相互作用如

圖 17.1c 和 17.1d 所示，案例 c 中僅顯示了中等程度的負面相互作用，至於案例 d 則顯示出較強的拮抗作用。

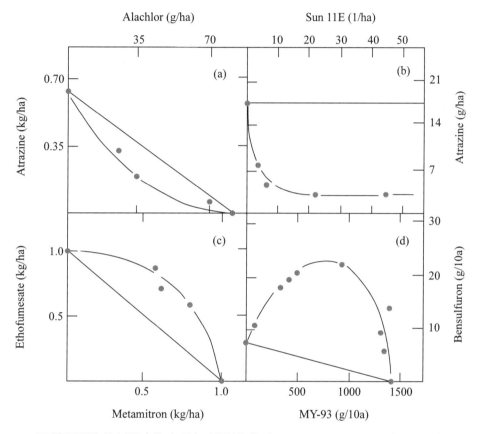

圖 17.1　四種不同除草劑混合物在累加劑量模式（additive dose model）下，其活性之等效線（isobole）表示。(a) 及 (b) 表示稗草中達 50% 生長抑制，(c) 為燕麥中達 50% 生長抑制，而 (d) 則為水稻地上部生長抑制 10% 時之二種化合物（包括除草劑與除草劑，或是除草劑及非除草劑）組合所需用量。MY-93=dimepiperate=S-(1-methyl-1-phenylethyl)-1-piperidine carbothioate；Sun 11E=85% 殺蟲劑噴霧油和 15% 乳化劑（85% insecticidal spray oil & 15% emulsifier）。

## 17.2 除草劑作用之增效劑（協力劑）（Synergists for herbicidal action）

與安全劑相反的即是增效劑（協力劑；synergists），此種增效劑會抑制一些酵素系統，防止除草劑被分解，而達到破壞植物（雜草）的防禦機制，使藥害快速發生。例如；aminobenzo-triazole 及 tetcyclasis 可結合在細胞色素 P450 之血基質（heme）部位，防止除草劑被植物氧化。再者，三地芬（tridiphane）可抑制穀胱苷肽轉移酶活性，以增強 atrazine（草脫淨）作用，也可能形成有毒的穀胱苷肽結合體、或抑制與細胞色素 P450 相連的單加氧酶活性（Moreland et. al., 1989）。

**1. 三地芬（tridiphane）：抑制穀胱苷肽 -S- 轉移酶（glutathione-S-transferases）**

三地芬（tridiphane）（圖 17.2）是用於玉米和高粱的萌後型禾草類除草劑（postemergence grass herbicide），雖然該化合物本身的除草活性不是很明顯，但是當與草脫淨合用時，可以觀察到其在控制黍型（panicoid）禾草類，如稷（*Panicum miliaceum*）、狗尾草（*Setaria faberi*）、粟（*Setaria italica*）、及馬唐（*Digitaria sanguinalis*）等所展現之協同（增效）作用；此種相互作用特別重要，因為草脫淨對於黍型禾草類的除草作用效果非常差。此案例中協同性相互作用的基礎乃是抑制植物對於草脫淨的解毒反應。

儘管三地芬只有與草脫淨合用時才能獲得顯著的協同性相互作用，但也有報導指稱在玉米和稷（*Panicum miliaceum*）案例中，三地芬與 EPTC、或拉草（alachlor）合用時，其亦具有協同作用。在狗尾草中，三地芬和 cyanazine 合用時，也能發揮協同作用。

於施用三地芬 560 g ha$^{-1}$ 的情況下，減少狗尾草生長達 50% 所需的草脫淨劑量可減少至 0.45 kg ha$^{-1}$，若單獨使用草脫淨則需要 4.7 kg ha$^{-1}$ 才能達到效果。此外，研究發現藉由先後分開施用（split applications）兩種藥劑，可以進一步增強協同性相互作用效果。於三地芬以 0.56 kg ha$^{-1}$ 劑量施用後 1-10 天之內，單獨施用草脫淨（1.68 kg ha$^{-1}$）（兩種藥劑均在溫室中進行萌後施用）時，草脫淨對於稷（*Panicum miliaceum*）的控制效果，可從同時施用兩種藥劑的 40%，增加到先後分開施用後所獲得的 95% 以上控制效果。更詳細的研究指出，僅僅在 15-20 小時滯後階段之

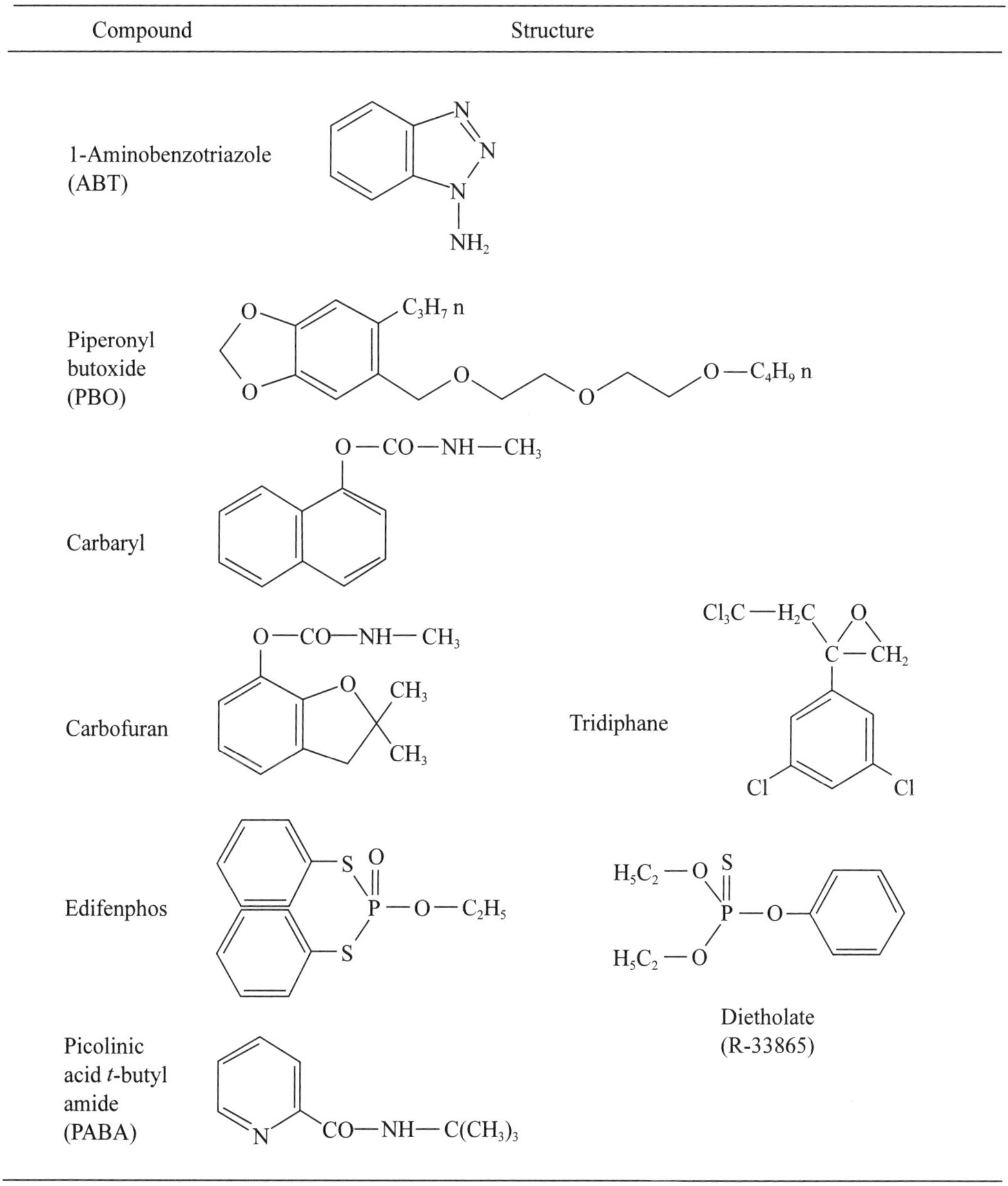
Compound
Structure
1-Aminobenzotriazole
(ABT)
N
N
N
NH2
Piperonyl
butoxide
(PBO)
C3H7 n
O
O
O
O
O—C4H9 n
O—CO—NH—CH3
Carbaryl
O—CO—NH—CH3
Carbofuran
O
CH3
CH3
Cl3C—H2C
O
C—CH2
Tridiphane
Cl
Cl
Edifenphos
S
O
P—O—C2H5
S
H5C2—O
S
P—O
H5C2—O
Dietholate
(R-33865)
Picolinic
acid t-butyl
amide
(PABA)
N
CO—NH—C(CH3)3

圖 17.2　除草劑增效劑（協力劑；synergists）及除草劑解毒酵素之抑制劑。

後，三地芬抑制草脫淨發生共軛結合作用才完全（亦即，維持草脫淨除草劑之生物活性）。需要此滯後階段的原因在於，提供足夠時間讓活體內三地芬可轉化爲「三地芬 - 榖胱苷肽共軛物（tridiphane-glutathione conjugate）」，此結合物似乎是活體

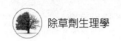

內穀胱苷肽轉移酶的抑制劑（圖 17.3）。先後分開施用後造成草脫淨活性增加的解釋如下，即：兩種化合物（三地芬和草脫淨）之間的吸收和分布可能不同，但同時施用時草脫淨活性表現較低的主要原因似乎是三地芬來不及抑制草脫淨發生共軛結合反應。

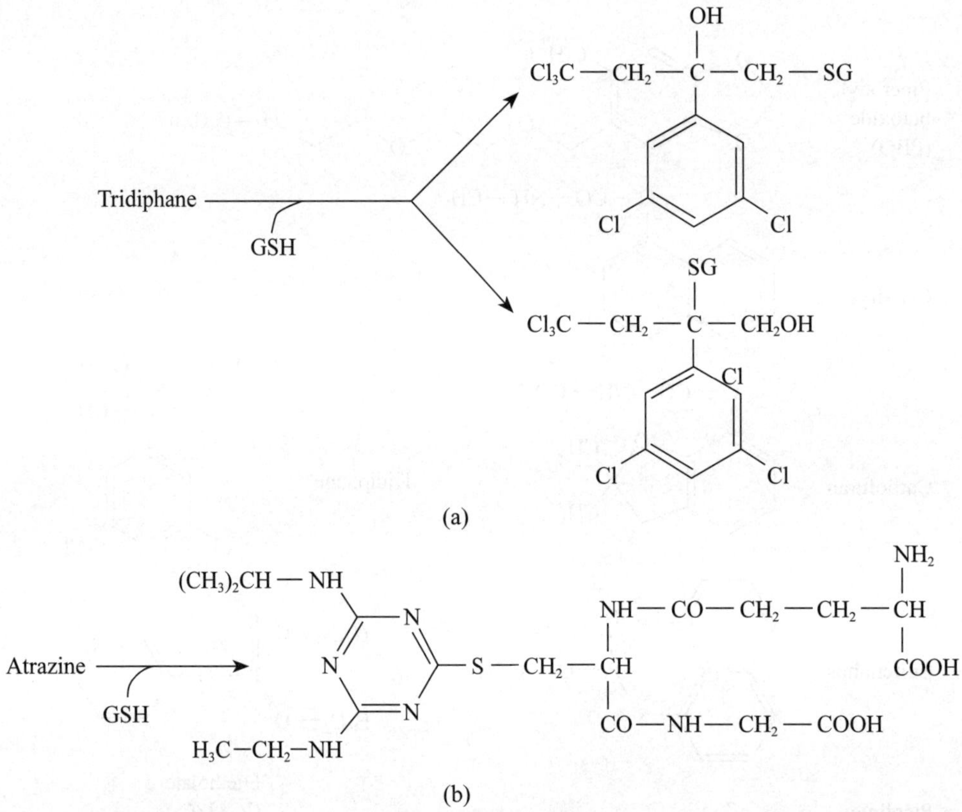

$$Tridiphane \xrightarrow{GSH}$$

Cl₃C — CH₂ — C — CH₂ — SG （with OH above C, and 3,5-dichlorophenyl ring with two Cl）

Cl₃C — CH₂ — C — CH₂OH （with SG above C, and dichlorophenyl ring with three Cl）

(a)

$$Atrazine \xrightarrow{GSH}$$

(CH₃)₂CH — NH ... triazine ring ... S — CH₂ — CH ... NH — CO — CH₂ — CH₂ — CH (NH₂, COOH) ... CO — NH — CH₂ — COOH，H₃C — CH₂ — NH

(b)

圖 17.3　藉由穀胱苷肽轉移酶（glutathione-S-transferases; GSTs）將三地芬轉變成兩個非鏡像異構物形式（diastereomeric forms）之穀胱苷肽共軛結合物 (a)、及將草脫淨轉變成穀胱苷肽共軛結合物 (b)。

　　研究發現「三地芬 -GS（tridiphane-GS）共軛結合物」雖然在狗尾草中穩定存在，但在玉米中則不穩定。在狗尾草中，「三地芬 -GS 共軛結合物」也是較強的酵素抑制劑（Ki = 2 μM），而對於玉米酵素之抑制力則較弱（Ki = 8 μM）。上述兩種植物材料中，三地芬對於 GST 的抑制作用，其 Ki 均為 5 μM。然而，應該明

確地說，在活體外（*in vitro*）研究中，所觀測到的抑制作用係由三地芬本身所引起的，因為在活體外「三地芬 -GS 共軛結合物」的濃度並未能達到抑制的程度。三地芬的 GS 共軛結合物係以兩種非對映體形式（非鏡像異構物；diastereomeric forms）合成（圖 17.3）。由於迄今為止使用的多數 GST 製備尚未經過廣泛純化，因此其中可能包含多種同功酶，故抑制劑和反應基質的特定 Ki 和 Km 值僅為初步估計的結果。在玉米中已經證實存在組成型（constitutive）GST I、和可受安全劑誘導產生（safener-inducible）之 GST II。「三地芬 -GS 共軛結合物」可抑制與幾種不同反應基質作用的多種 GST 酶，並且相對於 GSH 而言，此共軛結合物屬於競爭性抑制劑。

據報告，「三地芬 - 葡萄糖磺酸鹽共軛結合物（tridiphane-glucosulfonate conjugates）」是非常有效的 GST 酶抑制劑。因此，在三地芬 / 草脫淨之協同作用中，也可能涉及其他轉化和抑制反應。

## 2. Ammobenzotriazole、及單加氧酶之其他抑制劑

單加氧酶（monooxygenases）是所有真核生物中重要的解毒酶；在高等植物中，單加氧酶活性主要侷限於發芽和幼苗階段。在生長的植株中，此酶僅出現在特定的發育階段和某些組織中（例如，在伸展的葉片中）。生長植株通常需要一些單加氧酶，特別是肉桂酸 -4- 羥化酶（cinnamic acid-4-hydroxylase），其存在於發育中的組織。

與穀胱苷肽 -S- 轉移酶非常相似，單加氧酶在生物組織中係以多種同功酶的形式存在，分別具有不同的反應基質特定性。此外，同功酶所催化的單加氧化反應（monooxygenation）類型也有所不同。除細胞色素 P-450 單加氧酶外，其他相關酶也存在於植物組織中。在已知不同的 P-450 單加氧酶中，已經證明在除草劑解毒過程中，下列三反應會被胺基苯並三唑（aminobenzotriazole; ABT）抑制：

(1) 兩步驟 *N* 去甲基化（two-step *N*-demethylation）

(2) 4'- 烷基苯基的羥基化（hydroxylation at 4'-alkylphenyl）

(3) 芳環羥基化（aromatic ring hydroxylation）

在單加氧化反應機制中，$O_2$ 分子中的一個氧原子被併入基質分子中，而第二個氧原子則被 NADPH 還原為水。

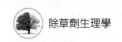

在所測試可抑制除草劑解毒作用的單加氧酶抑制劑中，以 ABT（圖 17.2）效果最爲成功。研究證實 ABT 可抑制小麥植株中 chlortoluron 和 isoproturon 發生 4'- 甲基苯基氧合反應（4'-methylphenyl oxygenation）及 N- 去甲基化反應（N-demethylation）。N- 去甲基化作用在阿拉伯婆婆納（臺北水苦蕒，*Veronica persica*）中的反應似乎不太敏感。於第一次進行 N- 去甲基化後尚無法解毒，因爲 chlortoluron 及 isoproturon 之單甲基類似物（monomethyl analogues）仍具有植物毒性。在玉米和棉花的細胞懸浮培養中，ABT 還可藉由 N- 去甲基化、和形成苯甲醇（benzylalcohol）的方式，以抑制 chlortoluron 的代謝分解。

小麥中苯氧乙酸（phenoxyacetic acid）的 4'- 環羥基化反應也會被 ABT 抑制。經由添加 ABT 於這些除草劑中，可以克服大穗看麥娘（*Alopecurus myosuroides*）族群對於除草劑 chlortoluron 及 isoproturon 的抗性。ABT 還可以逆轉對於除草劑 terbutryne、diclofop-methyl、chlorsulfuron 及 pendimethalin 的交叉抗性。普遍接受的結論是，藉由 ABT- 除草劑組合所產生的協同作用（增效作用，synergism）、或抗性逆轉（resistance reversal），可說明 P-450 單加氧酶參與了除草劑的解毒途徑 / 抗性機制。

3. 吡啶甲酸三級丁醯胺（picolinic acid tert-butylamide）：抑制滅必淨（metribuzin）降解

在美國的大豆種植區，牽牛花（lpomoea）是廣泛分布的重要雜草。大約有 12 個甘薯屬（*Ipomoea*）[1] 的物種，包括緊密相關的圓葉牽牛（紫花牽牛；*Pharbitis purpurea*）和一些牽牛花亞種，均被列爲重要的雜草。在這些植物中，碗仔花（*lpomoea hederacea*）、和圓葉牽牛這兩種雜草特別常見且分布廣泛，但大豆田施用之幾種重要的除草劑卻無法控制這些雜草。研究發現，經由混合增效劑吡啶羧酸（或吡啶甲酸；picolinic acid）丁基醯胺（picolinic acid tert-butylamide; PABA；圖

---

【1】牽牛花屬之英文屬名為 *Pharbitis*。牽牛花屬之屬名係指顏色之意，全世界大約 60 種，多分布於熱帶、亞熱帶。此與甘薯屬甚相似，前者子房 3 室，後者子房 2 室可以區別，惟此兩屬植物之歸類，植物學家爭論不休。資料來源：邱年永、張光雄。原色臺灣藥用植物圖鑑）

17.2），則滅必淨（metribuzin）可以成功地克服原本對這兩種牽牛花表現的微弱作用，而發揮除草效果。

在碗仔花和圓葉牽牛中，PABA 和滅必淨（1：1 組合）所發揮之協同（增效）作用特別強，對於田間雜草族群的控制可從 40-50% 增加到 80-90%。由於滅必淨的推薦施用量會隨著施用場地而異，因此必須以類似方式調整 PABA 的施用量。例如在溫室中施用 500 g ha$^{-1}$ 的 PABA 加 50 g ha$^{-1}$ 滅必淨於碗仔花植株，可以使滅必淨之除草作用從 0% 提高到 100%。而滅必淨與 PABA 的組合並不影響大豆植物對於滅必淨的耐性。當單獨施用 PABA，其濃度高達 2 kg ha$^{-1}$ 時，PABA 也未顯示出除草活性或植物毒性。PABA 與滅必淨組合對於其他的雜草物種，包括決明子（*Cassia obtusifolia*）、曼陀羅（*Datura stramonium*）、和馬齒莧（*Portulaca oleracea*）亦有效果；但在這些案例中的協同作用相對較弱。此外，當 PABA 與抑制光系統 II 的除草劑組合使用時，通常亦可增強除草活性。

**4. 胺基甲酸鹽類和磷酸酯（carbamates and phosphoric esters）：醯胺酶（amidases）和相關酵素的抑制劑**

除草劑與其他農藥之間的相互作用已有廣泛的綜合論述。在其他類型的相互作用中，與許多殺蟲劑結合使用的除草寧（propanil）產生之協同作用尤令人關注。現已發現許多胺基甲酸鹽（carbamate）（如 carbaryl 及 carbofuran，圖 17.2）、磷酸鹽（phosphate）（如 chlorfenvinfos 及 phosphamidon），硫代磷酸鹽（thiophosphate）（如 azinfos-methyl、diazinon、disyston、fensulfothion 及 malathion）和膦酸鹽（phosphonate）（如 fonofos 及 trichtorton）殺蟲劑可提高水稻和／或番茄植株中除草寧的植物毒性，造成乾物質生產和產量都可能降低。

在耐性植物中，除草寧可經由芳基醯基醯胺酶（aryl acylamidase）水解，該酵素已從水稻和一些植物物種中部分純化。研究發現特別有趣的是水稻經一種協同性殺蟲劑預處理之後，植株中之除草寧水解反應會被抑制。此外，用酵素萃取液所進行更詳細的體外研究，說明許多殺蟲劑會抑制醯胺酶（amidase）的活性，與相應的「殺蟲劑—除草寧」組合所致的植物毒性活性（phytotoxic activities）之間呈現正相關。因此，可以得出結論，在耐性植物中增效性殺蟲劑（synergistic insecticides）可藉由抑制職司水解除草寧的芳基醯基醯胺酶活性，以增強除草寧之

毒性,造成植物藥害。

　　其他除草劑也可以與上面列出的殺蟲劑產生協同(增效)作用。所列出的幾種殺蟲劑在不同的葉片組織中分別抑制了 linuron、chlorpropham、dicamba、pronamide 及 pyrazon 的降解。研究發現殺蟲劑 disyston 可增強燕麥中 diuron 的植物毒性,而幾種殺蟲劑同樣可以增強除草劑本達隆(bentazon)對大豆和豆類的植物毒性。

# 17.3　除草劑之安全劑(Safeners for herbicides)

　　在以化學方式控制雜草方面,配合使用作物之安全劑(safeners;或稱保護劑,protectant),其可用來保護作物免受除草劑藥害,從而增加作物的安全性、和改進雜草防除效果;並可改進除草劑的使用效率,使得除草劑之使用更具選擇性。對於使用者而言,施用保護劑可以增加除草劑對作物的選擇性施用,即使在較高劑量的特殊藥劑施用下,除草劑亦不會引起作物藥害。此外,施用安全劑也可使作物的輪作制度較有彈性,主要原因是在前作田間殘留除草劑的情況下,安全劑可以保護後作物免受傷害。對於除草劑製造者而言,保護劑亦可延長除草劑使用的專利壽命,及使除草劑發展出新用途。由於發展新的安全劑,其耗費不會高於發展新的除草劑,因此,安全劑可以讓便宜既有的除草劑取代昂貴的新型除草劑以控制類似的雜草問題。

　　對於基礎研究而言,安全劑可以提供植物生理學家及生化學家做為研究工具,以探測除草劑作用機制、及作物生化代謝過程中之調節作用。安全劑可於作物種植前先施用於種子(披覆,coating)、施用於移植植株、施用於土壤、或與除草劑一併施用。與除草劑一併施用的安全劑,由於不需要額外的施用負擔,故對農民而言相當方便。在過去,利用作物種子作為一些藥劑(包括安全劑)的攜帶者,被視為是一種有效且經濟的遞送方式。當安全劑由種子系統中釋放出來時,必須配合適當的位置、時間、及濃度,以保護種子或幼苗免遭土壤中除草劑的傷害。因此種子安全劑多以處理種子方式出售。

　　不論如何應用除草劑安全劑,其必須能在一定的時間內保護作物免受除草劑傷

害，而且必須能與其他化學藥劑（包括殺菌劑、殺蟲劑、及肥料等）、或是與農場農事操作相容，而不會毒害作物。由於一些環境因子如光照、溫度、土壤、水分、及土壤種類可能影響除草劑安全劑在田間之施用效果，因此在評估「作物—除草劑—安全劑」之組合效果時，必須加以考慮相關因素。因此除草劑及安全劑施用的時期，及作物對於除草劑安全劑組合之反應均應確立，以期得到較佳的效果。

## 1. 安全劑之發展

除草劑安全劑（herbicide safeners）係於 1947 年開始研究發展，其具有選擇性保護作物之功能，可以降低除草劑在田間防除雜草時對作物之傷害（Breaux et. al., 1989）。安全劑能成功地發展主要原因，包括：(1) 施用安全劑可以提高作物對除草劑之耐性；(2) 在輪作制度上選擇作物較具有彈性，可使用高效率之除草劑以提高防治雜草效果；(3) 可延長除草劑專利之壽命，使除草劑發展新用途（Hatzios, 1991）。

安全劑具有保護作物避免除草劑傷害之特性，首先由 Hoffman（1952）所發現，氏將番茄經 2,4,6-T（2,4,6-trichlorophenoxyacetic acid）處理後再噴施 2,4-D，則 2,4,6-T 能中和 2,4-D 之毒性，使番茄能減輕除草劑傷害。另外，於小麥及大麥兩種作物亦發現有相同之結果，可見安全劑在減輕除草劑藥害上之重要性（Hoffman, 1953; Hoffman et. al., 1960）。

在過去，安全劑之發展主要是為了保護穀類作物如玉米、高粱、水稻等，通常在植前或萌前與除草劑合併使用。然而，隨著安全劑之發展及市場需求，對於萌後處理除草劑如 sulfonylureas、imidazolinones 及 cyclohexanedione 等，亦發展安全劑以保護作物（Kreuz, 1993）。商業上常使用之除草劑安全劑，大部分均與除草劑混合施用，以改善作物對除草劑之耐性，例如除草劑 pretilachlor 與安全劑 fenclorim 混合出售之商品 sofit，此商品常用於日本、南韓及其他東南亞國家之水田，以保護水稻免受傷害（Wu et. al., 1996）。然而，有時為了達到更佳效果，在穀類作物如玉米及高粱則以安全劑直接處理種子，避免施用安全劑於田間時，反而保護田間雜草而降低除草之效用（Davies and Caseley, 1999）。

（資料來源：吳志民、王慶裕。2001。保護劑在植體內之生理作用。中華民國雜草學會會刊 22: 115-123。）

迄目前為止，安全劑主要成功地運用在種子較大之禾穀類作物，如玉米、高粱、及水稻，而防止 chloroacetanilide 與 thiocarbamate 等除草劑傷害。其他作物如小麥、燕麥、及大麥等，亦可經由安全劑保護，免受 thiocarbamate 與 chloroacetanilide 除草劑傷害，但此種組合尚未應用於商業上。

由於除草劑具有植物學及化學上的專一性，故在尋求新的安全劑時頗為困難。以往市售的安全劑，大部分均對於施用於土壤而被植體吸收的除草劑具有效果，這些除草劑包括 thiocarbamate 與 chloroacetanilide。從一些主要植物的試驗觀察中發現，這些植物在安全劑保護下，雖然不會被除草劑殺死，但也會受傷；這也說明了安全劑在植物學上的專一性及其複雜性。然而上述之結果也受到質疑，主要是在另外的研究發現，玉米及其他禾本科作物可以藉由安全劑的保護，使其免受 sulfonylureas（如 chlorsulfuron）、imidazolinones（如 mazaquin）、arylophenoxyalkanoic acids（如 dicolfop methy）、cyclohexenones（如 sethoxydim）及 isoxazolidinones（如 clomazone 或 FMC-57020）等除草劑傷害。很多這類的除草劑對這些禾本科作物甚具毒性，甚至在極低的濃度下就會致死。

以往研究顯示，闊葉型作物與安全劑之間的相互作用，不被看好。吸收劑（如活性碳、及木質素副產品）、及 triazole 類之生長調節劑（如 triapenthenol 及 triadimefon）則提供了某種程度的保護作用，使闊葉型作物如大豆等免受一些除草劑傷害，這些除草劑包括光合作用抑制劑，如 metribuzin。

顧名思義，除草劑安全劑旨在提高農作物對除草劑的耐性。安全劑的效果可增加除草劑的耐受範圍，且使用「除草劑 - 安全劑」組合可以更有效地控制問題雜草。除草劑之安全劑也稱為解毒劑（antidotes）、保護劑（protectants）或拮抗劑（antagonists）。使用「安全劑」一詞是目前普遍接受的術語。

圖 17.4 顯示了 11 種具有農業用途或使用潛力的安全劑結構，以及一種試驗性化合物〔OTC = R-2- 氧代 -4- 噻唑烷羧酸（R-2-oxo-4-thiazolidine carboxylic acid）〕。第 I 群〔二氯乙醯胺（dichloroacetamides）和相關構造〕、和第 II 群〔氰菊酯（cyometrinil）及相關構造〕的安全劑開發很早開始；1968 年，Naphthalic anhydride（NA）係由 Gulf Oil 負責；1971 年二氯甲醯胺（dichlormid）係由 Stauffer 提出；而三氯苯胺（cyometrinil）則於 1976 年由汽巴嘉基（Ciba-Geigy）提出。

第 III 群安全劑（小麥和水稻的安全劑）的開發是之後才開始的（於 1983 年提出 fenclorim），並提供了更多作物在使用除草劑方面之安全性。

| Name | Structure |
|---|---|
| **Group I** | |
| Dichloroacetamides and related structures | |
| Dichlormid<br>(R-25, 788; DDCA) | 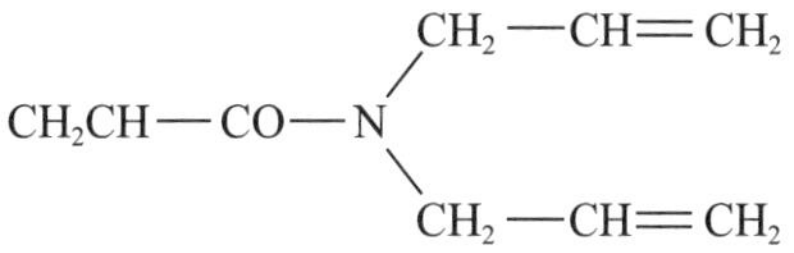 |
| Benoxacor<br>(CGA-154, 281) | 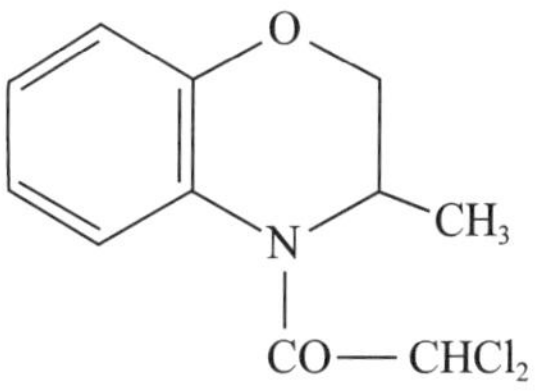 |
| MG-191 | 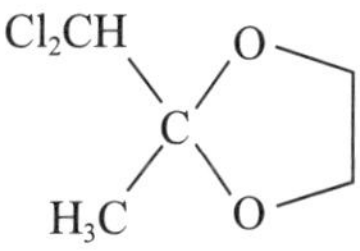 |
| **Group II** | |
| Cyometrinil and related structures | |
| NA<br>(naphthalic anhydride) | 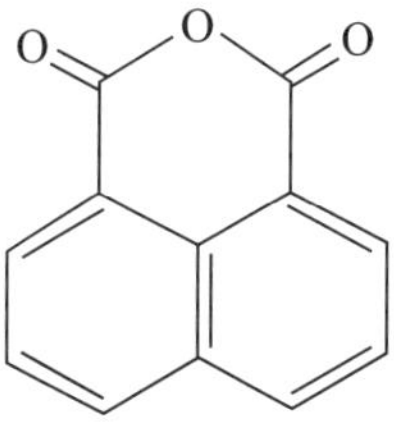 |
| Cyometrinil<br>(CGA-43, 089) | 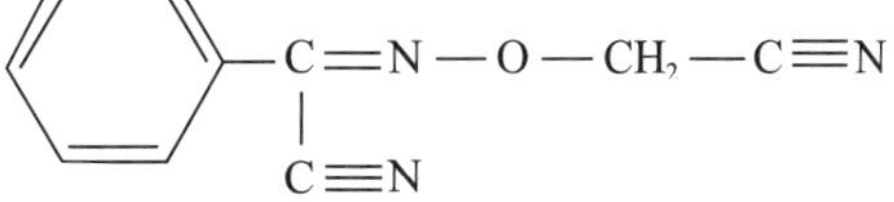 |
| Oxabetrinil<br>(CGA-92, 194) | 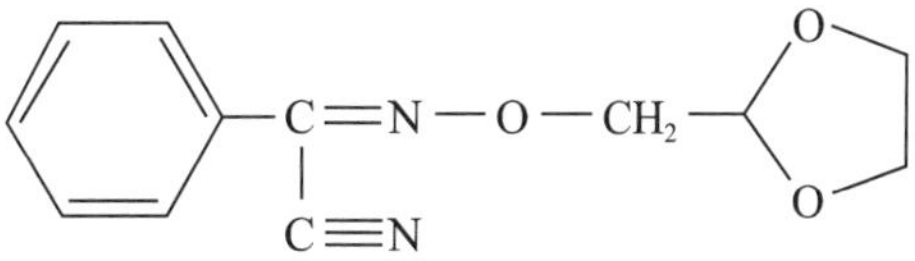 |

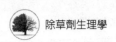 

| Name | Structure |
|------|-----------|
| Fluxofenim<br>(CGA-133, 205) | 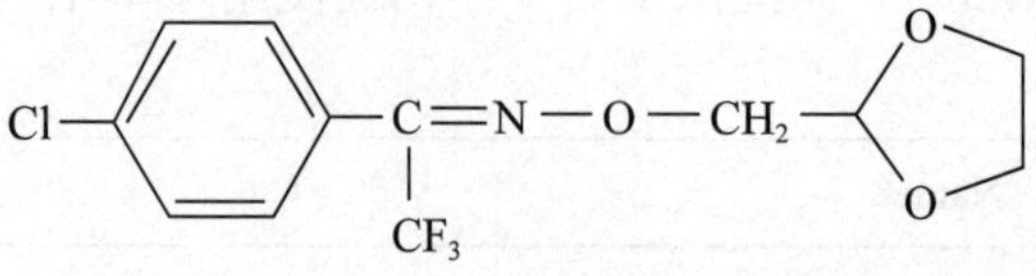 |
| Flurazole<br>(MON-4606) | 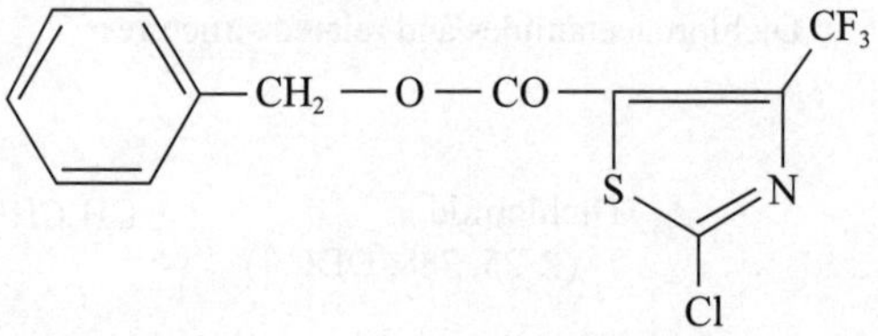 |

**Group III**

Safeners for rice and wheat

Flurazole
(CGA-123, 407)

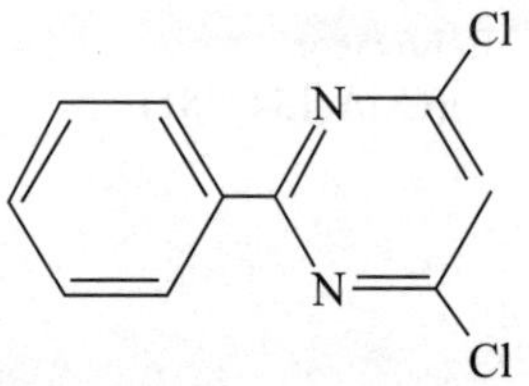

Fenchlorazol-ethyl
(HOE-70, 542)

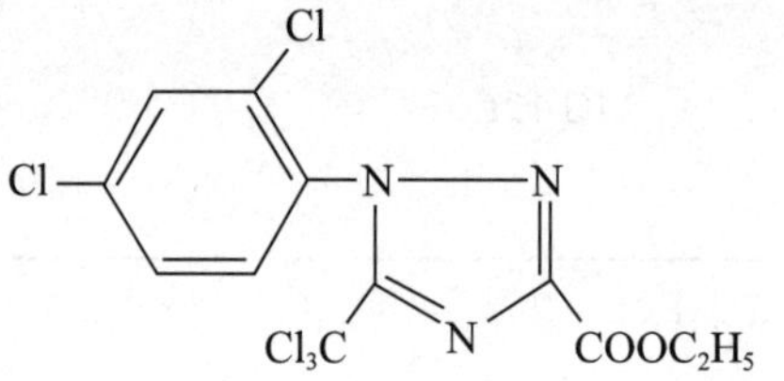

CGA-185, 072

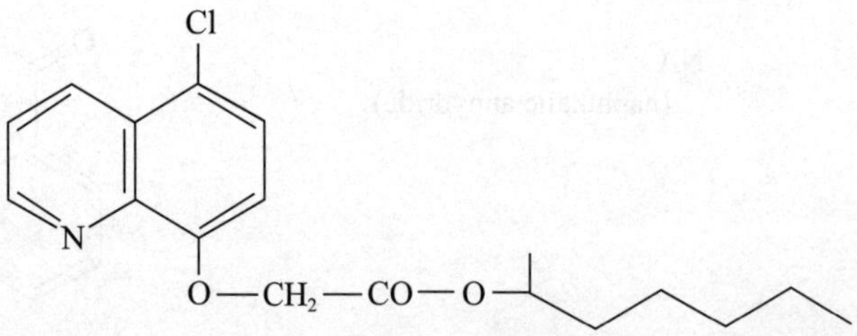

Other safening compounds

OTC

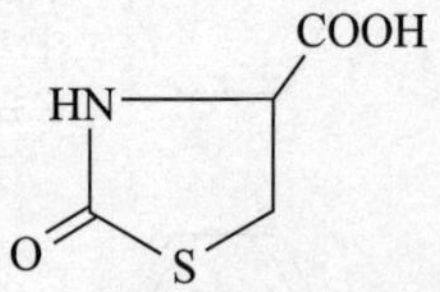

圖 17.4　除草劑之安全劑構造。

## 2. 安全劑作用的生理機制

雖然有關除草劑安全劑作用機制之研究報告逐年增多，然而研究者彼此對於安全劑究竟如何保護作物免於除草劑傷害仍有爭議。從生理及生化方面考量，有兩種學說受到重視。第一種是安全劑能誘導促進作物體內的除草劑進行解毒作用（detoxication）；第二種則是安全劑與除草劑產生競爭性的拮抗作用（competitive antagonism）。當然也有研究者認為，安全劑的作用機制可能不只一種。從分子學的立場而言，所謂的「基因活化（gene activation）」學說，與天然或人工合成之植物荷爾蒙作用有關，似乎也可以用以解釋除草劑安全劑之保護作用。

由研究證據顯示，大部分使用的安全劑，其作用主要是增強代謝上解毒的速率。針對一些化學及生物活性相異的除草劑類型，禾本科作物所採用的安全劑，其保護作物的方式似乎無法用競爭性的拮抗除草劑作用予以解釋，這些除草劑包括 thiocarbamates、chloroacetanilides、sulfonylureas、imidazolinones、arylophenoxyalkanoic acids、cyclohexenones 及 isoxazolidinones 等，均利用各種不同的生化及生理機制達到除草的效果，其中如 sulfonylureas、imidazolinones 及 isoxazolidinones 均已證實其作用機制。

除草劑的安全劑可以增強一些受保護作物體內之除草劑代謝反應，其可藉由誘導特定輔因子（cofactors）（如還原態 glutathione，GSH）之合成或是誘導參與除草劑生物轉變（biotransformations）過程中關鍵酵素之合成及其活性，以達到保護作物之效果，這些酵素包括穀胱苷肽轉移酶（glutathion-S-transferase; GST）、及一些氧化酵素如 mixed-function oxidases、peroxidase 及 peroxygenases 等。

為了有效利用安全劑以提高除草劑之選擇性，了解安全劑之作用機制相當重要。根據 Davies and Caseley（1999）研究報告指出，安全劑具有降低除草劑之活性、及阻止除草劑到達目標位置（target sites）、或與除草劑分子產生化學作用降低作物對除草劑之吸收及轉運。此外，安全劑亦可促進除草劑代謝而產生解毒作用。本章節僅將有關安全劑所參與之數種生理作用機制分述如下：

### (1) 對除草劑目標位置之影響

安全劑可與除草劑競爭目標位置，Rubin and Casida（1985）以安全劑 dichlormid（R-25788）處理對 chlorsulfuron 敏感之玉米雜交種 XL25A，發現玉米

根部及地上部 ALS 酵素活性明顯增加約 25%；另外以其他安全劑如 naphthalic anhydride（NA）處理玉米及高粱時，其 ALS 酵素活性亦明顯增加，且能降低植株對 imazaquin 及 metsulfuron-methyl 除草劑之敏感性（Milhomme et. al., 1991）。

然而 Lamoureux and Rusness（1992）則未發現安全劑會影響 ALS 酵素活性，氏等以安全劑 BAS 145138 處理對 sulfonylureas 敏感之玉米幼苗，其 ALS 酵素活性與未處理之對照組之間並無明顯之差異。相同地，對 primisulfuron 及 nicosulfuron 除草劑具有耐性之 Landmark、與感性之 Merit 甜玉米品種，在施用 BAS 145138 後，ALS 酵素活性並不受影響，但能促進二種除草劑之代謝（Burton et. al., 1994）。由此可知，安全劑除了可能影響除草劑競爭作用目標位置之外，其作用機制可能與代謝作用有關。

(2) 影響植物對除草劑之吸收及轉運

根據研究報告指出，由於除草劑與安全劑化學結構相似，因此安全劑可能會與除草劑競爭作物吸收藥劑之位置，降低作物對除草劑之吸收能力（Chang et. al., 1972）。Ezra et. al.（1982）同時添加 S-ethyl dipropyl thiocarbamate（EPTC）除草劑及結構相似之安全劑 N,N-diallyl 2,2-dichloroacetamide（DDCA）於玉米懸浮細胞中，觀察是否影響細胞對除草劑吸收，結果顯示 DDCA 具有抑制細胞吸收 EPTC 之能力，在 100 μM DDCA 下則隨著濃度之提高，抑制 [$^{14}$C] EPTC 吸收的能力亦隨之增加。此外，氏等也發現與 EPTC 結構相似之安全劑 N,N-diallyl 2-chloroacetamide（CDAA）同樣具有抑制除草劑吸收之能力，但抑制能力低於 DDCA。

安全劑亦具有降低除草劑轉運之能力，Davies et. al.（1998）以 NA 處理玉米種子，待幼苗生長至兩天大時，於營養液中添加 [$^{14}$C]AC 263222 除草劑後 24 小時，觀察 [$^{14}$C]AC 263222 除草劑在玉米地上部及根部之配置（partition），其中種子經 NA 前處理後生長至第七天之玉米幼苗，發現自根部吸收轉運至地上部的 [$^{14}$C]AC 263222 僅有 9%，而未經安全劑前處理之玉米種子其生長七天後約有 30% [$^{14}$C]AC 263222 轉運至地上部，顯然安全劑明顯地降低除草劑配置至地上部的量。由此可知，安全劑也會影響除草劑之吸收及轉運。

### (3) 增加植物體對除草劑之代謝

#### ① 氧化代謝作用

大部分植物對除草劑具有某種程度之耐性，主要是植物體具有代謝解毒之能力，目前已證實植物內細胞色素 P-450 單加氧酶（cytochrome P450 monooxygenases）參與對除草劑代謝解毒之角色（Gronwald and Connelly, 1991）。細胞色素 P-450 單加氧酶是一種血紅素蛋白（heme protein），在植物體內為一重要複合蛋白酵素系統，當外來有害物質（xenobiotic）進入植物體之後，其細胞色素 P-450 系統即利用 NADPH 及氧，進行催化加氧化作用（Werck-Reichhart et. al., 2000）。

研究已知作物經安全劑處理能誘導除草劑發生氧化作用（oxidation），而增加作物對除草劑之耐性（Moreland et. al., 1993）。Jablonkai and Hatzios（1994）以對 EPTC 及 acetochlor 兩種除草劑具有耐性之玉米雜交種 XL72AA、及感性 XL67 為材料，將兩玉米雜交種分別經安全劑 MG-191 處理後，均能減少 EPTC 及 acetochlor 之傷害，且經活體外（in vitro）分析顯示，在施用安全劑 NA 及 MG-191 前處理（pretreatment）下，兩雜交種植株地上部及地下部均會誘導出微粒體氧化酶（mircosomal oxidase）之活性，其中會明顯促進 EPTC 硫氧化作用（sulfoxidation）、及 acetochlor 之氧化，進一步與 glutathione 結合，降低除草劑之毒性。

在微粒體酵素系統中，安全劑亦能誘導細胞色素 P-450 單加氧酶生成而促進除草劑之代謝。例如以安全劑 benoxacor（CGA 154281）處理玉米種子（2.5 及 5.0 g/kg 種子）後 48 小時，自玉米幼苗中萃取之微粒體其細胞色素 P-450 含量明顯增加兩倍以上，且與未處理安全劑相比較下，其羥化酶（hydroxylase）所催化之 chlortoluron 羥基化代謝物亦提高 15 倍以上（Fonné-Pfister and Kreuz, 1990）。

有關安全劑誘導植物體內細胞色素 P-450 生成之原因，Barret（1995）認為安全劑所誘導之細胞色素 P-450 可能係單一基因編碼所控制，而在除草劑代謝過程中可能由單一細胞色素 P-450 參與不同除草劑之代謝；然而其他研究也指出，單一除草劑之代謝可能由細胞色素 P-450 之同功酶（isoenzymes）所控制（Frear et. al., 1993）。

②影響植物體內穀胱苷肽（glutathione）之含量及合成

還原態穀胱苷肽（reduced glutathione; GSH）在植物代謝過程中是一重要抗氧化物，當植物為了適應逆境如過氧化之傷害及乾旱，或者進行除草劑之解毒作用時，常需穀胱苷肽之參與。穀胱苷肽係由「γ-麩胺酸（Glu）-胱胺酸（Cys）-甘胺酸（Gly）」所組成之三肽（tripeptide），在除草劑代謝解毒過程中，glutathione主要經由 glutathione S-transferases（GSTs）之催化，利用胱胺酸位置之親電性（electrophilic）與有毒物質如除草劑進行結合作用，經結合形成之代謝物再經液胞膜上 ATP 結合匣（ATP binding cassette; ABC）轉運儲存於液胞內而降低毒性（Edwards et. al., 2000）。

研究報告指出，安全劑可以誘導增加 glutathione 之含量以保護作物（Lamoureux and Rusness, 1992）。Ekler et. al.（1993）以五種安全劑 AD-67、BAS-145138、dichlormid、DKA-24、及 MG-191 各別混合 acetochlor 除草劑處理玉米幼苗，結果在所有的處理條件下玉米幼苗之非蛋白硫醇（non-protein thiol）之含量均明顯增加，其中 dichlormid 處理者使非蛋白硫醇含量增加 87%，而僅噴施acetochlor 除草劑但未施加安全劑者，非蛋白硫醇含量僅增加 17%。由於分析中測得之非蛋白硫醇大部分係 glutathione，因此推測安全劑亦能間接誘導與 glutathione合成有關之酵素。

在 glutathione 合成途徑中具有 ATP-sulfotransferase 與 adenosine-5'-phosphosulfate sulfotransferase（APSSTase）兩關鍵酵素，當施用安全劑 dichlormid及 benoxacor 於玉米幼苗時，發現前述兩酵素之活性明顯增加；而相對的glutathione 含量亦隨之提升（Farago et. al., 1994）。其他研究報告發現，安全劑處理後除了誘導增加 glutathione 含量外，亦會間接地誘導 glutathione reductase（GR）活性。其中在安全劑 dichlormid、MG-191、fenclorim、及 fluxofenim 處理下，水稻、玉米、及高粱組織中均會明顯誘導出 GR 活性；且會促使氧化態 glutathione（GSSG）還原成為還原態 glutathione（Hatzios, 1991）。

③誘導 glutathione S-transferases 活性

Edwards and Cole（1996）以安全劑 fenchlorazole-ethyl 處理六倍體之栽培種普通小麥（*Triticum aestivum* L.）幼苗，觀察植株各部位 GSTs 活性之變化，結果顯示

處理安全劑之小麥幼苗 GSTs 活性明顯較對照組增加 4-5 倍，尤其以根部 GSTs 之活性為最高；另外利用除草劑 metolachlor、fluorodifen 及 fenoxaprop 作為 GST 酵素反應基質（substrates）時，經安全劑處理後其 GSTs 活性亦明顯提升，且以 HPLC 分析下可測出 glutathione 與除草劑結合之代謝物。

由於六倍體之普通小麥（*Triticum aestivum* L.; AABBDD）其主要由二倍體一粒小麥（*T. tauschii*; DD）與四倍體二粒小麥（*T. turgidum*; AABB）雜交所產生，因此 Edwards and Cole（1996）進一步探討，在兩親本及其他野生小麥中，其安全劑是否亦具有誘導 GSTs 之特性，結果發現所有經安全劑 fenchlorazole-ethyl 處理之小麥均具有高活性之 GSTs，且能催化 glutathione 與 fluorodifen、及 fenoxaprop 除草劑結合（Edwards and Cole, 1996）。

除了從小麥族群中證實安全劑能誘導提高 GSTs 之活性，其他研究也發現在水稻、玉米、高粱等作物施用安全劑亦可提高 GSTs 之活性（Wu et. al., 1996）。目前了解不同安全劑所誘導之 GSTs 活性反應可能由不同的 GSTs 同功酶所調控，且已鑑定出玉米植物中 GSTs 同功酶其中至少有六種參與除草劑解毒作用，包括兩種具有與 atrazine 除草劑結合作用之功能，而其他四種（GSTI、GSTII、GSTIII 及 GSTIV）中，則以 GST I 及 GST III 為主要構成分子，GST II 及 GST IV 則由安全劑所誘導，參與除草劑之解毒作用（Edwards and Cole, 1996）。

(4) 影響除草劑與葡萄糖之結合作用（glucose conjugation）

一些植物體對除草劑產生解毒作用主要藉由解毒酵素如細胞色素 P-450 單加氧酶之作用，最後已經羥基化的除草劑分子會進行糖苷化作用（glucosylation），意即與葡萄糖分子結合以降低毒性（Gronwald and Connelly, 1991）。施用安全劑亦可發現其具有促進糖苷化作用之能力，Lamoureux and Rusness（1992）指出，在安全劑 BAS 145 138 施用下，玉米除了可明顯增加 chlorimuron ethyl 與 glutathione 結合外，其中 chlorimuron ethyl 經羥基化作用後有利於糖苷化作用之進行。氏等認為安全劑會提升糖苷化作用，主要是因為誘導 UDP-glucosyl transferase、或者調節 β-glucosidase 之活性；然而，安全劑如何誘導及影響這些機制尚不清楚。

(5) 其他

Blee（1991）將玉米種子處理安全劑 dichlormid 後，可抑制微粒體之過氧化酶

（peroxidase）對除草劑 EPTC 之硫氧化作用（sulfoxidation）活性，而降低 EPTC 硫氧化後所產生之植物毒素。然而有關這些研究僅有少數報告證實，其真正作用機制目前尚不清楚。

（資料來源：吳志民、王慶裕。2001。保護劑在植體內之生理作用。中華民國雜草學會會刊 22: 115-123。）

---

 **延伸閱讀**

穀胱苷肽轉移酶在除草劑解毒作用中之角色

穀胱苷肽（glutathione, GSH）是穀胺酸（glutamate）、半胱胺酸（cysteine）、及甘胺酸（glycine）所形成之三肽化合物，普遍存在於生物體內。γ- 穀胱醯半胱胺酸合成酶（γ-glutamyl-cysteine synthetase）可催化穀胺酸及半胱胺酸，合成 γ- 穀胱醯半胱胺酸（γ-glutamylcysteine）。穀胱苷肽合成酶（glutathione synthetase）再催化 γ- 穀胱醯半胱胺酸和甘胺酸合成穀胱苷肽（Graham et. al., 1998）。

植物體內亦有許多相似之三肽化合物，例如在豆科植物中，以 γ- 穀胱醯半胱胺酸和胺基丙酸（alanine）縮合形成 γ-glutamyl-cysteine-β-alanine，又稱 homoglutathione（hGSH）。在穀類作物中，則以 γ- 穀胱醯半胱胺酸和絲胺酸（serine）縮合，形成 γ-glutamyl-cysteine-serine（Andrews et. al., 1998; Dixon et. al., 1998）。

上述這些三肽化合物的構造相近，許多生理代謝上的功能亦相似。植物在各種逆境下所造成的氧化作用中，穀胱苷肽可以清除植物體內的自由基（free radical），做為還原劑或抗氧化劑，故稱為自由基清除劑（free radical scavenger; Foyer et. al., 1997）。穀胱苷肽也可以和外來的有毒物質結合，以去除毒害（Marrs, 1996; Rennenberg, 1982）。但穀胱苷肽需要酵素的催化以進行這些反應。目前已知以穀胱苷肽做為反應基質的酵素包括穀胱苷肽過氧化酶（glutathione peroxidase; GPX）、穀胱苷肽還原酶（glutathione reductase; GR）、及穀胱苷肽轉移酶（glutathione S-transferase; GST）等。

在雜草管理上，施用除草劑雖可抑制雜草數量的增加，但田間作物亦可能受到影響。本文將探討穀胱苷肽轉移酶其在除草劑解毒作用上所扮演之角色，了解穀胱苷肽轉移酶如何催化除草劑與穀胱苷肽作用以獲致解毒效果，減輕除草劑對非目標作物的傷害。

1.穀胱苷肽轉移酶之發現及其功能

1970 年，研究發現在玉米中，穀胱苷肽會和常用的除草劑草脫淨（atrazine; 2-chloro-4-ethylamino-6-isopropylamino-S-triazine）結合（GSH conjugation），使 atrazine 失去作用，玉米因此不會受到 atrazine 的毒害。在這反應過程中，穀胱苷肽轉移酶扮演催化穀胱苷肽和 atrazine 結合的重要角色，後來的研究了解穀胱苷肽轉移酶也能夠代謝

許多有毒之外來物質，故穀胱苷肽轉移酶常被認為是一種解毒酵素（Marrs, 1996）。目前已知之穀胱苷肽轉移酶尚具備其他功能，除了藉由催化穀胱苷肽和除草劑結合作用以解毒外，也可藉由穀胱苷肽由還原態（GSH）變為氧化態（GSSG），還原氧化逆境下所產生之過氧化氫，以保護細胞組織免於氧化傷害（Marrs, 1996）。

穀胱苷肽和外來物質結合後，此共軛結合物質（GSH conjugates）可經過胜肽酶（peptidase）將其分解，產生穀胺酸及甘胺酸。在動物體內，GSH conjugates 最後會變成半胱胺酸和外來物質結合的形式；在植物體內，會再經由丙二酸轉化酶（malonyl transferase）作用，在半胱胺酸上加上丙二酸（malonyl cysteine）。這些代謝產物在動物體內可以由排泄系統排出體外，但植物無排泄系統，故最後會將這些產物貯存在液泡中，稱貯存排泄（storage excretion）（Marrs, 1996）。穀胱苷肽轉移酶在植物體內進行有毒物質的代謝過程，係由穀胱苷肽轉移酶將 GSH 與有毒物質反應成為 GSH 共軛結合分子（GSH conjugated molecule），轉運至液泡中降解，同時分解有毒物質（Dixon et. al., 1998）。

## 2.穀胱苷肽轉移酶對除草劑之影響

穀胱苷肽轉移酶雖普遍存在於植物中，但物種或品種不同，穀胱苷肽轉移酶活性大小不同，種類也不盡相同，在玉米中至少具有七種穀胱苷肽轉移酶的同功酶（Wu et. al., 1999）。具有較高穀胱苷肽轉移酶活性的植物較能抵抗某些除草劑的毒性，因此一些如玉米、大豆等具有較高的穀胱苷肽轉移酶活性之作物，能夠免於除草劑的毒害（Andrews et. al., 1998; Marrs, 1996; Polidoros and Scandalios, 1999）。

研究者以大豆及田間雜草為材料，以四種除草劑 acifluorfen、chlorimuron-ethyl、fomesafen 及 metolachlor 處理，發現大豆中在 1-chloro-2,4-dinitrobenzene（CDNB）、fomesafen 及 metolachlor 處理下，其穀胱苷肽轉移酶的活性較其他雜草高，且大豆在四種除草劑不同濃度處理下受傷害的程度皆較其他雜草輕微。以 CDNB 處理時，狐尾草（*Setaria faberi*）亦具有極高的穀胱苷肽轉移酶活性，因為大豆中穀胱苷肽轉移酶以 homoglutathione（hGSH）作為反應基質，而狐尾草雖有穀胱苷肽轉移酶的活性表現，但缺少 hGSH 和除草劑反應，故對 fomesafen 及 metolachlor 的抗性較大豆低。狐尾草是一種難以用除草劑控制的雜草，研究者以狐尾草及玉米為材料，以 atrazine、alachlor、metolachlor 及 fluorodifen 四種除草劑處理，比較狐尾草內所含的四種穀胱苷肽轉移酶及在玉米中的活性表現，發現在狐尾草中，GST IV 對 CDNB 的活性表現雖不高，但以 atrazine 及 fluorodifen 兩種除草劑處理時活性表現較高。狐尾草中至少有四種穀胱苷肽轉移酶的同功酶存在，每種穀胱苷肽轉移酶的活性表現亦不相同，更增加在田間控制狐尾草的難度。

## 3.穀胱苷肽轉移酶與除草劑安全劑之關係

在田間為了增加除草劑的功效，常添加一些化學物質處理後再噴施除草劑，可增加

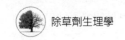

作物抗除草劑的能力，其作用方式主要是增加除草劑和 GSH 反應的速率，因此能有效地除去田間雜草而不傷害作物，這一類化學物質稱之為除草劑之安全劑（herbcide safeners）。

研究發現植物在加入除草劑安全劑後穀胱苷肽轉移酶的活性會增加。Pascal（1999）以小麥為材料，加入除草劑安全劑 naphthalene-1,8-dicarboxylic acid（naphthalic anhydride, NA）之後，在 CDNB 處理下，發現在根部及莖部中，添加了 NA 的小麥比未添加 NA 的小麥有較高的穀胱苷肽轉移酶活性。Wu（1999）以水稻為材料，添加 fenclorim（4,6-dichloro-2-phenyl-pyrimidine）後，觀察水稻中兩種穀胱苷肽轉移酶（GST I 和 II）的活性，在噴施後三天內的表現情形。於添加 fenclorim 處理的水稻，其中 GST I 的 RNA 產生都較未施加處理者多；GST II 的 RNA 在經 fenclorim 處理兩天後，也較未處理的水稻多。比較添加 fenclorim 後，全部的穀胱苷肽轉移酶活性變化情形，發現在處理後的前兩天，穀胱苷肽轉移酶的活性分別是未加處理者的 2.3 及 2.2 倍。因此可以知道安全劑能增加穀胱苷肽轉移酶的基因表現及活性。

（資料來源：林雲康、王慶裕。2000。穀胱苷肽轉移酶在除草劑解毒作用中之角色。專題討論報告改編文章）

 **延伸閱讀**

除草劑安全劑之作用：免速隆（bensulfuron-methyl）除草劑及其安全劑之作用

以往研究報告指出 1,8-naphthalic anhydride（NA）可以保護玉米植株免於免速隆及 imazaquin（IMA）除草劑傷害；由於 NA 可使作物避免受免速隆及 IMA 傷害，Hwang et. al.（1997）於玉米萌後早期以免速隆及 IMA 處理玉米植株，分析兩除草劑對於玉米植株生長之半抑制劑量（$GI_{50}$）值，並比較同時施加安全劑 NA 處理時之 $GI_{50}$ 變化，氏等以對照組之 $GI_{50}$ 與 NA 處理者之 $GI_{50}$ 比值作為安全指數，評估 NA 使玉米植株免受免速隆及 IMA 除草劑傷害的效能，結果顯示 NA 對免速隆及 IMA 的安全指數分別為 10.2 及 5.1。

NA 保護玉米植株抵抗免速隆傷害的效應是抵抗 IMA 傷害效果的兩倍，較高的安全指數表示較高的保護效果；由試驗中發現於萌後施加除草劑處理時，玉米植株本身受到除草劑的傷害較輕微，因此於萌後時期以 NA 處理保護玉米植株免受除草劑傷害的效果也大幅減少。換言之，NA 的保護效果會隨著除草劑施用時期的不同而異，對於早期（萌前）施用除草劑的案例較能發揮其保護的效果。

以往許多研究報告指出 NA 具有保護玉米植株免於 sulfonylureas 及 imidazolinones 除草劑傷害之效用，但是對 NA 的保護作用機制並不清楚，安全劑提供植物保護作用的因子可能是增加目標酵素的活性、或是減少除草劑作用中有毒物質的累積，而這些因子可能同時存在其保護作用機制中，因此，每一個因素都可能參與這整個複雜的保護

機制（Hwang et. al., 1997）。

## 1. 不同安全劑之施用效果

Dymuron 是一種日本使用於水田中有效控制雜草的尿素類除草劑，研究發現同時施用 dymuron 與免速隆兩種除草劑防除雜草，其中 dymuron 可使水稻抵抗免速隆除草劑之傷害，具有安全劑之效果，同時也發現 dymuron 除草劑及其兩個具有光學活性之異構物（R-MBTU 及 S-MBTU）可提供水稻免於免速隆傷害之安全生長（Omokawa et. al., 1996）。

Omokawa et. al.（1996）以 dymuron、R-MBTU 及 S-MBTU 作為安全劑，測試其提供水稻 Lemont 品種抵抗免速隆傷害之保護效果，由結果可以證明安全劑 dymuron、R-MBTU、及 S-MBTU 的保護效應使水稻 Lemont 品種可以抵抗免速隆除草劑的傷害。試驗結果顯示單獨以 4 及 10 μM dymuron 處理生長於 0.3% agar 的水稻幼苗 3 天後，其根長分別減少 15 及 25%；單獨以 4 及 10 μM R-MBTU 處理，分別減少根長 10 及 16%；單獨以 4 及 10 μM S-MBTU 處理，對水稻 Lemont 品種根長生長並無影響。其中發現保護水稻 Lemont 品種抵抗 120 nM 免速隆傷害的效果，以 10 μM S-MBTU 處理遠較 dymuron 或 R-MBTU 佳。

## 2. 安全劑對作物 ALS 酵素之作用

Hwang et. al.（1997）為了解 NA 安全劑是否藉由增加免速隆除草劑之目標酵素 ALS 的活性，使作物免於免速隆除草劑的傷害，因此，試驗以 NA 安全劑處理玉米植株，分析是否造成其植物體中 ALS 酵素活性增加。研究者分析經免速隆處理之玉米植株萃取液中 ALS 活性，發現其 ALS 活性隨著施加免速隆的濃度增加而降低。免速隆及 IMA 明顯抑制 ALS 活性，且免速隆抑制 ALS 的效果比 IMA 強（Hwang et. al., 1997）。然而上述兩種除草劑在抑制 ALS 活性上的效果皆可因 NA 的處理而減小。

## 3. 安全劑對丙酮酸鹽含量之影響

研究者認為除了支鏈胺基酸合成途徑之外，丙酮酸鹽亦是許多生合成途徑中重要的一種中間產物，因此預測因 ALS 被抑制而累積的丙酮酸鹽可能會轉移至不同的代謝途徑，可能會造成某些代謝途徑失調。另外，研究者亦推測實際上因抑制 ALS 酵素活性而產生的丙酮酸鹽增加量，可能比試驗中測得的還要多，因此無法排除累積之丙酮酸鹽經由未知的機制轉變為有毒物質，而造成植株死亡的可能性（Hwang et. al., 1997）。

Hwang et. al.（1997）指出丙酮酸鹽之累積可能是免速隆除草劑造成植物藥害的原因。氏等進一步分析經免速隆除草劑處理之玉米植株萃取液，測量其萃取液中之丙酮酸鹽含量。試驗發現經免速隆除草劑處理之玉米植株可能是其生合成支鏈胺基酸的途徑受阻，導致丙酮酸鹽的累積，造成丙酮酸鹽含量明顯增加。結果顯示，玉米植株種植後

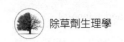

10 天經免速隆及 IMA 處理,其地上部丙酮酸鹽的含量增加。於處理後 10 天測定丙酮酸鹽含量,IMA 比免速隆易刺激丙酮酸鹽累積。同時發現施加 NA 處理可以減少丙酮酸鹽的累積(Hwang et. al., 1997)。

Hwang et. al. (1997) 更進一步分析 NA 安全劑對植物體地上部、及其他組織中丙酮酸鹽含量的影響,結果顯示 NA 安全劑除了降低地上部之丙酮酸鹽含量之外,對於其他諸如根、胚、或胚乳等組織中的丙酮酸鹽含量並無明顯之影響。研究指出,阻礙 ALS 酵素的反應會導致 ALS 酵素反應前驅物不正常之累積,如丙酮酸鹽或 α-ketobutyrate(Hwang et. al., 1997)。

4.除草劑安全劑對免速隆吸收、轉運及代謝之影響

Omokawa et. al. (1996) 以 $^{14}$C-bensulfuron-methyl($^{14}$C-BSM)處理水稻幼苗,觀察其對免速隆吸收、轉運及代謝之情形,結果顯示經安全劑 S-MBTU 處理的水稻幼苗所發現之 $^{14}$C-BSM 的吸收量比未經安全劑處理的一半量還要少,而安全劑 dymuron 及 R-MBTU 也都降低了水稻幼苗對 $^{14}$C-BSM 的吸收量,因此可知此三種安全劑可有效地減少水稻幼苗對免速隆的吸收。

試驗發現經每一種安全劑處理皆會降低水稻幼苗根部吸收 $^{14}$C-BSM 的量,同時也發現最有效地使水稻免受免速隆除草劑傷害的安全劑 S-MBTU,也能最有效地降低水稻幼苗吸收 $^{14}$C-BSM。另外,生長中之水稻幼苗其殘留的種子中發現累積相當多量的 $^{14}$C-BSM,試驗結果發現施加任何一種安全劑處理皆未能影響 $^{14}$C-BSM 吸收至種子中之量,但皆會抑制幼苗將所吸收的 $^{14}$C-BSM 轉運至地上部。上述結果說明安全劑可誘導降低水稻幼苗對免速隆的吸收,而且免速隆的轉運受阻與水稻安全劑(S-MBTU、R-MBTU 及 dymuron)的保護作用有明確關係。

在代謝方面,以 TLC 分析經安全劑處理的水稻幼苗地上部、種子、及根部萃取液,發現有免速隆之主要代謝物、以及一些少數微量的代謝物。因為在地上部發現的 $^{14}$C 放射活性吸收量很低,所以,從地上部獲得的免速隆代謝物非常有限。由未經安全劑處理的水稻幼苗根部萃取液中分析出免速隆三種主要的代謝物,分別為 M1、M2 及 M3。M1 及 M3 顯然是免速隆主要代謝物,而 M2 為次要代謝物,經 S-MBTU、R-MBTU 及 dymuron 處理均降低了除草劑殘存量,而增加了 M1 及 M3 等代謝物的含量。

（資料來源:劉哲偉、王慶裕。2000。免速隆(bensulfuron-methyl)除草劑及其安全劑之作用。中華民國雜草學會簡訊 7(3):4-7。)

研究者總結了安全劑與除草劑之間各種可能的的相互作用(圖 17.5),但在多數案例中,獲得的安全性程度遠低於這些除草劑在商業安全性所要求的程度。資料中提供的選擇涵蓋了大多數重要的安全劑交互作用已知案例。硫醯尿素類(sulfonylureas)與安全劑 naphthalic anhydride(NA)、dichlormid(Di)及

oxabetrinil（Ox）合用時，可觀察到的安全性程度也很高。研究者可以就安全劑之化學做出一些一般性陳述，即雖然 NA 明顯地不具特異性（專一性），並且在多種

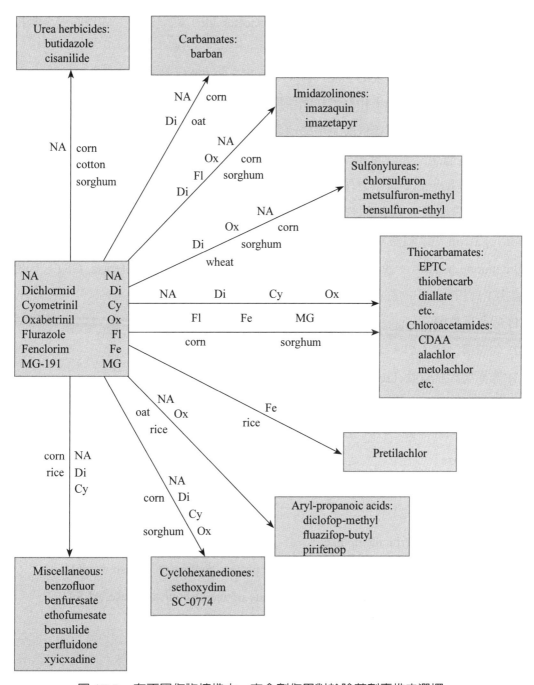

圖 17.5 在不同作物植株中，安全劑作用對於除草劑毒性之選擇。

作物中能發揮安全劑之相互作用，然而其他安全劑則具有明顯的特異性。特別是，二氯甲醯胺（dichlormid）和其他構造相關的二氯乙醯胺（dichloroacetamides）、及 α- 氯丙醯胺（α-chloropropionamides），這些安全劑僅與硫代胺基甲酸鹽類（thiocarbamates）和 α- 氯乙醯胺（α-chloroacetamide）除草劑產生強烈的安全劑相互作用。

　　資料中所包含最重要的信息（圖 17.5）是：除草劑之安全劑顯示出廣泛的結構變異性，但通常僅在玉米和高粱作物中展現強烈的相互作用，至於水稻和小麥則較少；此外，安全劑僅與硫代胺基甲酸鹽類、α- 氯乙醯胺、芳基丙酸（aryl-propanoic acid）和硫醯尿素類除草劑一起使用。其他作物和來自其他構造類的除草劑案例中，的確也顯示出安全劑之作用，但獲得的安全程度通常較低。

　　目前已知，安全劑的作用方式包括藉由穀胱苷肽共軛結合（glutathione conjugation）以刺激解毒途徑。此種刺激包括增加還原態穀胱苷肽（reduced glutathione, GSH）、及穀胱苷肽 -S- 轉移酶（glutathione-S-transferase, GST），但植物生長和代謝中的許多其他參數也增加，包括如下：

(1) 吸收硫酸鹽（uptake of sulfate）

(2) 硫酸鹽活化 / ATP 硫化酶（sulfate activation / ATP sulfurylase）

(3) 還原態穀胱苷肽（reduced glutathione）

(4) 穀胱苷肽還原酶（glutathione reductase）

(5) 微粒體和細胞質之穀胱苷肽 -S- 轉移酶（microsomal and cytosolic glutathione-S-transferase）

(6) 體內形成除草劑 - 穀胱苷肽共軛結合物（formation of herbicide-glutathione conjugates in vivo）

(7) 吸收除草劑（herbicide uptake）

(8) 以鮮重計的可溶性蛋白質含量（soluble protein content on a fresh weight basis）

(9) 乙醯乳酸合成酶（ALS）的活性（activity of acetolactate synthase, ALS）

(10) 除草劑單加氧化反應（herbicide monooxygenation）

(11) 氯甲苯隆單加氧化反應（chlortoluron monooxygenation）

(12) 由醋酸鹽合成的脂質（lipid synthesis from acetate）

(13) OH- 氯嘧磺隆和 CGA 185,072 的糖基化（glucosylation of OH-chlorimuron ethyl and CGA 185,072）

(14) 根部與地上部的生長（root and shoot growth）

若按照代謝順序排列時，整個穀胱苷肽途徑的活性增加、伴隨著可溶性蛋白質的量、和某些可溶性酵素的活性均增加。安全劑似乎也改變了膜脂質的形成，因此可能導致除草劑吸收增加。在玉米中使用二氯丙烯胺（dichlormid）或結構相似的安全劑後，穀胱苷肽含量的增加非常劇烈（+200-400%），但針對其他安全劑和其他作物，則可能無法檢測出。GST 活性的增加似乎具有更廣泛的重要性，尤其是在考慮與相關除草劑結合施用的情況下。研究數據清楚地表明，使用 1-chloro-2,4-dinitrobenzene（CDNB）等模式基質測試 GST 活性時，可能會產生誤導。相反結果顯示，GST 以除草劑 metolachlor 作為結合的基質對象時，則顯示在安全劑處理下GST 活性表現大大增加（表 17.2）。植物組織中可能存在幾種 GST 同功酶，玉米施用安全劑後可以觀察到新誘導出的 GST II，但組成酵素（原有酵素）GST I 也增加。

表 17.2 不同安全劑對於還原態穀胱苷肽含量、及穀胱苷肽 -S- 轉移酶（GST）活性之影響。GST 反應基質分別為 1-chloro-2,4-dinitrobenzene（CDNB）、及除草劑metolachlor。酵素萃取物則分別取自末處理與處理過安全劑之高粱植株地上部。

| Parameter | Safener applied | | | |
|---|---|---|---|---|
| | Oxabetrinil | Dichlormid | NA | Flurazole |
| Glutathione | Increase or decrease content (%) | | | |
| | +12 | +31 | −6 | +58 |
| Glutathione-*S*-Transferase activity with: | GST-activity (treated/control) | | | |
| CDNB | 1.73 | 1.82 | 1.90 | 1.96 |
| Metolachlor | 19.7 | 5.1 | 16.7 | 29.7 |

更詳細的分析已區分出至少有三個 GSTs，它們是由單體多胜肽亞基 GST A、GST B、GST C、和 GST D 所構成的不同二聚體（dimers）。GST I 可結合草脫淨（atrazine）和拉草（alachlor），GST II 則更具特異性，並且優先結合 α- 氯乙醯苯胺（chloroacetanilide）除草劑，包括 alachlor 和 metolachlor。研究發現於施用安全

劑 dichlormid 後，主要 GST A 的 m-RNA 增加 3-4 倍。因此可知，安全劑的作用可在轉錄（transcription）層次上進行。此外，於施用 dichlormid 或 MG-191 後，細胞質 GSTs 和微粒 GSTs 均有增加。

在安全劑處理過的高粱植株中，發現不同種類的 GSTs 含量增加，metolachlor 的解毒速率也隨之增加；其中 GSTs 成比例地增加、和除草劑解毒速率，與安全劑的安全活性呈現正相關。研究者認為藉由增加 GSH 結合反應以發揮安全劑作用之進一步證據是，高安全性的硫代胺基甲酸鹽（thiocarbamate）和 o'- 氯乙醯胺（o'-chloroacetamide）除草劑可經由與穀胱苷肽結合而解毒。

迄今為止，對於現行使用的安全劑仍無足夠的證據及解答以概括性的說明其作用機制，在未來仍有待努力而研究的方向則包括下列諸項：

(1) 對於安全劑作用的機制之更進一步研究，必須延伸至分子層次（molecular level），研究者必須確定安全劑是否影響植物體內的基因表現（gene expression）、以及如何影響。此外，也必須了解安全劑的這些調節效果是否與除草劑進行的生化生理效應有關。

(2) 關於除草劑與安全劑之間在生理、生化及分子層次上的相互關係之研究必須儘快建立。

(3) 去了解荷爾蒙與安全劑之間相互作用在生理及生化上的重要性，安全劑在保護禾本科作物避免受到殺菌劑傷害時，其是否模擬內生植物荷爾蒙的效果。

(4) 當安全劑增強除草劑與 GSH 進行代謝上的結合反應時，穀胱苷肽還原酶（glutathion reductase）所扮演的角色是什麼，該酵素是否受到安全劑活化或誘導。

(5) 除了 flurazole 及可能的 dichlormid 之外，安全劑在保護禾本科作物時是否與還原態 glutathione 結合？此種安全劑與 GSH 結合是否受到特定的 GSTs 催化，或是催化的酵素是否與催化 chloroacetanilide 及 thiocarbarmate 除草劑與 GSH 結合之酵素相同？

(6) 究竟安全劑與 GSH 共軛結合物（conjugates）如何刺激抑制、或回饋調節 GSTs 酵素？

(7) 安全劑與 GSH 之結合物是否穩定？其是否與除草劑 chloroacetanilide 及 thiocarbarmate 之 GSH 結合物一樣，以相同的方式進一步分解？

(8) 當除草劑的效果被安全劑打消時，混合功能氧化酵素（mix-function oxidases）在除草劑代謝過程中所扮演的角色是什麼？此時酵素是否受到保護劑誘導？

(9) 他的氧化酵素如過氧酵素之過氧合酶（peroxygenases）、多酚氧化酵素之脂加氧酶（lipoxygenases）等，是否參與除草劑之代謝、或作用，這些酵素在具有拮抗除草劑功能之安全劑作用機制下是否扮演一個角色？

(10) 若是安全劑以超過一個以上的機制作用，則參與其中作用的步驟或事件是由何決定？而啟動特殊機制功能的又是什麼？

(11) 除草劑安全劑對於土壤微生物所進行的除草劑代謝造成什麼樣的衝擊？尤其土壤中可能殘留太多除草劑時。

(12) 安全劑與真菌除草劑（或稱菌類除草劑，mycoherbicides）、及其他自然發生的植物毒素之間潛在的交互效應是什麼？安全劑是否能保護作物抵抗植物病原菌效應。

(13) 安全劑的作用如何受界面活性劑（surfactants）、佐劑（adjuvants）、及其他添加物的影響？這些成分常可在除草劑配方中發現。

**3. 除草劑安全劑未來的發展**

　　針對抵抗除草劑傷害之作物保護觀念，初期研究總是圍繞在使用活性碳，此為一種吸附劑、可作為物理性的阻隔，以減輕作物與非選擇性除草劑的接觸。此種保護方式昂貴而且難以維持生長植株之活性碳阻隔，因而限制了實際的使用。

　　在除草劑安全劑發展的第二個時期，由於當時所發現及發展的化學藥劑乃是作用於植株體內並提供長時間的保護，故獲得較大的成功。由這些藥劑所提供的作物安全劑乃是與被保護作物體內的生化代謝相互作用，而不是使植株體外（土壤中）的除草劑失去活性而已。

　　以往市場上幾乎所有的作物安全劑均以逢機篩選的方式、及其後的化學適度化（chemical optimization）所發展出來的，此種方式在發展除草劑安全劑上相當成功，在未來不應該放棄此方式。有關安全劑與其他農用化學藥品之拮抗作用，或可開發利用於爾後的除草劑安全劑之合成，在經過除草劑活性篩選後，不具活性的除草劑類似物（analogs）應該測試其是否具有作物安全劑的潛力。此外，在未來也會開發利用次致毒量（sub toxic levels）的除草劑前處理敏感性作物，以減輕作物受

除草劑傷害。Stephenson and Ezra（1985）早期發現，高等植物體內負責除草劑解毒的代謝途徑可加以誘導，此種前處理使得作物在爾後可以忍受較高劑量的除草劑。

　　然而抵抗除草劑之作物安全劑其進一步的發展可能根基於生物理論（biorational）的研究，利用生物技術與化學原理，而非目前廣為使用的方式，即依經驗的化學合成法（empirical chemical synthesis），配合生物性篩選方式（Geissbuhlor et. al., 1983）。在未來針對除草劑所進行的作物安全劑合成，將會考慮到除草劑作用目標位置、及解毒機制的特性。

　　在未來也可能會增加使用原安全劑（prosafeners）、及原除草劑（proherbicides），利用作物與雜草彼此間代謝上的差異，以設計新奇的原除草劑、或原安全劑，可增加作物的選擇性。原除草劑在雜草體內經不同的生物活化作用使其具有除草劑活性，而在作物體內的原安全劑經過生物活化作用，也可以變成有效的安全劑，如此可加強作物保護與增加特定除草劑之效力。

　　在篩選除草劑安全劑之過程中，不論是使用整個植株或無細胞體系（cell-free system），在實驗室或溫室狀況下的試驗觀察與結果，必須延伸至田間試驗。曾經多次發現在生化層次上可以獲得除草劑與安全劑之相互效果，但此種減輕除草劑作用的效果在田間作物上並未顯現，在田間作物安全劑之效果可能決定於一些未存在於實驗室之影響因子。

## 3. 結語

　　未來研究雜草管理時必須去滿足一些多變化的需求，包括要求作物安全之前提下，能控制問題雜草快速產生的除草劑抗性、及田間所採用的管理方式，如作物輪作、作物密植、雙作制度、及不整地作物生產等新的追求目標，以及改進或是延長目前所使用除草劑的年限，以免浪費人力、物力在發現及發展新的除草劑。

　　有關作物之除草劑安全劑發展與使用，提供了一個值得注意的手段來完成上述目標。除草劑安全劑的發現也令人想到究竟這些化學藥劑如何使作物免於除草劑傷害。如果能對目前安全劑及除草劑的作用機制有更清楚的了解，將可增加其利用效果，同時隨著增加對安全劑的興趣，希望能發展出其他物質或研究，以提供作物較廣泛的保護作用，對抗更多種類的除草劑。

（資料來源：王慶裕。1996。殺草劑保護劑的進展與展望。）

延伸閱讀

### 拮抗劑（antagonists）

拮抗劑與安全劑類似，凡對於除草劑具有拮抗作用（antagonism）之化合物均稱為除草劑拮抗劑，此名稱無涉是否保護作物免遭除草劑藥害，而是以其作用機制作為判斷標準。在雜草的防除工作上，要同時防除闊葉和狹葉雜草最好的方法就是將禾草類除草劑和闊葉型除草劑一起使用，其中廣為耕種者所使用的配方是藥桶混合（tank-mix）這兩種除草劑。然而，在混合使用時常造成不相容現象，產生拮抗作用，降低禾草類除草劑之效能。

造成拮抗作用之原因很多，包括物理性不相容、改變禾草類除草劑之吸收、運轉及代謝、及干擾特定的代謝過程等。禾草類除草劑和闊葉型除草劑拮抗作用的機制有許多的解釋，到目前為止尚未完全瞭解。其中最被廣泛研究的是 AOPPs 和生長素型除草劑（2,4-D 或 MCPA），這兩種除草劑的有效成分可能具有不相容性（imcompatibilities），也就是說這兩種除草劑的有效成分會因某種因素存在而相互作用，使其結構產生變化，降低除草的效果。

早期研究者施用 diclofop-methyl 防除野燕麥時，發現伴隨著施用 2,4-D 或 MCPA 等不同類型除草劑時，會減輕 diclofop-methyl 之效果。其後，O'Sullivan et. al. 報告也指出，diclofop-methyl 與 MCPA 間拮抗作用之原因在於配方中的活性成分（active ingredients），而非溶劑（solvent）的不相容。其中 MCPA 之酯類配方，較胺類（amine）配方，產生較少的拮抗作用（c.f Barnwell and Cobb, 1994）。

由於 AOPPs 商品化之配方是以酯類方式存在以利葉面穿透，其進入葉片細胞後，很快地去酯化形成游離酸（例如 diclofop-methyl 轉變成 diclofop-acid）。此酸係轉運形式（translocated form），最後累積在分生組織。研究者發現在 MCPA 存在下，明顯地降低 A. fatua 葉片吸收 [$^{14}$C]diclofop-methyl，但也有試驗證實加入 2,4-D amine 於禾草類除草劑噴施液中、或以 MCPA 前處理，並不會影響 [$^{14}$C]diclofop-methyl 之吸收。此外，生長素型除草劑對於禾草類除草劑之拮抗作用，分別從後者之轉運，代謝上研究，似乎並無定論可以解釋拮抗作用（c.f Barnwell and Cobb, 1994）。

有關拮抗作用之另一解釋則是 Barnwell and Cobb（1994）所提出，氏等認為細胞膜上生長素接受體（auxin receptor）是一個重要的關鍵。在原本沒有生長素型除草劑的存在下，AOPPs 會將細胞外的質子移入細胞內，快速地酸化細胞並和細胞膜上的生長素接受體結合，抑制次級訊號的傳遞，使得 ATPase 無法將細胞內多餘的質子排出，造成細胞正常生理代謝受損。但如果有生長素型除草劑的存在則會和 AOPPs 一起競爭生長素接受體的位置，一旦生長素型除草劑和生長素受體結合便可以使次級訊息得以傳遞，造成細胞內部分的質子可經由 ATPase 的作用而排出細胞外，降低 AOPPs 的除草劑效果。

由於禾草類除草劑和闊葉型除草劑之間的拮抗作用嚴重影響田間除草的效果，因此這個問題成為除草劑施用上有待解決的問題，研究者後來發現在混合使用兩種除草劑時所形成的拮抗作用，可以藉由佐劑（adjuvants）而減緩拮抗作用。最常用的佐劑是碳氫油脂類（BCH815）和作物油脂類濃縮物（crop oil concentrate; COC）。佐劑可以減緩兩種除草劑所產生的拮抗作用，主要是可以降低油脂的表面張力。如此可以改善在噴灑時除草劑的聚集現象，使得除草劑較易散開滲透進入葉片。

Jordan（1995）以 sethoxydim、clethodim 和 fluazifop-P 三種禾草類除草劑配合光系統 Ⅱ 抑制劑本達隆（bentazon）及硫醯尿素除草劑 chlorimuron 混合試驗，探討不同除草劑的組合所產生的拮抗作用是否可被佐劑消除。結果顯示 sethoxydim 和 bantazon 混合時有明顯的拮抗作用產生，不管加入何種佐劑都無法克服拮抗作用；而 sethoxydim 和 chlorimuron 共同作用時，拮抗作用可因佐劑的加入而大為降低，而且 BCH815 的效果要比 COC 好。Clethodim 和 bantazon 混合時則因作物種類不同而有不同反應。對闊葉雜草 signalgrass 和 Johnsongrass 而言，clethodim 和 bantazon 所產生的拮抗作用可被 BCH815 克服，但在稗草（barnyard grass）中的拮抗作用則無法因佐劑的加入而減緩。Sethoxydim、clethodim 都屬於 CHDs，其和 bantazon 所產生的拮抗作用都比 chlorimuron 來得明顯，氏認為這種拮抗作用的產生是兩種除草劑之間的有效成分相互作用、或是兩種除草劑共同作用時，導致生理上的逆境（stress），而限制了除草劑的運轉。

由 Jordan（1995）之試驗可知，bantazon 混合 CHDs 使用時所產生的拮抗作用較為明顯，而使用佐劑 BCH815 減輕拮抗作用的效果要比 COC 來得好，但 chlorimuron 和 AOPPs 間拮抗作用則較為嚴重，佐劑則以 COC 較好。佐劑減低拮抗作用的能力會隨著植物種類、除草劑組合、和佐劑而有所不同。

# CHAPTER 18

# 天然存在可作為除草劑之成分
## Naturally occurring chemicals as herbicides

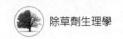

　　人類長久以來多方思考如何利用天然除草劑（natural products as herbicides）
於雜草管理上，此天然除草劑亦可應用於有機農法之雜草管理。現今天然除草
劑主要包括菌類除草劑（或稱眞菌除草劑；mycoherbicides）及剋他性化學物質
（allelochemicals）。

# 18.1　菌類除草劑（mycoherbicides）

　　雜草的生物控制法需要有計劃的使用天敵以抑制雜草生長、或減少雜草的
族群（Watson, 1989）。目前爲止，僅有眞菌成功地作爲生物控制劑（biocontrol
agents），所以常可見到「菌類除草劑（或稱眞菌除草劑；mycoherbicides）」
此一名稱。過去在美國有二種此類除草劑正式註冊，用於控制特定的雜草。如
以 *Phytophthora palmivora* 之孢子懸浮液控制柑橘園之雜草 stranglirvine（*Morrenia
odorata*），以及使用 *Colletotrichum gloeosporioides* Sacc. f. sp. aeschynomene 之乾燥
粉末控制水稻與大豆田間之雜草 Northern jointvetch（*Aeschynomene virginica*）。

　　Watson（1989）曾列出許多發展病原菌（pathogens）於控制雜草的計劃。然而，
在開發成功之前必先解決二個主要的障礙，即是病原菌之低毒性，以及眞菌散播、
與致病性所需之適宜環境狀況。在未來雜草控制策略上，菌類除草劑將更爲重要
（Ayres and Paul, 1990）。但是這些菌類的特性，只能殺除單一草種，限制了它們
的使用範圍，發展方向之一是針對特定強害雜草研發相關菌類可能比較實際。

**1. 菌類除草劑防除雜草的效果**

　　在栽種作物時，伴隨而生的雜草一直是最大的困擾，而其最普遍的防治方法除
了利用化學除草劑來防治之外，多年來亦多嘗試利用生物控制的方法。使用菌類除
草劑是對於雜草進行生物控制的兩個主要方法之一，另一種方法則是利用植物病原
體的自然擴散來控制雜草的生長。

　　到 1993 年爲止，已有超過 160 種菌類病原體被研究用來作爲可能的除草
劑（Yang and Tebeest, 1993）。一些菌類除草劑施用於特定雜草後會有一段潛
伏期，需經過一段時間才能完全控制雜草，例如施用 *Alternaria alternata* 於
waterhyacinth，其潛伏期 12 天，而控制雜草則需 60 天以上。然而，儘管有許多廣

泛的研究，許多病原體仍尚未成功的被培養使用，且菌類除草劑的控制效力會隨著時間、地點、環境等因子的不同，而呈現出不同的除草程度。

## 2. 菌類除草劑之作用機制

菌類除草劑係藉著使植物產生致命疾病而殺死植物的一種菌類病原體，在傳染病學上，一種疾病要到達致死程度有兩種方式：

### (1) 大量的原發性感染（又稱初級感染，primary infection）

意即植株在接種病原體後，直接對雜草所造成的傷害及死亡。

### (2) 在成長期有高比例的續發性感染（又稱次級感染，secondary infection）

意指接種後，植株沒有直接受感染而死亡，而在環境的影響下，導致其第二次或第三次等的感染，使得雜草死亡（Yang and Tebeest, 1993）。

現行菌類除草劑的研究多集中於形成大量的原發性感染，而環境條件中，溼度、溫度對植株原發性感染的影響最重要。當初期感染的數量因不適當的環境條件而降低時，控制雜草的效力必須來自病原體傳播的續發感染。因此，控制效能包含兩個構成要素，一是由施用接種體形成的原發性感染，另一個則是施用後的續發性感染。

因施用時環境的影響，原發性感染的數量可由接近致命的程度降至較少的程度。在原發性感染的數量少時，只有高續發性感染的疾病才會達到致命程度；因此，當原發性感染減少時，疾病的續發性感染成為在短期間內疾病發展到致命程度的關鍵。當原發性感染的數量高時，不管是高續發性感染、或低續發性感染的疾病，其在一定時間內到達致命程度的可能性也會升高。

## 3. 菌類除草劑之雜草防治效果

一般而言，菌類除草劑的防除效果，其所需時間比化學性除草劑長。星果澤瀉屬雜草 *Damasonium minus* 為一種分布很廣的雜草，其對於水稻的生長有很大的影響。Cother and Gilbert（1994）試驗指出，分別於不同生育期將菌類除草劑施用於 *D. minus* 上，於播種後 64 天測定施用效果，很明顯地可以看出其經過處理的植株與未經過處理的植株有很大的差別。尤其在播種後第 50 天接種病原體，雜草得到壞疽的葉片數目及重量最多，可以有效殺死雜草。愈早處理則效果較小。

除了上述試驗均是在溫室中所得出的試驗數據之外，真正在田間試驗時，亦可

測量出在菌類除草劑的施用下 *D. minus* 發生壞疽的花序增多，而健康葉數、健康葉重量、根的乾重及乾生質量等皆顯著降低，意即此菌類除草劑可減少 *D. minus* 生長的數量，使其植株死亡數增加，有效達到雜草防除的效果。因此，可知菌類除草劑對防除 *D. minus* 而言，不論是在溫室或田間試驗，皆有防除雜草生長的效用。

另一多年生雜草—野慈菰（arrowhead）的試驗中，在施用 *Plectosporium tabacinum* 作爲菌類除草劑後，亦是有很好的雜草防治效果。在不同葉齡接種病原體所造成的植株死亡數不同，不管在任何葉齡接種病原體，野慈菰植株死亡數均隨著接種而增加，尤其在 1-2 葉齡（leaf stage）接種病原體，其植株死亡數提昇的最快也最高，其次爲 3-5 葉齡，最後爲 6-8 葉齡，雖然在任何葉期接種，皆會造成野慈菰的死亡，但以 1-2 葉期生長初期之處理效果最好。

Bedi et. al.（1995）曾以羅馬柄銹菌（*P. romagnoliana*）之厚垣孢子（chlamydospore）進行香附子之生物防治。氏等指出在銹菌感染下，可以顯著降低香附子塊莖數目與重量。但其是否成功，端視其能否產生足夠的接種體（inoculum）。當香附子葉片與厚垣孢子一起培養下 15-20 天之後，即產生黃色壞疽斑（necrotic spots），之後轉變成暗褐色壞疽病徵。

## 4. 菌類除草劑施用的限制條件

菌類除草劑的防治效果，必須考慮孢子濃度、溫度及溼度三項因子。

### (1) 孢子濃度

根據 Chung et. al.（1998）的研究結果，可明確得知孢子濃度會影響雜草防除的效力，且孢子的濃度愈高，其雜草防除效果愈高。但在利用 *Phoma proboscis* 當成菌類除草劑防治旋花科雜草（bindweed）上，則發現在孢子濃度 $10^7$ spores/ml 時，其 bindweed 的地上部鮮重 0.77 g/pot，根部鮮重 0.52 g/pot，地上部乾重 0.14 g/pot 及根部乾重 0.06 g/pot，各項性狀皆爲各施用濃度中最少的，因此可知，施用 *P. proboscis* 孢子濃度不同會影響其防治效果。

### (2) 溫度

溫度亦是影響菌類除草劑防治效果的主要因素之一，其主要是影響孢子的生長與培養，過高或過低的溫度皆不適宜其生長。Heiny and Templeton（1991）指出溫度會影響孢子的生長，將 *Phoma proboscis* 之孢子培養在不同溫度下，可得知在

16、28、32℃時，孢子初期的萌芽速率緩慢，在 32℃時孢子萌芽率僅達 60% 左右，最不適宜 *P. proboscis* 孢子萌芽，其中 20℃或 24℃爲一適合的溫度。

#### (3) 溼度

孢子的生長需有適當的水分可幫助生長，尤其在水分不足時，其孢子皆會死亡而無法防除雜草。在不同溫度亦會呈現不同的致病程度，但在 32℃時，不論其水分供應時間長短，皆無法產生高的致病效力，而在 20℃配合適當水分供應時，其造成的植株死亡程度最高。

從環境保護觀點而言，菌類除草劑是值得發展重視的生物性除草劑，但由於此類除草劑係菌類活體，其在保存、感染、及發病過程中均受限於諸多環境條件；同時，此類除草劑與其他化學除草劑、佐劑（adjuvants）及混合添加劑之間的不相容性，均使得此類除草劑發展及應用受限。尤其最大的缺點乃是其對於目標植物之高度選擇性，使其無法廣泛應用於其他雜草防除工作上，此在發展上值得注意。

（資料來源：饒美貞、王慶裕。2001。菌類除草劑防除雜草之效果。中華民國雜草學會簡訊 8(1): 5-7。）

## 18.2　剋他性化學物質（allelochemicals）

由於以往長期使用化學除草劑使得雜草的抗性增加，對自然生態更是造成莫大的傷害。因此在不使用化學除草劑之前提下，研究者發現植物相剋作用下的剋他性化學物質（又稱剋他物質；allelochemicals），也可以利用在雜草防除工作上。剋他物質是植物體或生物體在防衛機制下的產物，Whittaker and Feeny（1971）正式把這些物質命名爲剋他物質（引用自 Miller，1996）。其後已經成功地從向日葵中分離出一些 guaianolides 和 heliannuols，並且證實對雙子葉植物有不錯的抑制效果（Macias et. al., 1999）（表 18.1）。

由於植物的剋他物質會抑制其他植物的生長，利用此一特性來對抗雜草被認爲是可行的。有許多研究者對這方面進行探討，試圖尋找出適合的植物作爲天然除草劑。Waller（1989）和 Abdual-Rahman and Habib（1989）也都支持紫花苜蓿對雜草發芽的抑制效果（引用自 Chung and Miller，1995）。1990 年之後也有許多研究者對臭椿（Ailanthus）相剋作用下的產物剋他物質進行研究（Heisey, 1990; 1996）。

　　有一些不同來源的天然分子也可作為除草劑，稱為「剋他性化學物質（allelochemicals）」。這些化合物可從植株釋出至周圍環境而阻礙其他植物生長，如此可提高自身對環境的競爭力。具有此種剋他潛力（allelopathic potential）之化學物質乃存在於植物各部位，而以揮發、根泌液、淋溶、或殘株分解等方式釋出。作為 allelochemicals 的物質包括毒氣、有機酸、醛類、芳香族酸、未飽和的內酯類、香豆素（coumarins）、醌類（quinones），flavonoid、單寧（tannins），alkaloids，terpenoids，steroids、及許多未分類及未知的分子。目前已知 allelopathic chemical 之除草能力有限，如何找到更有效的物質，應該也是發展的方向之一。

　　研究顯示具侵略性的多年生雜草如茅草（*Elymus repens*）、加拿大薊（*Cirsium auvense*）、強生草（*Sorghum halepense*）及黃土香（*Cyperus esculentus*），可從其殘株中釋出毒素。此外，一年生雜草 *Setaria feberi* 之殘株也會嚴重地抑制玉米生長。因此雜草學家打算運用此種相剋作用，作為雜草管理策略。

　　剋他性化學物質僅僅是植物體內二次代謝眾多產物中的一個例子，大部分的產物尚不知道其生物特性。Swain（1977）估計在植物界中自然合成的二次代謝物可能有 400,000 種之多。這代表了各式各樣可能作為除草劑化學構造之主要來源。例如在文獻中報告超過 700 種以上的胺基酸，其中大部分均表現出下列酵素反應中之天然抑制物特性。

(1) 磷酸吡哆醛依賴性酵素（pyridoxal phosphate-dependent enzymes）

(2) 麩醯胺（glutamine）與葡萄糖胺（葡萄胺糖）（glucosamine）之合成反應

(3) 蛋白酶及肽酶（proteases and peptidases）(Jung, 1989)

　　有鑒於此，未來仍須進一步分析調查各種天然產物之化學性質。或許可以從其中找出天然除草劑。亦可從這些物質找出類似化學結構的化合物，也可能是發展的目標之一。

## 1. 植物剋他物質成分

　　植物剋他物質是指植物在代謝過程中所產生的次級代謝物，藉由不同的方式釋放到環境中，進而影響周圍植物或本身的生長發育。造成抑制作用的化學物質，其由植物產生所以又稱為植物有毒物質（phytotoxins）。這些剋他物質會藉由揮發、淋溶、根分泌、及植物殘株分解作用等途徑釋放到環境中（Miller, 1996）。剋他物

質主要包括酚酸（phenolic acids）、香豆素（coumarin）及其他有機化合物。

表 18.1　利用剋他物質作為除草劑的研究

| Allelochemicals | Extracted from | | Target | Reference |
|---|---|---|---|---|
| | Species | Part | | |
| Ailanthone | *A. altissima* | Root bark | Garden seedlings | Heisey（1996） |
| Guaianolides | Sunflower | Leave | Lettuce germination | Macias et. al.（1999） |
| Heliannuols | Sunflower | Leave | Lettuce germination | Macias et. al.（1999） |
| Saponins | Alfalfa | Root | Cotton seedlings | Chung and Miller（1995） |
| Medicarpin | Alfalfa | Plant | Velvetleaf, alfalfa | Miller（1996） |

　　剋他物質的效果會受濃度影響外，另外萃取方式上的不同、噴灑剋他物質的土壤是否消毒、噴灑時期、噴灑部位、作用時間的長短，都會改變抑制的效果。以下便分別討論這些差異。

**2. 剋他物質的萃取**

　　利用剋他物質作為除草劑的可能性越來越受重視，如何有效地萃取出剋他物質十分重要。其中包括三個部分：(1) 萃取溶劑；(2) 萃取溫度；及 (3) 萃取部位，必須觀察萃取液處理後對於目標植物的抑制效果。

**(1) 萃取溶劑的效果**

　　Heisey（1990）分別取臭椿的小樹葉和根表皮的水溶性萃取物，調查其抑制水芹幼根生長的情形，結果發現根表皮萃取物 0.25 g/l 抑制水芹幼根生長之比率高達 50%，小樹葉萃取物達到 50% 抑制率則需要 0.5 g/l。此外，萃取時用二氯甲烷當溶劑，雖然未降低根部表皮萃取物的植物毒物質含量，但小樹葉萃取物之毒性則略有減低。而用甲醇當萃取液時，使得兩種萃取物的毒性明顯降低，表示剋他物質會因不同的萃取溶劑而有不同的效果。

**(2) 萃取溫度的效果**

　　Chung and Miller（1995）以紫花苜蓿在 5℃、24℃ 及 80℃ 三種不同的溫度下進行萃取之後，觀察六種雜草 lambsquarters（*Chenopodium album*）、pigweed（*Amaranthus retroflexus*）、velvetleaf（*Abutilon theophrasti*）、giant foxtail

（*Setaria faberil* Herrm）、cheatgrass（*Bromus secalinus*）、和 crabgrass（*Digitaria sanguinalis*）萃取物的抑制作用。發現在 24℃下取得的萃取物，抑制雜草發芽的情形最佳。而在 5℃及 80℃下取得的萃取物沒有太大的差異。推測在 5℃及 80℃下萃取，會破壞某些剋他物質或影響萃取效果。

### (3) 萃取部位的效果

Heisey（1990）取植物不同部位的萃取物，結果發現在表皮，特別是根部的表皮，有最大量的毒物質。葉、葉柄、幼苗莖部的毒物質含量屬於中級。表示大部分的外部組織或靠近外部的組織（樹皮和葉），比起內部的組織（木材）含有較高的剋他物質含量。研究者認為或許是因為外部區域藉由淋溶作用、根分泌作用，促進釋放物質到環境中。

Smith 於 1991 年曾進行一項試驗，各萃取牛毛草（tall fescue; *Festuca arundinacea* Schreb.）、alfalfa（*Medicago sativa* L.）、及 ryegrass（*Lolium multiflorum* Lam.）的根、莖、葉三個不同部位的剋他物質，對苜蓿（alfalfa）及 ryegrass 進行抑制發芽試驗，結果發現取自牛毛草根、莖、葉的萃取物對 alfalfa 有不同抑制效果，其中取自莖部的萃取物抑制 alfalfa 發芽的情形比取自葉或根的萃取物抑制效果要好（引用自 Miller，1996）。

### 3. 施用剋他物質的條件

### (1) 土壤是否消毒

Heisey（1996）探討土壤消毒是否會影響剋他物質對水芹的抑制情形，發現在未消毒過的土壤施用 0.5 kg/ha 剋他物質幾乎完全抑制水芹幼根的生長達 2 天，然而第三天之後抑制作用消失。若將用量改為 4.0 kg/ha 抑制情形則維持 3 天，到了第五天情況仍完全消失。但若是在消毒過的土壤施用剋他物質 0.5-4.0 kg/ha 則完全抑制幼苗的生長達 21 天。試驗結果顯示在未消毒過的土壤中剋他物質會迅速的消失，證明土壤中的有機質或微生物會減少植物有毒物質的含量。

### (2) 噴灑時期

Heisey（1996）在植株幼苗出土前進行噴灑剋他物質，不論是針對芽或幼苗，生長的情形比未經處理的正常植株差。在高濃度的剋他物質施用下，10 天後所有雜草種子在發芽、生長上都受到抑制。此外，在植株幼苗出土之後進行噴灑剋他物

質，抑制效果更是強烈，5 天後其死亡率達 100%。但其中 velvetleaf 甚具抗性，即使是在最高濃度下處理 40 天仍然無法完全抑制它的生長；反而是在植株幼苗出土之前，噴灑剋他物質效果較佳。所以，針對不同的雜草選擇不同的噴灑時期相當重要。

### (3) 噴灑部位

Chung and Miller（1995）試驗分別選取六種雜草 lambsquarters、pigweed、velvetleaf、giant foxtail、cheatgrass 和 crabgrass。在這六種雜草的根、莖及整株植株分別施用苜蓿萃取物，發現六種雜草的根部生長明顯受到苜蓿之剋他物質的抑制。在施用最高濃度（60%）時 pigweed 根部的生長抑制率高達 69%，velvetleaf 根部生長抑制率亦高達 71%。至於莖部，在最高萃取物濃度（60%）下，lambsquarters 和 velvetleaf 的抑制率達 43%。顯然的根長度生長比莖長度或整棵植株要更敏感。

### (4) 作用時間的長短

Chung and Miller（1995）指出苜蓿毒物質會隨著殘株分解而在土壤中釋放出來。處於 48 小時的作用時間，雜草種子的發芽受到抑制最明顯的是 velvetleaf、crabgrass 及 pigweed。隨著培養時間的增加會釋放出更多的水溶性毒物質，減少雜草種子的發芽。

由於利用剋他物質作為除草劑對環境造成的傷害，遠低於化學除草劑，所以具有發展潛力。若能有效地萃取出剋他物質，選擇正確的溶劑、適當的萃取溫度及萃取部位；另外，若能配合將噴灑剋他物質的土壤事先經過消毒，且針對不同目標雜草選擇不同噴灑時期及噴灑部位，相信利用植物相剋的原理來發展雜草防治，應能把對大自然的破壞傷害減到最低。

（資料來源：張美蓮、王慶裕。2000。利用植物剋他物質作為除草劑之探討。中華民國雜草學會簡訊 7(4):4-5.）

## 4. 剋他物質的研究案例

於 2007-2009 年興大農藝系雜草與除草劑研究室與林試所福山植物園合作，研究太魯閣蓮花池（海拔高度 1,109 m，N 24°13'1.5"E 121°, 30'6.1"）高地上蕨叢（bracken fern; *Pteridium aquilinum*）（圖 18.1）阻礙林相復育之原因。主因早年高山林區被墾植種植蔬菜等短期作物，之後荒廢致使蕨叢大量覆蓋土地，也因此導致原本存在之林相物種無法恢復生長。

蕨（*P. aquilinum*）屬於碗蕨科（Dennstaedtiaceae）、蕨屬（*Pteridium* spp）植物。植株具長走莖、覆毛，葉三至四回、革質、葉表有毛、游離脈，小羽片基部兩側耳狀突起或瓣裂。孢子囊群在葉緣兩側偏內，孢膜有二層。在臺灣國內存在有 2個變種。

蕨叢抑制其他植物物種生長之可能原因，包括：

(1) 是否蕨叢厚重之落葉層（litters）阻止林木種子自然落入土壤中、及抑制其後之種子發芽？

(2) 是否落葉層及腐質層（humic layers）經過生物降解後釋出剋他物質？

(3) 是否蕨叢植株之植冠（canopy）結構截收光照而遮蔽其他植物生長？

本研究主要探討蕨叢是否具有剋他能力，故分別從其地上部（fresh bracken shoot）、地下部（bracken rhizome）、根系周邊土壤及落葉中萃取水溶性剋他成分；並從數種蔬菜中篩選出對於剋他物質較爲敏感的物種，利用種子發芽（germination）、胚根伸長（radicle elongation）及下胚軸伸長（hypocotyl elongation）等生長反應爲指標，以測試剋他作用效果。此種生物檢定（bioassay）可在三天內完成。測試結果發現蕨叢之剋他物質以地上部含量最高、其次是地下部，而落葉腐植層中僅有少量（Wang et. al., 2011）。

圖 18.1　生長分布於花蓮太魯閣蓮花池（海拔高度 1,109 m，N 24°13'1.5" 121°, 30'6.1"）高地上之蕨叢（bracken fern; *Pteridium aquilinum*）植株外觀。

# 參考資料與文獻（Reference and literature cited）

## I. 研究報告（有編輯委員會且有同儕審查制度定期發行之學術期刊）

徐玲明、林玉珠、賴永昌、王慶裕。2008。甘藷田雜草草相及化學防治。中華民國雜草學會會刊 29:131-139。

劉哲偉、王慶裕＊。2001。玉米幼苗不同發育期對免速隆之反應及耐感自交系之篩選。中華農藝。11:117-129。

Chen, R. F., H. H. Wang, and C. Y. Wang*. 2008. Dissipation of glyphosate injected into the lead tree (*Leucaena leucocephala*) in different seasons in Taiwan. Taiwan J. For. Sci. 23(4):287-299.（台灣林業科學期刊 EI）

Chen, R. F., H. H. Wang, and C. Y. Wang*. 2009. Translocation and metabolism of injected glyphosate in lead tree (*Leucaena leucocephala*). Weed Sci. 57: 229-234.（美國雜草學會期刊 SCI）(IF=1.631, Rank=16/49 subject categories: Agronomy-2008JCR)

Chiang Y. J., Y. X. Wu, M. Y. Chiang, and C. Y. Wang*. 2008. Role of antioxidative system in paraquat tolerance of tall fleabane (*Conyza sumatrensis* (Retz.) Walker). Weed Sci. 56: 350-355.（美國雜草學會期刊 SCI）(IF=1.299, Rank=15/49 subject categories: Agronomy- 2007JCR)

Chou, W. Y., Y. Z. She, T. H. Tseng, C. S. Wang, and C. Y. Wang*. 2001. Differential tolerance to glyphosate herbicide for rice (*Oryza sativa* L.) lines. Chinese Agron. J. 11:187-202.（中華農藝學會會刊）

Chou, W. Y. and C. Y. Wang*. 2003. Seed germination inhibition of hairy beggar ticks (*Bidens pilosa* L. var. radiata (Bl.) Sherff) and amaranth (*Amaranth spinosus* L.) by water extract of dried periderm of sweet potato (*Ipomoea batatas*). Chinese Agron. J. 13:81-86.（中華農藝學會會刊）

Han, Y. C. and C. Y Wang*. 2000. Screening of bentazon-tolerant and-susceptible rice (*Oryza sativa* L.) seedlings. Chinese Agron. J. 10:229-237.（中華農藝學會會刊）

Han, Y. C. and C. Y Wang*. 2002. Physiological study on bentazon tolerance in rice (*Oryza sativa* L.) seedlings. Weed Biol. Management 2(4): 186-193.（日本雜草學會 WSSJ 期刊）

Hsiao, C. L., C. C. Young, C. Y. Wang*. 2007. Screening and identification of glufosinate-degrading bacteria from glufosinate-treated soils. Weed Sci. 55:631-637.（美國雜草學會期刊 SCI）

Hsu, L. M., Y. Z. Lin, Y. Z. Liu, and C. Y. Wang*. 2006. Distribution of exotic plants in coastal areas of southern and eastern Taiwan during summer. Plant Protection Bulletin 48:129-151.（植保學會）

Hsu, L. M., Y. S. Tee, and C. Y. Wang*. 2007. A comparison of seed germination ability between exotic and indigenous weeds in Taiwan. Weed Sci. Bull. 28: 98-111.（中華民國雜草學會會刊）

Hwang, T. Y. , L. M. Hsu, Y. J. Liou, and C. Y. Wang*. 2010. Distribution, growth and seed germination ability of lead tree (*Leucaena leucocephala*) plants in Penghu Islands, Taiwan. Weed Tech. 24:574-582.（美國雜草學會期刊 SCI）(IF=1.631, Rank=16/49 subject categories: Agronomy- 2008JCR)

Hwang, T. Y. , L. M. Hsu, and C. Y. Wang*. 2009. Study on the control of lead tree [*Leucaena leucocephala* (Lamark) de Wit] by herbicides. Crop Environment. Bioinform. 6:157-163.

Li, Kai-Yun, Ya-Ming Cheng, Hsiang-Hua Wang, Yuan-Rui Hsui, Lin-Ming Hsu, You-Jang Liou, and Ching-Yuh Wang*. 2014. Phytotoxic activities of crude extracts of *Eucalyptus camaldulensis* in Taiwan. Weed Sci. Bull. 35: 81-95.（中華民國雜草學會會刊）

Li, Y. Z. and C. Y. Wang*. 2005. 2-Aminobutyric acid as a chemical marker for the detection of sulfonylurea herbicides. Weed Technol. 19(1): 176-182.（美國雜草學會期刊 SCI）

Li, K. Y., H. H. Wang, Y. R. Hsui, L. M. Hsu, Y. J. Liou, and C. Y. Wang*. 2013. Allelopathic phenomenon of eucalyptus (*Eucalyptus camaldulensis*) in Taiwan. Weed

Sci. Bull. 34: 69-87.（中華民國雜草學會會刊）

Liao, Chain-You, Chi-Ping Wang, Hizozumi Watanabe and Ching-Yuh Wang*. 2015. Simple biological detection technique instead of instrumental analysis of butachlor. Weed Sci. Bull. 36: 1-18.（中華民國雜草學會會刊）

Lin, Wan-Ting, Yeong-Jene Chiang, Chang-Sheng Wang, and Ching-Yuh Wang* 2016. Non-target site mechanisms of resistance to fluazifop-butyl of goosegrass (*Eleusine indica* (L.) Gaertn.) in Taiwan: uptake, translocation and metabolism. J. Agricul. Forest. 64(3):125-136.

Liu, Y. W., W. Y. Chou, and C. Y. Wang*. 2005. *In vitro* induction of phosphinothricin tolerance in rice (*Oryza sativa*). Plant Protection Bulletin 47:47-58.（植保學會）

Liu, W. Y., C. Y. Wang, T. S. Wang, G. M. Fellers, B. C. Lai, and Y. C. Kam*. 2011. Impacts of the herbicide butachlor on the larvae of a paddy field breeding frog (*Fejervarya limnocharis*) in subtropical Taiwan. Ecotoxicology 20:377-384. (Accepted on Dec. 23, 2010) (2009JCR SCI IF 3.507, Biology 29/129)

Lo, H. L. and C. Y Wang*. 1999. Differential sensitivities of rice (*Oryza sativa* L.) and purple nutsedge (*Cyperus rotundus* L.) growth to imazosulfuron. Chinese Agron. J. 9:209-219.（中華農藝學會會刊）

Shih, N. H., D. G. Lin, C. Y. Wang, C. S. Wang*. 2018. A paraquat tolerance mutant in rice (*Oryza sativa* L.) is controlled by maternal inheritance. Amer. J. Plant Sci. 9: 2086-2099.

Tsai, C. J., C. S. Wang, and C. Y. Wang*. 2006. Physiological characteristics of glufosinate tolerance in rice. Weed Sci. 54:634-640.（美國雜草學會期刊 SCI）

Tseng, T. Y. , J. F. Ou, and C. Y. Wang*. 2013. Role of Ascorbate-glutathione cycle in paraquat tolerance of Rice (*Oryza sativa*). Weed Sci. 61:361-373.（美國雜草學會期刊 SCI）

Wang, C. Y.* 1997. Effects of sulfonylurea herbicides on the seedling growth of corn (*Zea mays* L.) plants. Weed Sci. Bull. 18:29-39.（中華民國雜草學會會刊）

Wang, C. Y*. 2001. Effect of glyphosate on aromatic amino acid metabolism in purple

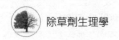

nutsedge (*Cyperus rotundus*). Weed Technol. 15 (4): 628-635.（美國雜草學會期刊 SCI）

Wang, C. Y*. 2002. Effects of glyphosate on tuber sprouting and growth of purple nutsedge (*Cyperus rotundus*). Weed Technol. 16:477-481.（美國雜草學會期刊 SCI）

Wang, C. Y.* and T. M. Chu. 1998. Ethylene induces lactate fermentation in corn (*Zea mays* L.) seedlings subjected to waterlogging stress. Chinese Agron. J. 8(2):83-89.（中華農藝學會會刊 8 月以後刊出）

Wang, H. H., B. J. Chen, L. M. Hsu, Y. M. Cheng, Y. J. Liou, and C. Y. Wang*. 2011. Allelopathic effect of bracken fern (*Pteridium aquilinum* L. Kuhn) plants in Taiwan. Allelopathy J. 27(1): 97-110. (2009 JCR SCI IF 0.75 Agronomy 31/61)

Wang, Z. P,, W. Y. Chou, C. Y. Wang*. 2005. Roles of ammonium stress, cytokinin and phosphinothricin (PPT) in the induction of rice (*Oryza sativa*) microshoot. Plant Protection Bulletin 47:349-360.（植保學會）

Wang, C. S., W. T. Lin, Y. J. Chiang, and C. Y. Wang*. 2017. Metabolism of fluazifop-P-butyl in resistant goosegrass (*Eleusine indica* (L.) Gaertn.) in Taiwan. Weed Sci. 65:228-238.

Wang, C. Y* and H. L. Lo. 2000. Physiological mechanism of seedling growth sensitivity to imazosulfuron for the rice (*Oryza sativa* L.) lines. Chinese Agron. J. 10:239-249.（中華農藝學會會刊）

Wang, J. F., Y. J. Shih and C. Y. Wang*. 2002. Extraction and analysis techniques of glyphosate in rice plant, paddy water and soil. Chinese Agron. J. 12:31-41.（中華農藝學會會刊）

Wang, C. Y*., T. H. Tseng, and C. S. Wang. 2002. Bentazon tolerance mutants in rice (*Oryza sativa* L.). J. Genetic. Mol. Biol.13:284-294.（中華民國遺傳學會會刊）

Wang, J. F. and C. Y. Wang*. 2003. Seasonal comparison of glyphosate residue in rice (*Oryza sativa* L.) plant and paddy soil in central Taiwan. Chinese Agron. J. 13: 151-159.（中華農藝學會會刊）

Wang, J. F. and C. Y. Wang*. 2004. Glyphosate herbicide degradation in waterlogged soil. J. Agric. Asso. China: 5(4): 361-373.（中華農學會報）

Wu, C. M. and C. Y. Wang*. 2001. Effect of light, temperature and microbes on bentazon degradation in soil. Chinese Agron. J. 11:131-138.（中華農藝學會會刊）

Wu, C. M. and C. Y. Wang*. 2002. Bentazon residue in rice (*Oryza sativa* L.), corn (*Zea mays* L.) and peanut (*Arachis hypogaea* L.). J. Agric. Asso. China 3(5): 420-432.（中華農學會報）

Wu, C. M. and C. Y. Wang*. 2003. Physiological study on bentazon tolerance in inbred corn (*Zea mays* L.). Weed Technol. 17: 565-570.（美國雜草學會期刊 SCI）

Wu, C. M. and C. Y. Wang*. 2003. Differential tolerance of inbred corn (*Zea mays*) in response to bentazon. Plant Protection Bulletin 45:53-64.（植保學會）

Wu, C. M. and C. Y. Wang*. 2003. Application of bioassay, HPLC and chlorophyll fluorescence decay on the detection of herbicide bentazon residue in crops. J. Agric. Asso. China 4(2):189-202.（中華農學會報）

Wu, Y. X., Chiang, Y. J., Chiang, M. Y. , and Wang, C. Y*. 2007. Responses of antioxidative system to increasing dosage of paraquat in resistant tall fleabane (*Conyza sumatrensis* (Retz.) Walker). Plant Protection Bulletin 49：229-243.（植保學會）

Yang, C. H., T. Y. Tseng, and C. Y. Wang*. 2012. Application of polyamines improves paraquat resistance of rice mutant through enhanced activity of antioxidative system. Weed Sci. Bull. 33:1-12.（中華民國雜草學會會刊）

Zhou, X. H. and C. Y. Wang*. 2006. Biological and biochemical detection techniques of glufosinate herbicide. Weed Sci. 54:413-418.（美國雜草學會期刊 SCI）

## II. 論述文章（有編輯委員會且有同儕審查制度定期發行之學術期刊）

王慶裕（節譯）。1995。新作用機制殺草劑之發展。中華民國雜草學會會刊。16(1):63-69。

王慶裕（譯）。1996。禾本科作物對硫醯尿素毒性之防治。中華民國雜草學會簡訊。3(2):3-6。

王慶裕。1996。雜草對 acetolactate synthase (ALS) 抑制劑之抗性機制及遺傳。中華民國雜草學會簡訊。3(4):2-4。

王慶裕（節譯）。1996。轉移殺草劑抗性至作物。科農。44:110-112。

王慶裕。1996。殺草劑保護劑的進展與展望。中華民國雜草學會簡訊。3(1):1-5。

王慶裕。1997。香附子與玉米對嘉磷塞及甲基砷酸鈉除草劑之生長反應。中華民國雜草學會簡訊。4(2):4-6。

王慶裕。1997。嘉磷塞在植物體中之抗性。中華民國雜草學會簡訊。4(3):5-7。

王慶裕（譯）。1997。植物對光反應系統 II 型除草劑抗性之分子基礎 I。中華民國雜草學會簡訊。4(4):7-8。

王慶裕。1997。抑制組氨酸合成之殺草劑。科農。45(9.10):296-298。

王慶裕。1997。乙醯乳酸合成酵素抑制型除草劑抗性之生化及分子遺傳。中華民國雜草學會會刊。18:119-129。

王慶裕（譯）。1998。植物對光反應系統 II 型除草劑抗性之分子基礎 II。中華民國雜草學會簡訊。5(1):5-7。

王慶裕。1998。嘉磷塞除草劑殘毒之生物檢定法。興大農業。25:14-17。

王慶裕。1998。硫醯尿素類除草劑殘毒之生物檢定法。興大農業。27:14-16。

王慶裕。1999。抗性雜草的發生與防治。農業世界。188:91-93。

王慶裕。1999。除草劑之感性、耐性與抗性。農業世界。189:87-88。

王慶裕。1999。以嘉磷塞耐性大豆為例評估遺傳工程植物作為食品之安全性。農業世界。190:78-79。

王慶裕。1999。香附子之防除。科學農業。47:308-311。

王慶裕、黃文香。1999。巴拉刈（paraquat）的抗性機制。中華民國雜草學會簡訊。6(2):4-6。

王慶裕。2000。固殺草（glufosinate）除草劑之作用及抗性機制。科農。48:322-324。

王貞淩、王慶裕。2003。土壤微生物分解嘉磷塞除草劑。科農。51:118-121。

王慶裕。2007。台灣常見除草劑介紹。農業世界。284:1-5。

王慶裕。2008。植物對除草劑巴拉刈之抗性機制。中華民國雜草學會會刊。29:85-

94。

何有倫、王慶裕。2003。植物抗氧化能力與除草劑耐性之關係。科農。51: 235-
241。

林永立、郭寶錚、王慶裕。1997。對數邏輯模式在劑量反應上之應用。中華民國雜
草學會會刊。18:1-18。

林韶凱、王慶裕。1998。植物體對光反應系統 I 型除草劑之抗性機制。中華民國雜
草學會簡訊。5(2):1-4。

吳志民、王慶裕。2002。雜草對三氮雜苯類除草劑之抗性機制及其管理策略。科農。
50:249-253。

吳志民、王慶裕。2001。保護劑在植體內之生理作用。中華民國雜草學會會刊。
22: 115-123。

李亭儀、王慶裕 * 2012。台灣入侵植物風險評估指標系統之建立 I。現行澳洲與美
國採行之外來植物風險評估系統比較。中華民國雜草學會會刊。33: 115-135。

邵遵文、王慶裕。2000。水稻對甲基合氯氟（haloxyfop-methyl）的耐受性。中華
民國雜草學會簡訊。7(2):1-3。

邵遵文、王慶裕。2000。植物對 bromoxynil 除草劑之抗性機制。中華民國雜草學
會會刊。20:55-60。

許惇偉、王慶裕。1995。Triazines 類殺草劑之抗性機制簡介。中華民國雜草學會簡
訊。2(3):2-6。

黃文香、王慶裕。1999。稗草對除草寧（propanil）的抗性機制。農業世界。
185:72-74。

張美蓮、王慶裕。2000。利用植物剋他物質作為除草劑之探討。中華民國雜草學會
簡訊。7(4):4-5。

張山蔚、劉哲偉、王慶裕。2000。除草劑作用的其他位置。科農。48：219-225。

劉靜航、王慶裕。1997。嘉磷塞（glyphosate）除草劑抗性基因轉移至大豆。中華
民國雜草學會簡訊。4(1):6-7。

劉文如、王慶裕。1999。Sulfentrazone (Authority) 除草劑對大豆生長之影響。中華
民國雜草學會簡訊。6(3):5-7。

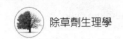

劉哲偉、王慶裕。2000。免速隆（bensulfuron-methyl）除草劑對禾本科作物生長之影響及其抗性遺傳。中華民國雜草學會簡訊。7(1):5-7。

劉哲偉、王慶裕。2000。免速隆（bensulfuron-methyl）除草劑及其安全劑之作用。中華民國雜草學會簡訊。7(3):4-7。

劉哲偉、張山蔚、王慶裕（節譯）。2001。除草劑抗性之偵測。科農。49:234-237。

施怡如、王慶裕。2001。生長素類型除草劑引起植物藥害之原因。中華民國雜草學會會刊。22: 53-58。

韓岳麒、王慶裕。1998。禾草類除草劑抑制雜草生長的作用機制。中華民國雜草學會簡訊。5(4):1-4。

韓岳麒、王慶裕。1998。禾本科作物玉米對本達隆（bentazon）的耐性。中華民國雜草學會會刊。19:1-6。

韓岳麒、王慶裕。2001。Sulfentrazone 除草劑之作用和耐性機制。科農 49:133-136。

賴郁仁、王慶裕。2003。Chlorsulfuron 除草劑在環境中的分解與殘留。中華民國雜草學會會刊。24:49-56。

羅惠齡、王慶裕。1999。植物對乙醯輔酵素 A 羧化酵素抑制型除草劑之抗性。科農。47:346-350。

羅惠齡、王慶裕。1999。生長素類型除草劑對植物生長的影響。中華民國雜草學會簡訊。6(1):4-7。

游卓遠、王慶裕。1996。植物抗四基氮系（bipyridinium）除草劑氧化之方式及應用。中華民國雜草學會簡訊。3(3):5-7。

蔣佩珊、蔣永正、劉又彰、王慶裕。2009。影響植物對禾草類除草劑抗性之兩類型乙醯輔酶 A 羧化酵素。中華民國雜草學會會刊。29:85-94。

黎凱允、王相華、許原瑞、王慶裕 *。2012。桉樹植體 1, 8-cineole 之剋他作用。中華民國雜草學會會刊。33: 59-64。

饒美貞、王慶裕。2001。菌類除草劑防除雜草之效果。中華民國雜草學會簡訊。8(1): 5-7。

## III. 專書及專書論文

王一雄。2004。除草劑施用對土壤環境之衝擊（第八章）。雜草學與雜草管理。楊純明、王慶裕、林俊義主編。農委會農試所出版。臺中霧峰。

王慶裕。1999。除草劑（第八章）農藥經營管理人才培訓班講義。P.96-115。中興大學農學院農推中心編印。中興大學。臺中。

王慶裕。2001。有機栽培之雜草防治。有機作物栽培農民訓練講習班講義。國立中興大學農學院農業試驗場推廣叢書第 0102 號。（2001.12.10-12.12）

王慶裕。2002。有機作物栽培之雜草管理。九十一年度農村青年中短期農業專業訓練—作物有機栽培訓練班講義。P.61-74。中興大學農業暨自然資源學院推廣叢書第 91003 號。中興大學。臺中。（2002.09.16-09.20）

王慶裕。2002。有機栽培之雜草管理。2002 年 MOA 自然農法推廣志工培訓營講義。財團法人國際美育自然生態基金會。中興大學農場。臺中。（2002.10.26-10.27）

王慶裕。2002。有機栽培之雜草管理。2002 年 MOA 自然農法研修講義。財團法人國際美育自然生態基金會。中興大學農場。臺中。（2002.12.24-12.26）

王慶裕。2003。有機農業之雜草管理。植物保護通報第七期。P.11-14。臺中。

王慶裕。2003。有機作物栽培雜草管理。九十二年度農村青年中短期農業專業訓練—有機農產品栽培管理訓練班講義。P.41-53。中興大學農業暨自然資源學院推廣叢書第 920003 號。中興大學。臺中。（2003.09.15-09.19）

王慶裕。2004。有機作物栽培雜草管理。九十三年度農村青年中短期農業專業訓練—有機農產品栽培管理訓練班講義。P.90-111。中興大學農業暨自然資源學院推廣叢書第 930001 號。中興大學。臺中。（2004.07.26-07.30）

王慶裕。2004。除草劑之作用機制（第九章）。雜草學與雜草管理。楊純明、王慶裕、林俊義主編。農委會農試所出版。臺中霧峰。

王慶裕、周煒裕。2004。第五章　農藝　農業概論。中興大學農業暨自然資源學院叢書第一號。大專用書。鄭詩華、柯勇主編。P.81-101。藝軒書局印行。

王慶裕。2005。有機栽培之雜草管理。九十四年度台糖訓練中心舉辦之「有機作物栽培及管理技術訓練班（二）」講義。台糖公司人事處訓練中心。臺南。（2005.09.19-09.23）

王慶裕。2006。除草劑之施用。除草劑應用研習會。中華民國雜草學會與行政院農委會農業藥物毒物試驗所。臺中霧峰。（2006.09.14）

王慶裕。2006。台灣農地常見除草劑。除草劑應用研習會。中華民國雜草學會與行政院農委會農業藥物毒物試驗所。臺中霧峰。（2006.09.14）

王慶裕。2007。有機栽培之雜草管理與殘毒簡易檢測介紹。2007 年 MOA 自然農法執行基準研習會講義。財團法人國際美育自然生態基金會。中興大學農場。臺中。（2007.05.16-05.18）

王慶裕。2007。除草劑類別及其特性。雜草管理及除草劑應用研習會。農業毒物藥物試驗所行政大樓第一會議室（臺中縣霧峰鄉舊正村光明路 11 號）。主辦單位：中華民國雜草學會、行政院農業委員會農業藥物毒物試驗所。協辦單位：屏東科技大學農園生產系、中興大學農藝系。（2007.09.20）

王慶裕。2008。雜草防治技術概論。農藥管理人員資格訓練班。行政院農委會農業藥物毒物試驗所。臺中霧峰。（2008.09.22-26）

王慶裕。2010。雜草管理。九十九年度台糖訓練中心舉辦之「景觀栽植人員研習班」講義。台糖公司人事處訓練中心。臺南。（2010.04.12-04.16）（2010.05.10-05.14）共二期。

王慶裕。2011。除草務盡。科學人雜誌邀稿文章。P.100-103。2011.06 出刊。臺灣。

王慶裕。2017。作物生產概論。新學林出版社。臺北。

王慶裕。2018。茶作學。新學林出版社。臺北。

中華農業氣象學會和農委會農業試驗所共同主辦之「農業應用科技講座」，2008 年第 3 季邀請國立中興大學農藝學系教授王慶裕博士主講「臺灣銀合歡以嘉磷塞防除之效果及藥劑流向」專題（2008 年 9 月 30 日假農委會臺南區農業改良場推廣中心視廳教室舉行）。

陳家鐘。1992。薹灣省農業藥物毒物試驗所技術專刊第 46 號。

陳家鐘。2004。除草劑之劑型配方（第七章）。雜草學與雜草管理。楊純明、王慶裕、林俊義主編。農委會農試所出版。臺中霧峰。

Devine M., S. O. Duke, and C. Fedtke (Eds.). 1993. Physiology of herbicide action. PTR Prentice Hall, Englewood Cliffs, New Jersey 07632.

# 索引（Index）

A

abaxial surface 葉片下表面

abscisic acid, ABA 離層酸

absorbent 吸附劑

absorption 吸收

aborption coefficient 吸附係數

absorption-desorption 吸附 - 去吸附

absorption site 吸附位置

accepter 接受者

accessibility 可接受性

acclimation 馴化

acetate 乙酸鹽

*Acetahularia acetabnlum* 綠藻

acetohydroxy acid synthase, AHAS 丙酮醛羥基合成酶

2-aceto-2-hydroxybutyrate; AHB 2- 乙醯 -2- 羥基丁酸鹽

acetoin 乙醯乙醇

acetolactate 乙醯乳酸

acetolactate reductoisomerase; ALR 乙醯乳酸還原異構酶

acetolactate synthase 乙醯乳酸合成酶

acetolactate synthase-inhibiting herbicide 乙醯乳酸合成酶抑制型除草劑

acetylation of glufosinate 固殺草乙醯基化

acetyl Co-enzyme A carboxylase; ACCase 乙醯輔酶 A 羧化酵素

acetyl-CoA carboxylase inhibitor 乙醯輔酶 A 羧化酵素抑制劑

acetyltransferase 乙醯基轉移酶

acid digestion 酸消化

acid form 酸形式

acifluorfen 亞喜芬

acropetally 向頂端地

acting 起作用的

actinomycin D 放線菌素 D

action mechanism 作用機制

action site 作用位置

activated oxygen species 活化氧族

activation 活化

active 主動

active herbicide pool 活性除草劑庫

active ingredient; A.I. 有效成分

active molecule 活性分子

active promotor region 活性啓動子區域

acyclic carotenoid 無環類胡蘿蔔素

acyl acid ester 醯基酯

acyl carrier protein; ACP 醯基載體蛋白

adaptation 適應

adaxial surface 上表面

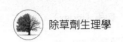

additive 添加；累加

adenylosuccinate 腺〔核〕苷醯琥珀酸

adjuvant 佐劑

*Aerobacter aerogenes* 產氣桿菌

aggregation 聚集

aglycone 糖苷配基

*Agropyron repens*; *Elymiis repens*;
　*Elytrigia repens* 鵝觀草；匍匐冰草

air film 空氣膜

alachlor 拉草

alanine 丙胺酸

albicidin 白粉菌素

albino tissue 白化組織

alcohol 醇

aldehyde 醛

alfa-chloroacetamide α- 氯乙醯胺類

algae 單細胞藻類

alkaloid 生物鹼

alkane chain 烷烴鏈

alkyl 烷基

allelochemical 剋他性化學物質

allelopathic potential 剋他潛力

allylic isomer 烯丙基異構體

alkyl-sulphoxide 烷基亞碸

alloxydim 亞汰草

*Alopecurus myosuroides* 麥娘

ALS-FAD-TPP-Mg$^{+2}$-decarboxylated
　pyruvate complex ALSFAD-TPP-Mg$^{+2}$
　脫羧丙酮酸鹽複合物

alterers of membrane enzymatic activities
　膜系酵素活性改變子

*Amaranthus hybridus* 綠穗莧

ambimobile 側向移動

amidase 醯胺酶

amide 醯胺

amide bonding 醯胺鍵結

amination 胺化作用

amine 胺

4-aminobenzoate 胺基苯甲酸鹽

I-aminobenzotriazole; ABT 胺基苯並三唑

α-aminobutyrate α- 胺基丁酸

γ-aminobutyric acid 脫羧產物 γ- 胺基丁酸

4-amino-5-hexynoic acid 4- 胺基 -5- 己酸

δ-aminolevulinic acid; δ-ALA δ- 胺基乙
　醯丙酸

aminomethyl phosphonate, AMP 胺基甲
　基磷酸鹽

aminooxyacetate 胺基氧乙酸

aminopyrine 胺基吡啉

aminoethoxyvinyl glycine; AVG 胺基乙
　氧基 - 乙烯基甘胺酸

aminoethylcysteine 胺基乙基半胱胺酸

aminotriazole 胺基三唑

amiprophosmethyl 氨丙基甲基

amitrole 殺草強；胺基三唑

ammonia 氨

amorphous form 無定形（非晶質的）形式

ammonium sulfate 硫酸銨

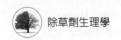

autolysis 自溶

autoradiography 自動放射顯影術

auxin 生長素

auxin analogue 生長素類似物

auxin-binding membrane protein 生長素
結合膜蛋白

auxin-binding protein 生長素結合蛋白

auxin-induced auxin conjugation system
生長素誘導的生長素共軛結合系統

auxin-like 類似生長素

auxin-like activity 類似生長素活性

auxin receptor 生長素接受體

auxin specific hyperpolarization 生長素
特定性超極性化反應

auxin transport inhibitor 生長素轉運抑制劑

auxin-triggered induction system 生長素
所觸發的誘導系統

auxin-type herbicide 生長素型除草劑

availability 有效性

available pool 蓄積庫

*Avena fatua* 野燕麥

azide 疊氮化物

**B**

barban 巴班

basagran 草霸王

basipetal 基部

bathing solution 水浴溶液

bean 豆

bedstraw 蓬子菜

bensulfuron-methyl; BSM; BEN 甲基免
速隆

bentazon 本達隆

benzene 苯

benzoic acid 苯甲酸

benzothiazole 苯並噻唑

benzoylprop-ethyl 苯甲醯丙酸乙酯

benzoylprop-ethyl esterase 苯甲醯丙基乙
酯酶

benzylalcohol 苯甲醇

bialaphos 畢拉草

binding 結合

binding domain 結合區域

binding niche 結合生態位

binding site 結合位置

bindweed 旋花科雜草

bioactivation 生物活化作用

bioassay 生物檢定

biocontrol agent 生物控制劑

biological activity 生物活性

biological efficacy 生物效能

biorational design 生物理性設計的

biotin carboxyl carrier site 生物素羧基載
體位置

biotransformation 生物轉變

biotypes 生物型

biphasic 二相的

bipyridilium herbicide 聯吡啶類除草劑

birdsfoot trefoil；*Lotus corniculatus* 鳥足三葉草；百脈根

bleached 漂白

bleaching activity 漂白活性

bleaching herbicides 漂白除草劑類

bound water 結合水

bracken fern; *Pteridium aquilinum* 蕨叢

bracken rhizome 地下部

branched-chain amino acid 支鏈胺基酸

Brassica 十字花科

*Brassica napus* / campestris 甘藍型油菜／白菜型油菜

bridge sulfur 橋硫

bromoxynil 溴苯腈

bromoxynil nitrilase 溴苯腈水解酶

butoxyethanol ester 2,4-D 丁氧基乙醇酯


C

$^{14}$C-acetate $^{14}$C- 乙酸酯

callose 胼胝質

calmodulin 鈣調蛋白；調鈣素

Canada thistle 加拿大薊

canavanine 刀豆胺酸

canola 油菜

canopy 植冠

carbamate 胺基甲酸鹽

carbamoylation 胺基甲醯化

carbaryl 加保利

carboxyl group 羧基

carboxyl esterases 羧基酯酶

carboxylic acid 羧酸

carboxylic acid amide 羧酸醯胺

carboxylic acid ester 酸酯

carboxyltransferase 羧基轉移酶

cauliflower mosaic virus promoter 花椰菜鑲嵌病毒啓動子

capped 加蓋

3-carboxy-4-nitrophenol 3- 羧基 -4- 硝基苯酚

carnosine 肌太

$\beta$-carotene $\beta$- 胡蘿蔔素

$\beta$-carotene desaturase $\beta$- 胡蘿蔔素去飽和酶

carotenogenic cyclase reaction 類胡蘿蔔素環化酶反應

carotenoid 類胡蘿蔔素

carrier 載體

carrier-mediated 載體調解

carrier protein 載體蛋白

case-specific 不同案例而異

Casparian strip 卡氏帶

Cassia obtusifolia 決明子

catalase 過氧化氫酶；觸酶

cathodo-luminescence 陰極發光；冷光

cell elongation 細胞伸長

cell-free 無細胞

cell-free system 無細胞體系

cell line 細胞系

cell turgor pressure 細胞膨壓

cell wall 細胞壁

cellulase 纖維素酶

cellulose acetate 醋酸纖維素

cellulose microfibril 纖維素微纖維

cellulose microfibril orientation 纖維素微
　　纖維之定向

cellulytic and pectolytic enzyme 纖維素
　　和果膠分解酵素

centrifugation 離心

centriole 中心粒

cereal grain crops 禾穀類作物

chalcone synthase 查爾酮合成酶

*Chamaedoris orientalis* 絲狀綠藻

channel 通道

channel former 通道形成者

chelating agent 螯合劑

Chemical decomposition 化學分解

chemical marker 生化指標；化學標記

chemical optimization 化學適度化

chemiosmotic polar diffusion hypothesis
　　化學滲透極性擴散假說

*Chenopodium* 藜

*Chenopodium album* 藜

Chinese hamster ovary; CHO 中國倉鼠卵巢

*Chlamydomonas* 衣藻屬

*Chlamydomonas reinhardtii* 萊茵衣藻

chlamydospore 厚垣孢子

chloramphenicol 氯黴素

*Chlorella emersonii* 小綠球藻

*Chlorella vulgaris* 小球藻

chlorfenprop-methyl 氯苯丙酸甲基

chlorimuron-ethyl 氯嘧磺隆

chlorine 氯

chlorine substituent 氯取代基

chlorite 氯酸根

chloroacetamide 氯乙醯胺

chloroacetanilide 氯乙醯苯胺

4-chloro-5-dimethyl-amino-2-phenyl-3
　　(2H) pyridazinone 4- 氯 -5- 二甲胺
　　基 -2- 苯基 -3（2H）噠嗪酮

chloroform 氯仿

chlorpropham 氯丙胺

CPTA；2-(4-chlorophenylthio)-triethylamine
　　2-(4- 氯噻吩硫基 )- 三乙胺

chlorophyll fluorescence 葉綠素螢光

chloroplast 葉綠體

chloroplast biogenesis 葉綠體生體合成

chloroplast genome 葉綠體基因組

chloroplast envelope 葉綠體被膜

chlorosis 萎黃病

chlorotic and/or phytotoxic effects 褪綠和
　　／或植物毒性效應

crop oil concentrate; COC 作物油脂類濃縮物

crop physiology 作物生理學

cortex 皮層

*Corydalis sempervirens* 紫菫屬植物

cross-bridge 連接橋；架橋；橫橋

cross-resistance 交叉抗性

crystal 晶體

crystal lattice 晶格

crystalline 結晶

cultivars/biotypes 栽培種／生物型

cut edge 切邊

cuticle 角質層

cuticle thickness 角質層厚度

cuticular lipid 角質層（表皮）脂質

cuticular membrane; CM 角質層膜

cuticular peg 表皮栓

cuticular wax 表皮蠟質

cutin 幾丁質

cutin-like aliphatic polymers 類角質脂肪族聚合物

cyanide 氰化物

*β*-cyanin 花青素苷

cyclase 環化酶

cyclohexane-diones; CHDs 環己二酮類

cyanobacteria 藍細菌

cyometrinil 氰菊酯

*Cyperus difformis L.* 異花莎草

*Cyperus esculentus* 黃土香

cytochrome 細胞色素

cytoskeleton 細胞骨架

cycloheximide 環己醯亞胺

*β*-cystathionase *β*- 胱硫醚酶

cysteine conjugate 半胱胺酸結合物

cytochemical method 細胞化學方法

P-450 cytochrome-dependent monooxygenase 細胞色素單加氧酶

cytokinesis 胞質分裂；細胞質分裂；質裂

cytokinin 細胞分裂素

cytological 細胞學的

cytoplasm 細胞質

cytosol 細胞質液

**D**

dandelion 蒲公英

Datura innoxia 曼陀羅

*Daucus carota L.* 胡蘿蔔

deactivation 去活化

dealkylation N- 脫烷基反應

deaminated 脫胺基

decay 衰減

deesterification 去酯化

de-esterified 去酯作用

degradation 降解

degree of hydration 水合程度

dehydroascorbate 脫氫抗壞血酸鹽

diphenyl ether 二苯醚

$D_1$ protein $D_1$ 蛋白

diquat 大刈

discrete droplet 離散的液滴

discrete spray droplet 離散噴霧液滴

dismutation 歧化作用

dissociation 解離

distribution pattern 分布模式

diuron 達有龍

DNA polymerase DNA 聚合酶

Dodder；*Cuscuta lupuliformis* 菟絲子

drift 飄散

droplet drift 液滴飄散

**E**

*Echinochlou crus-galli*；barnyardgrass 稗草

*E. coli* 大腸桿菌

*E. colonum* 芒稷

efficacy 效力

efflux carrier 外流載體

electroporation 電穿孔

electrogenic potential 產電潛勢

electrolyte leakage 電解質滲漏

electronic configuration 電子組態

electrophoretic mobility 電泳移動性；電泳移動率

electrostatic sprayer 靜電噴霧器

*Elymus repens* 茅草

empirical chemical synthesis 依經驗的化學合成法

enantiomer 鏡像異構物

endodermis 內皮

endogenous 內源性

endogenous solute 內生溶質

energy-dispersive X-ray 能量分散（能散；能量色散）X 射線

energy-requiring transporter 需能運轉蛋白

*Englena gracilis* 裸藻

enlargemen 增大

5-enolpyruvylshikimate 3-phosphate synthase; E.C. 2.5.1.19; EPSPS 5- 烯醇丙酮酸莽草酸 -3- 磷酸鹽合成酶

enterobacteria 腸內菌

entry point 進入點

enzymatic cell-free system 酵素性無細胞系統

eosin 曙紅

epicuticular wax 上表皮蠟質

epidermal cell 表皮細胞

epidermis 表皮

epinasty 下垂生長

epoxide 環氧化物

epoxy 環氧

epoxy-phytoene 環氧 - 八氫番茄紅素

EPSP; 5-enoyl-pyruvyl shikimate 3-phosphat 5- 烯醇丙酮酸莽草酸 -3- 磷酸鹽

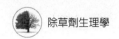

除草劑生理學

flavin adenine dinucleotide; FAD 黃素腺
嘌呤二核苷酸

flavonoid 類黃酮

flexibility 彈性；柔韌性

flow cytometry 流式細胞儀

fluidity of the membrane 膜的流動性

fluid mosaic membrane model 流體鑲嵌
膜模式

fluorescence emission 螢光發射

fluorescein 螢光素

fluorodifen 氟二烯

fluorodifen-cysteine conjugate 氟代烯烴 -
半胱胺酸結合物

flurochloridone 氟氯噻吩

flux 通量；流量

foliage 葉部

foliage-applied herbicide 葉面施用型除
草劑

fluid character 流體特性

fomesafen 氟磺胺草醚

formulated 調配製造

formulation 配方

formulation component 配方組成分

fragmentation 碎裂

free acid 游離酸

free fatty acids, FFAs 游離脂肪酸

free pool 游離庫

free space 自由空間

free radical 自由基

free radical scavenger 自由基清除劑

free tubulin 游離微管蛋白

fresh bracken shoot 地上部

Funaria hygrometrica 葫蘆蘚

functional group 官能基

fungal toxin 眞菌毒素

fungicides 殺菌劑

G

galactolipid 半乳醣脂

galactose 半乳糖

galacturonic acid 半乳醣醛酸

gaseous phase 氣相

Gaussian curve 高斯曲線

gene amplification 基因擴增

gene activation 基因活化

gene copy number 基因拷貝數目

gene expression 基因表現

genome 基因組

genomic blot analysis 基因組印跡（墨
點）分析

genus 屬

geranylgeranyl pyrophosphate; GGPP 四
異戊二烯焦磷酸鹽

germination 種子發芽

giant ragweed 豚草

gibberellic acid 激勃酸

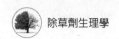 

heme 血基質

heme protein 血紅素蛋白

hemigossypol 半胱胺酸

hemoglobin 血紅素

Herbicide 除草劑

herbicide action 除草劑作用

herbicide activity 除草劑活性

herbicide physiology 除草劑生理學

herbicide-resistant crop 除草劑抗性作物

Herbicide resistant mutant 除草劑抗性突變體

herbicide safener 除草劑安全劑

herbicide selectivity 除草劑選擇性

heterocyclic compound 雜環族化合物

heterocycle portion 雜環部分

heterodimer 異（質）二聚體

heterodimer-colchicine complex 異二聚體—秋水仙鹼複合物

heterogeneity 異質性

heterozygous genotype 異型結合的基因型

heteropolymeric microtubule 異聚微管

heterotrophic 異營性

hexanitrodiphenylamine 六硝基二苯胺

high-level tolerance 高度耐性

high-performance liquid chromatography; HPLC 高效液相層析儀

highly phloem-mobile 高韌皮部流動性

high specific activity 高比活性

highly lipophilic epicuticular wax 高度親脂性的上表皮蠟質

histidine 組胺酸

histidine type 組胺酸類型

homogeneous layer 均質層

homoglutathione 高穀胱苷肽

(homo) glutathione conjugate（高）穀胱苷肽結合物

homozygous 同型接合

homologue 相似物

homology 同源現象

hormone 荷爾蒙

hormone action 荷爾蒙（激素）作用

humectant 保溼劑

humic layer 腐質層

hydrated 水合狀態

hydration 水合；水化

hydrocarbon 碳氫化合物

hydrocarbon chain 烴鏈

hydrogen 氫

hydrogen bridge 氫橋

hydrogen peroxide 過氧化氫

hydrolysis 水解

hydropathy index 疏水性指數

hydropathy plotting; hydrophobicity plot 疏水性圖

hydrophilic 親水

hydrophilicity 親水性

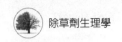

ionic bonding 離子鍵結

ionophore 離子載體

ion-trap mechanism 離子陷阱機制

ioxynil 異腈；碘苯腈

*Ipomoea* 甘薯屬

lpomoea 牽牛花

*lpomoea hederacea* 碗仔花

IPP-isomerase IPP 異構酶

irradiance 輻照度；照射度

irradiance level 輻射強度

isoboleline 等效線

isodiametric 等徑

isoelectric point 等電點

isoenzyme 同功異構酶

isoflavonoid glucoside 異黃酮苷

isoform 異構型

isoleucine 異白胺酸

isooctyl ester 2,4-D 異辛基酯

isopentenyl pyrophosphate; IPP 單元異戊
烯焦磷酸

isoprenoid 異戊二烯

isopropyl 異丙基

isopropylamine 異丙胺

isopropylamine salt 異丙胺鹽

N-isopropyl oxalyl hydroxamat 異丙基草
酸異羥肟酸酯

2-isopropylmalate 蘋果酸 2- 異丙酯

isopropylmalate isomerase; IMI 蘋果酸異
丙酯異構酶

isosteres 等價異構物

isosteric homophosphonate 等構同磷酸酯

isotype 同型

## J

johnsongrass 強生草

## K

kaurene 月桂烯

α-ketobutyrate α- 酮丁酸

ketone 酮

α-ketovalerate α- 酮戊酸鹽

kinetic analysis 動力學分析

kinetochore 著絲點

kochia 地膚

## L

lag phase 遲滯期

late prophase 前期晚期

leaching 淋洗

leaf disc 葉圓片

leaf stage 葉齡

leakage of electrolyte 電解質滲漏

*Lemna gibba* 青萍

leucine 白胺酸

light-dark transition 明暗轉變

light-dependent action 光照依賴性作用

light-dependent phytotoxicity 光依賴性
植物毒性

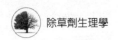

membrane-crossing span 跨膜跨距

membrane fraction 膜體部分

membrane-integrated protein 膜系整合蛋白

membrane integrity 膜完整性

mesoderm 中胚層

metabolic pool 代謝庫

metabolic sink 代謝積儲

metabolism 代謝

metal ion-complexing capacity 金屬離子
　複合能力

metaphase 中期

metaphase arrest 中期停滯

metflurazon 甲磺醯胺；甲氧氟哌嗪

methionine 甲硫胺酸

methylarsonate 甲胂酸鹽

methylarsonic acid 甲胂酸；甲基砷酸

methylation 甲基化

methylcarbamate 甲基胺基甲酸酯

4'-methylphenyl oxygenation 4'- 甲基苯
　基氧合反應

metolachlor 莫多草

mevalonic acid; MVA 甲羥戊酸

Mg-protoporphyrin IX 鎂原紫質

microbal decomposition 微生物分解

microfibril orientation 微纖維定方位（或
　定向）

microfilament 微絲；或稱肌動蛋白絲

microflora 微生物族群

micronuclei 微核；小核

microphone 麥克風

microprojectile 微粒

microsome 微粒體

mircosomal oxidase 微粒體氧化酶

microtubular system 微管系統

microtubule 微管

microtubule-associated proteins; MAPs
　微管相關蛋白

microtubule isotype 微管同型

microtubule-organizing centers; MTOC
　微管組織中心

mitomycin 絲裂黴素

mitosis 有絲分裂

mitotic figure 有絲分裂像

mitotic inhibitor 有絲分裂抑制劑

mix-function oxidase 混合功能氧化酵素

$Mn^{+2}$-dependent, plastidic form $Mn^{+2}$ 依賴
　性的質體形式

mobility 移動性

mobile carrier 移動性載體

moisture 溼氣

molecular interaction 分子相互作用

molecular level 分子層次

molecular site of action 分子作用位置

momentum 動量

monogalactosyldiacylglyceride; MGDG
　單半乳糖雙酸甘油酯

mono-dehydroascorbate 單脫氫抗壞血酸鹽

monomer 單聚體

monomethyl analogue 單甲基類似物

monooxygenase 單加氧酶

Monooxygenase-type enzyme 單加氧酶型酵素

more hydrophilic inner surface 親水性的內表面

monooxygenation 單加氧化反應

morningglory 牽牛花

morphogenesis 形態發生

morphological 形態學

m-phenoxy-benzamide 間苯氧基苯甲醯胺

MTC; 1(methoxy-5-(2,3,4-tri-methoxy-phenyl)-2,4,6-cycloheptatriene-l-one 甲氧基 -5-（2,3,4- 三甲氧基苯基）-2,4,6- 環庚三烯 -1

MTPC; (2-methoxy-5-(3-(3,4,-5-trimethoxyphenyl) propionylammo)-2,4,6-cycloheptatriene-l-one（2- 甲氧基 -5-（3-）3,4,-5- 三甲氧基苯基）丙醯胺）-2,4,6- 環庚三烯 -1- 酮

multinucleate cell 多核細胞

multiple-functional; MF 多功能

multiple interaction 多種相互作用

multiple resistance 多重抗性

multiple-subunit; MS 多次（亞）單位

multipolar anaphase 多極後期

multipolar division 多極分裂

mutase 突變酶

mutation 突變

mycoherbicide 菌類除草劑

Myxococcaceae 黏液球菌科

*Myxococcus* 黏液球菌屬

myo-inositol 肌醇


N

NAA 萘乙酸

N-acetylmescaline N- 乙醯甲斯卡靈

NADP glyceraldehyde-3-phosphate-dehydrogenase NADP- 甘油醛 -3- 磷酸鹽 - 脫氫酶

nalidixic acid 啶酮酸

l-naphthaleneacetic acid 1- 萘乙酸

naphthalic anhydride 萘二甲酸酐

naphthyl-1-acetic acid 萘乙酸

naproanilide 萘丙苯胺

N-aspartyl N- 天〔門〕冬胺醯基

N-demethylation N- 去甲基化

necrosis 壞死

necrotic spot 黃色壞疽斑

*Neurospora crassa* 紅麵包黴〔菌〕

neutral, lipophilic compound 中性、親脂性化合物

N-glutamyl N- 麩胺醯基

NH₃ 氨

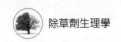 

niche 生態位

*Nicotiana tabacum* 菸草

NIH-shift reaction NIH 轉換反應

ninhydrin-reactive conjugation component
  茚三酮（寧海準）有反應之化合物

*Nitella* 黑輪藻屬

NIH-shif NIH- 轉移

nitralin 硝胺

nitrate 硝酸鹽

nitrate reductase 硝酸鹽還原酶

nitrite 亞硝酸鹽

nitrite reductase 亞硝酸鹽還原酶

nitrodiphenylethers; NDPEs 硝基二苯醚

nitrofen 硝基芬

nitrofluorfen 硝基氟芬

4-nitrophenol 4- 硝基苯酚

N-methylglycine N- 甲基甘胺酸

N,N-Diallyl-2-chloroacetamide; CDAA
  二丙烯草胺

noncompetitive 非競爭性

nonheme iron 非血紅素鐵

nonisosteric phosphonate 非等構磷酸酯

nonphotochemical quenching 非光化學猝熄

non-protein thiol 非蛋白硫醇

nonradiative deexcitation 非輻射去激發

nonselective herbicide 非選擇性除草劑

nonstabilized 未穩定化

nonspecific binding reaction 非特定結合
  反應

norflurazon 氟氟龍

N- or O-malonylation N- 或 O- 丙二醯化

no-till planting 不整地種植

novobiocin 新生黴素

nuclear-coded protein 核編碼蛋白

nucleation 成核

nucleophile 親核劑

nucleophilic displacement 親核性置換

nucleus 細胞核

## O

octanol 辛醇

octanol/water 辛醇 / 水

*Ocymum basilicum* 羅勒

O-demethylation O- 去甲基化

O-glucosylated O- 糖基化

oil layer 油層

oil-surfactant concentrate 油 - 表面活性
  劑濃縮物

oligomer 寡聚體

oligomeric structure 寡聚體構造

one-dimensional polyacrylamide gel 一維
  聚丙烯醯胺凝膠

one phase system 單相系統

optically active C-atom 光學活性 C 原子

organell 胞器

organelle membrane 細胞內胞器膜

organo-silicone surfactant 有機矽表面活
  性劑

permeability 滲透性

permeability alterer 通透性改變子

peroxidase 過氧化酶

peroxidation 過氧化反應

peroxisome 過氧化體

peroxisomal enzyme 過氧化體酵素

peroxyacid 過氧酸

peroxygenas 過氧合酶

pesticides 農藥

pertubatioin 膜微擾

*Petunia hybrida* 矮牽牛

*Pharbitis purpurea* 紫花牽牛

pharmaceutical compound 藥物化合物

phaseollin 豆中的菜豆酚

*Phaseolus vulgaris* 菜豆

phase transition 相位轉變

pH-dependent uptake pH 依賴性吸收

phenobarbital 苯巴比妥

phenol 苯酚

phenolic acid 酚酸

phenolic hydroxyl group 酚羥基

phenolic glycoside 酚苷

phenoxyacetic acid 苯氧基乙酸

phenoxyalkanoic acid 苯氧基烷酸

phenoxypropionic acid 苯氧丙酸類

phenylalanine 苯丙胺酸

phenylalanineammonia lyase 苯丙胺酸裂
解酶

phenyl group 苯基

phenylpropanoids 苯丙烷類

phenylpyrazoline, DEN 苯基吡唑啉

phenyl-ring 苯環

phenylurea 甲基化苯基尿素

pheophytin, Pheo 脫鎂葉綠素

phloem 韌皮部

phloem-mobile 韌皮部移動

phloem mobility, Cf 韌皮部移動率

phloem translocation 韌皮部轉運

phosphatase 磷酸酶

phosphonate 磷酸酯

phosphatidylcholine; PC 卵磷脂

phosphate carrier 磷酸鹽載體

phosphate ester 磷酸酯類

phosphate group 磷酸鹽基團

phosphoenol-pyruvate; PEP 磷酸烯醇丙
酮酸鹽

phospholipid 磷脂質

phosphonate 磷酸酯

photoacoustic spectroscopy; PAS 光聲光譜

photoautotrophic 光自營性

photobleaching 光漂白

photodynamic dye 光動力染料

photodecomposition 光分解

photoinhibition 光抑制

photolysis 光解

photomixotrophic 光混合性

polygalacturonic acid 聚半乳醣醛酸

polymerase chain reaction 聚合酵素連鎖反應

polymer matrix 聚合物基質

polypeptide 多胜肽

polyploid 多倍體

polyploidy 多倍體性

pool 池或庫

Populus 白楊

pore 孔隙

porphyrin ring 紫質環

Portulaca oleracea 馬齒莧

positive $\pi$-charge 正的 $\pi$ 電荷

postemergence herbicides; POST 萌後型除草劑

posttranslational modification 後轉錄修飾作用

posttranslational processing 轉譯後加工

potassium ferricyanide; FeCy 鐵氰化鉀

precursor 前驅物

precursor state 前驅狀態

preenzyme 預酶

preharvest desiccant 收穫前乾燥劑

preparation 製備

pretreatment 前處理

primary detoxification reaction 主要的解毒反應

primary effect 主要作用

primary infection 原發性感染；初級感染

procaryotic version 原核版本

*P. romagnoliana* 羅馬柄銹菌

prosafener 原安全劑

pro-herbicide 前除草劑

prokaryotes 原核生物

proline 脯胺酸

prometaphase 前中期

prometryne 佈殺丹

promoter 啟動子

promotor region 啟動子區域

propachlor 丙草胺

propanil 除草寧

propham 苯胺

prophase 前期

propionic acid 丙酸

propionyl-CoA 丙醯基輔酶 A

proteases and peptidases 蛋白酶及肽酶

protochlorophyll(ide) 原葉綠素

protectant 保護劑

protofilament 微管原纖維

protonema 原絲體

protonema tip 原絲體尖端

proton extrusion 質子擠出

protonophore 質子載體

protoporphyrin IX 原紫質 IX

protoporphyrinogen IX 原紫質原 IX

protoporphyrinogen-oxidase; PPG-oxidase 生原紫質氧化酶

protoplasts 原生質體

protrac 前驅物

pseudocyclic electron transport 偽循環式電子傳遞

*Pseudomonas* sp. 假單胞菌屬

pulsed heat emission 脈衝熱發射

pump 泵

pure solution 純溶液

purple bacteria 紫色細菌

putrescine 腐胺

pyrazolate 吡唑甲酸鹽

pyrazoxyfen 吡唑氧呋喃

pyridate 吡啶酸鹽

pyridazinone 噠嗪酮

pyridine auxin herbicide 吡啶生長素型除草劑

pyridoxal phosphate 磷酸吡哆醛

pyridoxal phosphate-dependent enzyme 磷酸吡哆醛依賴性酵素

pyrimidine 嘧啶

pyrimidinyl-thio(or oxy)-benzoate, PTB 嘧啶硫苯甲酸酯類

pyrrole nucleus 吡咯核

pyrrolidine ring 吡咯烷環

pyruvate 丙酮酸鹽

pyruvate dehydrogenase 丙酮酸鹽去氫酶

pyruvate oxidase 丙酮酸氧化酶

**Q**

quantitative structure-activity relationships; QSAR 定量結構—活性關係

quasi-solid 準固體

quencher 猝滅劑

quinone 醌

quinone-binding site 醌結合位置

quinone carbonyl 醌羰基

**R**

radiative excitation 輻射激發

radicle elongation 胚根伸長

radioactivity 放射活性

radiolabeled herbicide 放射性標記的除草劑

rapidly turning over protein 快速轉換蛋白質

rate 速率

reactive oxygen species; ROSs 活化氧族

receptor protein 受體蛋白

red rice 紅稻

reduced glutathione; GSH 還原態穀胱苷肽

reducing equivalent 還原當量

reductase 還原酶

reduction 還原

regression analysis 迴歸分析

rehydration 再水化

R-enantiomer R 對映體

reporter gene 報導基因

reserve mobilization 儲存物質移動

resistance 抗性

resistance factor 抗性因子

resistant 抗性

resistance mechanism 抗性機制

resistance reversal 抗性逆轉

response surface 反應曲面

resuspension 再懸浮

Reversed-phase HPLC column 逆相 HPLC 管柱

rhamnose 鼠李糖

rhizobitoxin 根瘤菌毒素

rhizome 根莖

*Rhodopseudomonas viridis* 紅假單孢菌

ribulose bisphosphate; RuBP 二磷酸核酮糖

ribulose-bisphosphate carboxylase 核酮糖 - 二磷酸羧化酶

*Ricinus communis* 蓖麻

Rieske iron-sulfur protein Rieske 鐵硫蛋白

ring hydroxylation 環羥基化

ring-glycosylation 環糖基化

ring-methyl 環甲基

ringmethyl hydroxylation 環 - 甲基羥基化

ring-ring overlap 環—環重疊

roller 滾筒

rope-wick 繩索芯

root absorption 根部吸收

root concentration factor; RCF 根部濃度因子

rooting 生根

rose bengal 玫瑰紅

RuBP carboxylase RuBP 羧化酶

runoff 逕流

Russian thistle 俄羅斯薊

ryegrass; *Lolium perenne L* 黑麥草

S

*Saccharomyces cerevisiae* 酵母菌

safener 安全劑

safener-inducible 受安全劑誘導產生

safening action 保護作用

*Salmonella typhimurium* 傷寒沙門氏菌

sarcosine 肌胺酸

scavenger 清除劑

*Scenedesmus acutus* 急尖柵藻

secondary effect 二次效應；次要作用

secondary infection 續發性感染；次級感染

second messenger 第二傳訊者

second order rate constant 二級速率常數

seduheptulose-bis-phosphatase 七庚二糖雙磷酸酶

selection 選拔

selection pressure 選汰壓力

selectivity 選擇性

semiacetalic 半縮醛

semidominant 半顯性的

semipermeability 膜半透性

semiquinone 半醌

S-enantiomer S- 對映體

*Senecio vulgaris* 歐洲黃菀

sequence 序列

serine type 絲胺酸類型

sesquiterpenoid 倍半萜類

*Setaria faberi* 大狗尾草

*Setaria italica* 粟

*Setaria viridis L.* 狐尾草

sethoxydim 西殺草

sethoxydim-resistant 抗西殺草

sheet 薄片

shikimate 莽草酸鹽

shikimate dehydrogenase 莽草酸鹽脫氫酶

shikimate kinase 莽草酸鹽激酶

shikimate pathway 莽草酸途徑

shikimate-3-phosphate 莽草酸 -3- 磷酸

shoot 地上部

sieve element 篩管細胞

sieve plate pore 篩板孔

silicomolybdate 矽鉬酸鹽

simazine 西滅淨

sink tissue 積儲組織

site-directed mutagenesis 位置導向誘變；
定點誘變

site of action 作用位置

single interaction 單一相互作用

singlet oxygen 單態氧

singlet oxygen-generating protoporphyrin
IX; PPIX 單態氧之原紫質 IX

singlet state 單態

sink 積儲

sodium chlorate 氯酸鈉

sodium sulfanilic acid 對胺苯磺酸鈉

soil solution 土壤溶液

*Solanum nigrum* 龍葵

soluble wax 可溶性蠟

solute 溶質

solution 溶液

solvent 溶劑

S(O)-methyl displacement S(O)- 甲基取代

*Sorghum halepense* 強生草

*Sorghum* sp. 高粱屬

source 供源

Southern blot analysis 南方墨點分析法

span 跨距；跨度

specific activity 比活性

species 物種

species-herbicide-environment 植物物種
—除草劑—環境

specific activity 比活性

specificity 特異性；專一性

spectra 範圍

spinning disc 旋轉盤

split application 分開施用

spray atomizer 噴霧霧化器

spray boom 噴霧吊桿

spray retention 噴霧滯留

spreading 擴散;擴展

40S ribosomal subunit-RNA-Met-tRNA complex 40S 核醣體亞單位 -RNA-Met-tRNA 複合體

stabilized 穩定化

steam girdling 蒸汽環剝

stele 中柱

*Stellaria media* 繁縷

stem section 莖切段

stereoisomer 立體異構體

sterol 固醇

stickiness 黏性

storage excretion 貯存排泄

strain 品系

*Streptomyces hygroscopicus* 鏈黴菌

streptothricin 鏈絲菌素

stress 逆境

structural group 結構群

structure-activity relationships; SAR 結構—活性關係

structure-activity studies 結構活性研究

structure and composition 結構和組成

subcellular 亞(次)細胞

subcellular compartment 次細胞間隔

subcellular membrane 細胞內膜系

subcellular organelles 細胞內胞器

suberin 木栓質

suberized layer 木栓化層

sublethal activity(次)致死活性

subreceptor 亞受體

substituent 取代基

substituted glutamate 取代的麩胺酸鹽

substituted phenoxyacetic acid 取代的苯氧基乙酸

substituted ureas 取代性尿素類

substituted urea herbicide 被取代性尿素類除草劑

substrate 反應基質

substructure 子結構

sub toxic level 次致毒量

succinyl-coenzyme A 琥珀酸輔酶 A

sucrose 蔗糖

Sucrose-herbicide conjugate「蔗糖—除草劑」共軛結合物

sulfanilamide 對胺苯磺醯胺;胺苯磺(醯)胺;胺磺胺

sulfanilate 對胺苯磺酸

sulfhydryl group 硫氫基

sulfhydryl-reducing agent 硫氫基還原劑

sulfometuron 磺胺嘧啶

sulfometuron methyl 甲基嘧磺隆

thymidine kinase 胸腺嘧啶核苷激酶

tiller 分蘗

time lag 遲滯時間

timing 時機

tocopherol α- 生育酚

tolerance 耐性

tolerant 耐性

tonoplast 液胞膜

topology 拓撲學

tortuosity factor 曲折因子

toxicity 毒性

transaminase 轉胺酶

transamination 胺基轉移

transcription 轉錄作用

transformation 轉化；轉形

transit peptide 信號肽

translocation 轉運

translocated form 轉運形式

transmission electron microscope 穿透式
電子顯微鏡

transpiration 蒸散作用

transpiration stream concentration factor;
TSCF 蒸散流濃度因子

transport 轉移

transport inhibitor 轉運抑制子

treadmilling 消長現象

triazine-resistant herbicide 抗三氮阱系除
草劑

triazine-resistant weed 抗三氮阱系雜草

triazolopyrimidines 三唑嘧啶類

triclopyr 三氯吡啶

tridiphane 三地芬

tridiphane-glutathione conjugate 三地芬 -
穀胱苷肽共軛物

trifluralin 三氟林

*Trifolium repens* 椒草；白三葉草

s-triazine s- 三氮阱系

trichome 毛狀體

2,3,5-triiodobenzoic acid; TIBA 2,3,5- 三
碘苯甲酸

trimethoxyphenyl ring 三甲氧基苯基環

tripeptide 三肽

triplet carotene 三態胡蘿蔔素

triplet chlorophyll 三態葉綠素

triplet state 三態

triterpenoid squalene 三萜烯角鯊烯

*Triticum aestivum L.* 春小麥

tropolone methyl ether 托酚酮甲基醚

tropolone ring 托酚酮環

true solution 眞溶液

tryptophan 色胺酸

tuber disc 塊莖圓片

tubule polymerization 小管聚合反應

tubulin 微管蛋白

tubulin monomer 微管蛋白單體

turnover rate 轉換率

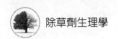

weak acid 弱酸

weak acid dissociation 弱酸解離作用

weathering 風化

weak electrostatic interaction 弱靜電相互作用

whole-plant basis 整株植物的基礎

wild Daffodil bulbs; *Narcissus pseudonarcissus* 野生水仙球莖

wide-spectrum 廣效

wild sunflower 野生向日葵

WSSA 美國雜草學會

## X

xenobiotic 外來異物；異源物

xenobiotic compound 外來（異生）化合物

X-ray fluorescence X 射線螢光

xylan 木聚醣

xylem 木質部

xylem elements 木質部細胞；木質部元素

xylem-mobile 木質部移動

xylem translocation 木質部轉運

xyloglucan 木葡聚醣

## Y

yield penalty 產量損失

## Z

zwitterion 兩性離子

國家圖書館出版品預行編目資料

除草劑生理學／王慶裕編著. -- 初版. -- 臺
北市：五南，2020.09
　　面；　公分
　　ISBN 978-986-522-218-5 (平裝)

1.農藥

433.733　　　　　　　　109012786

5N33

# 除草劑生理學

作　　者 ― 王慶裕

發 行 人 ― 楊榮川

總 經 理 ― 楊士清

總 編 輯 ― 楊秀麗

主　　編 ― 李貴年

責任編輯 ― 何富珊

封面設計 ― 王麗娟

出 版 者 ― 五南圖書出版股份有限公司

地　　址：106台北市大安區和平東路二段339號4樓

電　　話：(02)2705-5066　　傳　　真：(02)2706-6100

網　　址：http://www.wunan.com.tw

電子郵件：wunan@wunan.com.tw

劃撥帳號：01068953

戶　　名：五南圖書出版股份有限公司

法律顧問　林勝安律師事務所　林勝安律師

出版日期　2020年9月初版一刷

定　　價　新臺幣650元

# 經典永恆・名著常在

## 五十週年的獻禮——經典名著文庫

五南，五十年了，半個世紀，人生旅程的一大半，走過來了。

思索著，邁向百年的未來歷程，能為知識界、文化學術界作些什麼？

在速食文化的生態下，有什麼值得讓人雋永品味的？

歷代經典・當今名著，經過時間的洗禮，千錘百鍊，流傳至今，光芒耀人；

不僅使我們能領悟前人的智慧，同時也增深加廣我們思考的深度與視野。

我們決心投入巨資，有計畫的系統梳選，成立「經典名著文庫」，

希望收入古今中外思想性的、充滿睿智與獨見的經典、名著。

這是一項理想性的、永續性的巨大出版工程。

不在意讀者的眾寡，只考慮它的學術價值，力求完整展現先哲思想的軌跡；

為知識界開啟一片智慧之窗，營造一座百花綻放的世界文明公園，

任君遨遊、取菁吸蜜、嘉惠學子！